高等教育轨道交通“十二五”规划教材·土木工程类

结构设计原理

赵国平　王　强　主编

北京交通大学出版社
·北京·

内容简介

本书主要介绍混凝土结构和钢结构的基本概念、设计原理、方法及构造。在混凝土结构部分讲述了钢筋混凝土结构、受弯构件、受压构件、极限状态设计法、预应力混凝土结构、混凝土与石结构；在钢结构部分讲述了钢结构等基本构件、钢结构的连接、轴心受压构件、受弯构件及偏心受力构件的设计计算原理、方法以及构造等内容。

本书除作为土木工程专业本科的教学用书外，还可以作为高职及相关专业的职工培训和工程技术人员学习参考。

图书在版编目（CIP）数据

结构设计原理／赵国平，王强主编．—北京：北京交通大学出版社，2012．12
（高等教育轨道交通“十二五”规划教材）
ISBN 978－7－5121－1312－1

Ⅰ．① 结…　Ⅱ．① 赵…　② 王…　Ⅲ．① 建筑结构－结构设计－高等学校－教材
Ⅳ．① TU318

中国版本图书馆 CIP 数据核字（2012）第 298905 号

责任编辑：郭碧云
出版发行：北京交通大学出版社　　电话：010－51686414
地　　址：北京市海淀区高梁桥斜街 44 号　　邮编：100044
印 刷 者：北京鑫海金澳胶印有限公司
经　　销：全国新华书店
开　　本：185×260　　印张：19．75　　字数：493 千字
版　　次：2013 年 1 月第 1 版　　2013 年 1 月第 1 次印刷
书　　号：ISBN 978－7－5121－1312－1/TU·105
印　　数：1 ～ 3 000 册　　定价：42．00 元

本书如有质量问题，请向北京交通大学出版社质监组反映。对您的意见和批评，我们表示欢迎和感谢。
投诉电话：010－51686043，51686008；传真：010－62225406；E-mail：press@bjtu. edu. cn。

总序

我国是一个内陆深广、人口众多的国家。随着改革开放的进一步深化和经济产业结构的调整，大规模的人口流动和货物流通使交通行业承载着越来越大的压力，同时也给交通运输带来了巨大的发展机遇。作为运输行业历史最悠久、规模最大的龙头企业，铁路已成为国民经济的大动脉。铁路运输有成本低、运能高、节省能源、安全性好等优势，是最快捷、最可靠的运输方式，是发展国民经济不可或缺的运输工具。改革开放以来，中国铁路积极适应社会的改革和发展，狠抓制度改革，着力技术创新，抓住了历史发展机遇，铁路改革和发展取得了跨越式的发展。

国家对铁路的发展始终予以高度重视，根据国家《中长期铁路网规划》(2005—2020 年)：到 2020 年，中国铁路网规模达到 12 万千米以上。其中，时速 200 千米及以上的客运专线将达到 1.8 万千米。加上既有线提速，中国铁路快速客运网将达到 5 万千米以上，运输能力满足国民经济和社会发展需要，主要技术装备达到或接近国际先进水平。铁路是个远程重轨运输工具，但随着城市建设和经济的繁荣，城市人口大幅增加，近年来城市轨道交通也正处于高速发展时期。

城市的繁荣相应带来了交通拥挤、事故频发、大气污染等一系列问题。在一些大城市和一些经济发达的中等城市，仅仅靠路面车辆运输远远不能满足客运交通的需要。城市轨道交通节约空间、耗能低、污染小、便捷可靠，是解决城市交通的最好方式。未来我国城市将形成地铁、轻轨、市域铁路构成的城市轨道交通网络，轨道交通将在我国城市建设中起着举足轻重的作用。

但是，在我国轨道交通进入快速发展的同时，解决各种管理和技术人才匮乏的问题已迫在眉睫。随着高速铁路和城市轨道新线路的不断增加以及新技术的开发与引进，管理和技术人员的队伍需要不断壮大。企业不仅要对新的员工进行培训，对原有的职工也要进行知识更新。企业急需培养出一支能符合企业要求、业务精通、综合素质高的队伍。

北京交通大学是一所以运输管理为特色的学校，拥有该学科一流的师资和科研队伍，为我国的铁路运输和高速铁路的建设作出了重大贡献。近年来，学校非常重视轨道交通的研究和发展，建有“轨道交通控制与安全”国家重点实验室、“城市交通复杂系统理论与技术”教育部重点实验室，“基于通信的列车运行控制系统（CBTC）”取得了关键技术研究的突破，并用于亦庄城轨线。为解决轨道交通发展中人才需求问题，北京交通大学组织了学校有关院系的专家和教授编写了这套“高等教育轨道交通‘十二五’规划教材”，以供高等学校学生教学和企业技术与管理人员培训使用。

本套教材分为交通运输、机车车辆、电气牵引和土木工程四个系列，涵盖了交通规划、运营管理、信号与控制、机车与车辆制造、土木工程等领域。每本教材都是由该领域的专家执笔，教材覆盖面广，内容丰富实用。在教材的组织过程中，我们进行了充分调研，精心策划和大量论证，并听取了教学一线的教师和学科专家们的意见，经过作者们的辛勤耕耘以及编辑人员的辛勤努力，这套丛书得以成功出版。在此，向他们表示衷心的谢意。

希望这套系列教材的出版能为我国轨道交通人才的培养贡献绵薄之力。由于轨道交通是一个快速发展的领域，知识和技术更新很快，教材中难免会有不足和欠缺之处，在此诚请各位同仁、专家予以不吝批评指正，同时也方便以后教材的修订工作。

编委会

2012 年 11 月

出版说明

为促进高等轨道交通专业交通土建工程类教材体系的建设，满足目前轨道交通类专业人才培养的需要，北京交通大学土木建筑工程学院、远程与继续教育学院和北京交通大学出版社组织以北京交通大学从事轨道交通研究教学的一线教师为主体、联合其他交通院校教师，并在有关单位领导和专家的大力支持下，编写了本套“高等教育轨道交通‘十二五’规划教材·土木工程类”。

本套教材的编写突出实用性。本着“理论部分通俗易懂，实操部分图文并茂”的原则，侧重实际工作岗位操作技能的培养。为方便读者，本系列教材采用“立体化”教学资源建设方式，配套有教学课件、习题库、自学指导书，并将陆续配备教学光盘。本系列教材可供相关专业的全日制或在职学习的本专科学生使用，也可供从事相关工作的工程技术人员参考。

本系列教材得到从事轨道交通研究的众多专家、学者的帮助和具体指导，在此表示深深的敬意和感谢。

本系列教材从2012年1月起陆续推出，首批包括：《材料力学》、《结构力学》、《土木工程材料》、《水力学》、《工程经济学》、《工程地质》、《隧道工程》、《房屋建筑学》、《建设项目管理》、《混凝土结构设计原理》、《钢结构设计原理》、《建筑施工技术》、《施工组织及概预算》、《工程招投标与合同管理》、《建设工程监理》、《铁路选线》、《土力学与路基》、《桥梁工程》、《地基基础》、《结构设计原理》。

希望本套教材的出版对轨道交通的发展、轨道交通专业人才的培养，特别是轨道交通土木工程专业课程的课堂教学有所贡献。

编委会

2012年11月

前言

本教材是根据北京交通大学教学改革和建设项目《结构设计原理》网络课程建设的要求，按照《结构设计原理》课程教学大纲编写的。

本教材分混凝土结构设计原理和钢结构设计原理两部分，主要介绍钢筋混凝土结构、受弯构件、受压构件、极限状态设计法、预应力混凝土结构、混凝土与石结构、钢结构等基本构件、钢结构的连接、轴心受压构件、受弯构件及偏心受力构件的设计计算原理、方法及构造。其中，混凝土结构部分重点包括钢筋与混凝土协同工作的原理、双筋矩形截面强度的计算方法、轴心受压构件的强度计算方法、材料的强度设计值及荷载效应组合的应用、预应力损失的分类和有效预应力的计算以及砌体受压构件承载力计算原则；钢结构部分重点包括钢结构的计算基本原则、常用连接的构造与计算方法、常用轴心受力构件的强度和刚度计算方法、偏心受力构件的整体稳定。全书共10章，书中每章前有内容概要、学习重点和学习难点，扼要介绍本章的主要内容和学习重点、难点，章末附有复习思考题和习题，以启发学生复习思考和掌握重点。

本书由赵国平和王强主编，其中赵国平负责混凝土结构部分，王强负责钢结构部分。参加编写工作的有赵国平（第一、第三、第四、第五章）、周庆东（第二、第六章）、王强（第八、第九章）、王虎妹（第七、第十章）。

本书在编写过程中得到了铁道第三勘测设计院总工李立新和李秉涛的支持和帮助，在此一并表示感谢。

由于编者水平所限，书中难免存在缺点和疏漏之处，敬请读者批评指正。

编　者

2012年11月

目录

第1章 概　述

【本章内容概要】

本章首先介绍钢筋混凝土结构的基本概念，然后结合其发展历史及现状介绍了钢筋混凝土结构的特点及应用，最后重点介绍材料的力学性能（包括强度和变形性能）以及材料的品种和级别。

【本章学习重点与难点】

学习重点：钢筋与混凝土协同工作的原理，钢筋与混凝土材料的力学性能。

学习难点：钢筋的强度与变形，混凝土徐变与收缩，钢筋与混凝土协同工作的原理及构造要求。

1.1　钢筋混凝土结构的基本概念

1.1.1　钢筋混凝土结构的概念

钢筋混凝土是由钢筋和混凝土这两种力学性能不同的材料结合成整体，共同承受作用的一种建筑材料。

混凝土是一种人造石料，其抗压强度很高，而抗拉强度很低（约为抗压强度的1/18～1/8）。采用素混凝土做成的构件，例如素混凝土梁，当它承受竖向作用时，在梁的垂直截面（正截面）上将产生弯矩，中性轴以上部分受压，中性轴以下部分受拉。当作用达到某一数值 P 时，梁的受拉区边缘混凝土的拉应变达到极限拉应变，即出现竖向弯曲裂缝，这时，裂缝截面处的受拉区混凝土退出工作，该截面处的受压区高度减小，即使作用不增加，竖向弯曲裂缝也会急速向上发展，导致梁骤然断裂。这种破坏是很突然的，也就是说，当作用达到 P 的瞬间，梁立即发生破坏。P 为素混凝土梁受拉区出现裂缝时的作用（荷载），一般称为素混凝土梁的抗裂荷载，也是素混凝土梁的破坏荷载。由此可见，素混凝土梁的承载能力是由混凝土的抗拉强度控制的，而受压区混凝土的抗压强度远未被充分利用。在制造混凝土梁时，倘若在梁的受拉区配置适量抗拉强度高的纵向钢筋，就构成了钢筋混凝土梁。试验表明，和素混凝土梁有相同截面尺寸的钢筋混凝土梁承受竖向作用时，作用略大于 P 时梁的受拉区仍会出现裂缝。在出现裂缝的截面处，受拉区混凝土虽退出工作，但配置在受拉区的钢筋承担了全部的拉力。这时，钢筋混凝土梁不会像素混凝土梁那样立即断裂，仍能继续工作，直至受拉钢筋的应力达到屈服强度，继而受压区的混凝土也被压碎，梁才被破坏。因此，钢筋混凝土梁中混凝土的抗压强度和钢筋的抗拉强度都能得到充分的利用，承载能力可较素混凝土梁提高很多。

混凝土的抗压强度高，常用于受压构件。在构件中配置抗压强度高的钢筋来构成钢筋混凝土受压构件，试验表明，和素混凝土受压构件截面尺寸及长细比相同的钢筋混凝土受压构件，不仅承载能力大为提高，而且受力性能得到改善。在这种情况下，钢筋主要是协助混凝土来共同承受压力。

综上所述，根据构件受力状况配置钢筋构成钢筋混凝土构件后，可以充分发挥钢筋和混凝土各自的材料力学特性，把它们有机地结合在一起共同工作，提高了构件的承载能力，改善了构件的受力性能。钢筋用来代替混凝土受拉（受拉区混凝土出现裂缝后）或协助混凝土受压。

1.1.2　钢筋混凝土共同工作机理

钢筋和混凝土这两种受力力学性能不同的材料之所以能有效地结合在一起共同工作，其主要机理是：

① 混凝土和钢筋之间有良好的黏结力，使两者能可靠地结合成一个整体，在荷载作用下能够很好地共同变形，完成其结构功能；

② 钢筋和混凝土的温度线膨胀系数也较为接近（钢筋为 $1.2\times10^{-5}℃^{-1}$，混凝土为 $1.0\times10^{-5}\sim1.5\times10^{-5}℃^{-1}$），因此，当温度变化时，不致产生较大的温度应力而破坏两者之间的黏结；

③ 混凝土包裹在钢筋的外围，可以防止钢筋锈蚀，保证了钢筋与混凝土共同工作。

1.1.3　钢筋混凝土的优缺点

钢筋混凝土具有下述优点。

（1）耐久性

混凝土的强度是随龄期增长的，钢筋被混凝土保护着锈蚀较小，所以只要保护层厚度适当，则混凝土结构的耐久性就比较好。若处于侵蚀性的环境，可以适当选用水泥品种及外加剂，增大保护层厚度，以满足工程要求。

（2）耐火性

比起容易燃烧的木结构和导热快且抗高温性能较差的钢结构来说，混凝土结构的耐火性较好。因为混凝土是不良热导体，遭受火灾时，混凝土起隔热作用，使钢筋不致达到或不致很快达到其强度降低的温度。经验表明，经受较长时间燃烧的混凝土，常常只是其表面损伤。对承受高温作用的结构，还可应用耐热混凝土。

（3）就地取材

在混凝土结构的组成材料中，用量较大的石子和砂往往容易就地取材，有条件的地方还可以将工业废料制成人工骨料应用，这对材料的供应、运输和土木工程结构的造价都提供了有利的条件。

（4）保养费节省

混凝土结构的维修较少，不像钢结构和木结构需要经常保养。

（5）节约钢材

混凝土结构合理地应用了材料的性能，在一般情况下可以代替钢结构，从而能节约钢材、降低造价。

（6）可模性

因为新拌和未凝固的混凝土是可塑的，故可以按照不同模板的尺寸和式样浇筑成建筑师设计所需要的构件。

（7）刚度大、整体性好

混凝土结构刚度较大，对现浇混凝土结构而言，其整体性尤其好，宜用于变形要求小的建筑，也适用于抗震、抗爆结构。

当然，钢筋混凝土结构也存在一些缺点，如：钢筋混凝土结构的截面尺寸一般较相应的钢结构大，因而自重较大，这对于大跨度结构是不利的；抗裂性能较差，在正常使用时往往是带裂缝工作的；施工受气候条件影响较大，并且施工中需耗用较多的木材；修补或拆除较困难等。

钢筋混凝土结构虽有缺点，但毕竟有其独特的优点，所以广泛应用于桥梁工程、隧道工程、房屋建筑、铁路工程以及水工结构工程、海洋结构工程等。随着钢筋混凝土结构的不断发展，上述缺点已经或正在逐步加以改善。

1.2　发展历史及现状

1.2.1　国际钢筋混凝土历史及现状

钢筋混凝土出现至今约有150年的历史。与砖石、木结构相比，它是一种较年轻的结构。19世纪中叶，钢筋混凝土结构开始出现，但那时并没有专门的计算理论和方法。直到19世纪末期，才有人提出配筋原则和钢筋混凝土的计算方法，使钢筋混凝土结构逐渐得到推广。

20世纪初，不少国家通过试验逐渐制定了以容许应力法为基础的钢筋混凝土结构设计规范。到20世纪30年代以后，钢筋混凝土结构得到迅速发展。苏联在1938年首先采用破坏阶段法计算钢筋混凝土结构，到20世纪30年代改用更先进合理的极限状态法。近20多年来，包括我国在内的许多国家都开始采用以概率论为基础，以可靠度指标度量构件可靠性的分析方法，使极限状态法更趋完善、合理。

在材料方面，目前常用的混凝土强度等级为C20～C50（立方体抗压强度20～50 MPa）。近年来各国都在大力发展高强、轻质、高性能混凝土，现行的设计规范也都把推荐使用的混凝土材料最高强度等级提高到了C80。现已有强度高达100 MPa的混凝土。在轻质方面，现已有加气混凝土、陶粒混凝土等，其容重一般为14～18 kN/m^3（普通混凝土容重为23～24 kN/m^3），强度可达50 MPa。为提高混凝土的耐磨性和抗裂性，还可在混凝土中加入金属纤维，如钢纤维、碳纤维等，形成纤维混凝土。

随着对混凝土结构性能的深入研究，现代测试技术的发展以及计算机和有限元法的广泛应用，对钢筋混凝土构件的计算分析已逐步向全过程、非线性、三维化方向发展，设计规范也不断修订和增订，使得钢筋混凝土结构设计日趋合理、经济、安全、可靠。

1.2.2　我国钢筋混凝土历史及现状

我国从20世纪70年代起，在一般民用建设中已较广泛地采用定型化、标准化的装配式钢筋混凝土构件，并随着建筑工业化的发展以及墙体改革的推行，发展了装配式大板居住建筑，在高层建筑中还广泛采用大模剪力墙承重结构外加挂板或外砌砖墙结构体系。各地还研究了框架轻板体系，最轻的每平方米仅为 3 ～5 kN。由于这种结构体系的自重大大减轻，不仅节约材料消耗，而且在结构抗震方面具有显著的优越性。

改革开放后，混凝土高层建筑在我国有了较大的发展。继 20 世纪 70 年代北京饭店、广州白云宾馆和一批高层住宅（如北京前三门大街、上海漕溪路住宅建筑群）兴建以后，80 年代，高层建筑的发展加快了步伐，结构体系更为多样化，层数增多，高度加大，已逐步在世界占据领先地位；目前内地最高的混凝土结构建筑是广州的中天广场，80 层 322 m 高，为框架—筒体结构；香港的中环广场达 78 层 374 m，三角形平面筒中筒结构，是世界上最高的混凝土建筑；广州国际大厦 63 层 199 m，是 80 年代世界上最高的部分预应力混凝土建筑。随着高层建筑的发展，高层建筑结构分析方法和试验研究工作在我国得到了极为迅速的发展，许多方面已达到或接近国际先进水平。

在大跨度的公共建筑和工业建筑中，常采用钢筋混凝土桁架、门式刚架、拱、薄壳等结构形式。在工业建设中广泛采用装配式钢筋混凝土及预应力混凝土。为了节约用地，在工业建筑中多层工业厂房所占比重有逐渐增多的趋势，在多层工业厂房中除现浇框架结构体系以外，装配整体式多层框架结构体系已被普遍采用，并发展了整体预应力装配式板柱体系，由于其构件类型少，装配化程度高、整体性好、平面布置灵活，是一种有发展前途的结构体系。同时升板结构、滑模结构也有所发展。此外，电视塔、水培、水池、冷却塔、烟囱、储罐、筒仓等特殊构筑物也普遍采用了钢筋混凝土和预应力混凝土，如 9 级抗震设防、高 380 m 的北京中央电视塔、高 405 m 的天津电视塔、高 490 m 的上海东方明珠电视塔等。

混凝土结构在水利工程、桥隧工程、地下结构工程中的应用也极为广泛。用钢筋混凝土建造的水闸、水电站、船坞和码头在我国已是星罗棋布，如黄河上的刘家峡、龙羊峡及小浪底水电站，长江上的葛洲坝水利枢纽工程及三峡工程等。

钢筋混凝土和预应力混凝土桥梁也有很大的发展，例如：著名的武汉长江大桥引桥；福建乌龙江大桥，最大跨度达 144 m，全长 548 m；四川泸州大桥，采用了预应力混凝土 T 形结构，三个主跨为 170 m，主桥全长 1 255. 6 m，引道长达 7 000 m，是目前我国最长的公路大桥。为改善城市交通拥挤，城市道路立交桥正在迅速发展。

随着混凝土结构在工程建设中的大量使用，我国在混凝土结构方面的科学研究工作已取得较大的发展。在混凝土结构基本理论与设计方法、可靠度与荷载分析、单层与多层厂房结构、大板与升板结构、高层、大跨、特种结构、工业化建筑体系、结构抗震及现代化测试技术等方面的研究工作都取得了很多新的成果，基本理论和设计工作的水平有了很大提高，已达到或接近国际水平。

作为反映我国混凝土结构学科水平的混凝土结构设计规范也随着工程建设经验的积累、科研工作的成果和世界范围技术的进步而不断改进。1952 年东北地区首先颁布了《建筑物结构设计暂行标准》；1955 年制定的《钢筋混凝土结构设计暂行规范》（结规 6—55）采用了前苏联规范中的按破坏阶段设计法；1966 年我国颁布了第一本《钢筋混凝土结构设计规范》（BJG 21—1966），采用了当时较为先进的以多系数表达的极限状态设计法；1974 年编制了采用单一安全系数表达的极限状态设计法的《钢筋混凝土结构设计规范》（TJ 10—1974），以及一些有关的专门规程和规定。规范 BJG 21—1966 和 TJ 10—1974 的颁布标志着我国钢筋混凝土结构设计规范步入了从无到有、由低向高发展的阶段。为了解决各类材料的建筑结构可靠度设计方法的合理和统一问题，1984 年颁布的《建筑结构设计统一标准》（GBJ 68—1984）规定我国各种建筑结构设计规范均统一采用以概率理论为基础的极限状态设计方法，其特点是以结构功能的失效概率作为结构可靠度的量度，由定值的极限状态概念转变到非定值的极限状态概念上，从而把我国结构可靠度设计方法提高到当时的国际水平，对提高结构设计的合理性具有深刻意义。为配合《建筑结构设计统一标准》（GBJ 68—1984）的执行，1989 年颁布了《混凝土结构设计规范》（GBJ 10—1989），使我国混凝土结构设计规范提高到了一个新的水平。

经过近十几年我国工程建设的快速发展以及进入 WTO 的需要，自 1997 年起，我国对工程建设标准进行了全面修订，并于 2001 年和 2002 年先后颁布了《建筑结构可靠度设计统一标准》（GB 50068—2001）及《混凝土结构设计规范》（GB 50010—2002）等，并于 2010 年对标准《混凝土结构设计规范》（GB 50010—2002）进行修订，得到现行标准《混凝土结构设计规范》（GB 50010—2010）。新标准的颁布，推动了新材料、新工艺、新结构的应用，使混凝土结构不断发展，不停地演进，达到新的水平。

1.3　钢筋混凝土结构的特点及应用

1.3.1　各种材料结构的特点及使用范围

目前国内外混凝土结构的发展总趋势是轻型化、标准化和机械化。因而，对于基本构件的设计也应符合上述要求。

1. 各种材料结构的特点

1）结构质量

为了达到增大结构跨径的目的，应力求将构件做成薄壁、轻型和高强的。钢材的单位体积质量（重度）虽大，但其强度却很高；木材的强度虽很低，但其重度却很小。如果以材料重度 γ 与容许应力 $[\sigma]$ 之比（$\gamma/[\sigma]$）作为比较标准，且以钢结构质量作为 1.0，则其他结构的相对质量 $\gamma/[\sigma]$ 大致为：受压构件　木——1.5 ～ 2.4，钢筋混凝土——3.8 ～ 11，砖石——9.2 ～ 28；受弯构件　木——1.5 ～ 2.4，钢筋混凝土——3 ～ 10，预应力混凝土——2 ～ 3。从以上比较可以看出，在跨径较大的永久性桥梁结构中，采用预应力混凝土结构是十分合理和经济的。

2）使用性能

从结构抗变形的能力（即刚度）、结构的延性、耐久性和耐火性等方面来说，则以钢筋混凝土结构和圬工结构较好，钢结构和木结构则都需采取适当的防护措施和定期进行保养维修。预应力混凝土结构的耐久性比钢筋混凝土结构更好，但其延性不如钢筋混凝土结构好。

3）建筑速度

石材及混凝土结构和钢筋混凝土结构较易就地取材；钢结构、木结构则易于快速施工。由于混凝土工程需要有一段时间的结硬过程，因而施工工期一般较长。尽管装配式钢筋混凝土结构可以在预制工场进行工业化成批生产，但建筑工期要比钢结构稍长。

2. 各种结构的使用范围

1）钢筋混凝土结构

钢筋混凝土是由钢筋和混凝土两种材料组成的，具有易于就地取材、耐久性好、刚度大、可模性（即可以根据工程需要浇筑成各种几何形状）好等优点。钢筋混凝土结构的应用范围非常广泛，如各种桥梁、涵洞、挡土墙、路面、水工结构和房屋建筑等。采用标准化、装配化的预制构件，更能保证工程质量和加快施工进度。相对于预应力混凝土结构而言，钢筋混凝土结构具有较好的延性，对抗震更为有利。但是，钢筋混凝土结构也有自重较大、抗裂性能差、修补困难等缺点。

2）预应力混凝土结构

构件在承受作用之前预先对混凝土受拉区施以适当压应力的结构称为预应力混凝土结构。因而在正常使用条件下，可以人为地控制截面上只出现很小的拉应力或不出现拉应力，从而延缓裂缝的发生和发展，且可使高强度钢材和高等级混凝土的“高强”在结构中得到充分利用，降低了结构的自重，增大了跨越能力。目前，预应力混凝土结构在国内外得到了迅速发展，是现今桥梁工程中应用较广泛的一种结构。近年来，部分预应力混凝土结构也正在快速发展，它是介于普通钢筋混凝土结构与全预应力混凝土结构之间的一种中间状态的混凝土结构，可以人为地根据结构的使用要求，控制混凝土裂缝的开裂程度和拉应力大小。

3）石材混凝土结构（圬工结构）

用胶结材料将天然石料、混凝土预制块等块材按一定规则砌筑而成的整体结构即为圬工结构。石材及混凝土结构在我国使用甚广，常用于拱圈、墩台、基础和挡土墙等结构中。

1.3.2 工程结构设计的基本要求

对混凝土构件，应根据所在结构的使用任务、性质和将来的发展需要，按照适用、经济、安全和美观的原则进行设计，也要遵循因地制宜、就地取材、便于施工和养护的原则，合理地选用适当结构形式，同时，应尽可能地节省木材、钢材和水泥的用量，其中尤应注意节省木材。

在设计结构物时，应全面综合考虑，严格遵照有关技术标准和设计规范（包括各种技术标准和技术规范的附录条文）。但对于一些特殊结构或创新结构，则可参照国家批准的专门规范或有关先进技术资料进行设计，同时，还应进行必要的科学实验。

混凝土结构在设计基准期内应有一定的可靠度，这就要求桥涵结构的整体及其各个组成部分的构件在使用荷载作用下具有足够的承载力、稳定性、刚度和耐久性。承载力要求是指桥涵结构物在设计基准期内，它的各个部件及其联结的各个细部都符合规定的要求或具有足够的安全储备。稳定性要求是指整个结构物及其各个部件在计算荷载作用下都处于稳定的平衡状态。结构物的刚度要求是指在计算荷载作用下，结构物的变形必须控制在容许范围以内。结构物的耐久性要求是指结构物在设计基准期内不得过早地发生破坏而影响正常使用。值得注意的是，不可片面地强调结构的经济指标而降低对结构物耐久性的要求，从而缩短结构物的使用寿命或过多地增加结构物的维修、养护加固的费用。

因此，对混凝土结构物的所有构件和联结细部都必须进行设计和验算。同时，每个工程技术人员都必须清楚，正确处理好结构构造问题是十分重要的，这与处理好计算问题同等重要。因而，在进行结构设计时，首先应根据材料的性质、受力特点、使用条件和施工要求等情况，慎重地进行综合分析，然后采取合理的构造措施，确定构件的几何形状和各部分尺寸，并进行验算和修正。

另外，每个结构构件除应满足使用期间的承载力、刚度和稳定性要求外，还应满足制造、运输和安装过程中的承载力刚度和稳定性要求。混凝土结构物的结构形式必须受力明确、构造简单、施工方便和易于养护，设计时必须充分考虑当时当地的施工条件和施工可能性，并充分注意我国的国情，尽可能地采用适合当时当地情况的新材料、新工艺和新技术。

1.4 材料的力学性能

1.4.1 钢筋

1. 钢筋的强度与变形

钢筋的力学性能包括强度、变形（包括弹性变形和塑性变形）等。单向拉伸试验是确定钢筋力学性能的主要手段。经过钢筋的拉伸试验可以看到，钢筋的拉伸应力—应变关系曲线可分为两类：有明显流幅的（图1－1）和没有明显流幅的（图1－2）。

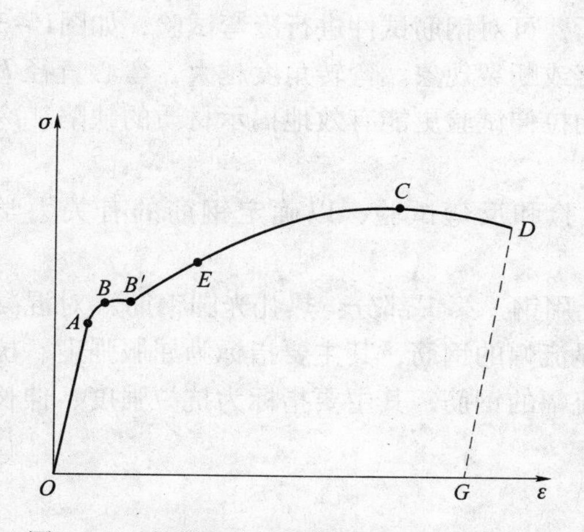

图1－1 有明显流幅的钢筋应力—应变曲线

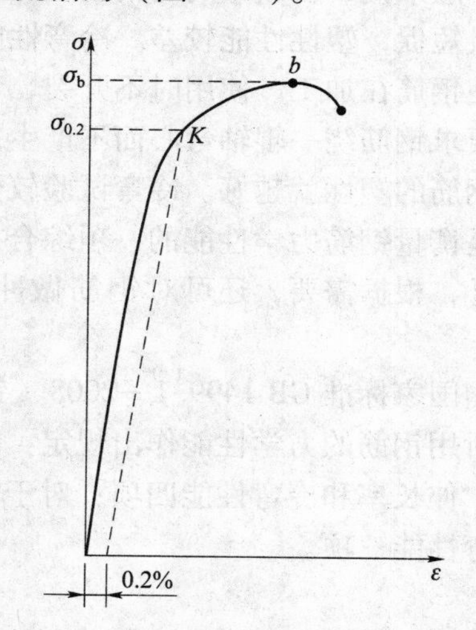

图1－2 没明显流幅的钢筋的应力—应变曲线

图1－1表示了一条有明显流幅的典型的应力—应变曲线。在图1－1中，OA为一段斜直线，其应力与应变之比为常数，应变在卸荷后能完全消失，称为弹性阶段，A点对应的应力称为比例极限（或弹性极限）。应力超过A点之后，钢筋中的晶粒开始产生滑移错位，应变较应力增长得稍快，除弹性应变外，还有卸荷后不能消失的塑性变形。到达B点后，钢筋开始屈服，即使荷载不增加，应变也会继续发展，出现水平段BB'，BB'称为流幅或屈服台阶；B点则称为屈服点，与B点相应的应力称为屈服应力或屈服强度。经过屈服阶段之后，钢筋内部的晶粒经调整重新排列，抵抗外荷载的能力又有所提高，$B'C$段称为强化阶段，C点对应的应力叫作钢筋的抗拉强度或极限强度，而与C点应力相应的荷载是试件所能承受的最大荷载，称为极限荷载。过C点之后，在试件的最薄弱截面出现横向收缩，截面

逐渐缩小，塑性变形迅速增大，出现所谓“颈缩”现象，此时应力随之降低，直至 D 点试件断裂。

对于有明显流幅的钢筋，一般取屈服点作为钢筋设计强度的依据。因为屈服之后，钢筋的塑性变形将急剧增加，钢筋混凝土构件将出现很大的变形和过宽的裂缝，以致不能正常使用，所以，构件大多在钢筋尚未或刚进入强化阶段即产生破坏。但在个别的情况下和抗震结构中，受拉钢筋可能进入强化阶段，故而钢筋的抗拉强度也不能过低，若与屈服强度太接近则是很危险的。

试验表明，钢筋的受压性能与受拉性能类同，其受拉和受压弹性模量也相同。在图1－1中，D 点的横坐标代表钢筋的伸长率，它和流幅 BB' 的长短，都因钢筋的品种而异，均与材质含碳量成反比。含碳量低的叫低碳钢或软钢，含碳量越低则钢筋的流幅越长、伸长率越大，标志着钢筋的塑性指标好。这样的钢筋不会突然发生危险的脆性破坏，由于断裂前钢筋有相当大的变形，足够给出构件即将破坏的预告。因此，强度和塑性这两个方面的要求，都是选用钢筋的必要条件。

图1－2表示没有明显流幅的钢筋的应力—应变曲线，此类钢筋的比例极限大约相当于其抗拉强度的65%。一般取抗拉强度的80%，即残余应变为0.2%时的应力 $\sigma_{0.2}$ 作为条件屈服点。一般来说，含碳量高的钢筋，质地较硬，没有明显的流幅，其强度高，但伸长率低，下降段极短促，塑性性能较差。冷弯性能是检验钢筋塑性性能的另一项指标。

为使钢筋在加工、使用时不开裂、弯断或脆断，可对钢筋试件进行冷弯试验，如图1－3所示，要求钢筋绕一辊轴弯心而不产生裂缝、鳞落或断裂现象。弯转角度越大、弯心直径 D 越小，钢筋的塑性就越好。冷弯试验较受力均匀的拉伸试验更能有效地揭示材质的缺陷。冷弯性能是衡量钢筋力学性能的一项综合指标。

此外，根据需要，还可对钢筋做冲击韧性试验和反弯试验，以确定钢筋的有关力学性能。

我国国家标准 GB 1499.1—2008《钢筋混凝土用钢　第1部分：热轧光圆钢筋》对混凝土结构所用钢筋的力学性能作出规定：对于有明显流幅的钢筋，其主要指标为屈服强度、抗拉强度、伸长率和冷弯性能四项；对于没有明显流幅的钢筋，其主要指标为抗拉强度、伸长率和冷弯性能三项。

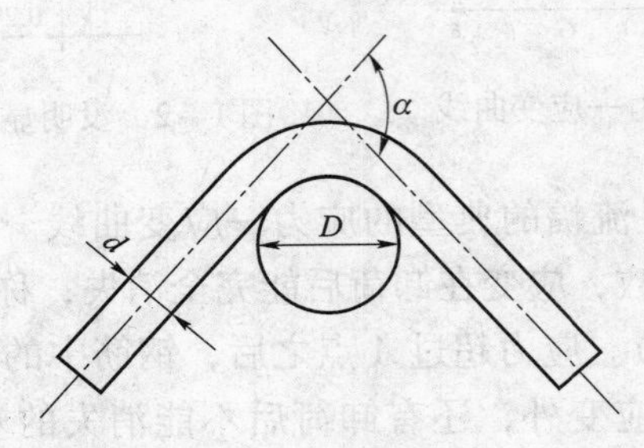

图1－3　钢筋的冷弯试验

2. 钢筋的品种、等级和成分

我国用于混凝土结构的钢筋主要有热轧钢筋、热处理钢筋、预应力钢丝及钢绞线四种。在钢筋混凝土结构中主要采用热轧钢筋，在预应力混凝土结构中这四种钢筋均会用到。

热轧钢筋是低碳钢、普通低合金钢在高温下轧制而成的。热轧钢筋为软钢，其应力—应变曲线有明显的屈服点和流幅，断裂时有“颈缩”现象，伸长率较大。根据力学指标的高低，分为HPB235级（Ⅰ级），HRB335级（Ⅱ级），HRB400级（Ⅲ级），RRB400级（余热处理Ⅲ级）四个种类。钢筋混凝土结构中的纵向受力钢筋宜优先采用HRB400级钢筋。

钢筋的化学成分以铁元素为主，还含有少量其他元素，这些元素也影响着钢筋的力学性能。I级钢为低碳素钢，强度较低，但有较好的塑性；Ⅱ级、Ⅲ级、余热处理Ⅲ级钢为低合金钢，其成分除每级递增碳元素的含量外，再分别加入少量的锗、硅、钒、钛等元素以提高钢筋的强度。目前我国生产的低合金钢有锰系（20MnSi、25MnSi）、硅钒系（40Si2MnV、45SiMnV）、硅钛系（45Si2MnTi）等系列。钢筋中碳的含量增加，强度就随之提高，不过塑性和可焊性有所降低。一般低碳钢含碳量小于或等于0.25%，高碳钢含碳量为0.6%～1.4%。在钢筋的化学成分中，磷和硫是有害的元素，磷、硫含量多的钢筋塑性会大为降低，容易脆断，而且影响焊接质量，所以对其含量要予以限制。

热处理钢筋是对特定强度的热轧钢筋再进行加热、淬火和回火等调质工艺处理的钢筋。热处理后的钢筋强度能得到较大幅度的提高，而塑性降低并不多。热轧钢筋为硬钢，其应力—应变曲线没有明显的屈服点，伸长率较小，质地硬脆。热处理钢筋有40Si2Mn、48Si2Mn和45Si2Cr三种。

3. 钢筋的形式

钢筋混凝土结构中所采用的钢筋，有柔性钢筋和劲性钢筋，如图1-4所示。柔性钢筋即一般的普通钢筋，是我国使用的主要钢筋形式。柔性钢筋的外形可分为光圆钢筋与变形钢筋，变形钢筋有螺纹形、人字纹形和月牙纹形等。

光圆钢筋直径为6～20 mm，变形钢筋的公称直径为6～50 mm，公称直径即相当于横截面面积相等的光圆钢筋的直径，当钢筋直径在12 mm以上时，通常采用变形钢筋。当钢筋直径在6～12 mm时，可采用变形钢筋，也可采用光圆钢筋。直径小于6 mm的常称为钢丝，钢丝外形多为光圆，但因强度很高，故也可在其表面刻痕以加强钢丝与混凝土的黏结作用。

钢筋混凝土结构构件中的钢筋网、平面和空间的钢筋骨架可采用铁丝将柔性钢筋绑扎成形，也可采用焊接网和焊接骨架。

劲性钢筋以角钢、槽钢、工字钢、钢轨等型钢作为结构构件的配筋。

4. 混凝土结构对钢筋性能的要求

用于混凝土结构中的钢筋，一般应能满足下列要求。

1）具有适当的屈强比

在钢筋的应力—应变曲线中，强度有两个：一个是钢筋的屈服强度（或条件屈服强度），这是设计计算时的主要依据，屈服强度高则材料用量省，所以要选用高强度钢筋；另一个是钢筋的抗拉强度，屈服强度与抗拉强度的比值称为屈强比，它可以代表结构的强度储备，比值小则结构的强度储备大，但比值太小则钢筋强度的有效利用率太低，所以要选择适当的屈强比。

2）足够的塑性

在混凝土结构中，若发生脆性破坏则变形很小，没有预兆，而且是突发性的，因此很危险。故而要求钢筋断裂时要有足够的变形，这样，结构在破坏之前就能显示出预警信号，保

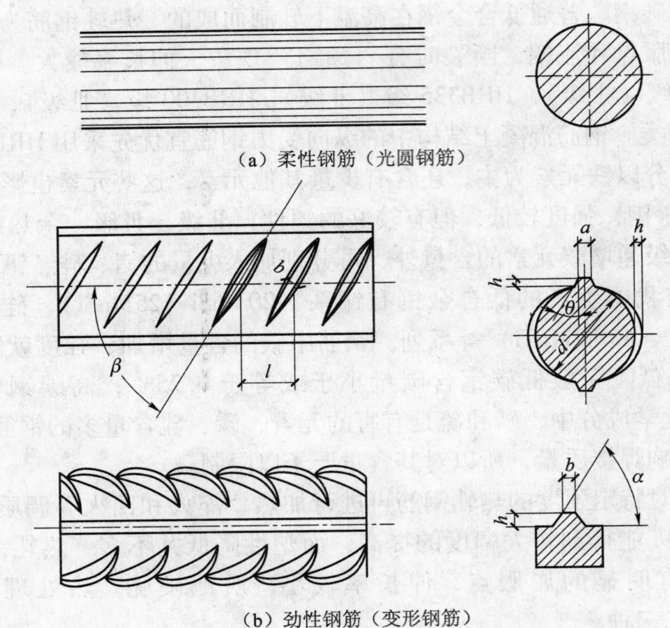

（a）柔性钢筋（光圆钢筋）

（b）劲性钢筋（变形钢筋）

图 1－4 钢筋的形状

证安全。另外，在施工时，钢筋要经受各种加工，所以钢筋要保证冷弯试验指标的要求。屈服强度、抗拉强度、伸长率和冷弯性能是钢筋的强度和变形的四项主要指标。

3）可焊性

要求钢筋具备良好的焊接性能，保证焊接强度，焊接后钢筋不产生裂纹及过大的变形。

4）低温性能

在寒冷地区要求钢筋具备抗低温性能，以防钢筋低温冷脆而致破坏。

5）与混凝土要有良好的黏结力

黏结力是钢筋与混凝土得以共同工作的基础，在钢筋表面刻痕或制成各种纹形，都有助于或大大提高黏结力。钢筋表面沾染油脂、糊着泥污、长满浮锈都会损害这两种材料的黏结。

对钢筋的各项要求应符合《混凝土结构工程施工质量验收规范》（GB 50204—2002）中的规定。

1.4.2 混凝土

1. 混凝土的强度

1）混凝土的立方体抗压强度

混凝土的立方体抗压强度是一种在规定的统一试验方法下衡量混凝土强度的基本指标。我国标准试件取用边长相等的混凝土立方体。这种试件的制作和试验均比较简便，而且离散性较小。

立方体抗压强度是以边长为 150 mm 的立方体试件，在标准养护条件下养护 28 天，依照标准试验方法测得的具有 95% 保证率的抗压强度值（以 MPa 计）作为混凝土的立方体抗压强度标准值（$f_{cu,k}$），同时用此值来表示混凝土的强度等级，并冠以“C”。如 C30 表示 30 级混凝土，“30”表示该级混凝土立方体抗压强度的标准值为 30 MPa。

混凝土立方体抗压强度与试验方法有密切关系。在通常情况下，试验机承压板与试件之间将产生阻止试件向外自由变形的摩阻力，阻滞了裂缝的发展，从而提高了试块的抗压强度。如果在承压板与试件之间涂油脂润滑剂，则试验加压时摩阻力将大为减小。《混凝土结构工程施工质量验收规范》中规定采用不加润滑剂的试验方法。

混凝土的立方体抗压强度还与试件尺寸有关。试验表明，立方体试件尺寸越小，摩阻力的影响越大，测得的强度也越高。在实际工程中也有采用边长为 200 mm 和边长为 100 mm 的混凝土立方体试件，所测得的立方体强度应分别乘以换算系数 1. 05 和 0. 95 折算成边长为 150 mm 的混凝土立方体抗压强度。

混凝土的立方体抗压强度标准值又称为混凝土的强度等级。常用的混凝土强度等级有 C15、C20、C25、C30、C35、C40、C45、C50、C55、C60、C65、C70、C75 和 C80 等。钢筋混凝土构件的混凝土强度等级不宜低于 C20；当采用 HRB400、KL400 级钢筋时，混凝土的强度等级不宜低于 C25；预应力混凝土构件，其强度等级不应低于 C40。

2）混凝土的轴心抗压强度（棱柱体抗压强度）

通常钢筋混凝土构件的长度比它的截面边长要大得多，因此棱柱体试件（高度大于截面边长的构件）的受力状态更接近于实际构件中混凝土的受力情况。工程中通常用高宽比为 3 ～4 的棱柱体，按照与立方体试件相同的制作条件和试验方法测得的具有 95% 保证率的棱柱体试件的极限抗压强度值，作为混凝土轴心抗压强度，用 f_{ck} 表示。

试验表明，棱柱体试件的抗压强度较立方体试块的抗压强度低。混凝土的轴心抗压强度试验以 150 mm × 150 mm × 450 mm 的试件为标准试件。

通过大量棱柱体抗压试验，结果发现 f_{ck} 与 $f_{cu,k}$ 的关系大致呈一直线，如图 1 –5 所示。

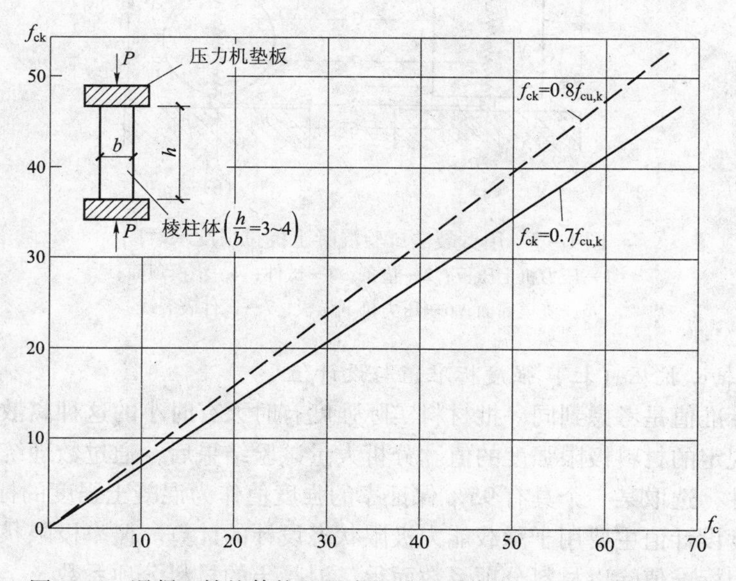

图 1 –5　混凝土棱柱体抗压强度 f_{ck} 与立方体抗压强度 $f_{cu,k}$ 的关系

3）混凝土的轴心抗拉强度f_{tk}

混凝土的抗拉强度和抗压强度一样，都是混凝土的基本强度指标。但是混凝土的轴心抗拉强度很低，一般为立方体强度的1/18～1/8。为此，在进行钢筋混凝土结构强度计算时，总是考虑受拉区混凝土开裂后退出工作，拉应力全部由钢筋来承受，这时，混凝土的抗拉强度没有实际意义。但是，对于不容许出现裂缝的结构，就应考虑混凝土的抗拉能力，并以混凝土的轴心抗拉极限强度作为混凝土抗裂强度的重要指标。

测定混凝土轴心抗拉强度的方法有两种。

一种是直接测试方法，如图1-6所示，对两端预埋钢筋的长方体试件（钢筋位于试件轴线上）施加拉力，试件破坏时的平均拉应力即为混凝土的轴心抗拉强度。这种测试方法对试件尺寸及钢筋位置要求较严。

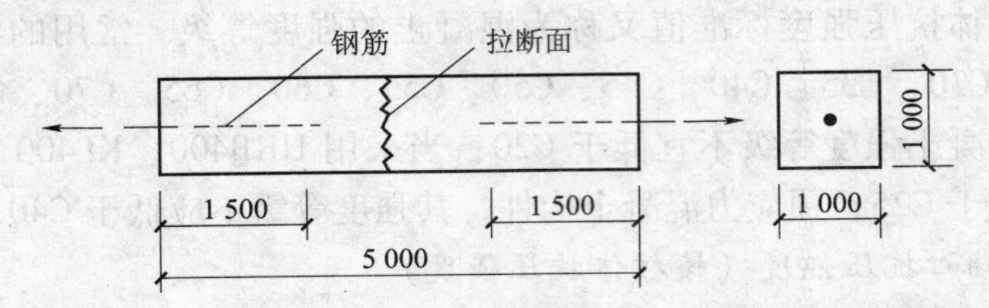

图1-6　混凝土轴心抗拉强度直接测试方法（尺寸单位：mm）

另一种为间接测试方法，如劈裂试验（图1-7），试件采用立方体或圆柱体，试件平放在压力机上，通过垫条施加线集中力P，试件破坏时，在破裂面上产生与该面垂直且均匀分布的拉力，当拉应力达到混凝土的抗拉强度时，试件即被劈裂成两半。

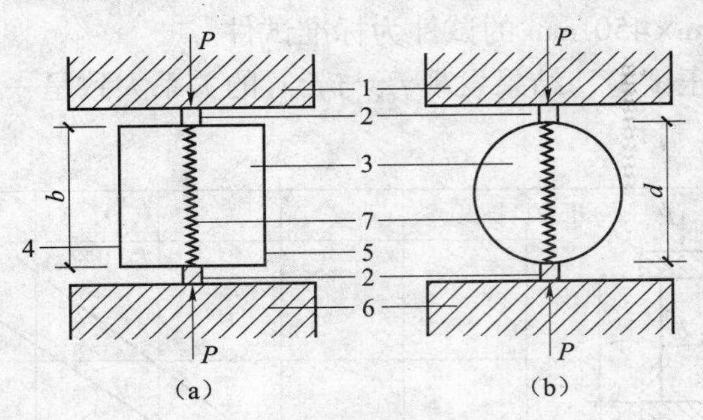

图1-7　用劈裂法试验混凝土抗拉强度示意图

1—压力机上压板；2—垫条；3—试件；4—浇模顶面；5—浇模底面；6—压力机下压板；7—试件破裂线

4）混凝土轴心抗压（拉）强度标准值与设计值

材料强度标准值是考虑到同一批材料实际强度有时大有时小的这种离散性，为了统一材料质量要求而规定的材料极限强度的值。分析大量试验结果后，通过数理统计，根据结构的安全和经济条件，选取某一个具有95%保证率的强度值作为混凝土强度的标准值。

混凝土强度设计值主要用于承载能力极限状态设计的计算。概率极限状态设计方法规定强度设计值应用标准值除以材料分项系数而得。混凝土的材料分项系数$\gamma_c=1.4$。

不同强度等级混凝土强度设计值与强度标准值见表1-1。

表1-1 不同强度等级混凝土强度设计值和强度标准值 MPa

强度种类		符号	混凝土强度等级													
			C15	C20	C25	C30	C35	C40	C45	C50	C55	C60	C65	C70	C75	C80
强度设计值	轴心抗压	f_{cd}	6.9	9.2	11.5	13.8	16.1	18.4	20.5	22.4	24.4	26.5	28.5	30.5	32.4	34.6
	轴心抗拉	f_{td}	0.88	1.06	1.23	1.39	1.52	1.65	1.74	1.83	1.89	1.96	2.02	2.07	2.10	2.14
强度标准值	轴心抗压	f_{ck}	10.0	13.4	16.7	20.1	23.4	26.8	29.6	32.4	35.5	38.5	41.5	44.5	47.4	50.2
	轴心抗拉	f_{tk}	1.27	1.54	1.78	2.01	2.20	2.40	2.51	2.65	2.74	2.85	2.93	3.00	3.05	3.10

注：计算现浇钢筋混凝土轴心受压和偏心受压构件时，如截面的长边或直径小于 300 mm，表中数值应乘以系数 0 8；当构件质量（混凝土成形、截面和轴线尺寸等）确有保证时，可不受此限制。

2. 混凝土的变形

钢筋混凝土结构的计算理论与混凝土的变形性能相关，所以研究混凝土的变形，对于掌握钢筋混凝土结构设计计算方法是很重要的。

1）*混凝土的受力变形*

（1）混凝土在一次短期荷载作用下的变形

研究混凝土在一次短期荷载作用下的变形性能，也就是研究混凝土受压时的应力—应变曲线形状、曲线中的最大应力值及其对应的应变值和破坏时的极限应变值。

混凝土的变形可分为混凝土的受力变形与混凝土的体积变形。

据试验资料可得图1-8所示的混凝土棱柱体一次短期加荷（压）轴心受压的应力—应变曲线。

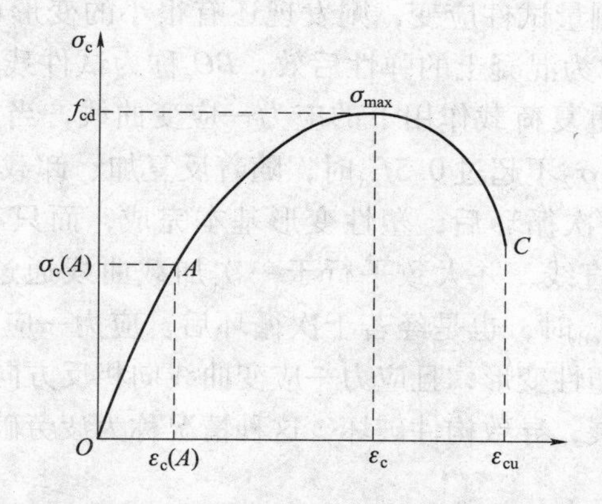

图1-8 混凝土棱柱体一次短期加荷（压）轴心受压的应力—应变曲线

在曲线开始部分，即 $\sigma_c \leqslant 0.2\sigma_{max}$ 时应力与应变曲线近似呈线性关系，此时混凝土的变形主要取决于集料和水泥在受压后的弹性变形。当应力超过 $0.2\sigma_{max}$ 后，塑性变形渐趋明显，应力—应变曲线的曲率随应力的增长而增大，且应变的增长较应力快。这是由于除水泥凝胶体的黏性流动外，混凝土中已产生微裂缝并开始扩展所致。当 $\sigma_c \geqslant 0.75\sigma_{max}$ 时，微裂缝继续扩展并互相贯通，使塑性变形急剧增长，最后在 σ_c 接近 σ_{max} 时，混凝土内部微裂缝转变为明显的纵向裂缝，试件的抗力开始减小。此时混凝土试件所承受的最大应力 σ_{max} 即为棱柱体抗压强度 f_{ck}，其相应的应变值 $\varepsilon_c = 0.000\ 8 \sim 0.003$（计算时取 $\varepsilon_c = 0.002$）。曲线 $0 \sim \sigma_{max}$ 段称为此应力—应变曲线的“上升段”。

由于加荷，试验机本身变形而积存了弹性应变能。早期的试验机刚度较小，所积存的弹性应变能较大，当对试件加荷到σ_{max}后，因混凝土抗力减小，试验机一下子把能量释放出来，对试件施加了附加应变，使试件急速崩坏，所测得的应力—应变曲线只有上升段；现在的试验机采用了先进技术，刚度大，所积存的弹性应变能较小，当对试件加荷到σ_{max}时，试件还不会立即破坏。如果试验机不再加荷而是缓慢地卸荷，试件应力逐渐减小，但是试验机还在释放能量，致使试件仍在持续地变形，使应力—应变曲线形成下降段，直至下降段末端C，试件才完全破坏。C点相对应的应变即为混凝土受压极限应变ε_{cu}。一般情况下，$\varepsilon_{cu}=0.002\sim0.006$，有时甚至可达0.008。对高强度（如C50和C60）混凝土，由于其脆性性质，没有这种下降段或下降段很不明显。

试验证明，混凝土塑性变形的大小与加荷速度及荷载持续时间有密切关系。在瞬时荷载作用下，比如，当每级荷载持续时间少于0.001 s时，所记录的变形完全为弹性变形，应力—应变呈直线关系。这时荷载持续时间越长，试件变形越大，应力—应变曲线的曲率也就越大。

混凝土的一次短期加荷轴心受拉应力—应变曲线与轴心受压类似，但比受压应力—应变曲线的曲率变化小，受拉极限应变$\varepsilon_c=0.000\,1\sim0.000\,15$，仅为受压极限应变的1/20～1/15，这也是混凝土受拉时容易开裂的原因。

（2）混凝土在多次重复荷载作用下的变形

图1－9（a）所示为混凝土棱柱体在一次加载卸载时的应力—应变曲线，加载曲线OA凹向ε轴，而卸载曲线AB凸向ε轴，在荷载全部卸完的一瞬间，卸载曲线AB的末端为B点，如果停留一段时间再测量试件应变，则发现还有很小的变形可以恢复，也即由B点到B'点，则BB'的恢复应变称为混凝土的弹性后效，BO称为试件残余应变。图1－9（b）所示为混凝土棱柱体在多次重复荷载作用下的应力—应变曲线，当重复荷载引起的最大应力（图1－9（b））中的σ_1或σ_2不超过$0.5f_{cd}$时，随着反复加、卸载次数的增加，加载曲线的曲率逐渐减小。经4～10次循环后，塑性变形基本完成，而只有弹性变形，混凝土的应力—应变曲线逐渐接近于直线，并大致平行于一次加载曲线通过原点的切线。当图1－9（b）中的应力σ_3超过$0.5f_{cd}$时，也是经若干次循环后，应力—应变关系变成直线。但若继续循环下去，将重复出现塑性变形，且应力—应变曲线向相反方向弯曲，直至循环到一定次数，由于塑性变形不断扩展，导致构件破坏，这种情况称为疲劳破坏。试验证明，重复荷载

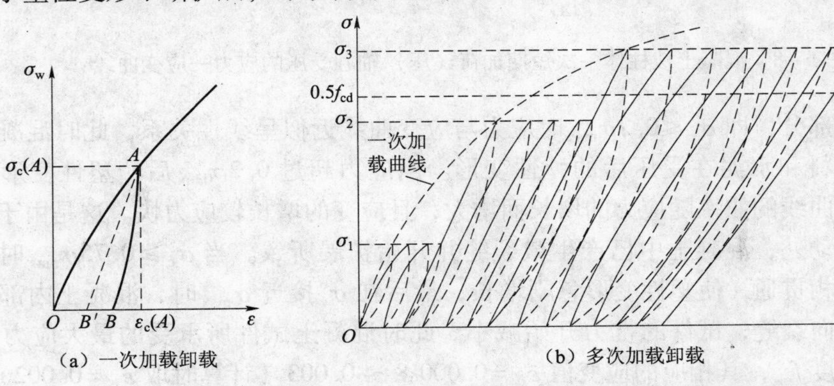

图1－9　混凝土在重复荷载作用下的应力—应变曲线

引起的应力越大，试验达到疲劳所需的循环次数越少。

对于由混凝土组成的桥涵结构，通常要求能承受两百万次反复荷载的作用。经受两百万次反复变形而破坏的应力即称为混凝土的疲劳强度（f_p）。混凝土的疲劳强度约为其棱柱体强度的1/2，即$f_p \approx 0.5 f_{cd}$。

（3）混凝土在长期荷载作用下的变形

在混凝土棱柱体试件上加载，试件产生压应变，如果维持荷载不变，若干时间后，混凝土的应变还在继续增加。混凝土在荷载长期作用下（即压力不变的情况下），应变随时间继续增长的现象称为混凝土的徐变。

混凝土的徐变具有如下规律。

① 混凝土的徐变与混凝土的应力大小有密切的关系，应力越大，徐变也越大。当应力较小（$\sigma_c < 0.5 f_{cd}$）时，徐变与应力成正比，这种情况称为线性徐变。

② 混凝土的徐变与时间参数有关。图1-10所示为混凝土试件的应变—时间关系曲线，图中纵标A为加载过程中完成的变形，称为瞬变；纵标B为荷载不变情况下产生的徐变，纵标C为试件产生的总变形。试件在受载后的前3～4个月，徐变发展最快，可达徐变总值的45%～50%。当长期荷载引起的应力$\sigma_c <$（0.5～0.55）f_{cd}时，徐变的发展符合渐进线规律。徐变全部完成则需4～5年。当长期荷载卸去后，变形一部分恢复，如图1-10中的D，另一部分如图1-10中的E，则在相当长的时间内逐渐恢复，称为弹性后效。图1-10中的F为最后的残余变形。

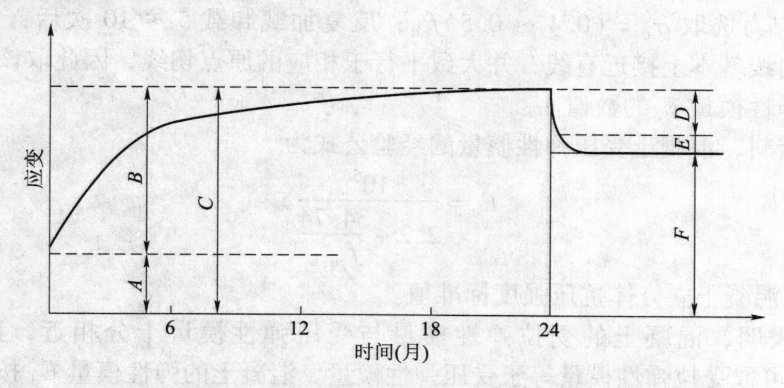

图1-10 混凝土试件的应变—时间关系曲线

③ 加载龄期对徐变也有重要影响。混凝土加载龄期越短，即混凝土越“年轻”，徐变越大（图1-11）。

④ 水泥用量越多，水灰比越大，徐变越大。

⑤ 混凝土集料越坚硬、养护时相对湿度越高，徐变越小。

混凝土的徐变对混凝土和钢筋混凝土结构有很大影响。在某些情况下，徐变有利于防止结构物的裂缝形成，同时还有利于结构内力重分布。但在预应力混凝土结构中，徐变则会引起预应力损失。徐变变形还可能超过弹性变形，甚至达到弹性变形的2～4倍，这就要改变超静定结构的应力状态。所以，混凝土的徐变已被大家所重视。

（4）混凝土的弹性模量E_c

在计算超静定结构的内力、钢筋混凝土结构的变形和预应力混凝土构件截面的预压应力

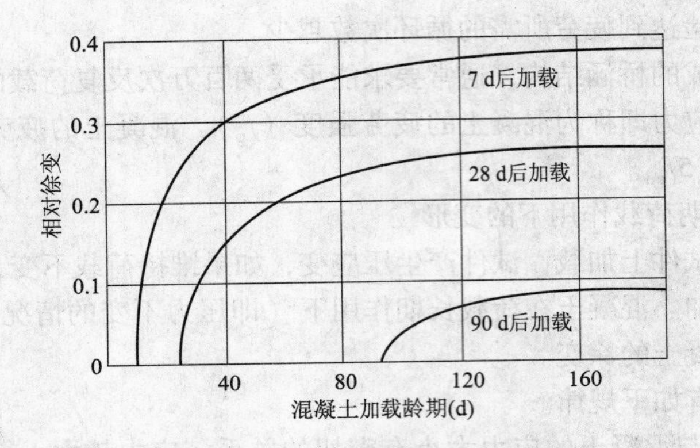

图1-11 混凝土加载龄期与相对徐变的关系

时，就要用到混凝土的弹性模量。

作为弹塑性材料的混凝土，其应力与应变的关系是一条曲线，应力增量与应变增量的比值，即为混凝土的变形模量。它不是常数，而是随混凝土的应力变化而变化。显然，混凝土的变形模量在使用上很不方便。工程中为了方便使用，人们近似地取用应力—应变曲线在原点 O 的切线斜率作为混凝土的弹性模量，并用 E_c 表示。而混凝土应力—应变曲线原点 O 的切线斜率的准确值不易从一次加载的应力—应变曲线上求得，我国工程上所取用的混凝土受压弹性模量 E_c 数值是在重复加载的应力—应变曲线上求得的。试验采用棱柱体试件，加载产生的最大压应力选取 $\sigma_c=(0.4\sim0.5)f_{cd}$，反复加载卸载 5 ～ 10 次后，混凝土受压应力—应变关系曲线基本上接近直线，并大致平行于相应的原点切线，因此取该直线的斜率作为混凝土受压弹性模量 E_c 的数值。

根据试验资料，混凝土受压弹性模量的经验公式为

$$E_c=\frac{10^5}{2.2+\dfrac{34.74}{f_{cu,k}}} \tag{1-1}$$

式中：$f_{cu,k}$——混凝土立方体抗压强度标准值。

试验结果表明，混凝土的受拉弹性模量与受压弹性模量十分相近，其比值平均为 0.995。使用时可取受拉弹性模量等于受压弹性模量。混凝土的弹性模量 E_c 按表 1-2 取用。

表 1-2 混凝土的弹性模量 E_c MPa

混凝土强度等级	C15	C20	C25	C30	C35	C40	C45	C50	C55	C60	C65	C70	C75	C80
E_c	2.20×10^4	2.55×10^4	2.80×10^4	3.00×10^4	3.15×10^4	3.25×10^4	3.35×10^4	3.45×10^4	3.55×10^4	3.60×10^4	3.65×10^4	3.70×10^4	3.75×10^4	3.80×10^4

注：当采用引气剂及较高砂率的泵送混凝土且无实测数据时，表中 C50 ～ C80 的 E_c 值应乘以折减系数 0.95。

混凝土剪变模量由弹性理论求得

$$G_c=\frac{E_c}{2(1+\upsilon_c)} \tag{1-2}$$

式中：υ_c——混凝土的横向变形系数（即泊松比）。

2）混凝土的体积变形

混凝土的收缩与膨胀属于混凝土的体积变形。

混凝土在空气中结硬时体积减小的现象称为混凝土的收缩。产生收缩的原因主要是混凝土在凝结硬化过程中的化学反应所产生的“凝缩”和混凝土自由水分的蒸发所产生的“干缩”两部分所引起的混凝土体积变化。

混凝土中的水泥用量越多、水泥强度等级越高、水灰比越大，混凝土的收缩就越大；混凝土中的集料质量越好、浇捣混凝土越密实、在养生结硬过程中周围湿度越高，混凝土收缩就越小。

实践证明，混凝土从开始凝结起就产生收缩，有时可延续一二十年，一般在最初半年内收缩量最大，可完成全部收缩量的80%～90%。

混凝土的收缩对钢筋混凝土结构会产生有害影响，常造成收缩裂缝。特别是对一些长度大但截面尺寸小的构件或薄壁结构，如果在制作和养护时不采取预防措施，严重的会在交付使用前就因收缩裂缝而破坏。为此，在施工时应控制混凝土的水灰比和水泥用量等各项指标并加强养护。必要时应设置变形缝和防收缩钢筋，以防止和限制因混凝土收缩而引起的裂缝扩展。

混凝土在水中结硬时，体积膨胀。膨胀值一般比收缩值小很多，且常起有利作用，因此在计算中不予考虑。

思　考　题

1. 混凝土的标号（或强度等级）是如何划分的？
2. 如何确定混凝土的弹性模量？
3. 什么是徐变？主要有哪些影响因素？
4. 什么是混凝土的收缩？收缩对构件有哪些不利影响？
5. 钢筋有哪些种类？
6. 如何增强钢筋与混凝土的黏结锚固能力？

第2章 受弯构件强度和变形计算

【本章内容概要】

本章首先介绍了受弯构件在弯矩作用下的受力性能，在此基础上介绍了受弯构件抗弯强度的计算原理，之后重点介绍了三种常用的计算类型，即单筋矩形截面梁、双筋矩形截面梁以及T形截面梁的抗弯强度的计算；还介绍了受弯构件的另一主要计算内容，即抗剪强度计算，在分析了受弯构件在剪应力作用下的受力性能之后，介绍了两种抗剪钢筋的设计计算方法；最后叙述了受弯构件的裂缝和挠度的概念及计算方法。

【本章学习重点与难点】

学习重点：双筋矩形截面强度的计算方法，受弯构件斜截面的计算，受弯构件的裂缝和挠度验算。

学习难点：单筋矩形截面强度的计算，受弯构件斜截面承载能力的计算，受弯构件的裂缝和挠度验算。

2.1 抗弯强度计算

2.1.1 概述

受弯构件主要是指弯矩和剪力共同作用的构件，结构中各种类型的梁、板是典型的受弯构件。梁和板的区别在于梁的截面高度一般大于其宽度，而板的截面高度则远小于其宽度。混凝土梁、板按施工方法不同可分为现浇式和预制式，按配筋方式不同可分为单筋截面梁、板和双筋截面梁、板。

受弯构件在荷载作用下可能发生两种破坏。当受弯构件沿弯矩最大的截面发生破坏时，破坏截面与构件的纵轴线垂直，称为沿正截面破坏，如图2－1（a）所示；当受弯构件沿剪力最大或弯矩和剪力都较大的截面发生破坏时，破坏截面与构件的纵轴线斜交，称为沿斜截面破坏，如图2－1（b）所示。因此受弯构件需要进行正截面承载力和斜截面承载力计算。

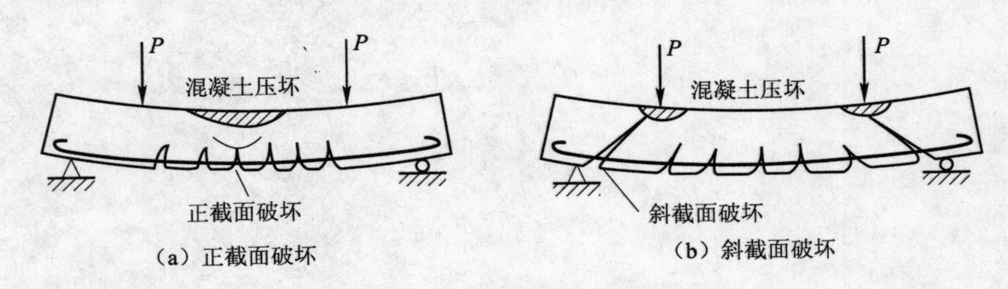

图2－1　受弯构件的破坏形式

2.1.2　受弯构件的截面形式及构造要求

1. 截面形式

受弯构件常采用矩形、T形、工字形、环形、槽形板、空心板等对称截面和倒L形等不对称截面，如图2－2所示。

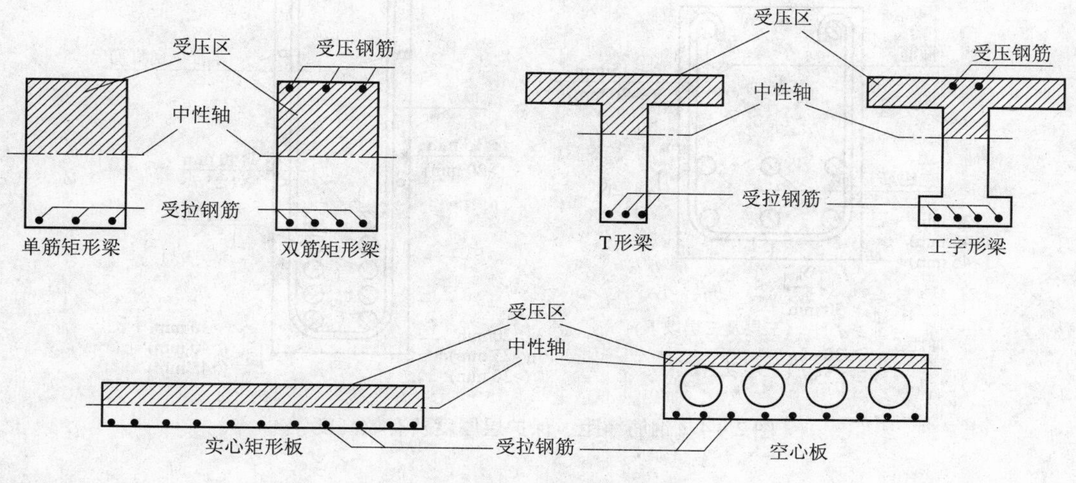

图2－2　常用受弯构件的截面形式

在受弯构件中，仅在截面的受拉区配置纵向受力钢筋的截面，称为单筋截面；同时在截面的受拉区和受压区配置纵向受力钢筋的截面，称为双筋截面。参见图2－2。

2. 梁的构造要求

梁中一般配置纵向受力钢筋、弯起钢筋、箍筋和架立钢筋，如图2－3所示。

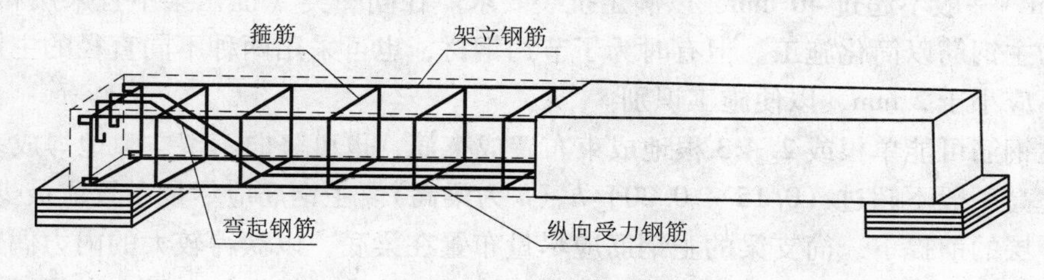

图2－3　梁的配筋

1）截面尺寸

梁高与跨度之比 h/l 称为高跨比。对于肋形楼盖的主梁，其高跨比一般为1/14～1/8，次梁为1/18～1/12，独立梁不小于1/15（简支）和1/20（连续）；对于一般铁路桥梁，其高跨比为1/10～1/6，公路桥梁为1/18～1/10。

矩形截面梁的高宽比 h/b 一般取2.0～3.0，T形截面梁的 h/b 一般取2.5～4.0（此处 b 为梁肋宽）。为便于统一模板尺寸，通常采用矩形截面梁的宽度或T形截面梁的肋宽 b = 100，120，150，（180），200，（220），250和300 mm，300 mm以上的级差为50 mm。括号中的数值仅用于木模；梁的高度 h = 250，300，…，750，800，900，1 000 mm等尺寸。当 $h<800$ mm时，级差为50 mm，当 $h\geqslant800$ mm时，级差为100 mm。

2）混凝土强度等级和保护层厚度

梁常用的混凝土强度等级是C20、C25、C30、C35、C40等。

纵向受力钢筋的外边缘至混凝土表面的垂直距离称为混凝土保护层厚度，用 c 表示，如图2－4所示。

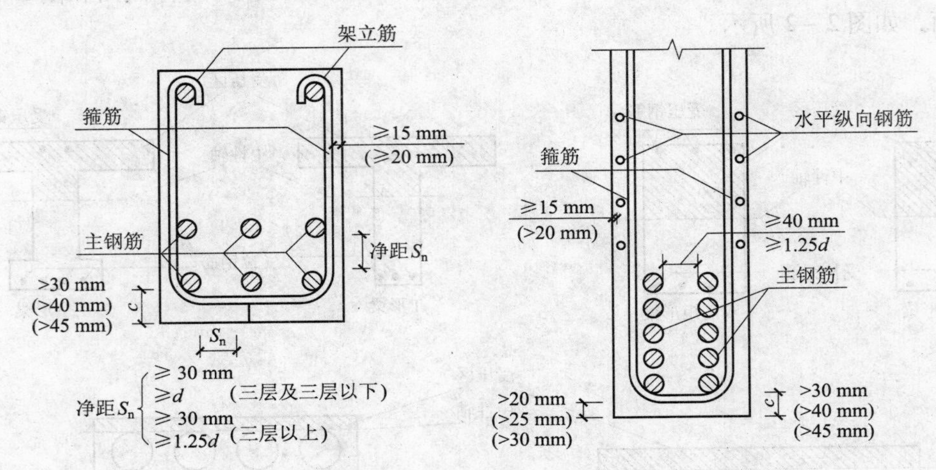

图2－4　钢筋净距、保护层厚度及有效高度

为了避免钢筋锈蚀，混凝土保护层厚度应符合以下规定：Ⅰ类环境条件为30 mm，Ⅱ类环境条件为40 mm，Ⅲ、Ⅳ类环境条件为45 mm。

3）钢筋

（1）主钢筋

梁内主钢筋常放在梁的底部承受拉应力，是梁的主要受力钢筋。常用的主钢筋直径为14～32 mm，一般不超过40 mm，以满足抗裂要求。在同一类（批）梁中宜采用相同牌号、相同直径的主钢筋以简化施工。但有时为了节约钢材，也可采用两种不同直径的主钢筋，但直径相差不应小于2 mm，以便施工识别。

梁内主钢筋可能单根或2～3根地成束布置成束筋，也可竖向不留空隙地焊成多层钢筋骨架，其叠高一般不超过（0.15～0.20）h（h 为梁高）。主钢筋应尽量布置成最少的层数。在满足保护层的前提下，简支梁的主钢筋应尽量布置在梁底，以获得较大的内力偶臂而节约钢材。对于焊接钢筋骨架，钢筋的层数不宜多于6层，并应将粗钢筋布置在底层。主钢筋的排列原则应为由下至上，下粗上细（对不同直径钢筋而言），对称布置，并应上下左右对齐，便于混凝土的浇筑。主钢筋与弯起钢筋之间的焊缝，宜采用双面焊缝，其长度为 $5d$，钢筋之间的短焊缝，其长度为 $2.5d$，此处的 d 为主钢筋直径。

各主钢筋之间的净距或层与层间的净距，当钢筋为3层及3层以下时，应不小于30 mm，且不小于钢筋直径 d；当钢筋为三层以下时，不小于40 mm或钢筋直径的1.25倍。

各束筋间的净距，不应小于等代直径 d_e（$d_e=\sqrt{n}d$，n 为束筋根数，d 为单根钢筋直径）。

钢筋位置与保护层厚度如图2－4所示。

（2）弯起钢筋（斜筋）

弯起钢筋是为满足斜截面抗剪强度而设置的，一般由受拉主钢筋弯起而成，有时也需加设专门的斜筋，一般与梁纵轴成45°角。弯起钢筋的直径、数量及位置均通过抗剪计算确定。

（3）箍筋

箍筋除了应满足斜截面的抗剪强度外，还起联结受拉钢筋和受压区混凝土，使其共同工作的作用。此外，还用它来固定主钢筋的位置而使梁内各种钢筋构成钢筋骨架。工程上使用的箍筋有开口和闭口两种形式，如图2－5所示。

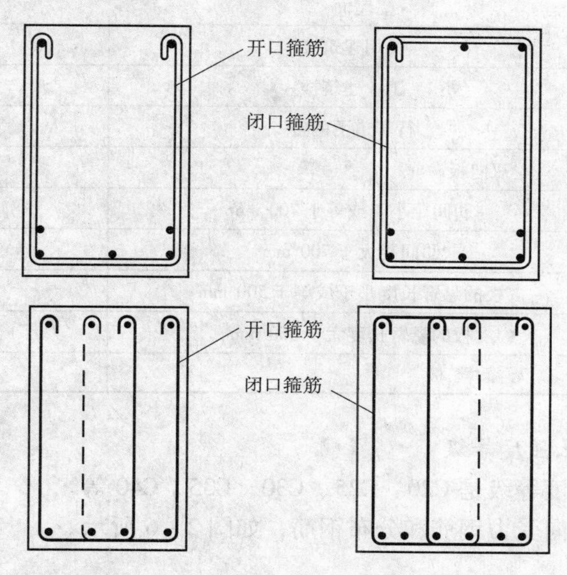

图2－5 箍筋的形式

无论计算上是否需要，梁内均应设置箍筋。其直径不小于8 mm且不小于主钢筋直径的1/4。

箍筋间距应不大于梁高的1/2和400 mm。当所箍的钢筋为受压钢筋时，箍筋间距还应不大于受压钢筋直径的15倍和400 mm。

混凝土表面至箍筋的净距应不小于15 mm。

（4）架立钢筋

钢筋混凝土梁内须设置架立钢筋，以便在施工时形成钢筋骨架，保持箍筋的间距，防止钢筋因浇筑振捣混凝土及其他意外因素而产生偏斜。钢筋混凝土T形梁的架立钢筋直径多为22 mm，矩形截面梁一般为10～14 mm。

（5）纵向防裂钢筋

当梁高大于1 m时，沿梁肋高度的两侧并在箍筋外侧水平方向应设置防裂钢筋，以抵抗温度应力及混凝土收缩应力。其直径一般为8～10 mm，其总面积为（0.001～0.002）× bh，b 为梁腹宽，h 为梁全高。

水平纵向钢筋的间距，在受拉区应不大于腹板厚度，且不大于200 mm；在受压区应不大于300 mm；在支点附近剪力较大区段，水平纵向钢筋截面面积应予增加，其间距宜为100～150 mm。

3. 板的构造要求

1）板的最小厚度

现浇板的宽度一般较大，设计时可取单位宽度（$b=1\ 000$ mm）进行计算。其厚度除应满足各项功能要求外，尚应满足表 2－1 的要求。

表 2－1 现浇钢筋混凝土板的最小厚度 mm

板的类别		厚度
单向板	屋面	60
	民用建筑楼	60
	工业建筑楼	70
	行车道下的楼	80
双向板		80
密肋板	肋间距小于或等于 700 mm	40
	肋间距大于 700 mm	50
	板的悬臂长度小于或等于 500 mm	60
	板的悬臂长度大于 500 mm	80
无梁楼板		150

2）板常用的混凝土强度等级

板常用的混凝土强度等级是 C20、C25、C30、C35、C40 等。

板内钢筋一般有纵向受力钢筋和分布钢筋，如图 2－6 所示。

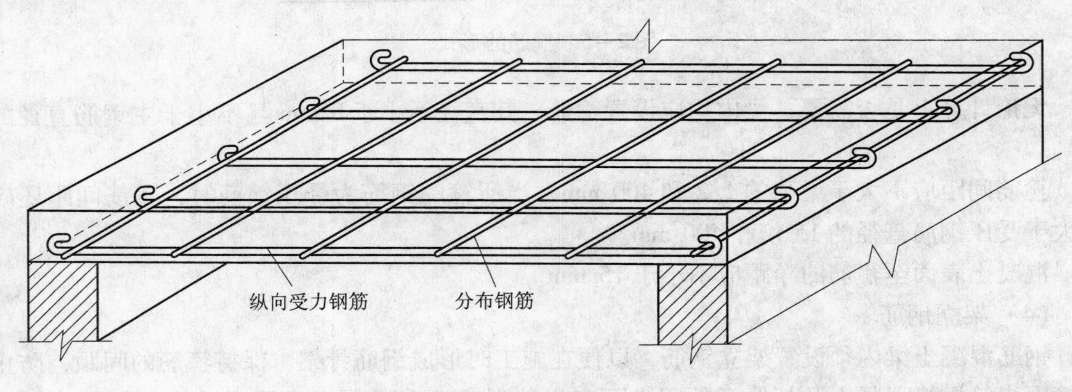

图 2－6 板的配筋

3）板的受力钢筋

板的纵向受力钢筋常用 HPB235（Ⅰ级）、HRB335（Ⅱ级）和 HRB400（Ⅲ级）钢筋，直径通常采用 6 ～ 12 mm；当板厚较大时，钢筋直径可用 14 ～ 18 mm。为了便于浇筑混凝土，保证钢筋周围混凝土的密实性，板内钢筋不宜太密；为了使板能正常地承受外荷载，板内钢筋也不宜过稀。钢筋的间距一般为 70 ～ 200 mm，如图 2－7 所示。当板厚 $h\leqslant 150$ mm 时，钢筋间距不宜大于 200 mm；当板厚 $h>150$ mm，钢筋间距不宜大于 $1.5h$，且不宜大于 250 mm。

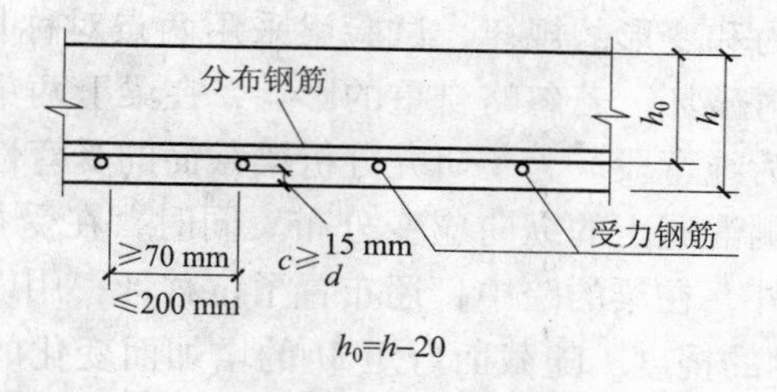

图2-7　板的配筋构造要求

4）板的分布钢筋

当按单向板设计时，除沿受力方向布置受力钢筋外，尚应在垂直受力方向布置分布钢筋，如图2-6所示。分布钢筋宜采用HPB235（Ⅰ级）和HRB335（Ⅱ级）的钢筋，常用直径是6 mm和8 mm。单位长度上分布钢筋的截面面积不宜小于单位宽度上受力钢筋截面面积的15%，且不宜小于该方向板截面面积的0.15%；分布钢筋的间距不宜大于250 mm，直径不宜小于6 mm；对集中荷载较大或温度变化较大的情况，分布钢筋的截面面积应适当增加，其间距不宜大于200 mm。

2.1.3　受弯构件正截面受弯性能

匀质弹性材料梁加载时，其变形规律符合平截面假定（平截面在梁弯曲变形后仍保持平面），由于材料性能符合胡克定律（应力与应变成正比），受压区和受拉区的应力分布图形都是三角形。此外，梁的挠度与弯矩也将一直保持线性关系。

钢筋混凝土梁由钢筋和混凝土两种材料组成，且混凝土是非弹性、非匀质材料，抗拉强度远小于其抗压强度，因而其受力性能有很大不同。研究钢筋混凝土构件的受弯性能，首先要进行构件加载试验。

1. 适筋梁的试验研究

图2-8所示为一配筋适当的钢筋混凝土单筋矩形截面试验梁。梁截面宽度为b，高度为h，截面的受拉区配置了面积为A_s的受拉钢筋，纵向受拉钢筋合力点至截面近边的距离为a，纵向受拉钢筋合力点至梁顶面受压边缘的距离为$h_0=h-a$，称为截面有效高度。

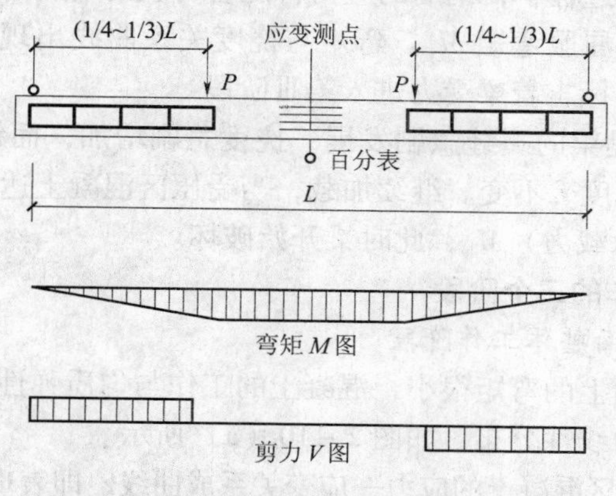

图2-8　钢筋混凝土单筋矩形截面试验梁

为了研究梁正截面受力和变形的规律，试验梁采用两点对称加载。荷载是逐级施加的，由零开始直至梁正截面受弯破坏。若忽略自重的影响，在梁上两集中荷载之间的区段，梁截面仅承受弯矩，该区段称为纯弯段。为了研究分析梁截面的受弯性能，在纯弯段沿截面高度布置了一系列应变计，量测混凝土的纵向应变分布。同时，在受拉钢筋上也布置了应变计，量测钢筋的受拉应变。此外，在梁的跨中，还布置了位移计，用以量测梁的挠度变形。

图 2－9 所示为试验梁的挠度 f 随截面弯矩 M 的增加而变化的试验曲线，从图中可知钢筋混凝土适筋梁从加载到破坏经历了三个阶段。

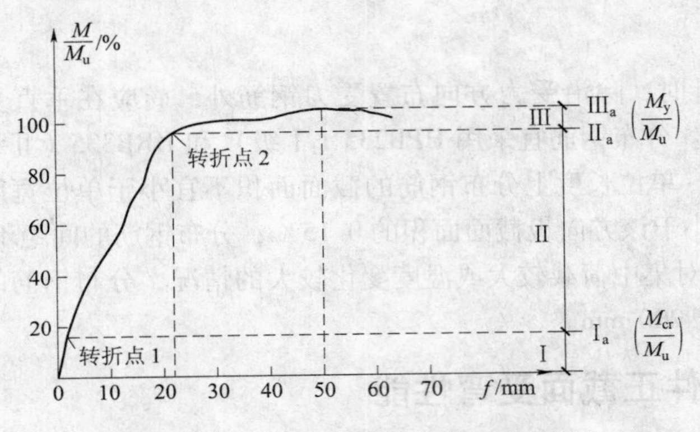

图 2－9　适筋梁弯矩—挠度关系试验曲线

① 当弯矩较小时，M—f 曲线接近直线变化。这时的工作特点是梁尚未出现裂缝，称为第Ⅰ阶段。在该阶段由于梁整个截面参与受力，截面抗弯刚度较大，梁的挠度很小，且与弯矩近似成正比。

② 当弯矩超过开裂弯矩 M_{cr}后，开裂瞬间，裂缝截面受拉区混凝土退出工作，其开裂前承担的拉力将转移给钢筋承担，导致裂缝截面钢筋应力突然增加（应力重分布），使中性轴比开裂前有较大上移，弯矩与挠度关系曲线出现了第一个明显的转折点，图 2－9 所示的转折点 1。随着裂缝的出现与发展，挠度的增长速度较开裂前为快。荷载继续增加，挠度不断增大，裂缝宽度也随荷载的增加而不断发展。这时的工作特点是梁带有裂缝，称为第Ⅱ阶段。

在第Ⅱ阶段整个发展过程中，钢筋的应力将随着荷载的增加而增加。当受拉钢筋刚达到屈服强度 f_y时，弯矩达到屈服弯矩 M_y。弯矩与挠度关系曲线出现了第二个明显的转折点，即图2－9 中的转折点 2，标志着梁受力进入第Ⅲ阶段。

③ 第Ⅲ阶段的特点是梁的裂缝急剧发展，挠度急剧增加，而钢筋应变有较大增长，但其应力基本上维持屈服强度 f_y不变。继续加载，当受压区混凝土达到极限压应变时，梁达到极限弯矩（正截面受弯承载力）M_u，此时梁开始破坏。

2. 适筋梁正截面工作的三个阶段

1）第Ⅰ阶段——截面整体工作阶段

在此阶段初期，截面上的弯矩很小，混凝土的工作与匀质弹性体相似，应力与应变成正比，混凝土截面上的应力线性分布，如图 2－10（a）所示。

随着荷载增加，受拉区混凝土的应力—应变关系成曲线，即表现出塑性性质，受拉区混凝土截面的应力呈曲线分布，直到受拉区混凝土大部分达到混凝土的抗拉强度，截面即将开裂（相应弯矩称为开裂弯矩，它与图 2－9 中的转折点 1 对应）。由于混凝土的抗压强度远高于抗拉强度，在开裂弯矩作用下，受压区混凝土应力仍然呈线性分布，如图 2－10（b）所示。

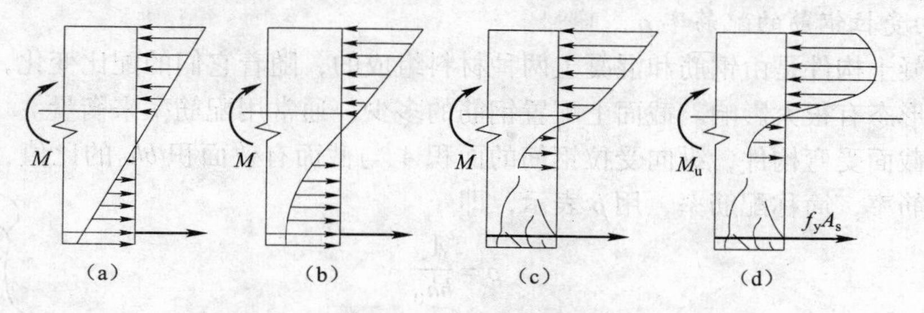

图 2－10　截面各应力阶段

2）第Ⅱ阶段——带裂工作阶段

在即将开裂阶段的基础上，只要增加荷载，截面立即开裂，截面上应力发生重分布。

由于受拉区混凝土开裂而退出工作，拉力几乎全部由纵向受拉钢筋承担，仅中性轴附近很少一部分混凝土仍未开裂而承担很小的拉力。受压区混凝土应力呈微弯的曲线分布，如图 2－10（c）所示。

3）第Ⅲ阶段——破坏阶段

理论上它是从受拉钢筋屈服开始（对应于图 2－9 中的转折点 2）到受压区混凝土破坏的一个阶段，但纵向受拉钢筋屈服后，其拉力大小不变，荷载（弯矩）的增加只能靠裂缝宽度的发展、中性轴上移、受压区混凝土压应力合力作用线上移，从而增大内力偶臂来实现，增幅有限，这一阶段的核心是即将破坏的特定状态，如图 2－10（d）所示。

表 2－2 简要地列出了适筋梁正截面受弯的三个受力阶段的主要特点。

表 2－2　适筋梁正截面受弯的三个受力阶段的主要特点

主要特点＼受力阶段		第Ⅰ阶段	第Ⅱ阶段	第Ⅲ阶段
习称		未裂阶段	带裂缝工作阶段	破坏阶段
外观特征		没有裂缝，挠度很小	有裂缝，挠度还不明显	钢筋屈服，裂缝宽，挠度大
弯矩—截面曲率（$M—\varphi^0$）		大致成直线	曲线	接近水平的曲线
混凝土应用力图形	受压区	直线	受压区高度减小，混凝土压应力图形为上升段的曲线，应力峰值在受压区边缘	受压区高度进一步减小，混凝土压应力图形为较丰满的曲线；后期为有上升段与下降段的曲线，应力峰值不在受压区边缘而在边缘的内侧
	受拉区	前期为直线，后期为有上升段的曲线，应力峰值不在受拉区边缘	大部分退出工作	绝大部分退出工作
纵向受拉钢筋应力		$\sigma_s \leqslant 20 \sim 30\ \mathrm{N/mm^2}$	$20 \sim 30\ \mathrm{N/mm^2} < \sigma_s < f_y^0$	$\sigma_s = f_y^0$
与设计计算的联系		I_a 阶段用于抗裂验算	用于裂缝宽度及变形验算	III_a 阶段用于正截面受弯承载力计算

3. 配筋率对正截面破坏形态的影响

1）纵向受拉钢筋的配筋率 ρ

钢筋混凝土构件是由钢筋和混凝土两种材料组成的，随着它们的配比变化，将对其受力性能和破坏形态有很大影响。截面上配置钢筋的多少，通常用配筋率来衡量。

对矩形截面受弯构件，纵向受拉钢筋的面积 A_s 与截面有效面积 bh_0 的比值，称为纵向受拉钢筋的配筋率，简称配筋率，用 ρ 表示，即

$$\rho = \frac{A_s}{bh_0} \tag{2-1}$$

式中：ρ——纵向受拉钢筋的配筋率，用百分数计量；

A_s——纵向受拉钢筋的面积，mm^2；

b——截面宽度，mm；

h_0——截面有效高度，mm，$h_0 = h - a$；

a——纵向受拉钢筋合力点至截面近边的距离，mm。当为一排钢筋时，$a = c + d/2$，其中 d 为钢筋直径，c 为混凝土保护层厚度。若环境类别为一类，当混凝土强度等级≥C25 时，对于板，$c = 15$ mm，当 $d = 10$ mm 时，$a = 20$ mm；对于梁，一排钢筋时，$c = 25$ mm，当 $d = 20$ mm 时，$a = 35$ mm，两排钢筋时，$a = 50 \sim 60$ mm。

2）受弯构件正截面的破坏形态

根据试验研究，受弯构件正截面的破坏形态主要与配筋率、混凝土和钢筋的强度等级、截面形式等因素有关，但以配筋率对构件的破坏形态的影响最为明显。根据配筋率不同，其破坏形态可分为适筋破坏、超筋破坏和少筋破坏，如图 2-11 所示，与三种破坏形态相对应的弯矩—挠度（M—f）曲线如图 2-12 所示。

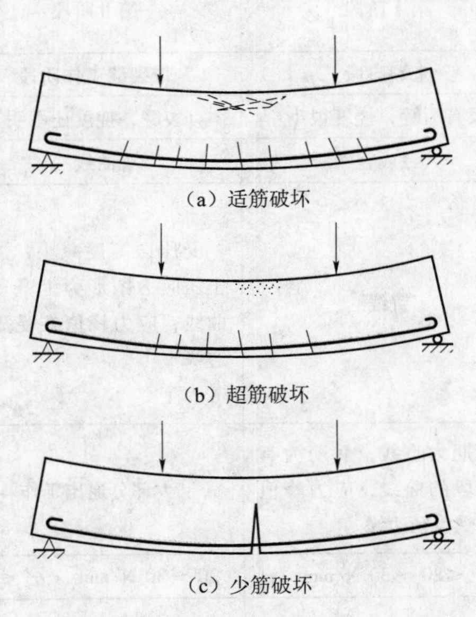

（a）适筋破坏

（b）超筋破坏

（c）少筋破坏

图 2-11 梁的三种破坏形态

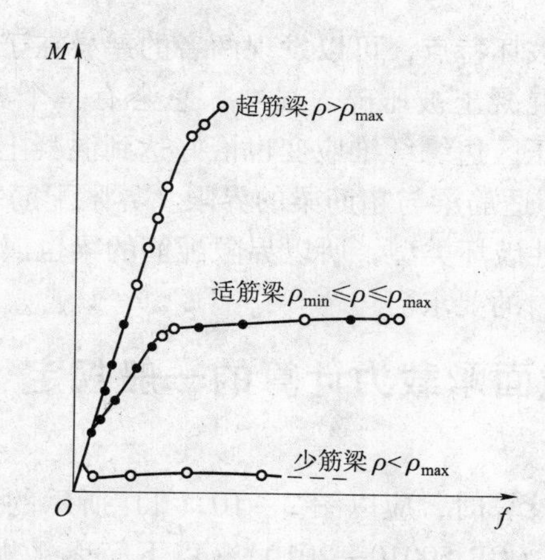

图2-12　适筋梁、超筋梁、少筋梁的 M—f 曲线

（1）适筋梁破坏

当配筋适中，即 $\rho_{min}\leqslant\rho\leqslant\rho_{max}$ 时（ρ_{min}、ρ_{max} 分别为纵向受拉钢筋的最小配筋率、最大配筋率）发生适筋梁破坏，其特点是纵向受拉钢筋先屈服，然后随着弯矩的增加受压区混凝土被压碎，破坏时两种材料的性能均得到充分发挥。

适筋梁的破坏特点是破坏始自受拉区钢筋的屈服。在钢筋应力达到屈服强度之初，受压区边缘纤维的应变小于受弯时混凝土极限压应变。在梁完全破坏之前，由于钢筋要经历较大的塑性变形，随之引起裂缝急剧开展和梁挠度的激增（见图2-12），将给人以明显的破坏预兆，属于延性破坏类型，如图2-11（a）所示。

（2）超筋梁破坏

当配筋过多，即 $\rho>\rho_{max}$ 时发生超筋梁破坏，其特点是混凝土受压区先压碎，纵向受拉钢筋不屈服。

超筋梁的破坏特点是在受压区边缘纤维应变达到混凝土受弯极限压应变值时，钢筋应力尚小于屈服强度，但此时梁已告破坏。试验表明，钢筋在梁破坏前仍处于弹性工作阶段，裂缝开展不宽，延伸不大，梁的挠度也不大，如图2-12所示。总之，它在没有明显预兆的情况下由于受压区混凝土被压碎而突然破坏，故属于脆性破坏类型，如图2-11（b）所示。

超筋梁虽配置过多的受拉钢筋，但由于梁破坏时其钢筋应力低于屈服强度，不能充分发挥作用，造成钢材的浪费。这不仅不经济，而且破坏前没有预兆，故设计中不允许采用超筋梁。

（3）少筋梁破坏

当配筋过少，即 $\rho<\rho_{min}$ 时发生少筋梁破坏，其特点是受拉区混凝土一开裂就破坏。

少筋梁的破坏特点是一旦开裂，受拉钢筋立即达到屈服强度，有时可迅速经历整个流幅而进入强化阶段，在个别情况下，钢筋甚至可能被拉断。少筋梁破坏时，裂缝往往只有一条，不仅裂缝开展过宽，且沿梁高延伸较大，即已标志着梁的“破坏”，如图2-11（c）所示。

从单纯满足承载力需要出发，少筋梁的截面尺寸过大，故不经济；同时它的承载力取决于混凝土的抗拉强度，属于脆性破坏类型，故在土木工程中不允许采用。水利工程中，往往截面尺寸很大，为了经济，有时也允许采用少筋梁。

比较适筋梁和超筋梁的破坏特点，可以发现两者的差异在于：前者破坏始自受拉钢筋屈服，后者破坏则始自受压区混凝土被压碎。显然，总会有一个界限配筋率 ρ_b，这时钢筋应力达到屈服强度的同时，受压区边缘纤维应变也恰好达到混凝土受弯时极限压应变值，这种破坏形态叫“界限破坏”，即适筋梁与超筋梁的界限。界限配筋率 ρ_b 即为适筋梁的最大配筋率 ρ_{max}。界限破坏也属于延性破坏类型，所以界限配筋的梁也属于适筋梁的范围。可见，梁的配筋率应满足 $\rho_{min} \leqslant \rho \leqslant \rho_{max}$ 的要求。

2.1.4　受弯构件正截面承载力计算的一般规定

1. 基本假定

受弯构件正截面承载力计算时，应以图 2－10（d）所示的受力状态为依据。为简化计算，《混凝土结构设计规范》（GB 50010—2010）（以下简称《规范》）规定，包括受弯构件在内的各种混凝土构件的正截面承载力应按下列四个基本假定进行计算。

① 截面应变保持平面。

② 不考虑混凝土的抗拉强度。

③ 混凝土受压的应力与应变关系曲线按下列规定取用：其简化的应力—应变设计曲线如图 2－13 所示。

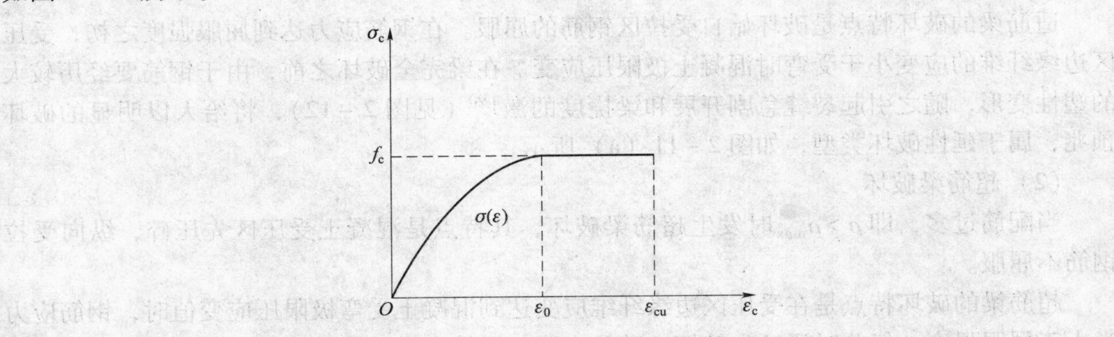

图 2－13　混凝土简化的应力—应变设计曲线

混凝土受压应力—应变关系曲线方程为

当 $\varepsilon_c \leqslant \varepsilon_0$ 时（上升段）

$$\sigma_c = f_c\left[1-\left(1-\frac{\varepsilon_c}{\varepsilon_0}\right)^n\right] \tag{2-2}$$

当 $\varepsilon_0 < \varepsilon_c \leqslant \varepsilon_{cu}$ 时（水平段）

$$\sigma_c = f_c \tag{2-3}$$

$$n = 2-\frac{1}{60}(f_{cu,k}-50) \leqslant 2.0 \tag{2-4}$$

$$\varepsilon_0 = 0.002+0.5(f_{cu,k}-50)\times 10^{-5} \geqslant 0.002 \tag{2-5}$$

$$\varepsilon_{cu} = 0.0033-(f_{cu,k}-50)\times 10^{-5} \leqslant 0.0033 \tag{2-6}$$

式中：σ_c——混凝土压应变为 ε_c 时的混凝土压应力；

f_c——混凝土轴心抗压强度设计值；

ε_0——混凝土压应力刚达到 f_c 时的混凝土压应变，当计算的 ε_0 值小于 0.002 时，取为

0.002；

ε_{cu}——正截面的混凝土极限压应变，当处于非均匀受压时，按上式计算，如计算的 ε_{cu} 值大于0.003 3，取为0.003 3；当处于轴心受压时取为 ε_0；

$f_{cu,k}$——混凝土立方体抗压强度标准值；

n——系数，当计算的 n 值大于2.0时，取为2.0。

④ 纵向钢筋的应力取等于钢筋应变与其弹性模量的乘积，但其绝对值不应大于其相应的强度设计值。纵向受拉钢筋的极限拉应变取为0.01，其简化的应力—应变设计曲线如图2－14所示。

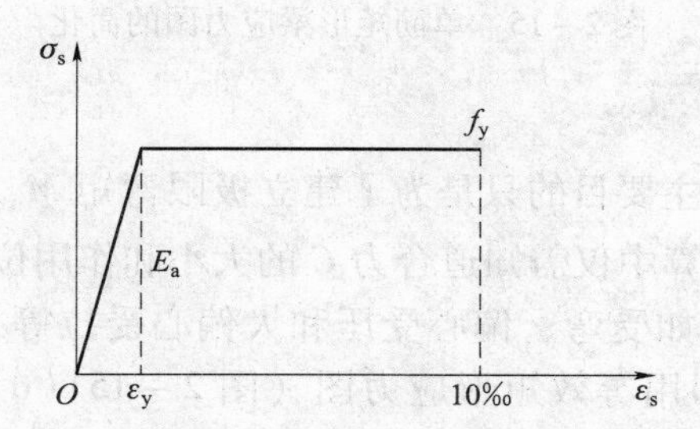

图2－14　钢筋简化的应力—应变设计曲线

钢筋的应力—应变关系曲线方程为

$$\sigma_s = E_s \varepsilon_s, \text{且} -f'_y \leqslant \sigma_s \leqslant f_y \qquad (2-7)$$

受拉钢筋的极限拉应变取为0.01是为了避免过大的塑性变形。对于混凝土各强度等级，各参数 n、ε_0、ε_{cu} 按上式的计算结果见表2－3。《规范》建议的公式仅适用于正截面计算。

表2－3　混凝土应力—应变曲线参数

f_{cu}	≤C50	C60	C70	C80
n	2	1.83	1.67	1.50
ε_0	0.002	0.002 05	0.002 1	0.002 15
ε_{cu}	0.003 3	0.003 2	0.003 1	0.003 0

2. 受压区混凝土的应力分布图——理论应力图

以单筋矩形截面为例，根据混凝土的应变分布图（图2－15（a）），再根据基本假定③就可由受压区混凝土的实际应力图（图2－15（b））得出受压区混凝土的理论应力图（图2－15（c））。受压区混凝土合力 C 的值为一积分表达式，受压区混凝土合力作用点与受拉钢筋合力作用点之间的距离 z 称为内力臂，也必须表达为积分的形式。

由平衡方程可知

$$\sum X = 0 \qquad T = A_s f_y = C(x_c) \qquad (2-8a)$$

$$\sum M = 0 \qquad M_u = A_s f_y z(x_c) \qquad (2-8b)$$

通过联立求解上述两个方程虽然可以进行截面设计计算，但因混凝土压应力分布为非线性分布，计算过程中需要进行比较复杂的积分计算，不利于工程应用。《规范》中规定采用简化压应力分布的方法。

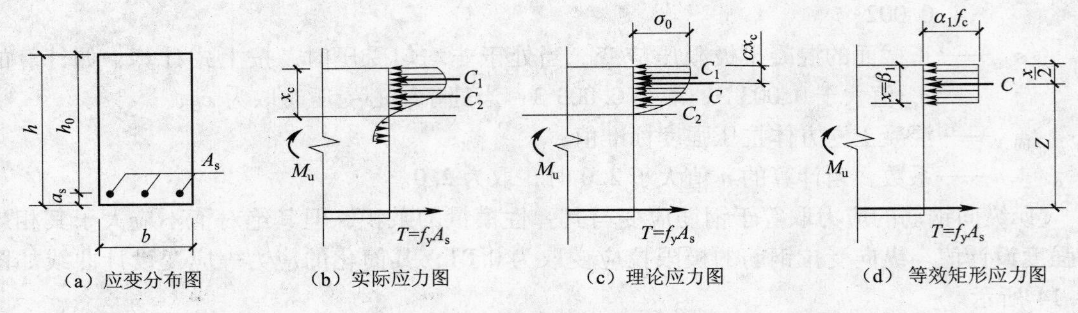

图2－15 单筋矩形梁应力图的简化

3. 等效矩形应力图

由于正截面抗弯计算的主要目的只是为了建立极限弯矩 M_u 的计算公式，从理论应力图求 M_u 很复杂，而在 M_u 的计算中仅需知道合力 C 的大小和作用位置 y_c 就足够了。为此，《规范》对于非均匀受压构件，如受弯、偏心受压和大偏心受拉等构件的正截面受压区混凝土的应力分布进行了简化，即用等效矩形应力图（图2－15（d））来代换理论应力图（图2－15（c））。

1）两个图形等效的条件

① 混凝土压应力的合力 C 大小相等。

② 两图形中受压区合力 C 的作用点不变。

2）系数 α_1、β_1

如图2－15（d）所示等效矩形应力图由无量纲参数 α_1 和 β_1 确定。系数 α_1 为受压区混凝土矩形应力图的应力值与混凝土轴心抗压强度设计值 f_c 的比值；系数 β_1 为矩形应力图受压区高度 x（简称混凝土受压区高度）与平截面假定的中性轴高度 x_c（中性轴到受压区边缘的距离）的比值，即 $\beta_1=x/x_c$。根据试验及分析，系数 α_1 和 β_1 仅与混凝土应力—应变曲线有关。

《规范》规定：当 $f_{cu,k}\leqslant 50\ \text{N/mm}^2$ 时，$\alpha_1=1.0$，$\beta_1=0.8$；当 $f_{cu,k}=80\ \text{N/mm}^2$ 时，$\alpha_1=0.94$，$\beta_1=0.74$；其间按线性内插法确定。

如图2－15（d）所示，采用等效矩形应力图，受弯承载力的计算公式可写成

$$\sum X=0 \qquad f_yA_s=\alpha_1f_cbx \tag{2-9a}$$

$$\sum M=0 \qquad M_u=\alpha_1f_cbx\left(h_0-\frac{x}{2}\right) \tag{2-9b}$$

令 $\xi=\dfrac{x}{h_0}$，称为相对受压区高度，即等效矩形应力图的受压区高度 x 与截面有效高度 h_0 的比值。则式（2－9a）、式（2－9b）可写成

$$\sum X=0 \qquad f_yA_s=\alpha_1f_cbh_0\xi \tag{2-10a}$$

$$\sum M=0 \qquad M_u=\alpha_1f_cbh_0^2\xi(1-0.5\xi) \tag{2-10b}$$

4. 相对界限受压区高度 ξ_b 及界限配筋率 ρ_b

1）相对界限受压区高度 ξ_b

相对界限受压区高度 ξ_b，是指在适筋梁界限破坏时，等效矩形应力图的受压区高度 x_b

与截面有效高度 h_0 的比值，即 $\xi_b=\dfrac{x_b}{h_0}$。界限破坏的特征是受拉纵筋应力达到屈服强度的同时，混凝土受压区边缘纤维应变恰好达到受弯时极限压应变 ε_{cu} 值。根据平截面假定，正截面破坏时，不同压区高度的应变变化如图 2－16 所示，中间斜线表示为界限破坏的应变。由图可以看出，破坏时的相对受压区高度越大，钢筋拉应变越小。设钢筋开始屈服时的应变为 ε_y，则 $\varepsilon_y=f_y/E_s$。

$$\xi_b=\frac{x_b}{h_0}=\frac{\beta_1 x_{cb}}{h_0}=\beta_1\cdot\frac{\varepsilon_{cu}}{\varepsilon_{cu}+\varepsilon_y}=\frac{\beta_1}{1+\dfrac{f_y}{E_s\varepsilon_{cu}}} \tag{2-11}$$

式中：ξ_b——相对界限受压区高度，$\xi_b=x_b/h_0$；

x_b——界限受压区高度；

h_0——截面有效高度；

x_{cb}——界限破坏时中性轴高度；

f_y——普通钢筋抗拉强度设计值；

E_s——钢筋的弹性模量；

ε_{cu}——非均匀受压时的混凝土极限压应变，按式（2－6）计算，当 $f_{cu,k}\leqslant 50\ \text{N/mm}^2$ 时，$\varepsilon_{cu}=0.003\,3$。

式（2－11）表明，相对界限受压区高度仅与材料性能有关，而与截面尺寸无关。

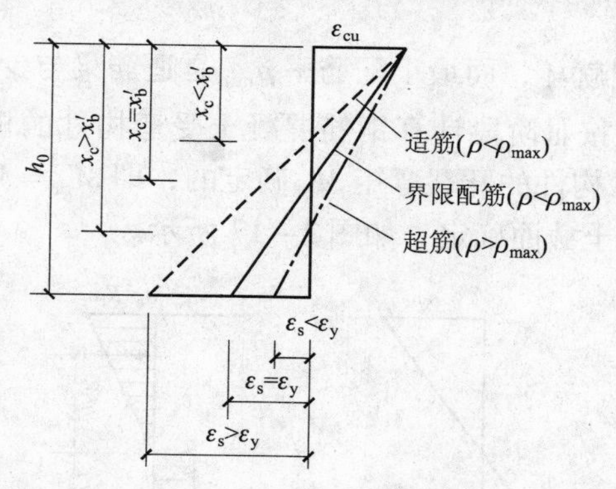

图 2－16　适筋梁、超筋梁、界限配筋梁破坏时的正截面平均应变图

由式（2－11）计算的 ξ_b 值见表 2－4。

表 2－4　相对界限受压区高度 ξ_b 取值

混凝土强度等级	≤C50			C60			C70			C80		
	Ⅰ级	Ⅱ级	Ⅲ级	Ⅰ级	Ⅱ级	Ⅲ级	Ⅰ级	Ⅱ级	Ⅲ级	Ⅰ级	Ⅱ级	Ⅲ级
钢筋级别	HPB235	HRB335	HRB400	HPB235	HRB335	HRB400	HPB235	HRB335	HRB400	HPB235	HRB335	HRB400
ξ_b	0.614	0.550	0.518	0.594	0.531	0.499	0.575	0.512	0.481	0.555	0.493	0.463

由图 2－16 可知：

当 $\xi<\xi_b$ 时，破坏时钢筋拉应变 $\varepsilon_s>\varepsilon_y$，受拉钢筋已经达到屈服，表明发生的破坏为适筋梁破坏或少筋梁破坏；

当 $\xi > \xi_b$ 时，破坏时钢筋拉应变 $\varepsilon_s < \varepsilon_y$，受拉钢筋不屈服，表明发生的破坏为超筋梁破坏；

当 $\xi = \xi_b$ 时，破坏时钢筋拉应变 $\varepsilon_s = \varepsilon_y$，受拉钢筋刚屈服，表明发生的破坏为界限破坏。与此对应的纵向受拉钢筋的配筋率，称为界限配筋率 ρ_b，即为适筋梁的最大配筋率 ρ_{max}。

2）界限配筋率 ρ_b

由式（2－9a）$f_y A_s = \alpha_1 f_c bx$ 可得

$$f_y \frac{A_s}{bh_0} = \alpha_1 f_c \frac{x}{h_0}$$

因为

$$\rho = \frac{A_s}{bh_0},\ \xi = \frac{x}{h_0}$$

所以

$$f_y \rho = \alpha_1 f_c \xi$$

则

$$\rho = \xi \alpha_1 \frac{f_c}{f_y} \tag{2-12a}$$

当 $\xi = \xi_b$ 时，$\rho = \rho_b = \rho_{max}$

则

$$\rho_b = \rho_{max} = \xi_b \alpha_1 \frac{f_c}{f_y} \tag{2-12b}$$

综上分析，防止梁发生超筋破坏的条件是 $\xi \leqslant \xi_b$ 或 $\rho = \frac{A_s}{bh_0} \leqslant \rho_{max}$。

5. 最小配筋率 ρ_{min}

少筋破坏的特点是一裂就坏，而最小配筋率 ρ_{min} 是适筋梁与少筋梁的界限配筋率。从理论上讲，最小配筋率 ρ_{min} 是按Ⅲ阶段计算钢筋混凝土受弯构件的极限弯矩 M_u 等于按Ⅰ阶段计算的同截面素混凝土受弯构件的开裂弯矩 M_{cr} 确定的，即 $M_{cr} = M_u$。

开裂弯矩 M_{cr} 按素混凝土截面确定，如图 2－17 所示。

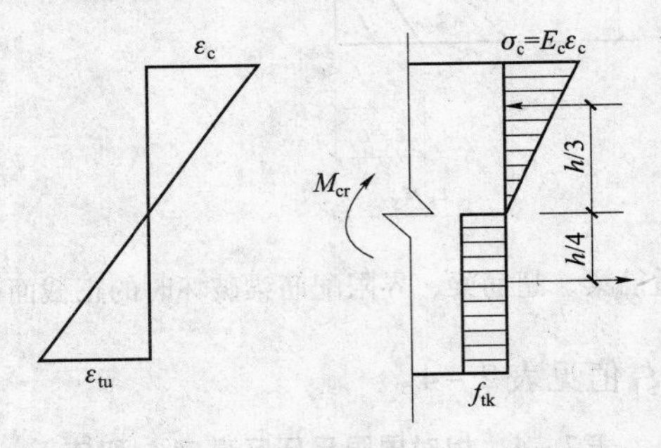

图 2－17　开裂时截面应变和应力分布

$$M_{cr} = f_{tk} b \frac{h}{2}\left(\frac{h}{4} + \frac{h}{3}\right) = \frac{7}{24} f_{tk} bh^2 \tag{2-13}$$

极限弯矩 M_u 用配筋率表示可写成

$$M_u = f_{yk} A_s h_0 (1 - 0.5\xi) = \frac{A_s}{bh_0} f_{yk} bh_0^2 (1 - 0.5\xi) \tag{2-14}$$

$$= \rho f_{yk} bh_0^2 (1 - 0.5\xi)$$

当 $M_{cr}=M_u$ 时，$\rho=\rho_{min}$，则由式（2－13）和式（2－14）可得

$$\frac{7}{24}f_{tk}bh^2=\rho_{min}f_{yk}bh_0^2(1-0.5\xi)$$

$$\rho_{min}=\frac{7}{24}\left(\frac{h}{h_0}\right)^2\times\frac{1}{1-0.5\xi}\times\frac{f_{tk}}{f_{yk}}$$

配筋率很小时，受压区高度也很小，可近似取 $\gamma_s=1-0.5\xi=0.98$，并近似取 $h=1.1h_0$。可得最小配筋率 ρ_{min}。

$$\rho_{min}=\frac{A_{s,min}}{bh}=0.36\times\frac{f_{tk}}{f_{yk}} \tag{2-15}$$

式中：$A_{s,min}$——纵向受拉钢筋的最小面积；

f_{tk}——混凝土轴心抗拉强度；

f_{yk}——钢筋屈服强度。

上述 M_{cr} 和 M_u 是按材料强度标准值计算的，这是考虑计算接近构件的实际开裂和极限弯矩。采用材料强度设计值后，有

$$\rho_{min}=\frac{A_{s,min}}{bh}=0.36\times\frac{f_{tk}}{f_{yk}}=0.36\times\frac{1.4f_t}{1.1f_y}=0.458\times\frac{f_t}{f_y} \tag{2-16}$$

但是，考虑到混凝土抗拉强度的离散性，以及收缩等因素的影响，所以在应用上，最小配筋率 ρ_{min} 往往是根据传统经验得出的。

《规范》规定，对梁类受弯构件，受拉钢筋的最小配筋率取 $\rho_{min}=0.45\times\frac{f_t}{f_y}\times100\%$，同时不应小于0.2%。因此，为防止少筋破坏，对矩形截面，截面配筋面积 A_s 应满足下式要求：

$$A_s\geqslant A_{s,min}=\rho_{min}bh \tag{2-16a}$$

由式（3－16a）可知

$$\rho_1=\frac{A_s}{bh}\geqslant\rho_{min} \tag{2-16b}$$

式中：ρ_1——纵向受拉钢筋的计算最小配筋率，用百分数计量。

必须注意，计算最小配筋率 ρ_1 和计算配筋率 $\left(\rho=\frac{A_s}{bh_0}\right)$ 的方法是不同的。

《规范》规定，计算受弯构件受拉钢筋的最小配筋率应按全截面面积扣除受压翼缘面积 $(b_f'-b)h_f'$ 后的截面面积计算，即

$$\rho_1=\frac{A_s}{A-(b_f'-b)h_f'} \tag{2-17a}$$

或

$$\rho_1=\frac{A_s}{bh+(b_f-b)h_f} \tag{2-17b}$$

式中：A_s——纵向受拉钢筋的面积；

A——构件全截面面积；

b——矩形截面宽度，T形、工字形截面的腹板宽度；

h——梁的截面高度；

b_f'、b_f——T形或工字形截面受压区、受拉区的翼缘宽度；

h_f'、h_f——T形或工字形截面受压区、受拉区的翼缘高度。

对矩形截面，有

$$\rho_1 = \frac{A_s}{A} = \frac{A_s}{bh} \tag{2-18}$$

防止梁发生少筋破坏的条件是

$$\rho_1 \geqslant \rho_{\min} \tag{2-19}$$

2.1.5 单筋矩形截面正截面受弯承载力计算

1. 基本计算公式与适用条件

1）基本计算公式

单筋矩形截面受弯构件正截面承载力计算简图如图2-18所示。

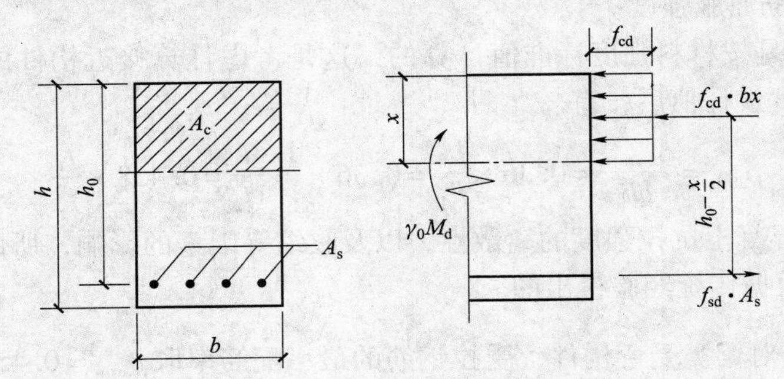

图2-18 单筋矩形截面受弯构件正截面承载力计算简图

$$\sum X = 0 \qquad f_y A_s = \alpha_1 f_c bx \tag{2-20a}$$

$$\sum M = 0 \qquad M \leqslant M_u = \alpha_1 f_c bx\left(h_0 - \frac{x}{2}\right) \tag{2-20b}$$

或

$$M \leqslant M_u = f_y A_s\left(h_0 - \frac{x}{2}\right) \tag{2-20c}$$

式中：M——弯矩设计值；

M_u——正截面受弯承载力设计值。

采用相对受压区高度 $\xi = \frac{x}{h_0}$，则式（3-20a）可写成

$$f_y A_s = \alpha_1 f_c bh_0 \xi \tag{2-21a}$$

$$M \leqslant M_u = \alpha_1 f_c bh_0^2 \xi (1-0.5\xi) \tag{2-21b}$$

或

$$M \leqslant M_u = f_y A_s h_0 (1-0.5\xi) \tag{2-21c}$$

2）适用条件

① $\xi \leqslant \xi_b$（$x \leqslant \xi_b h_0$）或 $\rho = \frac{A_s}{bh_0} \leqslant \rho_{\max}$——防止发生超筋脆性破坏；

② $\rho_1 = \frac{A_s}{bh} \geqslant \rho_{\min}$——防止发生少筋脆性破坏。

当 $\xi = \xi_b$ 时，由式（3-21b）可得单筋矩形截面的最大受弯承载力 $M_{u,\max}$ 为

$$M_{u,max}=\alpha_1 f_c bh_0^2\xi_b(1-0.5\xi_b)=\alpha_1 f_c bh_0^2\alpha_{s,max} \quad (2-22)$$

$$\alpha_{s,max}=\xi_b(1-0.5\xi_b) \quad (2-23)$$

所以当 $M\leqslant M_{u,max}$时，可按单筋截面设计。

根据我国设计经验，梁的经济配筋率范围为 0.5% ～ 1.6%，板的经济配筋率范围为 0.4% ～0.8%。这样的配筋率远小于最大配筋率 ρ_{max}，既节约钢材，又降低成本，且可防止脆性破坏。

2. 正截面受弯承载力的计算系数

令

$$\alpha_s=\xi(1-0.5\xi) \quad (2-24a)$$

将式（2-24a）代入式（2-21b），则

$$\alpha_s=\frac{M}{\alpha_1 f_c bh_0^2} \quad (2-24b)$$

式中：α_s——截面抵抗矩系数。

由式（2-24a）可知

$$\xi=1-\sqrt{1-2\alpha_s} \quad (2-24c)$$

由式（2-21a）可知

$$A_s=\frac{\alpha_1 f_c bh_0\xi}{f_y} \quad (2-24d)$$

令

$$\gamma_s=1-0.5\xi \quad (2-24e)$$

将式（2-24e）代入式（2-21c），则

$$A_s=\frac{M}{f_y h_0\gamma_s} \quad (2-24f)$$

式中：γ_s——内力臂系数。

将式（2-24e）代入式（2-24c），则

$$\gamma_s=\frac{1+\sqrt{1-2\alpha_s}}{2} \quad (2-24g)$$

所以，由式（2-24b）求出 α_s后，就可由式（2-24c）和式（2-24g）求出系数 ξ 和 γ_s。再利用式（2-24d）或式（2-24f）求出受拉钢筋面积 A_s并验算公式的适用条件，使正截面受弯承载力的计算得以解决。

3. 设计计算方法

在计算受弯构件正截面承载力时，一般仅需对控制截面进行受弯承载力计算。所谓控制截面，在等截面构件中一般是指弯矩设计值最大的截面；在变截面构件中则是指截面尺寸相对较小，而弯矩相对较大的截面。

在工程设计计算中，正截面受弯承载力计算包括截面设计和截面复核。

1）*截面设计*

截面设计是指根据截面所承受的弯矩设计值 M 选定材料，确定截面尺寸，计算配筋量。设计时，应满足 $M\leqslant M_u$。为了经济起见，一般按 $M=M_u$ 进行计算。

已知弯矩设计值 M、截面尺寸 $b\times h$、混凝土和钢筋的强度等级，求受拉钢筋截面面积 A_s。

计算的一般步骤如下：

① 由式（2－24b）、式（2－24c）计算 $\alpha_s=\dfrac{M}{\alpha_1 f_c b h_0^2}$，$\xi=1-\sqrt{1-2\alpha_s}$；

② 若 $\xi\leqslant\xi_b$，则由式（2－24d）计算 $A_s=\dfrac{\alpha_1 f_c b h_0 \xi}{f_y}$，选择钢筋；

③ 验算最小配筋率 $\rho_1=\dfrac{A_s}{bh}\geqslant\rho_{\min}$。

在以上的计算中，若 $\xi>\xi_b$，说明截面过小，会形成超筋梁，应加大截面尺寸或提高混凝土强度等级，或改用双筋截面。

2）截面复核

截面复核是在截面尺寸、截面配筋以及材料强度已给定的情况下，确定该截面的受弯承载力 M_u，并验算是否满足 $M\leqslant M_u$ 的要求。若不满足承载力要求，应修改设计或进行加固处理。这种计算一般在设计审核或结构检验鉴定时进行。

如果计算发现 $A_s<\rho_{\min}bh$，则该受弯构件认为是不安全的，应修改设计或进行加固。

已知：弯矩设计值 M、截面尺寸 $b\times h$、混凝土和钢筋的强度等级、受拉钢筋的面积 A_s，求受弯承载力 M_u。

计算的一般步骤如下：

① 计算 $\rho_1=\dfrac{A_s}{bh}\geqslant\rho_{\min}$，$\rho=\dfrac{A_s}{bh_0}$；

② 由式（2－12a）得 $\xi=\dfrac{A_s}{bh_0}\cdot\dfrac{f_y}{\alpha_1 f_c}=\rho\dfrac{f_y}{\alpha_1 f_c}$；

③ 若 $\xi\leqslant\xi_b$，则 $M_u=f_y A_s h_0(1-0.5\xi)$ 或 $M_u=\alpha_1 f_c b h_0^2\xi(1-0.5\xi)$；

④ 若 $\xi>\xi_b$，则取 $\xi=\xi_b$，$M_u=M_{u,\max}$；

⑤ 当 $M\leqslant M_u$ 时，构件截面安全，否则为不安全。

当 $M<M_u$ 过多时，该截面设计不经济。也可以按基本计算公式求解 M_u，这样更为直观。

例 2－1 已知矩形梁截面尺寸 $b\times h=250\ \text{mm}\times500\ \text{mm}$，弯矩设计值 $M=150\ \text{kN}\cdot\text{m}$，混凝土强度等级为 C30，钢筋采用 HRB335 级，环境类别为一类，结构的安全等级为二级。求所需的受拉钢筋截面面积 A_s。

解：（1）设计参数

C30 混凝土，查附表 1 得：$f_c=14.3\ \text{N/mm}^2$，$f_t=1.43\ \text{N/mm}^2$，$\alpha_1=1.0$，环境类别为一类，$c=25\ \text{mm}$，$a=35\ \text{mm}$，$h_0=500-35=465\ \text{mm}$，HRB335 级钢筋，$f_y=300\ \text{N/mm}^2$，由表 2－4 查得 $\xi_b=0.55$。

（2）计算系数 α_s、ξ

由式（2－24b）、式（2－24c）计算：

$$\alpha_s=\frac{M}{\alpha_1 f_c b h_0^2}=\frac{150\times10^6}{1.0\times14.3\times250\times465^2}=0.194$$

$\xi=1-\sqrt{1-2\alpha_s}=1-\sqrt{1-2\times0.194}=0.218<\xi_b=0.55$，满足适筋要求。

（3）计算配筋 A_s

由式（2－24d）计算：

$$A_s = \frac{\alpha_1 f_c b h_0 \xi}{f_y} = \frac{1.0 \times 14.3 \times 250 \times 465 \times 0.218}{300} = 1\ 208\ \text{mm}^2$$

选用 4 Φ 20，$A_s = 1\ 256\ \text{mm}^2$

(4) 验算最小配筋率 ρ_1

$$\rho_1 = \frac{A_s}{bh} = \frac{1\ 256}{250 \times 500} = 1\% > \rho_{\min} = 0.45 \times \frac{f_t}{f_y} \times 100\% = 0.45 \times \frac{1.43}{300} \times 100\% = 0.214\%$$

同时 $\rho_1 > 0.2\%$，满足要求。

(5) 验算配筋构造要求

$$钢筋净间距 = \frac{250 - 4 \times 20 - 2 \times 25}{3} = 40\ \text{mm} > 25\ \text{mm}，d = 20\ \text{mm}，满足要求。$$

截面配筋如图 2－19 所示。

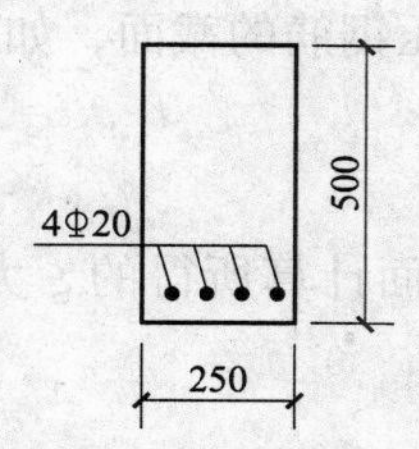

图 2－19 例 2－1 截面配筋图

例 2－2 已知矩形截面梁 $b \times h = 250\ \text{mm} \times 500\ \text{mm}$，承受弯矩设计值 $M = 160\ \text{kN}\cdot\text{m}$，混凝土强度等级为 C20，钢筋采用 HRB400 级，环境类别为一类，结构的安全等级为二级。截面配筋如图 2－20 所示，试复核该截面是否安全。

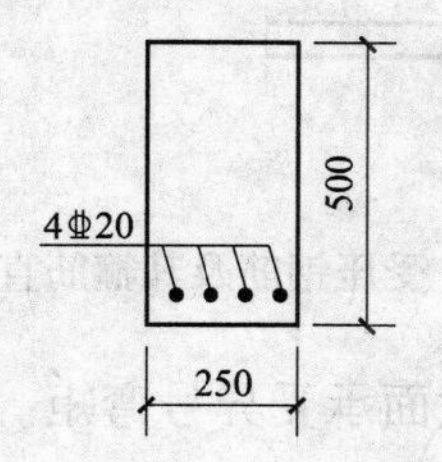

图 2－20 例 2－2 截面配筋图

解：(1) 设计参数

C20 混凝土，$f_c = 9.6\ \text{N/mm}^2$，$f_t = 1.1\ \text{N/mm}^2$，$\alpha_1 = 1.0$，

环境类别为一类，$c = 30\ \text{mm}$，$a = 30 + 20/2 = 40\ \text{mm}$，$h_0 = 500 - 40 = 460\ \text{mm}$，

HRB400 级钢筋，$f_y = 360\ \text{N/mm}^2$，查表 2－4 得 $\xi_b = 0.518$，

4 Φ 20，$A_s = 1\ 256\ \text{mm}^2$。

(2) 验算最小配筋率 ρ_1

$$\rho_1 = \frac{A_s}{bh} = \frac{1\ 256}{250 \times 500} = 1\% > \rho_{\min} = 0.45 \times \frac{f_t}{f_y} \times 100\% = 0.45 \times \frac{1.1}{360} \times 100\% = 0.137\ 5\%$$

同时 $\rho_1 > 0.2\%$ 满足要求。

(3) 计算受压区高度 x

由式（2－20a）得

$$x=\frac{f_yA_s}{\alpha_1f_cb}=\frac{360\times1\ 256}{1.0\times9.6\times250}=188.4\ \text{mm}<\xi_bh_0=0.518\times460=238.28\ \text{mm}$$，满足适筋要求。

（4）计算受弯承载力 M_u

由式（2－20c）计算：

$$M_u=f_yA_s\left(h_0-\frac{x}{2}\right)=360\times1\ 256\times(460-0.5\times188.4)\times10^{-6}=165.4\ \text{kN}\cdot\text{m}>M=160\ \text{kN}\cdot\text{m}$$，满足受弯承载力要求。

2.1.6 双筋矩形截面正截面受弯承载力计算

双筋截面是指同时配置受拉和受压钢筋的截面，如图2－21所示。一般来说，采用受压钢筋协助混凝土承受压力是不经济的。

1. 采用双筋截面的条件

① 弯矩很大，同时按单筋矩形截面计算所得的 ξ 大于 ξ_b，而梁截面尺寸受到限制，混凝土强度等级又不能提高时。

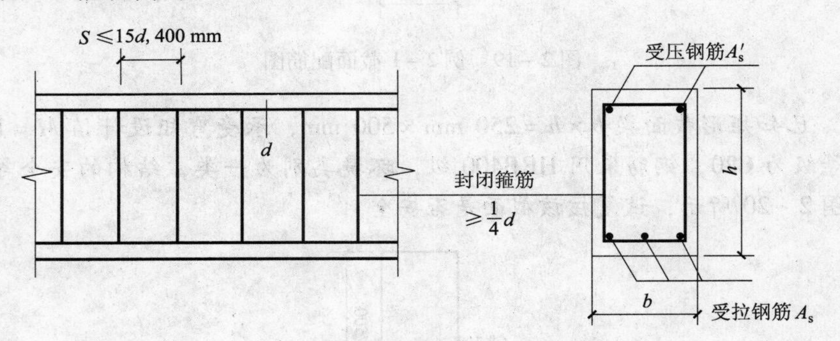

图2－21 受压钢筋及其箍筋直径和间距

② 在不同荷载组合情况下，梁截面承受异号弯矩。

此外，配置受压钢筋可以提高截面的延性，因此在抗震结构中要求框架梁必须配置一定比例的受压钢筋。

由于受压钢筋在纵向压力作用下易产生压曲而导致钢筋侧向凸出，将受压区保护层崩裂，从而使构件提前发生破坏，降低构件的承载力。为此，必须配置封闭箍筋防止受压钢筋的压曲，并限制其侧向凸出。为保证有效防止受压钢筋的压曲和侧向凸出，《规范》规定箍筋的间距 s 不应大于受压钢筋最小直径的15倍和400 mm；箍筋直径不应小于受压钢筋最大直径的1/4。上述箍筋的设置要求是保证受压钢筋发挥作用的必要条件。

2. 纵向受压钢筋的应力 σ_s'

试验表明，双筋截面破坏时的受力特点与单筋截面相似，只要满足条件 $\xi\leq\xi_b$，双筋矩形截面的破坏也是受拉钢筋的应力先达到抗拉强度 f_y（屈服强度），然后，受压区混凝土的应力达到其抗压强度，具有适筋梁的塑性破坏特征。这时，受压区混凝土的应力图形为曲线分布，边缘纤维的压应变已达极限压应变 ε_{cu}。因此，在建立截面受弯承载力的计算公式时，受压区混凝土仍可采用等效矩形应力图形，如图2－22所示。由于受压区混凝土塑性变形的发展，受压钢筋的应力一般也将达到其抗压强度f'_y，其推导过程如下。

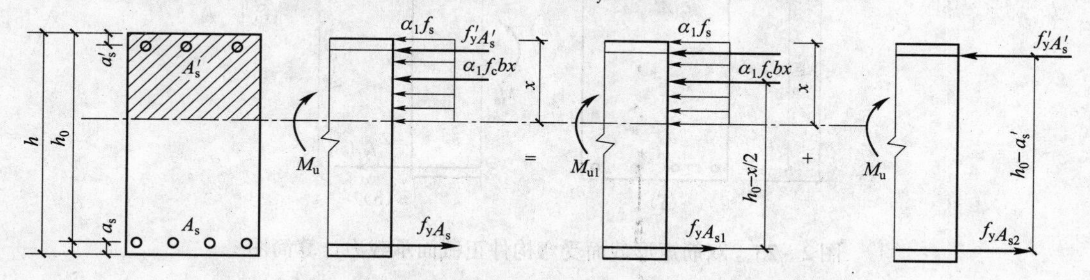

图2－22　双筋矩形截面受弯构件正截面承载力计算简图

双筋梁破坏时，受压钢筋的应力取决于它的应变ε'_s，设σ'_s为达到极限弯矩M_u时受压钢筋A'_s的应力。

因为
$$\varepsilon'_s=\frac{x_c-a'}{x_c}\varepsilon_{cu}=\left(1-\frac{a'}{x_c}\right)\varepsilon_{cu}$$

又因为
$$x=\beta_1 x_c，所以\ x_c=\frac{x}{\beta_1}$$

$$\varepsilon'_s=\left(1-\frac{\beta_1 a'}{x}\right)\varepsilon_{cu}，令\ x=2a'$$

$$\varepsilon'_s=(1-0.5\beta_1)\varepsilon_{cu}$$

当$f_{cu,k}=80\ \text{N/mm}^2$时，$\beta_1=0.74$，由表2－3可得$\varepsilon_{cu}=0.003$

则$\varepsilon'_s=0.001\,89\approx0.002$

$$\sigma'_s=E_s\varepsilon'_s$$

$$\begin{cases}\text{HPB235}，\sigma'_s=2.1\times10^5\times0.002=420\ \text{N/mm}^2>f'_y=210\ \text{N/mm}^2\\ \text{HRB335}，\sigma'_s=2.0\times10^5\times0.002=400\ \text{N/mm}^2>f'_y=300\ \text{N/mm}^2\\ \text{HRB400}，\sigma'_s=2.0\times10^5\times0.002=400\ \text{N/mm}^2>f'_y=360\ \text{N/mm}^2\end{cases}$$

对于受压钢筋为HPB235级、HRB335级、HRB400级及RRB400级的钢筋，其压应力σ'_s已达到抗压强度设计值f'_y，即取$\sigma'_s=f'_y$，其先决条件应满足：

$$x\geqslant2a'$$

当不满足上式时，表明受压钢筋的位置离中性轴太近，受压钢筋的应变ε'_s太小，以致其应力达不到抗压强度设计值f'_y。

3. 计算公式与适用条件

1）计算公式

双筋矩形截面受弯构件正截面承载力计算简图如图2－23所示。

$$\sum X=0$$

$$f_yA_s=\alpha_1 f_c bx+f'_yA'_s=\alpha_1 f_c bh_0\xi+f'_yA'_s \tag{2-25a}$$

$$\sum M=0$$

$$M\leqslant M_u=\alpha_1 f_c bx\left(h_0-\frac{x}{2}\right)+f'_yA'_s(h_0-a')=\alpha_1 f_c bh_0^2\xi(1-0.5\xi)+f'_yA'_s(h_0-a') \tag{2-25b}$$

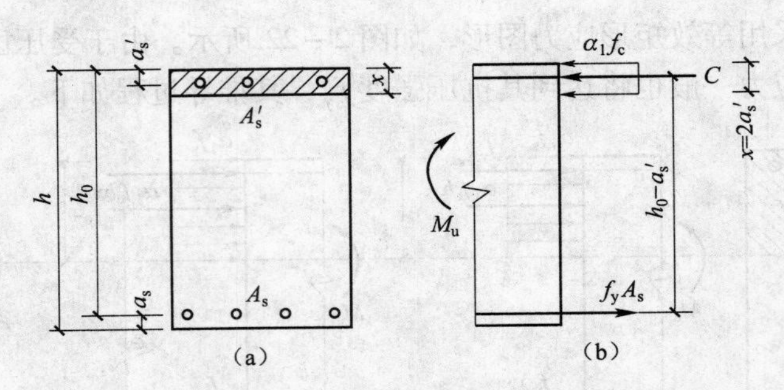

图 2-23　双筋矩形截面受弯构件正截面承载力计算简图

分析式（2-25a）和式（2-25b）可以看出，双筋矩形截面受弯构件正截面承载力设计值 M_u 可分为两部分。第一部分是由受压区混凝土和相应的一部分受拉钢筋 A_{s1} 所形成的承载力设计值 M_{u1}（图 2-23（b）），相当于单筋矩形截面的受弯承载力；第二部分是由受压钢筋和相应的另一部分受拉钢筋 A_{s2} 所形成的承载力设计值 M_{u2}，即

$$M_u = M_{u1} + M_{u2} \tag{2-25c}$$

$$A_s = A_{s1} + A_{s2} \tag{2-25d}$$

对第一部分（图 2-23（b）），由平衡条件可得

$$f_y A_{s1} = \alpha_1 f_c bx \tag{2-25e}$$

$$M_{u1} = \alpha_1 f_c bx\left(h_0 - \frac{x}{2}\right) \tag{2-25f}$$

对第二部分，由平衡条件可得

$$f_y A_{s2} = f_y' A_s' \tag{2-25g}$$

$$M_{u2} = f_y' A_s'(h_0 - a') \tag{2-25h}$$

2）适用条件

① $\xi \leqslant \xi_b$——防止发生超筋脆性破坏。

② $x \geqslant 2a'$——保证受压钢筋达到抗压强度设计值。

双筋截面一般不会出现少筋破坏情况，故可不必验算最小配筋率。

4. 设计计算方法

1）截面设计

在双筋截面的配筋计算中，可能遇到下列两种情况。

（1）已知弯矩设计值 M、截面尺寸 $b \times h$、混凝土和钢筋的强度等级，求受压钢筋面积 A_s' 和受拉钢筋面积 A_s。

在计算公式中，有 A_s、A_s' 及 x 三个未知数，还需增加一个条件才能求解。为取得较经济的设计，应根据总的钢筋截面面积（$A_s + A_s'$）为最小的原则来确定配筋，则应充分利用混凝土的强度。

计算的一般步骤如下：

令 $\xi = \xi_b$，代入计算式（2-25b），有

$$A_s' = \frac{M - \alpha_1 f_c b h_0^2 \xi_b (1 - 0.5\xi_b)}{f_y'(h_0 - a')} \tag{2-26}$$

由式（2－25a）得　$$A_s=\frac{f'_yA'_s+\alpha_1f_cbh_0\xi_b}{f_y}\qquad(2-27)$$

（2）已知弯矩设计值M、截面尺寸$b\times h$、混凝土和钢筋的强度等级、受压钢筋面积A'_s，求受拉钢筋面积A_s。

在计算公式中，有A_s及x两个未知数，该问题可用计算公式求解，也可用公式分解求解。

- 计算公式求解

由式（2－25b）可知，$M-f'_yA'_s(h_0-a')=\alpha_1f_cbh_0^2\xi(1-0.5\xi)$，令$\alpha_s=\xi(1-0.5\xi)=\frac{M-f'_yA'_s(h_0-a')}{\alpha_1f_cbh_0^2}$，由$\xi=1-\sqrt{1-2\alpha_s}$可推出$x$的表达式。

计算的一般步骤如下：

①　$$x=h_0\left(1-\sqrt{1-\frac{2[M-f'_yA'_s(h_0-a')]}{\alpha_1f_cbh_0^2}}\right)\qquad(2-28)$$

② 当$2a'\leqslant x\leqslant\xi_bh_0$时，由式（2－25a）得$A_s=\frac{f'_yA'_s+\alpha_1f_cbx}{f_y}$　(2－29)

③ 当$x<2a'$时，则取$x=2a'$，$A_s=\frac{M}{f_y(h_0-a')}$　(2－30)

④ 当$x>\xi_bh_0$时，则说明给定的受压钢筋面积A'_s太少，此时按A_s和A'_s未知计算。

- 公式分解求解

计算的一般步骤如下：

① 由式（2－25h）计算$M_{u2}=f'_yA'_s(h_0-a')$；

② 由式（2－25c）得$M_{u1}=M_u-M_{u2}$；

③ $\alpha_s=\frac{M_{u1}}{\alpha_1f_cbh_0^2}$，$\xi=1-\sqrt{1-2\alpha_s}$，$x=\xi h_0$；

④ 当$2a'\leqslant x\leqslant\xi_bh_0$时，由式（3－25a）得$A_s=\frac{\alpha_1f_cbx+f'_yA'_s}{f_y}$；

⑤ 当$x<2a'$时，则取$x=2a'$

$$A_s=\frac{M}{f_y(h_0-a')}$$

⑥ 当$x>\xi_bh_0$时，则说明给定的受压钢筋面积A'_s太小，此时按A_s和A'_s未知计算。

2）截面复核

已知弯矩设计值M、截面尺寸$b\times h$、混凝土和钢筋的强度等级、受压钢筋面积A'_s和受拉钢筋面积A_s，求受弯承载力M_u。

计算的一般步骤如下：

① 由式（2－25a）得

$$x=\frac{f_yA_s-f'_yA'_s}{\alpha_1f_cb}$$

② 当$2a'\leqslant x\leqslant\xi_bh_0$时，由式（2－25b）计算得

$$M_u=\alpha_1f_cbx\left(h_0-\frac{x}{2}\right)+f'_yA'_s(h_0-a')$$

③ 当 $x<2a'$时，取 $x=2a'$，$M_u=f_yA_s(h_0-a')$；

④ 当 $x>\xi_b h_0$ 时，则说明双筋梁的破坏始自受压区，取 $x=\xi_b h_0$，$M_u=\alpha_1 f_c bh_0^2\xi_b(1-0.5\xi_b)+f'_yA'_s(h_0-a')$；

⑤ 当 $M\leqslant M_u$ 时，构件截面安全，否则为不安全。

例 2-3 已知矩形梁的截面尺寸 $b\times h=250\ \text{mm}\times 500\ \text{mm}$，承受弯矩设计值 $M=300\ \text{kN}\cdot\text{m}$，混凝土强度等级为 C30，钢筋采用 HRB400 级，环境类别为一类，结构的安全等级为二级，试计算所需配置的纵向受力钢筋面积。

解：(1) 设计参数

C30 混凝土，$f_c=14.3\ \text{N/mm}^2$，$f_t=1.43\ \text{N/mm}^2$，$\alpha_1=1.0$，环境类别为一类，假设受拉钢筋为双排配置，$a=60\ \text{mm}$，$h_0=500-60=440\ \text{mm}$，HRB400 级钢筋，$f_y=360\ \text{N/mm}^2$，$f'_y=360\ \text{N/mm}^2$，由表 2-4 查得 $\xi_b=0.518$。

(2) 计算系数 α_s、ξ

由式（2-24b）、式（2-24c）计算：

$$\alpha_s=\frac{M}{\alpha_1 f_c bh_0^2}=\frac{300\times10^6}{1.0\times14.3\times250\times440^2}=0.433$$

$$\xi=1-\sqrt{1-2\alpha_s}=1-\sqrt{1-2\times0.433}=0.634>\xi_b=0.518$$

若截面尺寸和混凝土的强度等级不能改变，则应设计成双筋截面。

(3) 计算 A'_s、A_s

取 $\xi=\xi_b=0.518$，$a'=40\ \text{mm}$，由式（2-26）、式（2-27）计算：

$$A'_s=\frac{M-\alpha_1 f_c bh_0^2\xi_b(1-0.5\xi_b)}{f'_y(h_0-a')}$$

$$=\frac{300\times10^6-1.0\times14.3\times250\times440^2\times0.518\times(1-0.5\times0.518)}{360\times(440-40)}=238\ \text{mm}^2$$

$$A_s=\frac{f'_yA'_s+\alpha_1 f_c bh_0\xi_b}{f_y}=\frac{360\times238+1.0\times14.3\times250\times440\times0.518}{360}=2\ 501\ \text{mm}^2$$

(4) 选钢筋

查表 2-5，受压钢筋选用 2 ⌀14，$A'_s=308\ \text{mm}^2$；

受拉钢筋选用 8 ⌀20，$A_s=2\ 513\ \text{mm}^2$。

表 2-5 圆钢筋、带肋钢筋截面积、质量表

直径/mm	在下列钢筋根数时的截面面积/mm²									每米质量/(kg/m)	带肋钢筋/mm	
	1	2	3	4	5	6	7	8	9		直径	外径
4	12.6	25	38	50	63	75	88	101	113	0.098		
6	28.3	57	85	113	141	170	198	226	254	0.222		
8	50.3	101	151	201	251	302	352	402	452	0.396		
10	78.5	157	236	314	393	471	550	628	707	0.617	10	11.6
12	113.1	226	339	452	566	679	792	905	1 018	0.888	12	13.9
14	153.9	308	462	616	770	924	1 078	1 232	1 385	1.208	14	16.2
16	201.1	402	603	804	1 005	1 206	1 407	1 608	1 810	1.680	16	18.4

续表

直径/mm	在下列钢筋根数时的截面面积/mm²									每米质量/(kg/m)	带肋钢筋/mm	
	1	2	3	4	5	6	7	8	9		直径	外径
18	254.5	509	763	1 018	1 272	1 527	1 781	2 036	2 290	1.998	18	20.5
20	314.2	628	942	1 256	1 570	1 884	2 200	2 513	2 827	2.460	20	22.7
22	380.1	760	1 140	1 520	1 900	2 281	2 661	3 041	3 421	2.980	22	25.1
25	490.9	982	1 473	1 964	2 454	2 945	3 436	3 927	4 418	3.850	25	28.4
28	615.7	1 232	1 847	2 463	3 079	3 695	4 310	4 926	5 542	4.833	28	31.6
32	804.3	1 609	2 413	3 217	4 021	4 826	5 630	6 434	7 238	6.310	32	35.8
34	907.9	1 816	2 724	3 632	4 540	5 448	6 355	7 263	8 171	7.127	34	
36	1 017.9	2 036	3 054	4 072	5 089	6 107	7 125	8 143	9 161	7.990	36	40.2
38	1 134.1	2 268	3 402	4 536	5 671	6 805	7 939	9 073	10 207	8.003	38	
40	1 256.6	2 513	3 770	5 026	6 283	7 540	8 796	10 053	11 310	9.865	40	44.5

截面配筋如图2-24所示。

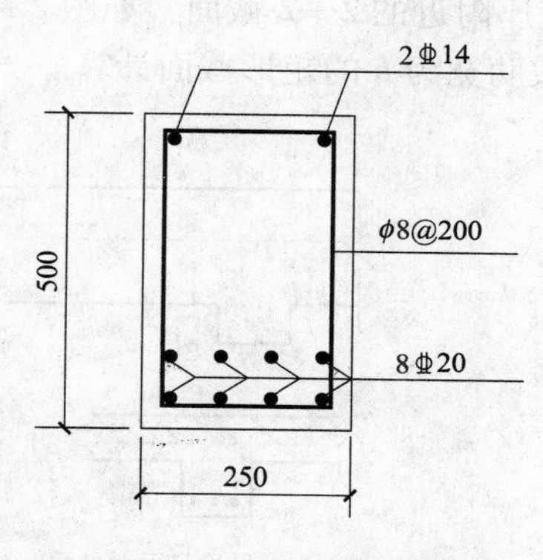

图2-24　截面配筋图

2.1.7　T形截面正截面受弯承载力计算

1. 概述

1）T形截面

受弯构件在破坏时，大部分受拉区混凝土早已退出工作，故可挖去部分受拉区混凝土，并将钢筋集中放置，如图2-25（a）所示，形成T形截面，对受弯承载力没有影响。这样既可节省混凝土，也可减轻结构自重。若受拉钢筋较多，为便于布置钢筋，可将截面底部适当增大，形成工字形截面，如图2-25（b）所示。

T形截面伸出部分称为翼缘，中间部分称为肋或梁腹。肋的宽度为b，位于截面受压区的翼缘宽度为b_f'，厚度为h_f'，截面总高为h。工字形截面位于受拉区的翼缘不参与受力，因此也按T形截面计算。

工程结构中，T形和工字形截面受弯构件的应用是很多的，如现浇肋形楼盖中的主、次梁，T形吊车梁、薄腹梁、槽形板等均为T形截面；箱形截面、空心楼板、桥梁中的梁为工

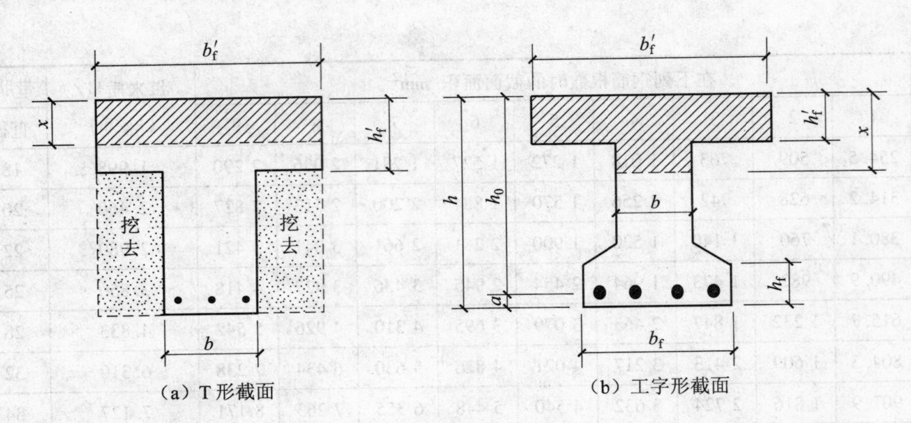

（a）T形截面　　（b）工字形截面

图2－25　截面图

字形截面。

若翼缘在梁的受拉区，如图2－26（a）所示的倒T形截面梁，当受拉区的混凝土开裂以后，翼缘对承载力就不再起作用了。对于这种梁应按肋宽为b的矩形截面计算承载力。又如整体式肋梁楼盖连续梁中的支座附近的2—2截面，如图2－26（b）所示，由于承受负弯矩，翼缘（板）受拉，故仍应按肋宽为b的矩形截面计算。

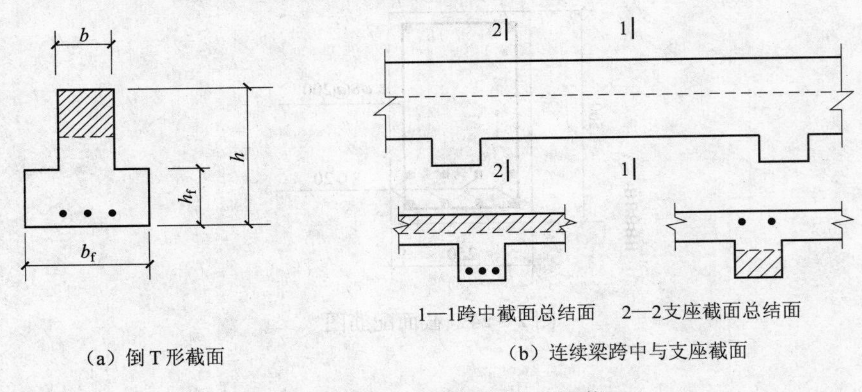

（a）倒T形截面　　（b）连续梁跨中与支座截面

图2－26　倒T形截面及连续梁截面

2）*翼缘的计算宽度* b'_f

由实验和理论分析可知，T形截面梁受力后，翼缘上的纵向压应力是不均匀分布的，离梁肋越远压应力越小，实际压应力分布如图2－27（a）、（c）所示。故在设计中把翼缘限制在一定范围内，称为翼缘的计算宽度b'_f，并假定在b'_f范围内压应力是均匀分布的，如图2－27（b）、（d）所示。

《规范》对翼缘计算宽度b'_f的取值规定见表2－6，计算时应取表中各项中的最小值。

表2－6　T形、工字形及倒L形截面受弯构件翼缘的计算宽度b'_f

项次	情　况	T形、工字形截面		倒L形截面
		肋形梁（肋形板）	独立梁	肋形梁（板）
1	按跨度l_0考虑	$\frac{1}{3}l_0$	$\frac{1}{3}l_0$	$\frac{1}{6}l_0$

续表

项次	情况		T形、工字形截面		倒L形截面
			肋形梁（肋形板）	独立梁	肋形梁（板）
2	按梁（纵肋）净距 s_n 考虑		$b+s_n$	—	$b+\frac{s_n}{2}$
3	按翼缘高度 h_f' 考虑	$\frac{h_f'}{h_0}\geqslant 0.1$	—	$b+12h_f'$	—
		$0.1>\frac{h_f'}{h_0}\geqslant 0.05$	$b+12h_f'$	$b+6h_f'$	$b+5h_f'$
		$\frac{h_f'}{h_0}<0.05$	$b+12h_f'$	b	$b+5h_f'$

注：1. 表中 b 为梁的腹板宽度。

2. 如肋形梁在梁跨内设计有间距小于纵肋间距的横肋，则可不遵守表中项次 3 的规定。

3. 对有加腋的T形、工字形和倒L形截面，当受压区加腋的高度 h_h 不小于 h_f' 且加腋的宽度 $b_h\leqslant 3h_h$ 时，则其翼缘计算宽度可按表中项次 3 的规定分别增加 $2b_h$（T形、工字形截面）和 b_h（倒L形截面）。

4. 独立梁受压区的翼缘板在荷载作用下经验算沿纵肋方向可能产生裂缝时，则其计算宽度应取用腹板宽度 b。

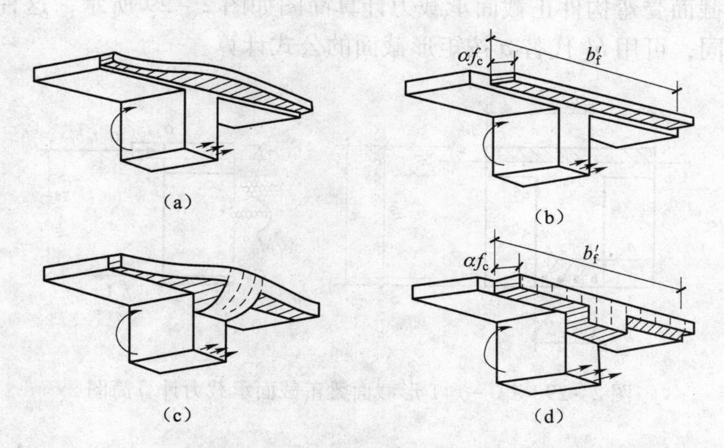

图 2－27　T形截面受弯构件受压翼缘的应力分布和计算图形

2. 计算公式与适用条件

1）T形截面的两种类型

采用翼缘计算宽度 b_f'，T形截面受压区混凝土仍可按等效矩形应力图考虑。根据构件破坏时中性轴位置的不同，T形截面可分为两种类型：

① 第一类T形截面——中性轴在翼缘内，即 $x\leqslant h_f'$；

② 第二类T形截面——中性轴在梁肋内，即 $x>h_f'$。

为了判别T形截面属于哪一种类型，首先分析 $x=h_f'$ 的特殊情况，如图 2－28 所示。

$$\sum X=0\qquad f_yA_s=\alpha_1 f_c b_f' h_f' \tag{2-31}$$

$$\sum M=0\qquad M=\alpha_1 f_c b_f' h_f'\left(h_0-\frac{h_f'}{2}\right) \tag{2-32}$$

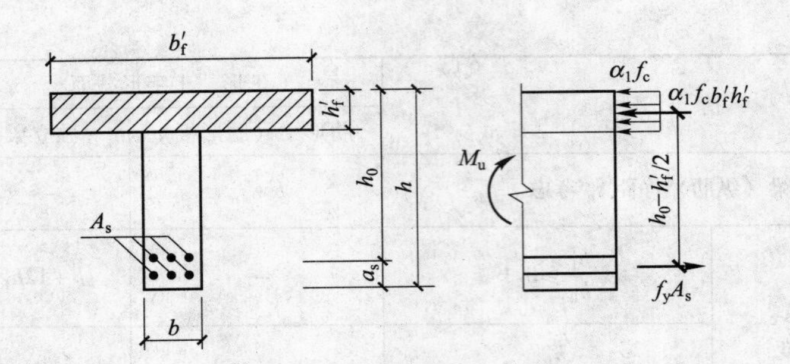

图 2-28 $x=h'_f$时的 T 形截面梁

当$f_yA_s \leqslant \alpha_1 f_c b'_f h'_f$或$M \leqslant \alpha_1 f_c b'_f h'_f\left(h_0-\frac{h'_f}{2}\right)$时，$x \leqslant h'_f$，即属于第一类 T 形截面；反之，当$f_yA_s > \alpha_1 f_c b'_f h'_f$ 或 $M > \alpha_1 f_c b'_f h'_f\left(h_0-\frac{h'_f}{2}\right)$时，$x > h'_f$，即属于第二类 T 形截面。

2）第一类 T 形截面的计算公式与适用条件

（1）计算公式

第一类 T 形截面受弯构件正截面承载力计算简图如图 2-29 所示，这种类型与梁宽为 b 的矩形梁完全相同，可用 b'_f 代替 b 按矩形截面的公式计算。

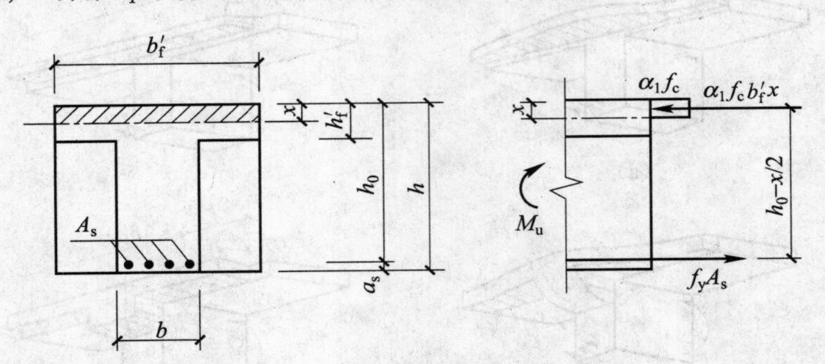

图 2-29 第一类 T 形截面梁正截面承载力计算简图

$$\sum X = 0 \qquad f_yA_s = \alpha_1 f_c b'_f x \tag{2-33a}$$

$$\sum M = 0 \qquad M \leqslant M_u = \alpha_1 f_c b'_f x\left(h_0-\frac{x}{2}\right) \tag{2-33b}$$

（2）适用条件

$\xi \leqslant \xi_b$——防止发生超筋脆性破坏，此项条件通常均可满足，不必验算。

$\rho_1 = \frac{A_s}{bh} \geqslant \rho_{min}$——防止发生少筋脆性破坏。

必须注意，这里受弯承载力虽然按 $b'_f \times h$ 的矩形截面计算，但最小配筋面积 $A_{s,min}$ 按 $\rho_{min}bh$ 计算，而不是按 $\rho_{min}b'_f h$ 计算。这是因为最小配筋率是按 $M_u=M_{cr}$的条件确定，而开裂弯矩 M_{cr}主要取决于受拉区混凝土的面积，T 形截面的开裂弯矩与具有同样腹板宽度 b 的矩形截面基本相同。对工字形和倒 T 形截面，则计算最小配筋率 ρ_1 的表达式为

$$\rho_1 = \frac{A_s}{bh+(b_f-b)h_f}$$

3）第二类T形截面的计算公式与适用条件

（1）计算公式

第二类T形截面受弯构件正截面承载力计算简图如图2-30（a）所示。

$$f_y A_s = \alpha_1 f_c bx + \alpha_1 f_c (b_f' - b) h_f' \tag{2-34a}$$

$$M \leqslant M_u = \alpha_1 f_c bx\left(h_0 - \frac{x}{2}\right) + \alpha_1 f_c (b_f' - b) h_f'\left(h_0 - \frac{h_f'}{2}\right) \tag{2-34b}$$

与双筋矩形截面类似，T形截面受弯承载力设计值 M_u 也可分为两部分。第一部分是由肋部受压区混凝土和相应的一部分受拉钢筋 A_{s1} 所形成的承载力设计值 M_{u1}（图2-30（b）），相当于单筋矩形截面的受弯承载力；第二部分是由翼缘挑出部分的受压混凝土和相应的另一部分受拉钢筋 A_{s2} 所形成的承载力设计值 M_{u2}（图2-30（c）），即

$$M_u = M_{u1} + M_{u2} \tag{2-34c}$$

$$A_s = A_{s1} + A_{s2} \tag{2-34d}$$

对第一部分（图2-30（b）），由平衡条件可得

$$f_y A_{s1} = \alpha_1 f_c bx \tag{2-34e}$$

$$M_{u1} = \alpha_1 f_c bx\left(h_0 - \frac{x}{2}\right) \tag{2-34f}$$

对第二部分（图2-30（c）），由平衡条件可得

$$f_y A_{s2} = \alpha_1 f_c (b_f' - b) h_f' \tag{2-34g}$$

$$M_{u2} = \alpha_1 f_c (b_f' - b) h_f'\left(h_0 - \frac{h_f'}{2}\right) \tag{2-34h}$$

（2）适用条件

$\xi \leqslant \xi_b$——防止发生超筋脆性破坏。

$\rho_1 = \dfrac{A_s}{bh} \geqslant \rho_{min}$——防止发生少筋脆性破坏，此项条件通常均可满足，不必验算。

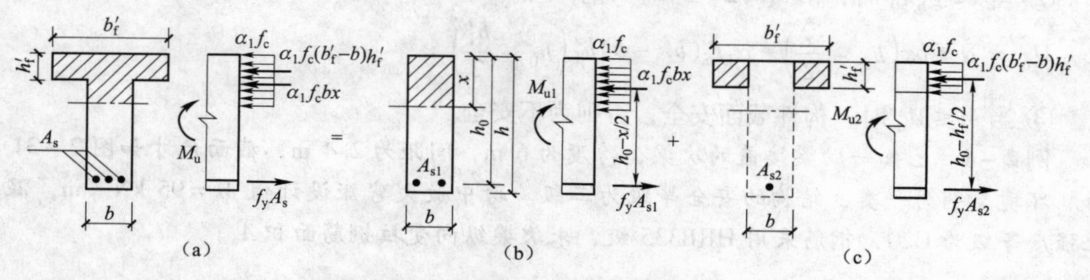

图2-30　第二类T形截面梁正截面承载力计算简图

3. 设计计算方法

1）截面设计

已知弯矩设计值 M、截面尺寸、混凝土和钢筋的强度等级，求受拉钢筋面积 A_s。

（1）第一类T形截面：$M \leqslant \alpha_1 f_c b_f' h_f\left(h_0 - \dfrac{h_f'}{2}\right)$

其计算方法与 $b_f' \times h$ 的单筋矩形截面梁完全相同。

(2) 第二类T形截面：$M>\alpha_1 f_c b_f' h_f\left(h_0-\dfrac{h_f'}{2}\right)$

在计算公式中，有 A_s 及 x 两个未知数，该问题可用计算公式求解，也可用公式分解求解。

公式分解求解计算的一般步骤如下：

① 由式（2－34h）计算 $M_{u2}=\alpha_1 f_c(b_f'-b)h_f'\left(h_0-\dfrac{h_f'}{2}\right)$；

② 由式（2－34c）得 $M_{u1}=M-M_{u2}$；

③ $\alpha_s=\dfrac{M_{u1}}{\alpha_1 f_c b h_0^2}$，$\xi=1-\sqrt{1-2\alpha_s}$，$x=\xi h_0$；

④ 当 $x\leqslant\xi_b h_0$ 时，由式（2－34a）得 $A_s=\dfrac{\alpha_1 f_c b x+\alpha_1 f_c(b_f'-b)h_f'}{f_y}$；

⑤ 当 $x>\xi_b h_0$ 时，说明截面过小，会形成超筋梁，应加大截面尺寸或提高混凝土强度等级，或改用双筋截面。

2）截面复核

已知弯矩设计值 M、截面尺寸、混凝土和钢筋的强度等级、受拉钢筋面积 A_s，求受弯承载力 M_u。

(1) 第一类T形截面：$f_y A_s\leqslant\alpha_1 f_c b_f' h_f'$

可按 $b_f'\times h$ 的单筋矩形截面梁的计算方法求 M_u。

(2) 第二类T形截面：$f_y A_s>\alpha_1 f_c b_f' h_f'$

计算的一般步骤如下：

① 由式（3－34a）得 $x=\dfrac{f_y A_s-\alpha_1 f_c(b_f'-b)h_f'}{\alpha_1 f_c b}$；

② 当 $x\leqslant\xi_b h_0$ 时，由式（2－34b）计算

$$M_u=\alpha_1 f_c b x\left(h_0-\frac{x}{2}\right)+\alpha_1 f_c(b_f'-b)h_f'\left(h_0-\frac{h_f'}{2}\right);$$

③ 当 $M\leqslant M_u$ 时，构件截面安全，否则为不安全。

例2－4　已知一肋梁楼盖的次梁，跨度为6 m，间距为2.4 m，截面尺寸如图2－31所示。环境类别为一类，结构的安全等级为二级。跨中最大弯矩设计值 $M=95\ \text{kN}\cdot\text{m}$，混凝土强度等级为C20，钢筋采用HRB335级，求次梁纵向受拉钢筋面积 A_s。

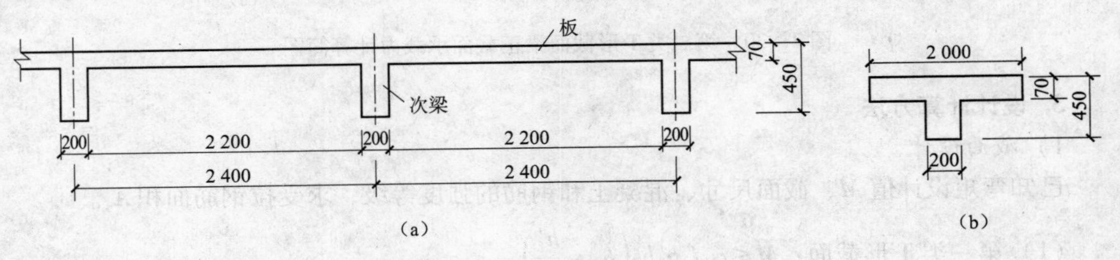

图2－31　例2－4附图

解：(1) 设计参数

C20 混凝土 $f_c=9.6\ \text{N/mm}^2$，$f_t=1.1\ \text{N/mm}^2$，$\alpha_1=1.0$，环境类别为一类，$c=30$ mm，$a=40$ mm，$h_0=450-40=410$ mm，HRB335 级钢筋 $f_y=300\ \text{N/mm}^2$，$\xi_b=0.55$。

（2）确定翼缘计算宽度 b'_f

由表 2－5 可知：

按梁跨度 l_0 考虑　　$b'_f=\dfrac{l_0}{3}=\dfrac{6\,000}{3}=2\,000$ mm；

按梁净距 s_n 考虑　　$b'_f=b+s_n=200+2\,200=2\,400$ mm；

按翼缘高度 h'_f 考虑　　当 $\dfrac{h'_f}{h_0}=\dfrac{70}{410}=0.17>0.1$ 时，翼缘不受此项限制。

翼缘计算宽度 b'_f 取三者中的较小值，所以 $b'_f=2\,000$ mm，次梁截面如图 2－31（b）所示。

（3）判别 T 形截面类型

$$\alpha_1 f_c b'_f h'_f\left(h_0-\frac{h'_f}{2}\right)=1.0\times9.6\times2\,000\times70\times\left(410-\frac{70}{2}\right)\times10^{-6}$$

$$=504\ \text{kN}\cdot\text{m}>M=95\ \text{kN}\cdot\text{m}$$

属于第一类 T 形截面。

（4）计算系数 α_s、ξ

$$\alpha_s=\frac{M}{\alpha_1 f_c b'_f h_0^2}=\frac{95\times10^6}{1.0\times9.6\times2\,000\times410^2}=0.029$$

$$\xi=1-\sqrt{1-2\alpha_s}=1-\sqrt{1-2\times0.029}=0.029\,4<\xi_b=0.55$$

（5）计算受拉钢筋面积 A_s

由式（3－33a）得

$$A_s=\frac{\alpha_1 f_c b'_f x}{f_y}=\frac{\alpha_1 f_c b'_f h_0\xi}{f_y}=\frac{1.0\times9.6\times2\,000\times410\times0.029\,4}{300}=771.5\ \text{mm}^2$$

选用 3 Φ20，$A_s=941\ \text{mm}^2$

（6）验算最小配筋率 ρ_1

$$\rho_1=\frac{A_s}{bh}=\frac{941}{200\times450}=1.05\%>\rho_{\min}=0.45\times\frac{f_t}{f_y}=0.45\times\frac{1.1}{300}=0.165\%$$

同时 $\rho_1>0.2\%$，满足要求，其截面配筋如图 2－32 所示。

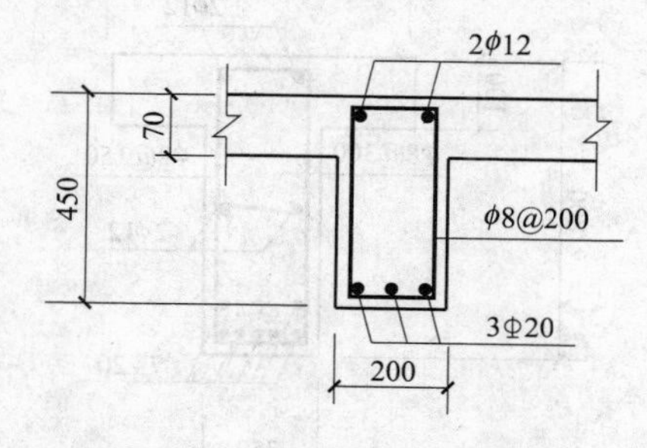

图 2－32　截面配筋图

例 2－5　已知 T 形梁截面尺寸 $b=250$ mm，$h=800$ mm，$b'_f=600$ mm，$h'_f=100$ mm，

弯矩设计值 $M=440\ \text{kN}\cdot\text{m}$，混凝土强度等级为 C20，钢筋采用 HRB335 级，求受拉钢筋截面面积 A_s，并绘制截面配筋图。

解：（1）设计参数

C20 混凝土 $f_c=9.6\ \text{N/mm}^2$、$f_t=1.1\ \text{N/mm}^2$、$\alpha_1=1.0$，假设受拉钢筋为双排配置，$h_0=800-60=740\ \text{mm}$，HRB335 级钢筋 $f_y=300\ \text{N/mm}^2$，$\xi_b=0.55$。

（2）判别 T 形截面类型

$$\alpha_1 f_c b_f' h_f'\left(h_0-\frac{h_f'}{2}\right)=1.0\times9.6\times600\times100\times\left(740-\frac{100}{2}\right)\times10^{-6}=397.44\ \text{kN}\cdot\text{m}<$$

$M=440\ \text{kN}\cdot\text{m}$，属于第二类 T 形截面。

（3）计算受压区高度 x

由式（2-34b）得

$$x=h_0\left\{1-\sqrt{1-\frac{2\left[M-\alpha_1 f_c(b_f'-b)h_f'\left(h_0-\frac{h_f'}{2}\right)\right]}{\alpha_1 f_c b h_0^2}}\right\}=$$

$$740\times\left\{1-\sqrt{1-\frac{2\times\left[400\times10^6-1.0\times9.6\times(600-250)\times100\times\left(740-\frac{100}{2}\right)\right]}{1.0\times9.6\times250\times740^2}}\right\}=$$

$128.3\ \text{mm}<\xi_b h_0=0.55\times740=407\ \text{mm}$

（4）计算受拉钢筋面积 A_s

由式（2-34a）得

$$A_s=\frac{\alpha_1 f_c(b_f'-b)h_f'+\alpha_1 f_c bx}{f_y}=\frac{1.0\times9.6\times(600-250)\times100+1.0\times9.6\times250\times128.3}{300}=$$

$2\ 146\ \text{mm}^3$

选用 7 Φ20，$A_s=2\ 200\ \text{mm}^2$

（5）验算最小配筋率 ρ_1

$$\rho_1=\frac{A_s}{bh}=\frac{2\ 200}{250\times800}=1.1\%>\rho_{\min}=0.45\frac{f_t}{f_y}=0.45\times\frac{1.1}{300}=0.165\%$$

同时 $\rho_1>0.2\%$，满足要求，截面配筋如图 2-33 所示。

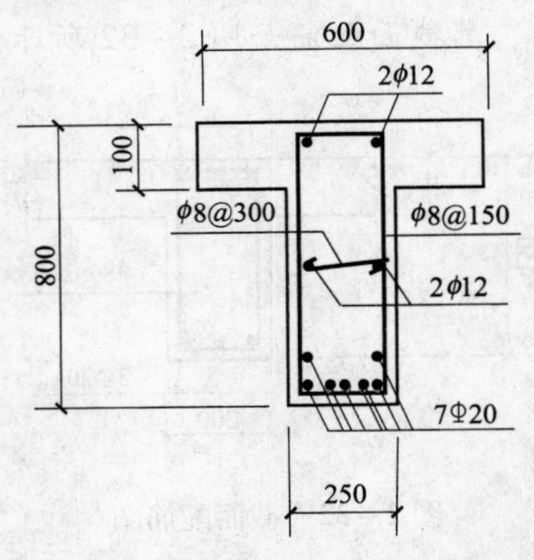

图 2-33　例 2-5 截面配筋图

例 2-6 已知T形梁截面尺寸 $b=250$ mm，$h=750$ mm，$b_f'=1\ 200$ mm，$h_f'=80$ mm，截面尺寸及配筋如图2-34所示。承受弯矩设计值 $M=290$ kN·m，混凝土强度等级为C20，钢筋采用HRB335级，受拉钢筋为6⌀18（$A_s=1\ 527\ mm^2$，两排配置），试复核该截面是否安全。

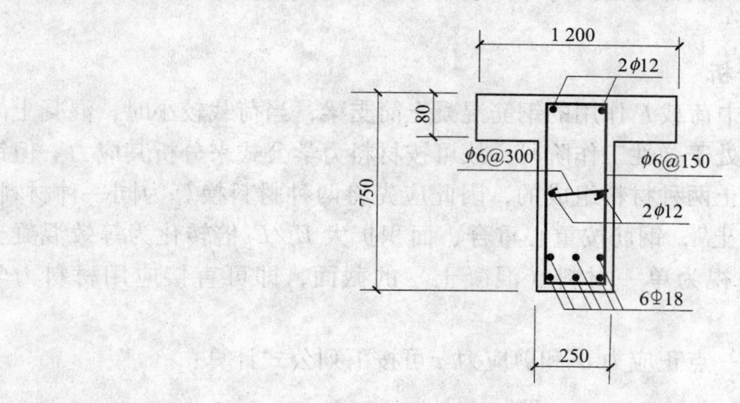

图2-34 例2-6截面配筋图

解：（1）设计参数

C20混凝土 $f_c=9.6\ N/mm^2$，$f_t=1.1\ N/mm^2$、$\alpha_1=1.0$，HRB335级钢筋 $f_y=300\ N/mm^2$，$\xi_b=0.55$，$h_0=750-60=690$ mm。

（2）判别T形截面类型

$$\alpha_1 f_c b_f' h_f' = 1.0\times 9.6\times 1\ 200\times 80\times 10^{-3} = 921.6\ \text{kN} > f_y A_s = 300\times 1\ 527\times 10^{-3} = 458.1\ \text{kN}$$

属于第一类T形截面。

（3）计算相对受压区高度 ξ

由式（2-33a）得

$$\xi=\frac{f_y A_s}{\alpha_1 f_c b_f' h_0}=\frac{300\times 1\ 527}{1.0\times 9.6\times 1\ 200\times 690}=0.058<\xi_b=0.55$$

（4）计算受弯承载力 M_u

由式（2-33b）得

$$M_u=\alpha_1 f_c b_f' h_0^2 \xi(1-0.5\xi)=1.0\times 9.6\times 1\ 200\times 690^2\times 0.058\times(1-0.5\times 0.058)\times 10^{-6}= 309\ \text{kN}\cdot\text{m} > M=290\ \text{kN}\cdot\text{m}$$

所以截面安全。

2.2 抗剪强度计算

2.2.1 概述

受弯构件在荷载作用下，截面除产生弯矩 M 外，常常还产生剪力 V，在剪力和弯矩共同作用的剪弯区段，产生斜裂缝，如果斜截面承载力不足，可能沿斜裂缝发生斜截面受剪破坏或斜截面受弯破坏。因此，还要保证受弯构件斜截面承载力，即斜截面受剪承载力和斜截面受弯承载力。

工程设计中，斜截面受剪承载力是由抗剪计算来满足的，斜截面受弯承载力则是通过构造要求来满足的。

1. 斜截面开裂前的应力分析

图2－35所示为一承受集中荷载F作用的钢筋混凝土简支梁，当荷载较小时，混凝土尚未开裂，钢筋混凝土梁基本上处于弹性工作阶段，故可按材料力学公式来分析其应力。但钢筋混凝土构件是由钢筋和混凝土两种材料组成的，因此应先将两种材料换算为同一种材料。通常将钢筋换算成“等效混凝土”，钢筋按重心重合、面积扩大E_s/E_c倍转化为等效混凝土面积，将两种材料组成的截面视为单一材料（混凝土）的截面，即可直接应用材料力学公式。

梁的剪弯区段截面上的任一点正应力σ和剪应力τ可按下列公式计算：

正应力
$$\sigma=\frac{my_0}{I_0} \tag{2-35}$$

剪应力
$$\tau=\frac{VS_0}{I_0b} \tag{2-36}$$

式中：I_0——换算截面的惯性矩；

y_0——所求应力点到换算截面形心轴的距离；

S_0——所求应力点的一侧对换算截面形心轴的面积矩；

b——梁的宽度；

M——截面的弯矩值；

V——截面的剪力值。

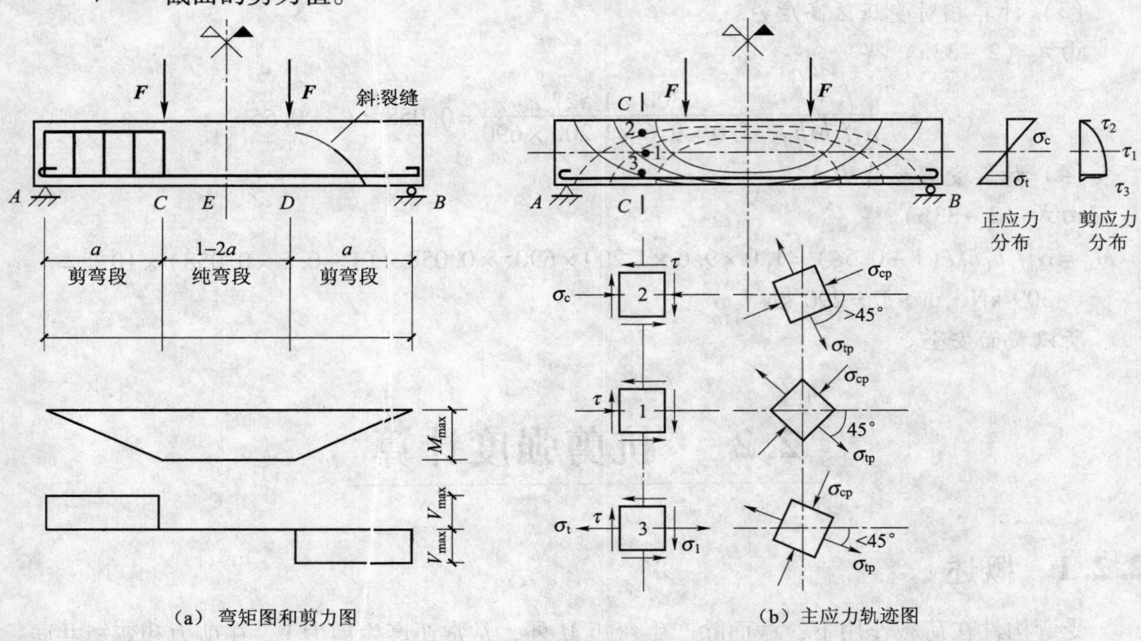

图2－35　梁在开裂前的应力状态

在正应力 σ 和剪应力 τ 共同作用下，产生的主拉应力和主压应力，可按下式求得：

主拉应力
$$\sigma_{tp}=\frac{\sigma}{2}+\frac{1}{2}\sqrt{\sigma^2+4\tau^2} \tag{2-37}$$

主压应力
$$\sigma_{cp}=\frac{\sigma}{2}-\frac{1}{2}\sqrt{\sigma^2+4\tau^2} \tag{2-38}$$

主应力的作用方向与梁纵轴的夹角 α 可按下式求得：

$$\alpha=\frac{1}{2}\arctan\left(\frac{-2\tau}{\sigma}\right) \tag{2-39}$$

求出每一点的主应力方向后，可以画出主应力轨迹线，如图2－35所示。

2. 斜裂缝的形成

由于混凝土抗拉强度很低，随着荷载的增加，当主拉应力超过混凝土复合受力下的抗拉强度时，就会出现与主拉应力轨迹线大致垂直的裂缝（图2－35）。除纯弯段的裂缝与梁纵轴垂直以外，M、V 共同作用下的截面主应力轨迹线都与梁纵轴有一倾角，其裂缝与梁的纵轴是倾斜的，故称为斜裂缝。

荷载继续增加，斜裂缝不断延伸和加宽，当截面的抗弯强度得到保证时，梁最后可能由于斜截面的抗剪强度不足而破坏。

为了防止斜截面破坏，理论上在梁中设置与主拉应力方向平行的钢筋最合理，可以有效地限制斜裂缝的发展。但为了施工方便，一般采用梁中设置与梁轴垂直的箍筋。弯起钢筋一般利用梁内的纵筋弯起而形成，虽然弯起钢筋的方向与主拉应力方向一致，但由于其传力较集中，受力不均匀，且可能在弯起处引起混凝土的劈裂裂缝，同时增加了施工难度，一般仅在箍筋略有不足时采用。箍筋和弯起钢筋称为腹筋。

2.2.2　无腹筋梁的斜截面受剪性能

1. 斜裂缝的类型

当梁的主拉应力达到混凝土抗拉强度时无腹筋梁可能出现下列两种斜裂缝。

① 弯剪斜裂缝，如图2－36（a）所示。由于弯矩较大即正应力较大，先在梁底出现垂直裂缝，然后向上逐渐发展变弯，其方向大致垂直于主拉应力轨迹线。随着荷载的增加，斜裂缝向上发展到受压区，特点为裂缝宽度下宽上窄。

② 腹剪斜裂缝，如图2－36（b）所示。当梁腹部剪应力较大时，如梁的腹板很薄或集中荷载到支座距离很小，因梁腹主拉应力达到抗拉强度而先在中性轴附近出现大致与中性轴成45°倾角的斜裂缝，其方向大致垂直于主拉应力轨迹线，随着荷载的增加，斜裂缝分别向支座和集中荷载作用点延伸，特点为裂缝中间宽两头细。

2. 斜裂缝形成后的应力状态及破坏分析

当梁的主拉应力达到混凝土抗拉强度时，在剪弯区段将出现斜裂缝，如图2－37所示。出现斜裂缝后，引起剪弯段内的应力重分布，这时已不可能将梁视为均质弹性体，截面上的应力不能用一般的材料力学公式计算。

为了分析出现斜裂缝后的应力状态，可沿斜裂缝将梁切开，隔离体如图2－37所示。

从图中可知，斜截面上的受剪承载力由以下几部分承担：

① 斜裂缝顶部混凝土截面承担的剪力 V_c；

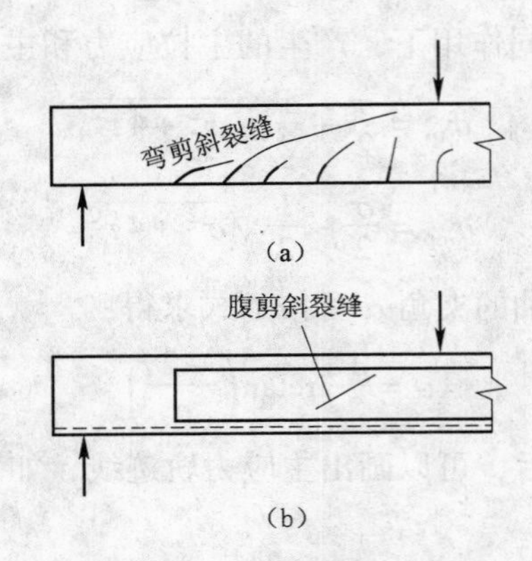

图 2-36 梁的裂缝

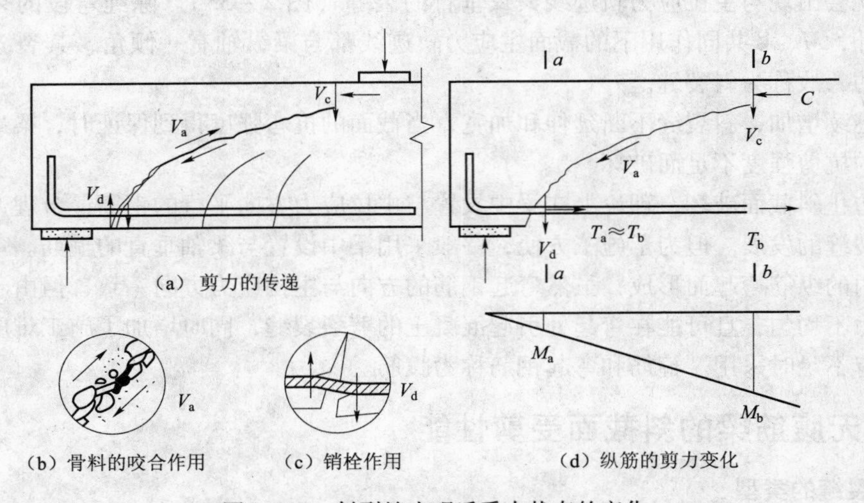

图 2-37 斜裂缝出现后受力状态的变化

② 斜裂缝两侧混凝土发生相对位移和错动时产生的摩擦力，称为骨料咬合作用，其垂直分力为 V_{ay}；

③ 由于斜裂缝两侧的上下错动，从而使纵筋受到一定剪力，如销栓一样，将斜裂缝两侧的混凝土联系起来，称为钢筋销栓作用 V_d；即

$$V = V_c + V_{ay} + V_d \tag{2-40}$$

3. 无腹筋梁斜截面受剪破坏的主要形态

影响无腹筋梁斜截面受剪破坏形态的主要因素为剪跨比 a/h_0（集中荷载）或跨高比 l_0/h_0（均布荷载），主要破坏形态有斜拉、剪压和斜压三种，如图 2-38 所示。

1） 斜拉破坏

斜拉破坏一般发生在剪跨比较大的情况（集中荷载为 $\lambda = \dfrac{a}{h_0} > 3$ 时，均布荷载为 $\dfrac{l_0}{h_0} > 8$ 时），如图 2-38（a）所示。在荷载作用下，首先在梁的底部出现垂直的弯曲裂缝；随即，其中一条弯曲裂缝很快地斜向（垂直主拉应力）伸展到梁顶的集中荷载作用点处，形成所谓的临界斜裂缝，将梁劈裂为两部分而破坏，同时，沿纵筋往往伴随产生水平撕裂裂缝，即

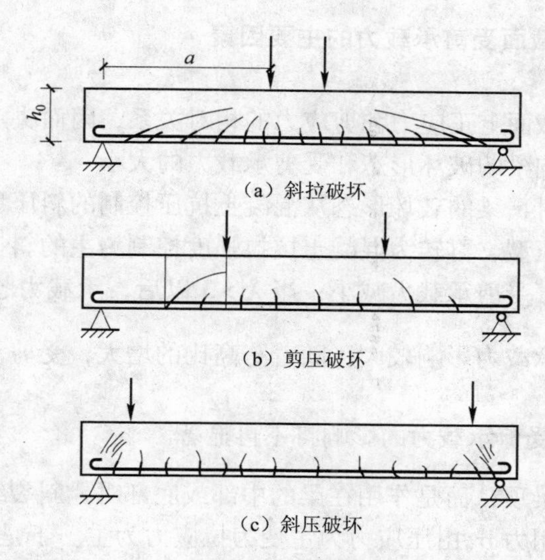

图 2-38 斜截面的破坏形态

斜拉破坏。

斜拉破坏荷载与开裂时的荷载接近，这种破坏是拱体混凝土被拉坏，这种梁的抗剪强度取决于混凝土的抗拉强度，承载力较低。

2）剪压破坏

剪压破坏一般发生在剪跨比适中的情况（集中荷载为 $1 \leqslant \lambda = \dfrac{a}{h_0} \leqslant 3$ 时，均布荷载时为 $3 \leqslant \dfrac{l_0}{h_0} \leqslant 8$ 时），如图 2-38（b）所示。在荷载的作用下，首先在剪跨区出现数条短的弯剪斜裂缝；随着荷载的增加，其中一条延伸最长、开展较宽，称为主要斜裂缝，即临界斜裂缝；随着荷载继续增大，临界斜裂缝将不断向荷载作用点延伸，使混凝土受压区高度不断减小，导致剪压区混凝土在正应力 σ、剪应力 τ 和荷载引起的局部竖向压应力的共同作用下达到复合应力状态下的极限强度而破坏，这种破坏称为剪压破坏。

剪压破坏时荷载一般明显地大于斜裂缝出现时的荷载。这是斜截面破坏最典型的一种。

3）斜压破坏

斜压破坏一般发生在剪力较大而弯矩较小时，即剪跨比很小（集中荷载为 $\lambda = \dfrac{a}{h_0} < 1$ 时，均布荷载为 $\dfrac{l_0}{h_0} < 3$ 时），如图 2-38（c）所示。加载后，在梁腹中垂直于主拉应力方向，先后出现若干条大致相互平行的腹剪斜裂缝，梁的腹部被分割成若干斜向的受压短柱。随着荷载的增大，混凝土短柱沿斜向最终被压酥破坏，即斜压破坏。这种破坏是拱体混凝土被压坏。

除上述三种破坏外，在不同的条件下，还可能出现其他的破坏形态，如荷载离支座很近时的纯剪切破坏及局部受压破坏、纵筋的锚固破坏，这些都不属于正常的弯剪破坏形态，在工程中应采取构造措施加以避免。

4. 影响无腹筋梁斜截面受剪承载力的主要因素

1）剪跨比

梁的剪跨比反映了截面上正应力和剪应力的相对关系，因而决定了该截面上任一点主应力的大小和方向，且影响梁的破坏形态和受剪承载力的大小。

当剪跨比由小增大时，梁的破坏形态从混凝土抗压控制的斜压型，转为顶部受压区和斜裂缝骨料咬合控制的剪压型，再转为混凝土抗拉强度控制为主的斜拉型。

随着剪跨比的增大，受剪承载力减小；当 $\lambda > 3$ 以后，承载力趋于稳定。均布荷载作用下跨高比$\frac{l_0}{h_0}$对梁的受剪承载力影响较大，随着跨高比的增大，受剪承载力下降；但当跨高比$\frac{l_0}{h_0} > 10$ 以后，跨高比对受剪承载力的影响将不再显著。

当荷载不是作用于梁顶，而是作用在梁的中部或底部时，斜裂缝出现后，梁的拱作用不存在，并且梁的层间作用力 σ_y 由压应力为主变为拉应力为主。于是，在条件相同的情况下，其受剪承载力比作用在梁顶部时小。在间接加载的情况下，斜压破坏几乎不出现，而当 λ 很小时也可能出现斜拉破坏。

2）混凝土强度

无腹筋梁的受剪破坏是由于混凝土达到复合应力状态下的强度而发生的，所以混凝土强度对受剪承载力的影响很大。

在上述三种破坏形态中，斜拉破坏取决于混凝土的抗拉强度 f_t，剪压破坏取决于顶部混凝土的抗压强度 f_c 和腹部的骨料咬合作用（接近抗剪或抗拉），剪跨比较小的斜压破坏取决于混凝土的抗压强度 f_c，而斜压破坏是受剪承载力的上限。

3）纵筋配筋率

纵向钢筋能抑制斜裂缝的发展，使斜裂缝顶部混凝土压区高度（面积）增大，间接地提高梁的受剪承载力，同时纵筋本身也通过销栓作用承受一定的剪力，因而纵向钢筋的配筋量增大，梁的受剪承载力也有一定提高。根据试验分析，纵向受拉钢筋的配筋率 ρ 对无腹筋梁受剪承载力 V_c 的影响系数为 $\beta_\rho = 0.7 + 20\rho$，通常 ρ 大于 1.5% 时，纵筋对梁受剪承载力的影响才明显，因此《规范》中列出的受剪计算公式中未考虑这一影响。

4）截面形式

T 形、工字形截面有受压翼缘，增加了剪压区的面积，可提高斜拉破坏和剪压破坏的受剪承载力（20%），但对斜压破坏的受剪承载力并没有提高。一般情况下，忽略翼缘的作用，只取腹板的宽度作为矩形截面梁计算构件的受剪承载力，其结果偏于安全。

5）尺寸效应

截面尺寸对无腹筋梁的受剪承载力有较大的影响，尺寸大的构件，破坏的平均剪应力（$\tau = V_u / bh_0$）比尺寸小的构件要低，主要是因为梁高度很大时，撕裂裂缝比较明显，销栓作用大大降低，斜裂缝宽度也较大，削弱了骨料咬合作用。

6）梁的连续性

连续梁的受剪承载力与相同条件下的简支梁相比，仅在集中荷载时低于简支梁，而受均布荷载时则是相当的。即使是承受集中荷载作用的情况下，也只有中间支座附近的梁段因受异号弯矩的影响，抗剪承载力有所降低，边支座附近梁段的抗剪承载力与简支梁的相同。

5. 无腹筋梁受剪承载力计算公式

由于影响斜截面承载力的因素很多，要全面准确地考虑这些因素是很复杂的，目前仍没有合适的方法。《规范》中所给出的计算公式，是考虑了影响斜截面承载力的主要因素，对大量的试验数据进行统计分析所得出的与试验结果较为符合的公式，如图2－39、图2－40所示。

计算公式如下。

1）矩形、T形和工字形截面的一般受弯构件

对矩形、T形和工字形截面的一般受弯构件，受剪承载力设计值可按下列公式计算：

$$V_c = 0.7 f_t b h_0 \tag{2-41}$$

式中：V_c——无腹筋梁受剪承载力设计值；

f_t——混凝土轴心抗拉强度设计值；

V——剪力设计值；

b——矩形截面的宽度或T形截面和工字形截面的腹板宽度；

h_0——截面的有效高度。

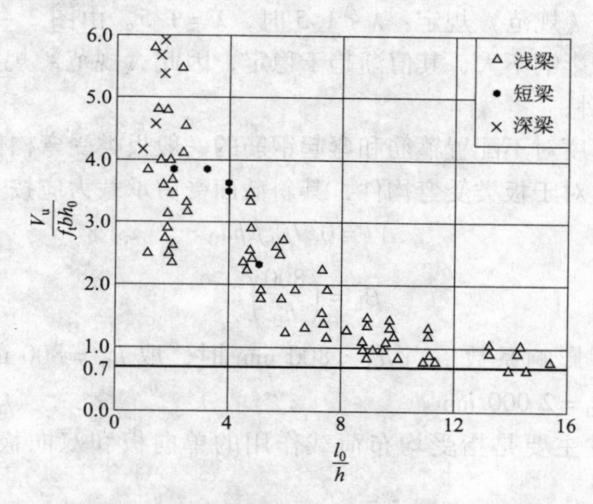

图2－39　一般无腹筋梁受剪承载力计算公式与试验结果的比较

2）集中荷载作用下的矩形、T形和工字形截面独立梁

集中荷载作用下的矩形、T形和工字形截面独立梁（包括作用有多种荷载且集中荷载在支座截面所产生的剪力值占总剪力值75%以上的情况），受剪承载力设计值应按下列公式计算：

$$V_c = \frac{1.75}{\lambda + 1.0} f_t b h_0 \tag{2-42}$$

式中：λ——计算剪跨比，$\lambda = \frac{a}{h_0}$，当$\lambda < 1.5$时，取$\lambda = 1.5$，当$\lambda > 3$时，取$\lambda = 3$；

a——集中荷载作用点到支座或节点边缘的距离。

《规范》中为了计算方便和偏于安全，λ采用计算剪跨比而不用广义剪跨比。

其中独立梁是指不与楼板整体浇筑的梁。

由试验可知，当λ值过小时，梁的受剪性能类似于深梁，构件破坏时的承载力高，但

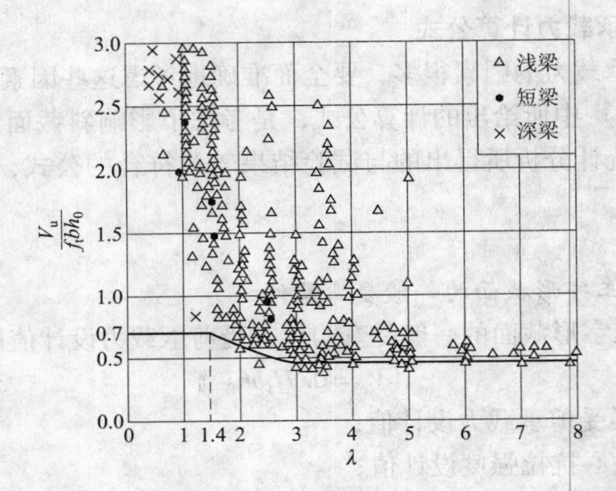

图 2-40　集中荷载作用下无腹筋梁受剪承载力计算公式与试验结果的比较

开裂较早，而且斜裂缝的出现容易引起锚固破坏，因而对其受剪承载力取值不宜过高，亦即 λ 取值不能过小，因此《规范》规定：$\lambda<1.5$ 时，$\lambda=1.5$。由图 2-40 可知，当 $\lambda>3$ 时，剪跨比对受剪承载力的影响不大，其值渐趋于稳定，因此《规范》规定 $\lambda\geqslant3$ 时，取 $\lambda=3$。

3）厚板类受弯构件

试验表明，截面高度对不配置箍筋和弯起钢筋的一般板类受弯构件的斜截面受剪承载力影响较为显著。因此，对于板类受弯构件，其斜截面受剪承载力应按下列公式计算：

$$V_c=0.7\beta_h f_t b h_0 \tag{2-43}$$

$$\beta_h=\left(\frac{800}{h_0}\right)^{1/4} \tag{2-44}$$

式中：β_h——截面高度影响系数。当 $h_0<800$ mm 时，取 $h_0=800$ mm；当 $h_0>2\ 000$ mm 时，取 $h_0=2\ 000$ mm。

一般板类受弯构件主要是指受均布荷载作用的单向板和双向板需要按单向板计算的构件。

试验和理论分析表明，满足上式不仅能避免剪切破坏的发生，同时能间接满足使用阶段不出现斜裂缝的要求。

考虑到剪切破坏有明显的脆性，特别是斜拉破坏，斜裂缝一旦出现梁即告破坏，单靠混凝土受剪是不安全的。《规范》规定，只有对截面高度 $h<150$ mm 的小梁（如过梁、檩条）可不配置箍筋。

2.2.3　有腹筋梁的斜截面受剪性能

为了提高混凝土的受剪承载力，防止梁沿斜裂缝发生脆性破坏，一般在梁中配置腹筋（箍筋和弯起钢筋）。斜裂缝出现前，箍筋应力很小，箍筋对阻止和推迟斜裂缝的出现作用也很小，但在斜裂缝出现后，有腹筋梁的受力性能与无腹筋梁相比，将有显著的不同。

1. 箍筋的作用

由前面分析可以看出，无腹筋梁斜裂缝出现后，剪压区几乎承受了全部的剪力，成为整个梁的薄弱环节。而在有腹筋梁中，当斜裂缝出现以后，形成了一种“桁架—拱”的受力模型，斜裂缝间的混凝土相当于压杆，梁底纵筋相当于拉杆，箍筋则相当于垂直受拉腹杆。因此，在有腹筋梁中，箍筋的作用如下：

① 箍筋可以直接承担部分剪力；

② 腹筋能限制斜裂缝的开展和延伸，增大混凝土剪压区的截面面积，提高混凝土剪压区的抗剪能力；

③ 箍筋还将提高斜裂缝交界面骨料的咬合和摩擦作用，延缓沿纵筋的黏结劈裂裂缝的发展，防止混凝土保护层突然撕裂，提高纵向钢筋的销栓作用。因此，腹筋将使梁的受剪承载力有较大提高。

2. 有腹筋梁斜截面破坏的主要形态

1）配箍率

有腹筋梁的破坏形态不仅与剪跨比有关，还与配箍率 ρ_{sv} 有关。

配箍率 ρ_{sv} 按下式计算：

$$\rho_{sv}=\frac{A_{sv}}{bs}=\frac{nA_{sv1}}{bs} \tag{2-45}$$

式中：A_{sv}——配置在同一截面内箍筋各肢的截面面积总和，$A_{sv}=nA_{sv1}$，这里 n 为同一截面内箍筋的肢数，若箍筋为双肢箍，则 $n=2$；

A_{sv1}——单肢箍筋的截面面积；

s——箍筋的间距；

b——梁宽。

2）有腹筋梁斜截面破坏的主要形态

有腹筋梁斜截面剪切破坏形态与无腹筋梁一样，也可概括为三种主要破坏形态：斜拉、剪压和斜压破坏。

（1）斜拉破坏

当配箍率太小或箍筋间距太大且剪跨比较大（$\lambda>3$）时，易发生斜拉破坏。其破坏特征与无腹筋梁相同，破坏时箍筋被拉断。

（2）剪压破坏

当配箍适量且剪跨比 $\lambda>1$ 时发生剪压破坏。其特征是箍筋受拉屈服，剪压区混凝土压碎，斜截面受剪承载力随配箍率及箍筋强度的增加而增大。

（3）斜压破坏

当配置的箍筋太多或剪跨比很小（$\lambda<1$）时，发生斜压破坏，其特征是混凝土斜向柱体被压碎，但箍筋不屈服。

斜压破坏和斜拉破坏都是不理想的。因为斜压破坏在破坏时箍筋强度未得到充分发挥，而斜拉破坏发生得十分突然，因此在工程设计中应避免出现这两种破坏形态。

剪压破坏时箍筋强度得到了充分发挥，且破坏时承载力较高，因此斜截面承载力计算公式就是根据这种破坏模型建立的。

3. 有腹筋梁的受剪承载力计算公式

1）基本假定

对于梁的三种斜截面破坏形态，在工程设计时都应设法避免。对于斜压破坏，通常采用限制截面尺寸的条件来防止；对于斜拉破坏，则用满足最小配箍率及构造要求来防止；剪压破坏，因其承载力变化幅度较大，必须通过计算，保证构件满足一定的斜截面受剪承载力，防止剪压破坏。《规范》中的基本计算公式就是根据这种剪切破坏形态的受力特征而建立的，采用理论与试验相结合的方法，同时引入一些试验参数。假设梁的斜截面受剪承载力 V_u 由斜裂缝上端剪压区混凝土的抗剪能力 V_c、与斜裂缝相交的箍筋的抗剪能力 V_{sv} 和与斜裂缝相交的弯起钢筋的抗剪能力 V_{sb} 三部分组成（图 2-41），由平衡条件 $\sum y=0$ 得

$$V_u=V_{cs}+V_{sb}=V_c+V_{sv}+V_{sb} \tag{2-46}$$

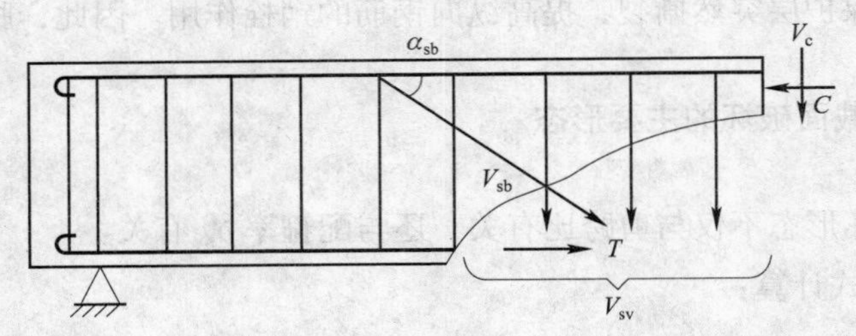

图 2-41　斜截面抗剪承载力计算简图

2）计算公式

（1）仅配有箍筋的梁

当梁仅配有箍筋时，其斜截面受剪承载力计算公式采用无腹筋梁所承担的剪力和箍筋承担的剪力两项相加的形式：

$$V_u=V_c+V_{sv}=V_{cs} \tag{2-47}$$

对矩形、T 形和工字形截面的一般受弯构件：

$$V\leqslant V_{cs}=0.7f_t bh_0+1.25f_{yv}\frac{A_{sv}}{s}h_0 \tag{2-48}$$

式中：V——构件斜截面上的最大剪力设计值；

V_{cs}——构件斜截面上混凝土和箍筋的受剪承载力设计值；

A_{sv}——配置在同一截面内箍筋各肢的全部截面面积，$A_{sv}=nA_{sv1}$；

n——同一截面内的箍筋肢数；

A_{sv1}——单肢箍筋的截面面积；

s——沿构件长度方向的箍筋间距；

f_t——混凝土轴心抗拉强度设计值；

f_{yv}——箍筋抗拉强度设计值；

b——矩形截面的宽度或 T 形截面和工字形截面的腹板宽度。

对集中荷载作用下（包括作用有多种荷载，其中集中荷载对支座截面或节点边缘所产生的剪力值占总剪力值的 75% 以上的情况）的矩形、T 形和工字形截面的独立梁，按下列公式计算：

$$V\leqslant V_{cs}=\frac{1.75}{\lambda+1}f_t bh_0+f_{yv}\frac{A_{sv}}{s}h_0 \tag{2-49}$$

式中，λ 为计算截面的计算剪跨比，可取 $\lambda=a/h_0$，a 为集中荷载作用点至支座截面或节点边缘的距离。当 $\lambda<1.5$ 时，取 $\lambda=1.5$；当 $\lambda>3$ 时，取 $\lambda=3$，此时，在集中荷载作用点与支座之间的箍筋应均匀配置。

T形和工字形截面的独立梁忽略翼缘的作用，只取腹板的宽度作为矩形截面梁计算构件的受剪承载力，其结果偏于安全。

式（2-49）考虑了间接加载和连续梁的情况，对连续梁，式（2-49）采用计算截面剪跨比 $\lambda = a/h_0$，而不用广义剪跨比 $\lambda = M/Vh_0$。这是为了计算方便，且偏于安全，实际上是采用加大剪跨比的方法来抵消连续梁受剪承载力降低的影响。

因此式（2-48）和式（2-49）适用于矩形、T形和工字形截面的简支梁、连续梁和约束梁。

必须指出，由于配置箍筋后混凝土所能承受的剪力与无箍筋时所能承受的剪力是不同的，因此，对于式（2-49）中的两项表达式，虽然其第一项在数值上等于无腹筋梁的受剪承载力，但不应理解为配置箍筋梁的混凝土所能承受的剪力；同时，第二项代表箍筋受剪承载力和箍筋对限制斜裂缝宽度后的间接抗剪作用。换句话说，对于上述两项表达式应理解为两项之和代表有箍筋梁的受剪承载力。

（2）同时配置箍筋和弯起钢筋的梁

弯起钢筋所能承担的剪力为弯起钢筋的总拉力在垂直于梁轴方向的分力，如图2-42所示，即 $V_{sb} = 0.8 f_y A_{sb} \sin\alpha_s$。系数0.8是考虑弯起钢筋在破坏时可能达不到其屈服强度的应力不均匀系数。因此，对于配有箍筋和弯起钢筋的矩形、T形和工字形截面的受弯构件，其受剪承载力按下列公式计算：

$$V \leqslant V_u = V_{cs} + V_{sb} = V_{cs} + 0.8 f_y A_{sb} \sin\alpha_s \tag{2-50}$$

式中：V——剪力设计值；

V_u——梁斜截面破坏时所受的总剪力；

V_{cs}——构件斜截面上混凝土和箍筋的受剪承载力设计值；

f_y——弯起钢筋的抗拉强度设计值；

A_{sb}——同一弯起平面内弯起钢筋的截面面积；

α_s——弯起钢筋与构件纵轴线之间的夹角。

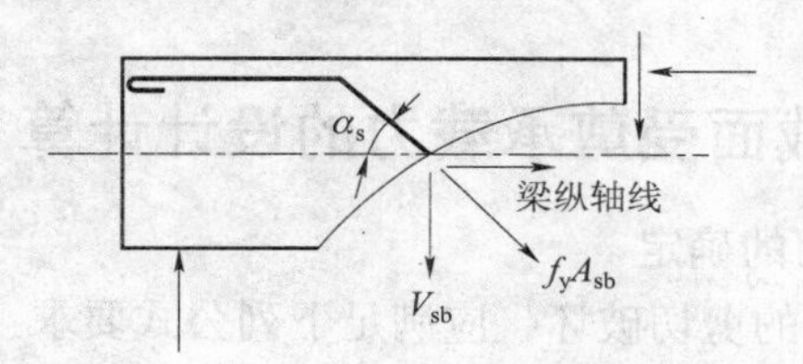

图2-42　弯起钢筋承担的剪力

一般情况下 $\alpha_s = 45°$，梁截面高度较大时（$h \geqslant 800$ mm），取 $\alpha_s = 60°$。

4. 有腹筋梁的受剪承载力计算公式的适用范围

为了防止发生斜压及斜拉这两种严重的脆性破坏形态，必须控制构件的截面尺寸不能过小及箍筋用量不能过少，为此《规范》中给出了相应的控制条件。

1）上限值——最小截面尺寸

当梁的截面尺寸较小而剪力过大时，可能在梁的腹部产生过大的主压应力，使梁腹产生斜压破坏。这种梁的承载力取决于混凝土的抗压强度和截面尺寸，不能靠增加腹筋来提高承载力，多配置的腹筋不能充分发挥作用。为了避免斜压破坏，同时也为了防止梁在使用阶段斜裂缝过宽（主要指薄腹梁），对矩形、T形和工字形截面的一般受弯构件，应满足下列条件：

当$\frac{h_w}{b} \leqslant 4$时， $$V \leqslant 0.25\beta_c f_c b h_0 \tag{2-51a}$$

当$\frac{h_w}{b} \geqslant 6$时， $$V \leqslant 0.2\beta_c f_c b h_0 \tag{2-51b}$$

当$4 < \frac{h_w}{b} < 6$时，按直线内插法取用。

式中：V——构件斜截面上的最大剪力设计值；

β_c——高强混凝土的强度折减系数，当混凝土强度等级不大于C50级时，取$\beta_c = 1$，当混凝土强度等级为C80时，取$\beta_c = 0.8$，其间按线性内插法取值；

h_w——截面腹板高度；

b——矩形截面的宽度或T形截面和工字形截面的腹板宽度。

对于薄腹梁，由于其肋部宽度较小，所以在梁腹中部剪应力很大，与一般梁相比容易出现腹剪斜裂缝，裂缝宽度较大，因此对其截面限值条件式（2-51b）取值有所降低。

设计中，如不满足式（2-51a）和式（2-51b），应加大截面尺寸或提高混凝土强度等级，直到满足。

2）下限值——最小配箍率

当配箍率小于一定值时，斜裂缝出现后，箍筋不能承担斜裂缝截面混凝土退出工作释放出来的拉应力，从而很快达到屈服，其受剪承载力与无腹筋梁基本相同，当剪跨比较大时，可能产生斜拉破坏。为了防止斜拉破坏，《规范》中规定：当$V > V_c$时配箍率应满足

$$\rho_{sv} = \frac{nA_{sv1}}{bs} \geqslant \rho_{svmin} = 0.24\frac{f_t}{f_{yvt}} \tag{2-52}$$

为控制使用荷载下的斜裂缝宽度，并保证箍筋穿越每条斜裂缝，《规范》中规定了最大箍筋间距S_{max}。

2.2.4 受弯构件斜截面受剪承载力的设计计算

1. 设计方法及计算截面的确定

为了保证不发生斜截面的剪切破坏，应满足下列公式要求：

$$V \leqslant V_u \tag{2-53}$$

式中：V——斜截面上的剪力设计值；

V_u——斜截面受剪承载力设计值。

在计算斜截面受剪承载力时，剪力设计值V应按下列计算截面采用。

（1）支座边缘截面

通常支座边缘截面的剪力最大，对于图2-43中1—1斜裂缝截面的受剪承载力计算，应取支座截面处的剪力（图2-43中的V_1）。

（2）腹板宽度改变处截面

当腹板宽度减小时，受剪承载力降低，有可能产生沿图2-43中2—2斜截面的受剪破坏。对此斜裂缝截面，应取腹板宽度改变处截面的剪力（图2-43中的V_2）。

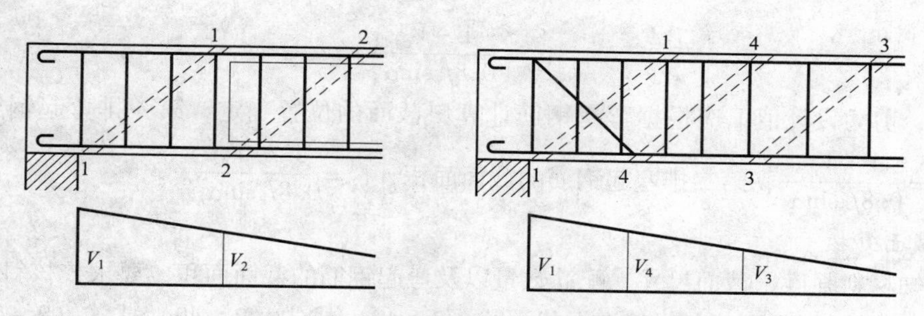

图2-43　斜截面受剪承载力的计算截面

（3）箍筋直径或间距改变处截面

箍筋直径减小或间距增大，受剪承载力降低，可能产生沿图2-43中3—3斜截面的受剪破坏。对此斜裂缝截面，应取箍筋直径或间距改变处截面的剪力（图2-43中的V_3）。

（4）弯起钢筋弯起点处的截面

未设弯起钢筋的受剪承载力低于弯起钢筋的区段，可能在弯起钢筋弯起点处产生沿图2-43中的4—4斜截面破坏。对此斜裂缝截面，应取弯起钢筋弯起点处截面的剪力（图2-43中的V_4）。

总之，斜截面受剪承载力的计算是按需要进行分段计算的，计算时应取区段内的最大剪力为该区段的剪力设计值。

2. 设计计算步骤

一般梁的设计为：首先根据跨高比和高宽比确定截面尺寸，然后进行正截面承载力设计计算，确定纵筋，再进行斜截面受剪承载力的计算确定腹筋。

受弯构件斜截面承载力的计算有两类问题：截面设计和截面复核。

1）截面设计

（1）只配置箍筋

① 确定计算截面位置，计算其剪力设计值V。

② 校核截面尺寸。

根据式（2-51）验算是否满足截面限制条件，如不满足应加大截面尺寸或提高混凝土强度等级。

③ 确定腹筋用量。

若$V \leqslant V_c$，则按最大箍筋间距和最小箍筋直径的要求配置箍筋。

若$V \leqslant V_c$，按下式计算箍筋用量：

$$\frac{nA_{sv1}}{s} \geqslant \frac{V-0.7f_t bh_0}{1.25f_{yv}h_0}\text{（一般情况）}$$

$$\frac{nA_{sv1}}{s} \geqslant \frac{V-\dfrac{1.75}{\lambda+1}\times f_t bh_0}{f_{yv}h_0}\text{（集中荷载为主）}$$

（2）配置箍筋和弯起钢筋

一般先根据经验和构造要求配置箍筋，确定V_{cs}，对$V>V_{cs}$区段，按下式计算确定弯起钢筋的截面：

$$A_{sb}=\frac{V-V_{cs}}{0.8f_y\sin\alpha_s} \tag{2-54}$$

式中，剪力设计值V应根据弯起钢筋计算斜截面的位置确定，第一排弯起钢筋的截面面积$A_{sb1}=\frac{V-V_{cs}}{0.8f_y\sin\alpha_s}$，第二排弯起钢筋的截面面积$A_{sb2}=\frac{V_2-V_{cs}}{0.8f_y\sin\alpha_s}$。

2）截面复核

当已知材料强度、截面尺寸、配筋数量以及弯起钢筋的截面面积，要求校核斜截面所能承受的剪力V_u时，只要将各已知数据代入式（2-48）或式（2-49）或式（2-50）即可求得解答。但应按式（2-51）和式（2-52）复核截面尺寸以及配箍率，并检验已配箍筋直径和间距是否满足构造要求。

2.3 裂缝宽度及挠度的计算

2.3.1 变形和裂缝的计算要求

为了满足结构的功能要求，结构构件应进行承载力极限状态计算以保证其安全性，同时应进行正常使用极限状态验算以保证其适用性和耐久性。

通过验算，使变形和裂缝宽度不超过规定的限值，同时还应保证正常使用及耐久性要求的其他规定限值，例如，混凝土保护层最小厚度等。《混凝土结构设计规范》（GB 50010—2010）规定：结构构件承载力计算应采用荷载设计值，对于正常使用极限状态验算的情况均采用荷载标准值。

由于混凝土构件的变形及裂缝宽度都随时间增大，因此，验算变形及裂缝宽度时，应按荷载效应的标准组合并考虑荷载长期效应的影响。

按正常使用极限状态验算结构构件的变形及裂缝宽度时，其荷载效应值大致相当于破坏时荷载效应值的50%～70%。

2.3.2 变形验算

一般混凝土构件对变形有一定的要求，主要基于以下4个方面的考虑。

① 保证建筑使用功能的要求。结构构件变形过大会影响结构的正常使用，例如，吊车梁的挠度过大会影响吊车的正常运行，精密仪器厂房楼盖梁、板变形过大将使仪器设备难以保持水平等。

② 防止对结构构件产生不良影响。主要是防止结构性能与设计中的假定不符，例如，支撑于砖墙（柱）上的梁，端部梁的转动会引起支撑面积减小，可能造成墙体沿梁顶部和底部出现内外水平裂缝，严重时将产生局部承压或墙体失稳破坏等。

③ 防止对非结构构件产生不良影响。例如，结构构件变形过大会造成门窗等活动部件不能正常开启，防止非结构构件如隔墙及天花板的开裂、压碎或其他形式的损坏等。

④ 保证人们的感觉在可接受的范围内。例如，防止厚度较小的板在人们站上去以后产生过大的颤动或明显下垂引起不安全感；防止可变荷载（活荷载、风荷载等）引起的振动

及噪声对人产生的不良感觉等。

随着高强混凝土和钢筋的采用，构件截面尺寸相应减小，变形问题更为突出。《规范》在考虑上述因素的基础上，根据工程经验，仅对受弯构件规定了允许挠度值，即计算挠度f应满足：

$$f \leqslant f_{\lim} \tag{2-55}$$

式中：$f_{\lim}$——允许挠度限值。

1. 钢筋混凝土受弯构件刚度

由材料力学可知，均匀弹性材料梁的跨中挠度

$$f = S\frac{Ml_0^2}{EI} \tag{2-56}$$

式中：S——与荷载形式、支撑条件有关的系数，例如，计算承受均布荷载的简支梁跨中挠度时，$S=5/48$；

l_0——梁的计算跨度；

EI——梁的截面抗弯刚度。

当梁截面尺寸和材料已定，梁的截面抗弯刚度为常数时，弯矩M与挠度f呈线性关系，如图2-44中的斜直线OD所示。

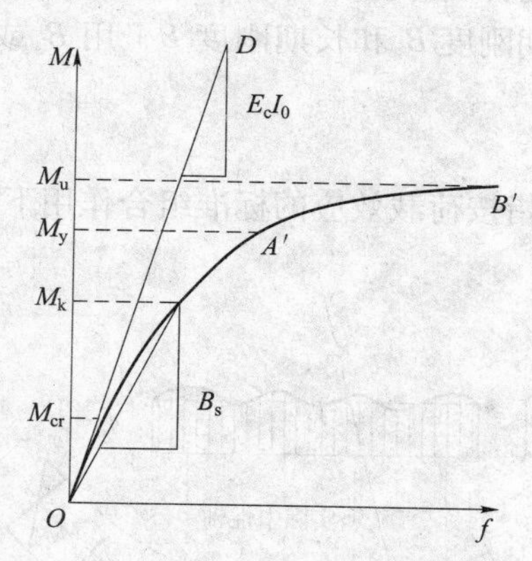

图2-44　梁截面M—f关系曲线

对钢筋混凝土受弯构件，由于混凝土为弹塑性材料，具有一定的塑性变形能力，因而钢筋混凝土受弯构件的截面抗弯刚度不是常数而是变化的，具有如下主要特点。

1）裂缝出现以前（第Ⅰ阶段）

荷载较小时，混凝土处于弹性工作状态，M—f曲线与直线OD几乎重合，临近出现裂缝时，f值增加稍快，曲线微向下弯曲。这是由于受拉混凝土出现了塑性变形，实际的弹性模量有所降低的缘故，但截面刚度并未削弱，I值不受影响。这时梁的抗弯刚度EI仍可视为常数，稍加修改就可以反映不出现裂缝的钢筋混凝土构件的实际工作情况，这时构件的刚度将按式（2-56）中的EI近似取为$0.85E_cI_0$，此处I_0为换算截面对其重心轴的惯性矩，E_c为混凝土的弹性模量。

2）裂缝出现以后（第Ⅱ阶段）

裂缝出现以后，M—f曲线发生了明显的转折，出现了第一个转折点（A'）。配筋率越低

的构件，其转折越明显。试验表明，尺寸和材料都相同的适筋梁，配筋率大的，M—f 曲线陡些，变形小些。裂缝出现以后，塑性变形加剧，变形模量降低显著，并随着荷载的增加，裂缝进一步扩展，截面抗弯刚度进一步降低，曲线 $A'B'$ 偏离直线的程度也随荷载的增加而呈非线性增加。

3）钢筋屈服（第Ⅲ阶段）

钢筋屈服后进入第Ⅲ阶段，M—f 曲线上出现了第二个转折点（C'）。截面抗弯刚度急剧降低，弯矩稍许增加即会引起挠度的剧增。

4）沿截面跨度，截面抗弯刚度是变化的

如图 2－45 所示，由于混凝土裂缝沿跨度方向分布是不均匀的，裂缝宽度大小不同，即使在纯弯段，各个截面承受弯矩相同，挠度值也不完全一样：裂缝小的截面处小些，裂缝大的截面处大些。所以，验算变形时所采用的抗弯刚度是指纯弯区段内平均的截面抗弯刚度。

5）刚度随时间的增长而减小

试验表明，当作用在构件上的荷载值不变时，变形随时间的增加而增大，即截面抗弯刚度随时间增加而减小。

综上所述，在混凝土受弯构件变形验算时采用平均刚度，考虑到荷载作用时间的影响，把受弯构件抗弯刚度区分为短期刚度 B_s 和长期刚度 B，用 B_s 或 B 代替式（2－56）中的 EI 进行挠度计算。

6）受弯构件的短期刚度 B_s

受弯构件的短期刚度 B_s 是指按荷载效应的标准组合作用下的截面抗弯刚度。

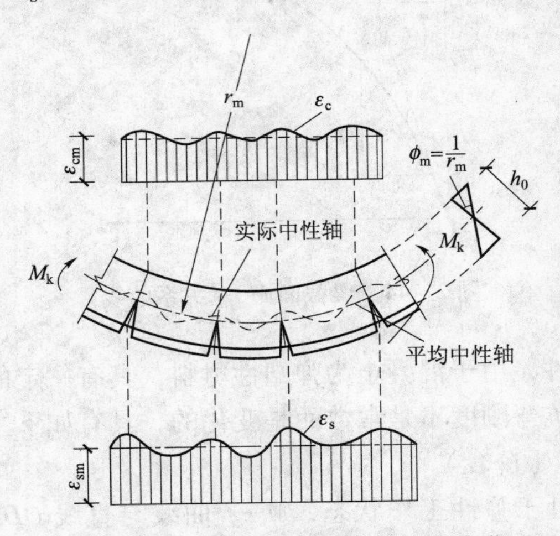

图 2－45　抗弯刚度沿构件跨度的变化

（1）平均曲率

试验表明，各水平纤维的平均应变沿梁截面高度的变化符合平截面假定。如图 2－45 所示，根据平截面假定，可求得平均曲率：

$$\phi=\frac{1}{r}=\frac{\varepsilon_{sm}+\varepsilon_{cm}}{h_0} \qquad (2-57)$$

式中：r——与平均中性轴相应的平均曲率半径；

ε_{sm}——纵向受拉钢筋重心处的平均应变值；
ε_{cm}——受压区边缘混凝土的平均压应变值；
h_0——截面的有效高度。

根据材料力学中刚度的计算公式和式（2－57），有

$$B_s=\frac{M_k}{\phi}=\frac{M_k h_0}{\varepsilon_{sm}+\varepsilon_{cm}} \tag{2-58}$$

式中：M_k——按荷载效应标准组合计算的弯矩值。

（2）裂缝截面处的应变 ε_s 和 ε_c

在荷载效应的标准组合下，裂缝截面处纵向受拉钢筋重心处拉应变 ε_s 和受压区边缘混凝土的压应变 ε_c 按下式计算：

$$\varepsilon_s=\frac{\sigma_{ss}}{E_s} \tag{2-59}$$

$$\varepsilon_c=\frac{\sigma_c}{E_c'}=\frac{\sigma_c}{vE_c} \tag{2-60}$$

式中：σ_{ss}——按荷载效应的标准组合计算的裂缝截面处纵向受拉钢筋重心处的拉应力；
σ_c——按荷载效应标准组合计算受压区边缘混凝土的压应力；
E_c'——混凝土的变形模量；
E_c——混凝土的弹性模量；
v——混凝土的弹性特征值。

在相邻两条裂缝之间，钢筋应变是不均匀的，裂缝截面处最大，离开裂缝截面逐渐减小，这主要是裂缝间的受拉混凝土参与工作的缘故。

（3）平均应变 ε_{sm} 和 ε_{cm}

如图2－45所示，设裂缝间受拉钢筋重心处的拉应变不均匀系数为 φ，受压区边缘混凝土压应变不均匀系数为 φ_c，则平均应变可用裂缝截面处的应变表示：

$$\varepsilon_{sm}=\varphi\varepsilon_s=\varphi\frac{M_k}{w(\gamma_f'+\xi)\eta bh_0^2} \tag{2-61}$$

$$\varepsilon_{cm}=\varphi_c\varepsilon_c=c\frac{M_k}{\xi bh_0^2E_c} \tag{2-62}$$

式中：ξ——受压区边缘混凝土平均应变综合系数，$\xi=w\nu(\gamma_f'+\xi_0)\eta/\varphi_c$。

采用平均应变综合系数 ξ_0 以代替一系列系数既可以减轻计算工作量，又避免了误差的积累，同时，还可以通过式（2－62）直接得到它的试验值。

将式（2－61）与式（2－62）代入式（2－58）经整理得

$$B_s=\frac{E_sA_sh_0^2}{\dfrac{\varphi}{\eta}+\dfrac{\alpha_e\rho}{\xi_0}} \tag{2-63}$$

式中：α_e——钢筋弹性模量与混凝土弹性模量之比值，$\alpha_e=E_s/E_c$。

（4）参数 η、φ 和 ξ_0 的确定

$$\eta=1-\frac{0.4}{1+2\gamma_f'}\sqrt{\alpha_e\rho} \tag{2-64}$$

为方便计算，对受弯构件，可近似取 $\eta=0.87$。

在相邻两条裂缝之间，钢筋应变是不均匀的，裂缝截面处最大，离开裂缝截面逐渐减小，这主要是裂缝间的受拉混凝土参与工作的缘故。系数 φ 越小，裂缝间混凝土协助钢筋的抗拉作用越强；当系数 $\varphi=1.0$ 时，钢筋和混凝土之间的黏结应力完全退化，混凝土不再协助钢筋抗拉。因此，系数 φ 的物理意义就是反映裂缝间混凝土对纵向受拉钢筋应变的影响程度。另外，φ 还与有效配筋率 ρ_{te} 有关，$\rho_{te}=A_s/A_{te}$，当 ρ_{te} 较小时，说明钢筋周围的混凝土参与受拉的有效相对面积大些。试验研究表明，φ 近似表达为

$$\varphi=1.1\times\left(1-\frac{M_{cr}}{M_k}\right) \tag{2-65}$$

式中：M_{cr}——混凝土截面的抗裂弯矩，可根据裂缝截面即将出现时的截面应力图形求得。

计算时，当 $\varphi<0.4$ 时，取 $\varphi=0.4$；当 $\varphi>1$ 时，取 $\varphi=1$。同时，当 $\rho_{te}\leqslant0.01$ 时，取 $\rho_{te}=0.01$。

对于直接承受重复荷载作用的构件，取 $\varphi=1.0$。

受压混凝土平均应变综合系数 ξ_0 可由试验求得。试验表明，ξ_0 与 $\alpha_e\rho$ 及受压翼缘加强系数 γ_f' 有关，可表示为

$$\frac{\alpha_e\rho}{\xi_0}=0.2+\frac{6\alpha_e\rho}{1+3.5\gamma_f'} \tag{2-66}$$

当 $\eta=0.87$ 时，将式（2-66）代入式（2-63），即得短期刚度 B_s 的计算公式

$$B_s=\frac{E_sA_sh_0^2}{1.15\varphi+0.2+\dfrac{6\alpha_e\rho}{1+3.5\gamma_f'}} \tag{2-67}$$

7）受弯构件的长期刚度 B

在荷载长期作用下，构件截面抗弯刚度将会随时间增长而降低，致使构件的挠度增大。因此，计算挠度时必须采用长期刚度。

在长期荷载作用下，受压混凝土将发生徐变，即荷载不增加而变形却随时间增大；受压混凝土塑性变形和裂缝不断向上开展使内力臂减小，引起钢筋应变和应力增加；钢筋和混凝土之间产生滑移徐变。以上这些情况都会导致构件刚度降低。此外，由于受拉区与受压区混凝土的收缩不一致使梁发生翘曲，也会导致刚度降低。凡是影响混凝土徐变和收缩的因素都将影响刚度，使刚度降低，构件挠度增大。

对于受弯构件，《规范》要求按荷载效应标准组合并考虑荷载长期作用影响的刚度进行计算，并建议采用荷载长期作用对挠度增大的影响系数 θ 来考虑荷载长期效应对刚度的影响。

$$B=\frac{M_k}{M_q+(\theta-1)M_k}\cdot B_s \tag{2-68}$$

式中：M_q——按荷载效应准永久组合计算的弯矩值；

θ——考虑荷载长期作用对挠度增大的影响系数。

2. 受弯构件挠度验算

按荷载效应标准组合并考虑荷载长期作用影响的长期刚度计算所得的长期挠度 f 为

$$f=SB\frac{M_kl_0^2}{B_1} \tag{2-69}$$

对于受弯构件，各截面抗弯刚度是不同的，上述抗弯刚度是指纯弯区段的平均截面抗弯刚度。对于简支梁，在剪跨范围内各正截面弯矩是不相等的，靠近支座的截面抗弯刚度要比纯弯区段内的大，如果都用纯弯段的截面抗弯刚度，似乎会使挠度计算值偏大。但实际情况却不是这样，因为在剪跨范围内还存在剪切变形，甚至可能出现少量斜裂缝，它们都会使梁的挠度增大，而这在计算中是没有考虑到的。为了简化计算，对简支梁可近似按纯弯段的平均截面抗弯刚度采用，这就是“最小刚度原则”。

“最小刚度原则”就是在简支梁全跨长范围内，都可按弯矩最大处的截面抗弯刚度，亦即按最小的截面抗弯刚度，用材料力学方法中不考虑剪切变形影响的公式计算挠度。当构件上存在正负弯矩时，可分别取同号弯矩区段内 $M_{\max}$ 处截面的最小刚度计算挠度。

按荷载效应标准组合并考虑荷载长期作用影响的长期刚度计算所得的长期挠度 f 应不大于《规范》规定的允许挠度 $f_{\lim}$，亦即满足正常使用极限状态的要求。当该要求不能满足时，从短期及长期刚度计算式（2－67）、式（2－68）可知：最有效的措施是增加截面高度。

当设计构件截面尺寸不能加大时，可考虑增加纵向受拉钢筋截面面积或提高混凝土强度等级；对于某些构件还可以充分利用纵向受压钢筋对长期刚度的有利影响，在构件受压区配置一定数量的受压钢筋。此外，采用预应力混凝土构件也是提高受弯构件刚度的有效措施。

例2－7　一矩形截面简支梁，截面尺寸为 200 mm × 500 mm，混凝土强度等级采用C20，纵向受拉钢筋为4根直径为16 mm的HRB335级钢筋，混凝土保护层厚度 $c=25$ mm，计算跨度 $l_0=5.6$ m，承受均布荷载，其中永久荷载（包括自重在内）标准荷载 $g_k=12.4$ kN/m，楼面活荷载的标准值 $q_k=8$ kN/m，楼面活荷载的准永久值系数 $\varphi_q=0.5$。试验算其挠度。

解： 已知参数 $A_s=804\ \text{mm}^2$，$E_s=2\times10^5\ \text{N/mm}^2$，$f_{tk}=1.54\ \text{N/mm}^2$，$E_c=2.55\times10^4\ \text{N/mm}^2$。

（1）计算荷载效应组合

按荷载效应标准组合计算的弯矩值

$$M_k=\frac{1}{8}g_k l^2+\frac{1}{8}q_k l^2=\frac{1}{8}\times12.4\times5.6^2+\frac{1}{8}\times8\times5.6^2=$$
$$79.97\ \text{kN}\cdot\text{m}$$

荷载效应准永久组合计算的弯矩值

$$M_q=\frac{1}{8}g_k l^2+\varphi_q\times\frac{1}{8}q_k l^2=\frac{1}{8}\times12.4\times5.6^2+0.5\times\frac{1}{8}\times8\times5.6^2=$$
$$64.29\ \text{kN}\cdot\text{m}$$

（2）计算有关参数

$$\alpha_e=\frac{E_s}{E_c}=\frac{2\times10^5}{2.55\times10^4}=7.84$$

$$h_0=500-(25+16/2)=467\ \text{mm}$$

$$\theta=2.0$$

$$\rho=\frac{A_s}{bh_0}=\frac{804}{200\times467}=0.008\ 6$$

$$\varphi = 0.845$$

(3) 计算梁的短期刚度 B_s

$$B_s = \frac{E_s A_s h_0^2}{1.15\varphi + 0.2 + \frac{6\alpha_e\rho}{1+3.5\gamma_f'}} = \frac{2\times10^5\times804\times467^2}{1.15\times0.845+0.2+\frac{6\times7.84\times0.0086}{1}} =$$

$$2.22\times10^{13}\ \mathrm{N\cdot mm^2}$$

(4) 计算长期刚度 B

$$B = \frac{M_k}{M_q+(\theta-1)M_k}\cdot B_s = \frac{79.97}{64.29\times(2.0-1)\times79.97}\times2.22\times10^{13} =$$

$$1.23\times10^{13}\ \mathrm{N\cdot mm^2}$$

(5) 验算挠度

$$f = S\frac{M_k l_0^2}{B} = \frac{5}{48}\times\frac{79.97\times10^6\times5\,600^2}{1.23\times10^{13}} =$$

$$21.24\ \mathrm{mm}$$

已知 $f/l_0 = 1/200$，$f/l_0 = 21.24/5\,600 = 1/264 < 1/200$，变形满足要求。

2.3.3 裂缝宽度验算

混凝土抗压强度较高，而抗拉强度较低，一般情况下混凝土抗拉强度只有抗压强度的1/10左右。所以在荷载作用下，一般普通混凝土受弯构件大都带裂缝工作。混凝土裂缝的产生主要有两方面的因素，一是由荷载作用引起的；二是由非荷载因素引起的，比如，不均匀变形、内外温差、外部其他环境因素等。混凝土裂缝开展过宽一方面影响结构的外观，在心理上给人一种不安全感；另一方面影响结构的耐久性，过宽的裂缝易造成钢筋锈蚀，尤其是当结构处于恶劣环境条件下时，比如海上建筑物、地下建筑物等。

对于由荷载作用产生的裂缝，通过计算确定裂缝开展宽度，而非荷载因素产生的裂缝主要是通过构造措施来控制。国内外研究的成果表明，只要裂缝的宽度被限制在一定范围内，不会对结构的工作性态造成影响。

1. 裂缝的出现、分布与开展

由于混凝土为非匀质材料，在荷载作用下，当荷载产生的拉应力超过混凝土实际抗拉强度时，混凝土就会产生裂缝，由于混凝土各截面的抗拉强度并不完全相同，第一条裂缝首先在最薄弱的截面处出现，在裂缝出现的截面，钢筋和混凝土所受的拉应力将发生明显的变化，开裂处的混凝土退出抗拉工作，原来由混凝土承担的拉力值转移由钢筋承担，所以裂缝截面处钢筋的应力有突然增加，图2-46所示的截面 a 由于钢筋和混凝土之间存在黏结作用，在离开裂缝的位置，混凝土和钢筋的应力进行重分布，钢筋和混凝土共同受力，突增的钢筋应力逐渐减小，混凝土的应力逐渐增大到抗拉强度值。当荷载稍许增加时，在离开裂缝截面一定距离的其他薄弱截面处将出现第二条裂缝，图2-46所示的截面 b 随着荷载的增加，裂缝将逐渐出现，最终裂缝趋于稳定。再继续增加荷载时，只是使原来的裂缝长度延伸和开裂宽度增加，如图2-47所示。当相邻两条主要裂缝之间的距离较大时，随着荷载的增加，在两条裂缝之间可能还会出现一些细小裂缝。

混凝土裂缝的出现是由于荷载产生的拉应力超过混凝土实际抗拉强度所致，而裂缝的开展是由于混凝土的回缩，钢筋不断伸长，导致混凝土和钢筋之间变形不协调的结果，也就是钢筋和混凝土之间产生相对滑移的结果，裂缝的宽度是钢筋表面处裂缝的开展宽度。而进行裂缝宽度验算所要求的应该是钢筋重心处混凝土侧表面上的裂缝宽度。

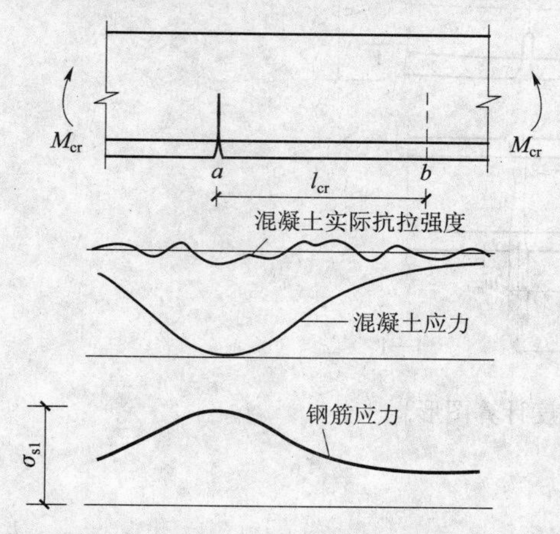

图2-46　第一条裂缝至将出现第二条裂缝间混凝土及钢筋应力分布

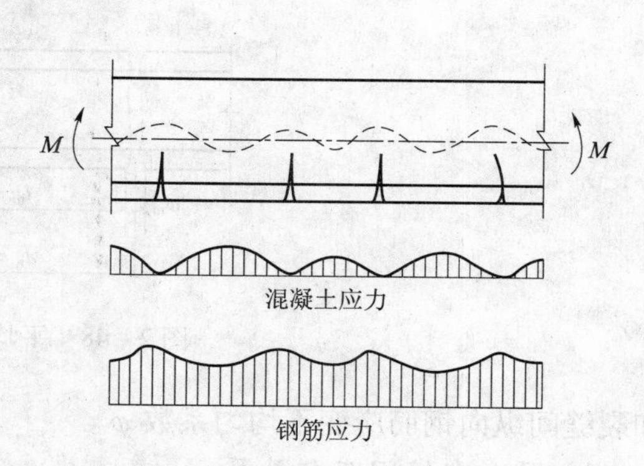

图2-47　中性轴、钢筋及混凝土应力随裂缝位置变化的情况

在长期荷载作用下，由于混凝土的滑移徐变和受拉钢筋的应力松弛，裂缝宽度还会进一步增大，此外，当构件受到不断变化的荷载作用时，也将导致裂缝宽度增大。

实际上，混凝土裂缝的出现、裂缝的分布和裂缝的宽度都具有随机性，但从统计的观点来看，平均裂缝间距和平均裂缝宽度具有一定的规律性，平均裂缝宽度和最大裂缝宽度之间也有一定的规律性。

2. 平均裂缝宽度w_m

如果把混凝土的性质加以理想化，理论上裂缝分布应为等间距分布，而且也几乎是同时发生的，此后荷载的增加只是裂缝宽度加大而不再产生新的裂缝，则试验表明，裂缝宽度的离散程度比裂缝间距更大些。

平均裂缝宽度 w_m 等于相邻两条裂缝之间钢筋的平均伸长与相应水平处构件侧表面混凝土平均伸长的差值，如图2-48所示，即

$$w_m = \varepsilon_{sm} l_m - \varepsilon_{cm} l_m \tag{2-70}$$

式中：ε_{sm}——纵向受拉钢筋的平均拉应变，$\varepsilon_{sm} = \varphi \varepsilon_s = \varphi \sigma_{ss} / E_s$，$\varphi$为纵向受拉钢筋应变不均匀系数；

ε_{cm}——与纵向受拉钢筋相同水平处侧表面混凝土的平均拉应变值；

l_m——平均裂缝间距。

试验研究表明，系数α_c虽然与配筋率、截面形状和混凝土保护层厚度等因素有关，但在一般情况下，α_c变化不大，且对裂缝开展宽度的影响也不大，为简化起见，对轴心受拉、受弯、偏心受压、偏心受拉构件，近似取$\alpha_c = 0.85$，则

$$w_m = 0.85 \varphi \frac{\sigma_{ss}}{E_s} l_m \tag{2-71}$$

式（2-71）表明，裂缝宽度主要取决于裂缝截面处的钢筋应力 σ_{ss}、平均裂缝间距 l_m

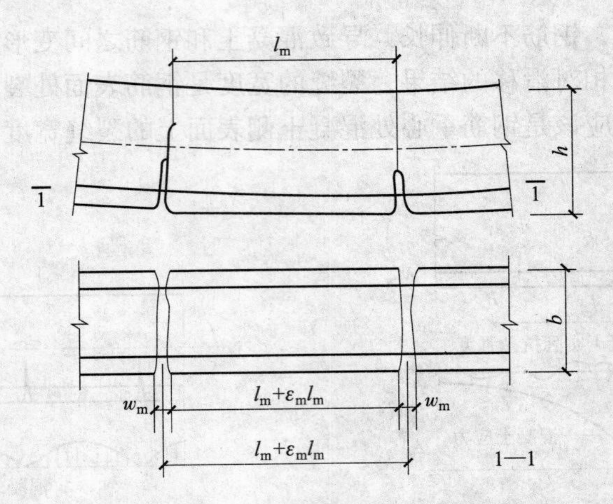

图 2－48　平均裂缝宽度计算图形

和裂缝间纵向钢筋应变不均匀系数 φ。

1）平均裂缝间距 l_m 计算

以轴心受拉构件为例。如图 2－49 所示，当薄弱截面 a—a 出现裂缝后，混凝土拉应力降为零，在另一截面 b—b 即将出现但尚未出现裂缝时，截面 b—b 混凝土应力达到其抗拉强度 f_t。在截面 a—a 处，拉力全部由钢筋承担；在截面 b—b 处，拉力由钢筋和未开裂的混凝土共同承担。如图 2－49（a）所示，由内力平衡条件可得

$$\sigma_{s1}A_s=\sigma_{s2}A_s+f_tA_{te} \tag{2-72}$$

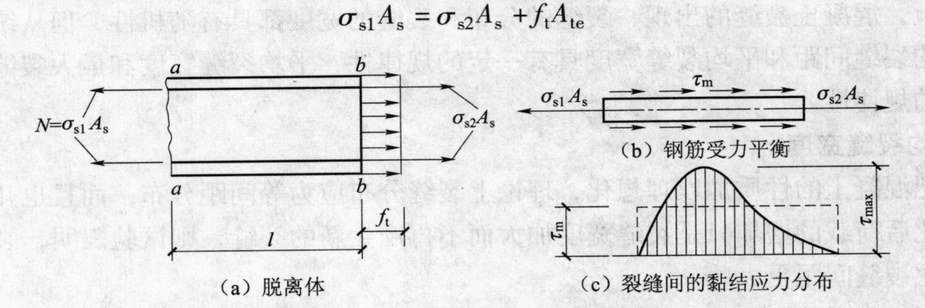

图 2－49　轴心受拉构件受力状态及应力分布

取 a—a 截面到 b—b 截面之间的钢筋为隔离体，如图 2－49（b）所示，两截面之间拉力差由钢筋与混凝土之间的黏结应力来平衡，在此取平均黏结应力 τ_m，如图 2－49（c）所示。

$$\sigma_{s1}A_s=\sigma_{s2}A_s+\tau_m ul \tag{2-73}$$

由式（2－72）、式（2－73）整理得

$$l=\frac{f_t}{\tau_m}\cdot\frac{A_{te}}{u} \tag{2-74}$$

如果钢筋直径为 d，则 $A_{te}/u=d/4\rho_{te}$，其中 u 为钢筋总截面周长，ρ_{te} 为受拉钢筋有效配筋率，$\rho_{te}=A_s/A_{te}$。

改写式（2－74）可得

$$l=\frac{1}{4}\frac{f_t}{\tau_m}\frac{d}{\rho_{te}} \tag{2-75}$$

因为混凝土抗拉强度增大时，钢筋与混凝土之间的黏结应力也随之增加，可近似地认为$\frac{f_t}{\tau_m}$为常数，则式（2-75）可表达为

$$l=k_1\frac{d}{\rho_{te}} \tag{2-76}$$

式（2-76）表明，裂缝间距与$\frac{d}{\rho_{te}}$成正比，当有效配筋率很大时，裂缝间距就会很小，这与试验结果不符。试验表明，混凝土保护层厚度对裂缝间距有一定的影响，在确定裂缝间距时，应考虑混凝土保护层厚度的影响。混凝土保护层厚度 c 大些，裂缝间距也大些。考虑到这两种情况，裂缝间距可表示为

$$l=k_1\frac{d}{\rho_{te}}+k_2c \tag{2-77}$$

式中：k_1、k_2——经验系数，可由试验资料确定。

根据对试验资料的分析，并考虑钢筋表面的影响，平均裂缝间距的计算公式可表示为

$$l_m=\beta\left(1.9c+0.08\frac{d}{\rho_{te}}\right)\nu \tag{2-78}$$

式中：β——系数，对于轴心受拉构件，取$\beta=1.1$；对于受弯构件、偏心受拉构件和偏心受压构件，取$\beta=1.0$；

c——混凝土保护层厚度，当$c<20$ mm 时，取$c=20$ mm；

d——钢筋直径，mm，当用不同直径的钢筋时，$d=4A_s/u$；

u——纵向受拉钢筋截面总周长；

ν——纵向受拉钢筋表面特征系数，变形钢筋$\nu=0.7$，光面钢筋$\nu=1.0$；

ρ_{te}——按有效受拉混凝土面积（A_{te}）计算的纵向受拉钢筋的配筋率，当$\rho_{te}\leqslant 0.01$时，取$\rho_{te}=0.01$。

有效受拉混凝土截面面积A_{te}按下列规定计算（图2-50）。

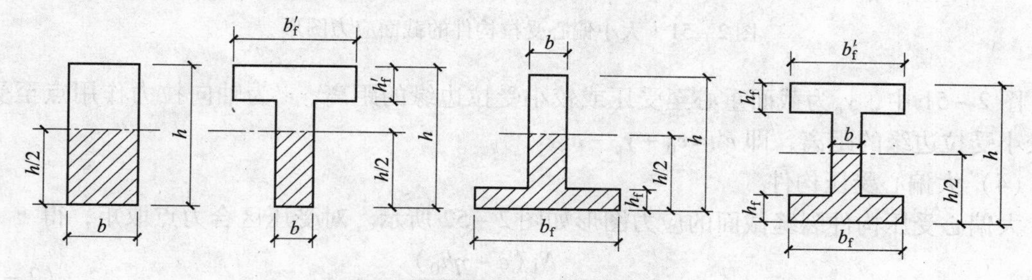

图2-50　有效受拉混凝土截面面积

轴心受拉构件，A_{te}取构件截面面积：

$$A_{te}=bh$$

受弯、偏心受压、偏心受拉构件：

$$A_{te}=0.5bh+(b_f-b)\ h_f$$

式中：b——矩形截面宽度，T 形和工字形截面腹板厚度；

h——截面高度；

b_f、h_f——分别为受拉翼缘的宽度和高度。

2）裂缝截面处钢筋应力 σ_{ss} 计算

σ_{ss} 是按荷载效应标准组合计算混凝土构件裂缝截面处纵向受拉钢筋的应力。对于轴心受拉、受弯、偏心受压、偏心受拉构件，σ_{ss} 均可按裂缝截面处力的平衡条件确定。

（1）受弯构件

$$\sigma_{ss}=\frac{M_k}{0.87A_sh_0} \tag{2-79}$$

（2）轴心受拉构件

$$\sigma_{ss}=\frac{N_k}{A_s} \tag{2-80}$$

（3）偏心受拉构件

偏心受拉构件裂缝截面应力图形如图 2－51 所示。若近似取大偏心受拉构件截面内力臂长 $\eta h_0=h-a'_s$，即受压混凝土压应力合力作用点与受压钢筋合力作用点重合，对受压钢筋合力作用点取矩，可得

$$\sigma_{ss}=\frac{N_ke'}{A_s(h_0-a'_s)} \tag{2-81}$$

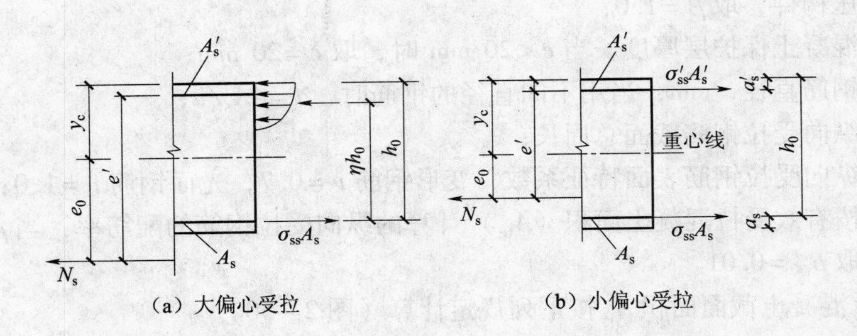

图 2－51　大小偏心受拉构件的截面应力图形

图 2－51 中，y_c 为截面重心至受压或较小受拉边缘的距离，e' 为轴向拉力作用点至受压或较小受拉边缘的距离，即 $e'=e_0+y_c-a'_s$。

（4）大偏心受压构件

大偏心受压构件裂缝截面的应力图形如图 2－52 所示。对受压区合力点取矩，得

$$\sigma_{ss}=\frac{N_k(e-\eta h_0)}{A_s\eta h_0} \tag{2-82}$$

以上各式中，M_k——按荷载效应标准组合计算的弯矩值；

N_k——按荷载效应标准组合计算的轴向拉力值；

ηh_0——纵向受拉钢筋合力点至受压区合力点的距离，且 $\eta h_0\leqslant 0.87$；对于大偏心受压构件，《规范》中给出了考虑截面形状的内力臂近似计算公式。

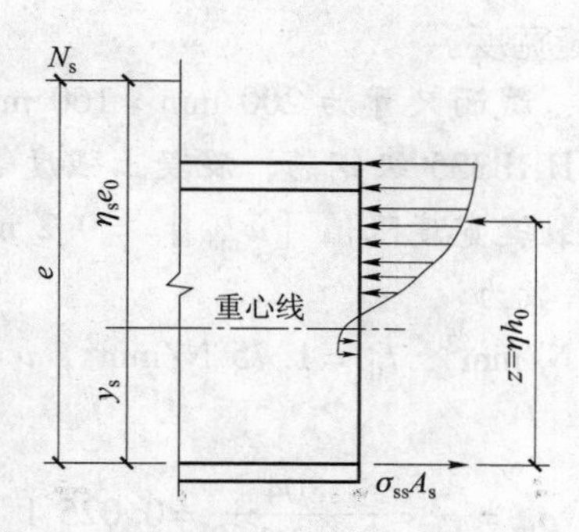

图 2-52　大偏心受压构件截面应力图形

$$\eta = 0.87 - 0.12(1-\gamma_f')\left(\frac{h_0}{e}\right)^2 \tag{2-83}$$

当偏心受压构件的$\frac{l_0}{h}>14$时，还应考虑侧向挠度的影响，对于偏心受压构件，$e=\eta_s e_0+y_s$，此处，y_s为截面重心至纵向受拉钢筋合力点的距离，η_s是指第Ⅱ阶段的偏心矩增大系数，可近似地取

$$\eta_s = 1 + \frac{1}{4\,000 e_0/h}\left(\frac{l_0}{h}\right)^2 \tag{2-84}$$

当$\frac{l_0}{h}\leqslant 14$时，$\eta_s=1.0$。

3）最大裂缝宽度计算与裂缝宽度验算

以上求得的是整个梁段的平均裂缝宽度。实际上，由于混凝土的不均匀性，裂缝间距和裂缝宽度都具有加大的离散性。裂缝宽度的限值应以最大裂缝宽度为准，最大裂缝宽度的确定主要考虑以下两种情况：荷载效应标准组合和荷载长期作用的情况。最大裂缝宽度由平均裂缝宽度乘以扩大系数得到。对于矩形、T形、倒T形和工字形截面的轴心受拉、偏心受拉、受弯、偏心受压构件，按荷载效应标准组合并考虑荷载长期作用的影响，其最大裂缝宽度可按下列公式计算：

$$w_{\max} = \alpha_{cr}\varphi\frac{\sigma_{ss}}{E_s}\left(1.9c + 0.08\frac{d}{\rho_{te}}\right)\nu \tag{2-85}$$

式中：α_{cr}——构件受力特征系数。轴心受拉构件取2.7，受弯、偏心受压构件取2.1，对偏心受拉构件取2.4。

验算裂缝宽度时，应满足

$$w_{\max} \leqslant w_{\lim} \tag{2-86}$$

式中：$w_{\lim}$——《规范》中规定的允许最大裂缝宽度。

从式（2-86）可知，$w_{\max}$主要与钢筋应力、有效配筋率及钢筋直径有关。当裂缝宽度验算不能满足要求时，可以采取增大截面尺寸、提高混凝土强度等级、减小钢筋直径或增大钢筋截面面积等措施。当然最有效的措施是采取施加预应力的办法。

此外，还应注意《规范》中的规定：例如，对直接承受轻、中级吊车的受弯构件，可将计算求得的最大裂缝宽度乘以系数0.85；对$\frac{e_0}{h_0}\leqslant 0.5$的偏心受压构件，试验表明最大裂缝宽度小于允许值，可不验算裂缝宽度。

例2-8 某轴心受拉构件，截面尺寸为200 mm×160 mm，保护层厚度$c=25$ mm，配置构件为4根直径为16 mm的HRB335级钢筋，混凝土强度等级为C25，荷载效应标准组合的轴向拉力$N_k=142$ kN，最大裂缝宽度限值$[w_{max}]=0.2$ mm，试验算最大裂缝宽度。

解：查表得到各类参数与系数为

$A_s=804\ mm^2$，$E_s=2\times10^5\ N/mm^2$，$f_{tk}=1.75\ N/mm^2$，$\nu=0.7$，$\alpha_{cr}=2.7$。

(1) 计算有关参数

$$\rho_{te}=\frac{A_s}{bh}=\frac{804}{200\times160}=0.025\ 1$$

$$d/\rho_{te}=16/0.025\ 1=637\ \text{mm}$$

$$\sigma_{ss}=N_k/A_s=142\ 000/804=177\ \text{N/mm}^2$$

$$\varphi=1.1-(0.65f_{tk}/\rho_{te}\sigma_{ss})=1.1-\left(0.65\times\frac{1.75}{0.025\ 1\times177}\right)=0.84$$

(2) 裂缝最大宽度

$$w_{max}=\alpha_{cr}\varphi\frac{\sigma_{ss}}{E_s}\left(1.9c+0.08\frac{d}{\rho_{te}}\right)\nu=$$

$$2.7\times0.84\times\frac{177}{2\times10^5}(1.9\times25+0.08\times637)\times0.7=$$

$$0.138\ \text{mm}<w_{lim}=0.2\ \text{mm,满足要求。}$$

例2-9 某一矩形截面简支梁的截面尺寸为200 mm×500 mm，混凝土强度等级采用C20，纵向受拉钢筋为4根直径16 mm的HRB335级钢筋，混凝土保护层厚度$c=25$ mm，按荷载标准组合计算的跨中弯矩$M_k=80$ kN·m，最大裂缝宽度限值$[w_{max}]=0.3$ mm，试验算最大裂缝宽度。

解：查表得到各类参数与系数为

$A_s=804\ mm^2$，$E_s=2\times10^5\ N/mm^2$，$f_{tk}=1.54\ N/mm^2$，$\nu=0.7$，$\alpha_{cr}=2.1$。

(1) 计算有关参数

$$h_0=500-(25+16/2)=467\ \text{mm}$$

$$\rho_{te}=\frac{A_s}{0.5bh}=\frac{804}{0.5\times200\times500}=0.016\ 1$$

$$\sigma_{ss}=\frac{M_k}{A_s\eta h_0}=\frac{8\times10^7}{804\times0.87\times467}=245\ \text{N/mm}$$

$$\varphi=1.1-\frac{0.65f_{tk}}{\rho_{te}\sigma_{ss}}=1.1-\frac{0.65\times1.54}{0.016\ 1\times245}=0.846$$

(2) 最大裂缝宽度为

$$w_{max}=\alpha_{cr}\varphi\frac{\sigma_{ss}}{E_s}\left(1.9c+0.08\frac{d}{\rho_{te}}\right)\nu=$$

$$2.1\times0.846\times\frac{245}{2\times10^5}\times\left(1.9\times25+0.08\times\frac{16}{0.016\ 1}\right)\times0.7=$$

$$0.194\ \text{mm}<w_{lim}=0.3\ \text{mm,满足要求。}$$

思　考　题

1. 什么叫单筋梁？什么叫双筋梁？

2. 梁内主要有哪些钢筋？其作用分别是什么？

3. 受弯构件的破坏形态有哪些？

4. 什么是配筋率？如何计算？

5. 受弯构件的抗弯强度计算有哪些基本假定？

6. 解释换算截面的概念。

7. 根据配筋率的大小，所设计的梁如何划分？

8. 设计梁的腹筋时，如何根据剪应力图布置斜筋？

9. 一简支梁，跨度 6 m，承受均布荷载 14 kN/m，混凝土等级为 C15，HPB235 钢筋，试按单筋截面设计该梁的截面及配筋。

10. 梁内产生裂缝的主要原因有哪些？可以采取哪些措施加以改善？

第3章

受压构件的计算

【本章内容概要】

本章在轴心受压构件受力性能的基础上，介绍了轴心受压箍筋柱的构造与计算方法；然后介绍了偏心受压构件的分类和受力性能，并针对大、小偏心两种问题介绍了构件的设计计算方法。

【本章学习重点与难点】

学习重点：轴心受压构件的强度计算方法。

学习难点：轴心受压构件和轴心受拉构件的强度计算，偏心受压和偏心受拉构件的强度计算。

钢筋混凝土受压构件在荷载作用下，其截面上一般作用有轴力、弯矩和剪力。柱是受压构件的代表构件，如图3-1所示。

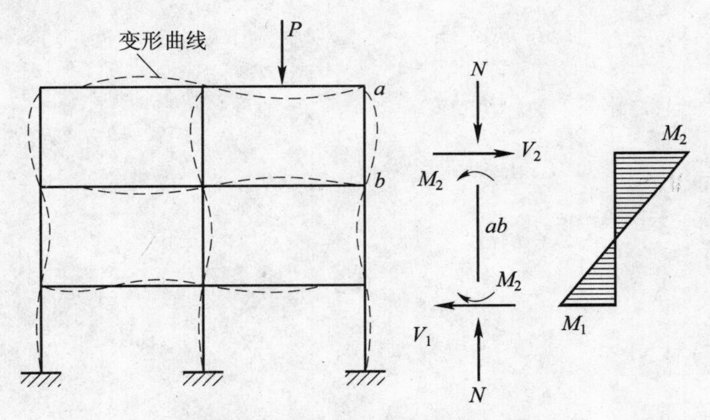

图3-1　钢筋混凝土结构框架柱内力

当轴向力作用线与构件截面重心轴重合时，称为轴心受压构件，如图3-2（a）所示。当弯矩和轴力共同作用于构件上时，可看成是具有偏心距 $e_0=M/N$ 的轴向压力的作用。当轴向力作用线与构件截面重心轴不重合时，称为偏心受压构件。

当轴向力作用线与截面的重心轴平行且沿某一主轴偏离重心时，称为单向偏心受压构件，如图3-2（b）所示。当轴向力作用线与截面的重心轴平行且偏离两个主轴时，称为双向偏心受压构件，如图3-2（c）所示。

在实际结构中，由于混凝土质量不均匀、配筋不对称、制作和安装误差等原因，往往存在着或多或少的初始偏心，所以，在工程中理想的轴心受压构件是不存在的。因此，目前有些国家的设计规范中已取消了轴心受压构件的计算。在我国，以恒载为主的多层房屋的内柱、屋架的斜压腹杆和压杆等构件往往弯矩很小而略去不计，同时也不考虑附加偏心距的影响，因此可近似简化为轴心受压构件进行计算。

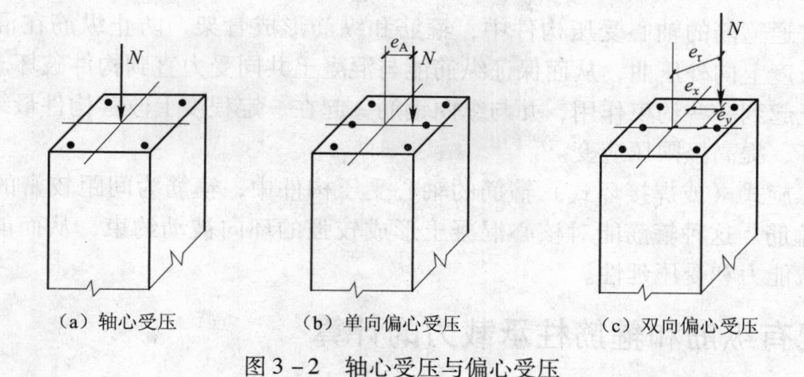

（a）轴心受压　（b）单向偏心受压　（c）双向偏心受压

图3－2　轴心受压与偏心受压

3.1　轴心受压构件的计算

轴心受压构件根据配筋方式的不同，可分为两种基本形式：

① 配有纵向钢筋和普通箍筋的柱，简称普通箍筋的柱，如图3－3（a）所示；

② 配有纵向钢筋和间接钢筋的柱，简称螺旋式箍筋柱，如图3－3（b）所示，或焊接环式箍筋柱，如图3－3（c）所示。

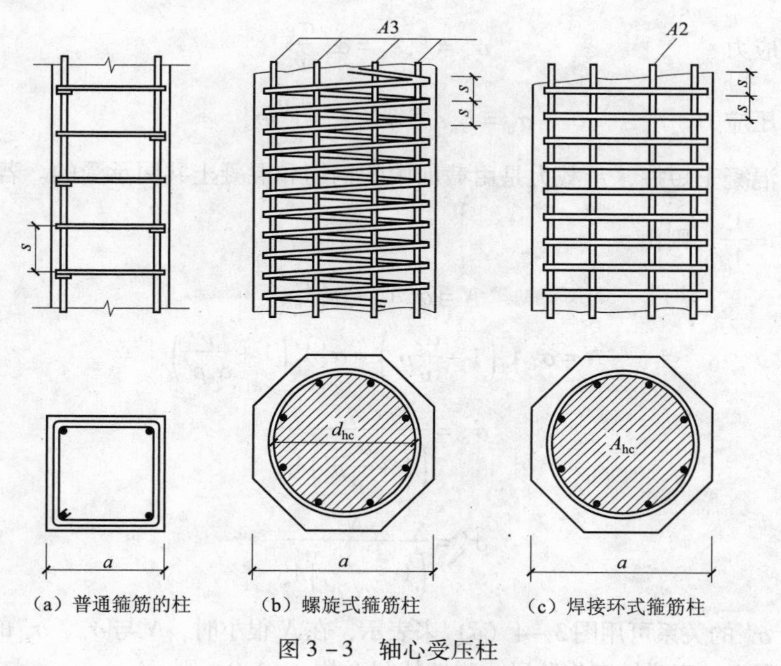

（a）普通箍筋的柱　（b）螺旋式箍筋柱　（c）焊接环式箍筋柱

图3－3　轴心受压柱

轴心受压构件中的纵向钢筋能够协助混凝土承担轴向压力以减小构件的截面尺寸，能够承担由初始偏心引起的附加弯矩和某些难以预料的偶然弯矩所产生的拉力，防止构件突然发生脆性破坏和增强构件的延性，减小混凝土的徐变变形，能改善素混凝土轴心受压构件强度离散性较大的弱点。

在配置普通箍筋的轴心受压构件中，箍筋和纵筋形成骨架，防止纵筋在混凝土压碎之前，在较大长度上向外压曲，从而保证纵筋能与混凝土共同受力直到构件破坏。同时箍筋还对核心混凝土起到一些约束作用，并与纵向钢筋一起在一定程度上改善构件最终可能发生的突然脆性破坏，提高极限压应变。

在配置螺旋式（或焊接环式）箍筋的轴心受压构件中，箍筋为间距较密的螺旋式（或焊接环式）箍筋。这种箍筋能对核心混凝土形成较强的环向被动约束，从而能够进一步提高构件的承载能力和受压延性。

3.1.1 配有纵筋和箍筋柱承载力的计算

1. 轴心受压短柱在短期荷载作用下的应力分布及破坏形态

构件在轴向压力作用下的各级加载过程中，由于钢筋和混凝土之间存在着黏结力，因此，纵向钢筋与混凝土共同受压。压应变沿构件长度上基本均匀分布，且其受压钢筋的压应变 ε_s' 与混凝土压应变 ε_c 基本一致，即可取

$$\varepsilon_s' = \varepsilon_c \tag{3-1}$$

混凝土受压时的变形模量 E_c' 与混凝土弹性模量 E_c 的关系是 $E_c' = \nu E_c$。其中，ν 为混凝土弹性特征系数，其值是随着混凝土压应力的增长而不断降低的。若取钢筋与混凝土弹性模量之比为 α_e，即 $\alpha_e = \dfrac{E_s}{E_c}$，则

钢筋的压应力
$$\sigma_s' = E_s\varepsilon_s = \alpha_e \frac{\sigma_c}{\nu} \tag{3-2}$$

混凝土的压应力
$$\sigma_c = E_s\varepsilon_c = \nu E_c\varepsilon_c = \frac{\nu}{\alpha_e}\sigma_s' \tag{3-3}$$

对于钢筋混凝土短柱，承载力是由截面中的钢筋和混凝土共同承受的。若取其受压钢筋的配筋率为 $\rho' = \dfrac{A_s'}{A_c}$，则由

$$N = \sigma_c A_c + \sigma_s' A_s' \tag{3-4}$$

可得
$$N = \sigma_c A_c\left(1 + \frac{\alpha_e}{\nu}\rho'\right) = \sigma_s' A_s'\left(1 + \frac{\nu}{\alpha_e\rho'}\right) \tag{3-5}$$

移项，得
$$\sigma_c = \frac{N}{\left(1 + \dfrac{\alpha_e}{\nu}\rho'\right)A_c} \tag{3-6}$$

$$\sigma_s' = \frac{N}{\left(1 + \dfrac{\nu}{\alpha_e\rho'}\right)A_s'} \tag{3-7}$$

N 与 σ_c、σ_s' 的关系可用图 3-4（a）来表示，在 N 很小时，N 与 σ_c、σ_s' 的关系基本上是线性关系，混凝土处于弹性工作阶段，弹性特征系数 $\nu = 1.0$，则 $\sigma'_s = \alpha_e\sigma_c, A_0 = A - A'_s + \alpha_e, A'_s = A + (\alpha_e - 1)A'_s \approx A + \alpha_e + A'_s$，说明钢筋与混凝土应力成正比。

随着荷载的增加，混凝土的塑性变形有所发展，进入弹塑性阶段，亦即 $\nu < 1$，这时 σ_c 与 σ'_s 的比值也发生变化，混凝土压应力 σ_c 的增长速度将随着荷载的增长而逐渐减慢，而钢筋应力 σ'_s 的增长速度将逐渐变快，在构件内引起钢筋与混凝土之间的应力重分布。

试验表明，轴心受压素混凝土棱柱体构件达到最大压应力值时的压应变值一般为0.001 5～0.002 0，而钢筋混凝土轴心受压短柱达到峰值应力时的压应变一般为0.002 5～0.003 5，其主要原因可以认为是构件中配置了纵向钢筋，起到调整混凝土应力的作用，能比较好地发挥混凝土的塑性性能，使构件到达峰值应力时的应变值增加，改善了轴心受压构件破坏的脆性性质。

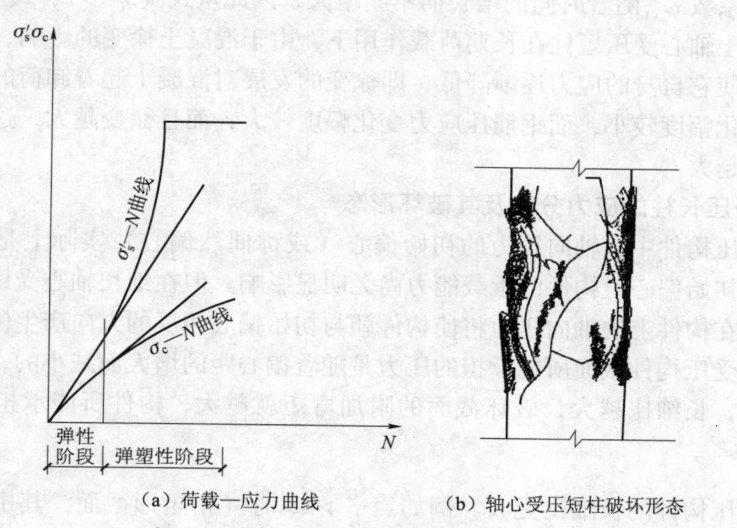

（a）荷载—应力曲线　（b）轴心受压短柱破坏形态

图3－4　轴心受压短柱在短期荷载作用下的应力分布及破坏形态

在轴心受压短柱中，不论受压钢筋在构件破坏时是否达到屈服，构件的承载力最终都是由混凝土压碎来控制的。当达到极限荷载时，在构件最薄弱区段的混凝土内将出现由微裂缝发展而形成的肉眼可见的纵向裂缝，随着压应变的增长，这些裂缝将相互贯通，在外层混凝土剥落之后，核心部分的混凝土将在纵向裂缝之间被完全压碎。在这个过程中，混凝土的侧向膨胀将向外推挤钢筋，而使纵向受压钢筋在箍筋之间呈灯笼状向外受压屈服，如图3－4（b）所示。破坏时，一般中等强度的钢筋，均能达到其抗压屈服强度，混凝土能达到轴心抗压强度，钢筋和混凝土都得到充分的利用。

若采用高强度钢筋，则钢筋可能达不到屈服强度，不能被充分利用。计算时，以构件的压应变等于0.002 0为控制条件，认为此时混凝土达到轴心抗压强度 f_c；相应的纵向钢筋应力值 $\sigma'_s = E_s \varepsilon'_s \approx 2\times10^5\times0.002\,0 = 400\ \text{N/mm}^2$，因此，在轴心受压构件中，若采用的纵向钢筋抗拉强度设计值小于400 N/mm²，则其抗压强度设计值取等于其抗拉强度设计值，若其抗拉强度设计值大于或等于400 N/mm²，则抗压强度设计值只能取400 N/mm²。

2. 轴心受压短柱在长期荷载作用下的应力分布及其破坏形态

若构件在加载后荷载维持不变，则由于混凝土徐变的作用，在混凝土与钢筋之间会进一步发生应力重分布现象。

混凝土产生徐变后的应变性能，可用徐变系数 φ_{cr} 来反映。即

$$\varepsilon_c = \frac{\sigma_c}{E_c}(1+\varphi_{cr}) \tag{3-8}$$

按照与上面类似的推导步骤，钢筋与混凝土的应力可改写成考虑徐变影响的下列形式：

$$\sigma_c = \frac{N}{[1 + \alpha_e \rho'(1 + \varphi_{cr})]A_c} \tag{3-9}$$

$$\sigma_s = \frac{N}{\left[1 + \frac{1}{\alpha_e \rho'(1 + \varphi_{cr})}\right]A'_s} \tag{3-10}$$

由于徐变系数 φ_{cr}随着时间的增长而不断增大，因此从式（3－9）、式（3－10）可以看出：钢筋混凝土轴心受压短柱在长期荷载作用下，由于混凝土徐变的影响，将使钢筋的应力逐步增大，而使它自身的应力逐渐降低，即徐变的发展对混凝土起着卸荷的作用，其中混凝土的压应力变化幅度较小，而钢筋压应力变化幅度较大，而且徐变越大，这种应力重分布的变化幅度也就越大。

3. 轴心受压长柱的应力分布及其破坏形态

在轴心受压构件中，轴向压力的初始偏心（或称偶然偏心）实际上是不可避免的。在短粗构件中，初始偏心对构件的承载能力尚无明显影响。但在细长轴心受压构件中，以微小初始偏心作用在构件上的轴向压力将使构件朝与初始偏心相反的方向产生侧向弯曲。

由于偏心受压构件截面所能承担的压力是随着偏心距的增大而减小的，因此，当构件截面尺寸不变时，长细比越大，破坏截面的附加弯矩就越大，构件所能承担的轴向压力也就越小。

当轴心受压构件的长细比更大，例如当$\frac{l_0}{b}>35$时（指矩形截面，其中 b 为产生侧向挠曲方向的截面边长），就可能发生失稳破坏。亦即当构件的侧向挠曲随着轴向压力的增大而增长到一定程度时，构件将不再能保持稳定平衡。这时构件截面虽未发生材料破坏，但已达到了所能承担的最大轴向压力。这个压力将随着构件长细比的增大而逐步降低。

钢筋混凝土轴心受压构件的稳定系数 φ 见表 3－1。在查表 3－1 时，如果在柱的纵向有其他构件存在，而且该构件能对柱起到纵向支撑作用，防止柱沿纵向的压曲，则柱的长细比应分别按 $\lambda_1 = \frac{l_0}{h}$，$\lambda_2 = \frac{l'_0}{b}$（$l'_0$为柱纵向计算长度）计算，并取 $\lambda = (\lambda_1, \lambda_2)_{max}$ 作为设计计算的长细比。对于任意截面，也应按上述原则进行长细比的计算。$l_0' = l_0$时，则可按 l_0/b 来取 φ 值。

表 3－1 钢筋混凝土轴心受压构件的稳定系数 φ

l_0/b	l_0/d	l_0/i	φ	l_0/b	l_0/d	l_0/i	φ
8	7	28	1	30	26	104	0.52
10	8.5	35	0.98	32	28	111	0.48
12	10.5	42	0.95	34	29.5	118	0.44
14	12	48	0.92	36	31	125	0.40
16	14	55	0.87	38	33	132	0.36
18	15.5	62	0.81	40	34.5	139	0.32
20	17	69	0.75	42	36.5	146	0.29
22	19	76	0.70	44	38	153	0.26
24	21	83	0.65	46	40	160	0.23
26	22.5	90	0.60	48	41.5	167	0.21
28	24	97	0.56	50	43	174	0.19

构件的计算长度 l_0 与构件两端的支撑情况有关，可按图3－5所示采用。

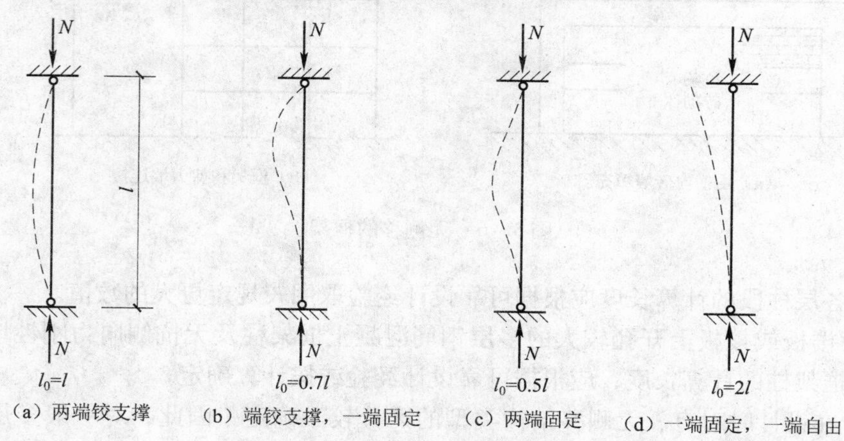

图3－5　柱的计算长度

实际结构中，构件的支撑情况比上述理想的不动铰支撑或固定端要复杂得多，应结合具体情况进行分析。GB 50010—2010规定，轴心受压和偏心受压柱的计算长度 l_0 可按下列规定取用。

① 刚性屋盖单层房屋排架柱、露天吊车柱和栈桥柱，其计算长度 l_0 可按表3－2取用。

表3－2　刚性屋盖单层房屋排架柱、露天吊车柱和栈桥柱的计算长度 l_0

柱的类型		排架方向	垂直排架方向	
			有柱间支撑	无柱间支撑
无吊车厂房柱	单跨	$1.5H$	$1.0H$	$1.2H$
	两跨及多跨	$1.25H$	$1.0H$	$1.2H$
有吊车厂房柱	上柱	$2.0H_u$	$1.25H_u$	$1.5H_u$
	下柱	$1.0H_l$	$0.8H_l$	$1.0H_l$
露天吊车和栈桥柱		$2.0H_l$	$1.0H_l$	—

注：1. 表中 H 为从基础顶面算起的柱子全高；H_l 为从基础顶面至装配式吊车梁底面或现浇式吊车梁顶面的柱子下部高度；H_u 为从装配式吊车梁底面或从现浇式吊车梁顶面算起的柱子上部高度。

2. 表中有吊车厂房排架柱的计算长度，当计算中不考虑吊车荷载时，可按无吊车厂房的计算长度采用，但上柱的计算长度仍按有吊车厂房采用。

3. 表中有吊车厂房排架柱的上柱在排架方向的计算长度，仅适用于 $\frac{H_u}{H}\geqslant0.3$ 的情况；若 $\frac{H_u}{H}<0.3$，则计算长度宜采用 $2.5H$。

② 按无侧移考虑的框架结构，如图3－6所示，如具有非轻质填充墙且梁柱为刚接的框架各层柱段，当框架为三跨及三跨以上，或为两跨且框架总宽度不小于其总高度的1/3时，其计算长度可取为 H。

在以上的规定中，对底层柱段，H 为从基础顶面到一层楼盖顶面的高度；对其余各层柱段，H 为上、下两层楼盖顶面之间的高度。

③ 按有侧移考虑的框架结构，当竖向荷载较小或竖向荷载大部分作用在框架节点上或

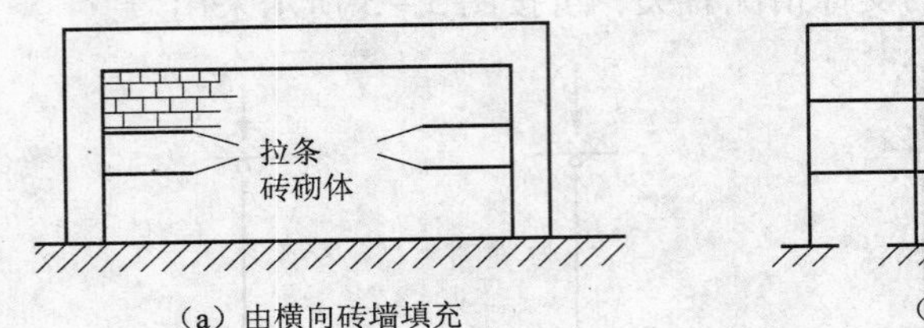

（a）由横向砖墙填充

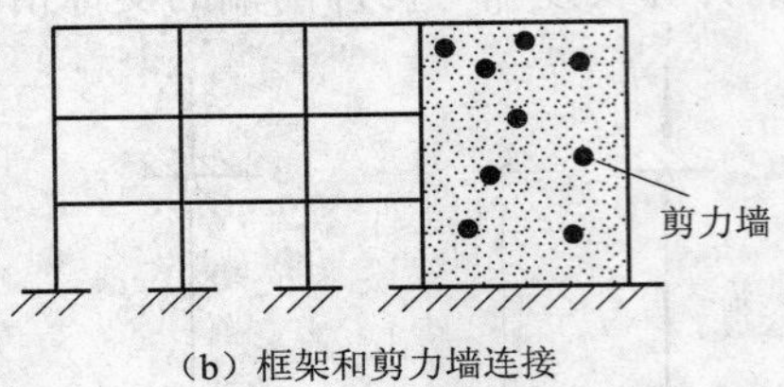

（b）框架和剪力墙连接

图 3－6　无侧移的框架

其附近时，各层柱段的计算长度应根据可靠设计经验取用较规定更大的数值。

④ 不设楼板或楼板上开孔较大的多层钢筋混凝土框架柱及无抗侧向力刚性墙体的单层钢筋混凝土框架柱的计算长度，应根据可靠设计经验或按计算确定。

⑤ 由于在设计时对有、无侧移结构类型的区分较难确定，因此，对一般多层房屋的框架柱，梁柱为刚接的框架各层柱段，其计算长度可按以下公式确定。

现浇楼盖：

底层柱段　$l_0=1.0H$　其余各层柱段 $l_0=1.25H$

装配式楼盖：

底层柱段　$l_0=1.25H$　其余各层柱段 $l_0=1.5H$

4. 正截面受压承载力计算

根据以上分析，可得轴心受压构件正截面承载力计算公式为

$$N=0.9\varphi(f_{c}A+f'_{y}A'_{s}) \tag{3-11}$$

式中：N——轴向压力设计值；

0.9——为保持与偏心受压构件正截面承载力计算具有相近的可靠度而取的系数；

φ——钢筋混凝土构件的稳定系数，按表 3－1 采用；

f_c——混凝土的轴心抗压强度设计值，按表 3－3 采用；

A——构件截面面积；

f'_y——纵向钢筋的抗压强度设计值，按表 3－4 采用；

A'_s——全部纵向钢筋的截面面积。

当纵向钢筋配筋率大于 3% 时，式中 A 应改为 A_n，$A_n=A-A'_s$。

表 3－3　混凝土抗压强度设计值

强度种类		符号	混凝土强度等级													
			C15	C20	C25	C30	C35	C40	C45	C50	C55	C60	C65	C70	C75	C80
强度设计值	轴心抗压	f_c	6.9	9.2	11.5	13.8	16.1	18.4	20.5	22.4	24.4	26.5	28.5	30.5	32.4	34.6
	轴心抗拉	f_{td}	0.88	1.06	1.23	1.39	1.52	1.65	1.74	1.83	1.89	1.96	2.02	2.07	2.10	2.14

表 3－4　钢筋强度标准值和设计值

钢筋种类	符　号	钢筋抗压强度设计值 f'_y
R235　$d=8\sim20$	Φ	195
HRB335　$d=6\sim50$	Φ	280

续表

钢筋种类	符　号	钢筋抗压强度设计值f'_y
HRB400　$d=6\sim50$	⌀	330
KL400　$d=8\sim40$	$⌀^R$	330

注：d是指国家标准中的钢筋公称直径，mm。

5. 设计步骤

在实际工程中遇到的轴心受压构件的设计问题可以分为截面设计和截面复核两大类。

1）截面设计

在设计截面时可以采用以下两种途径。

其一，先选定材料强度等级，并根据轴向压力的大小以及房屋总体刚度和建筑设计的要求确定构件截面的形状和尺寸，然后利用表3－1确定稳定系数φ，再由式（3－11）求出构件截面面积，从而进一步求出所需的纵向钢筋数量。

其二，先选定一个合适的配筋率，通常可取$\rho'=(1.0\sim1.5)\%$，并按初估的截面形状、尺寸求得φ，再按由式（3－11）导出的下列公式计算所需的构件截面面积和配筋面积，并按计算出的A_c确定柱的最终截面尺寸。

$$A_c=\frac{N}{0.9\varphi(f_c+\rho'f'_y)} \tag{3-12}$$

$$A'_s=\rho'A_c \tag{3-13}$$

在按后一种途径进行截面设计时，如果第一次对截面尺寸的估计不准，则还需要按实际选定的构件截面对φ和A'_s进行第二次计算，故较为烦琐，只适用于初学者。

应当指出的是，在实际工程中，轴心受压构件沿截面x、y两个主轴方向的杆端约束条件可能不同，因此计算长度l_0也就可能不完全相同。如为正方形、圆形或多边形截面，则应按其中较大的l_0确定φ。如为矩形截面，应分别按x、y两个方向确定φ，并取其中较小者代入式（3－11）进行承载力计算。

2）截面复核

轴心受压构件的截面复核步骤比较简单，只需将有关数据代入式（3－11）即可求得构件所能承担的轴向力设计值。

例3－1　设计某4层现浇钢筋混凝土框架结构的底层中柱。纵向压力设计值$N=2\,600$ kN，基础顶面之首层楼板面的高度$H=4.8$ m。采用C30级混凝土，HRB335级钢筋。

解：（1）初步估计截面尺寸

设配筋率$\rho'=0.01$，则$A_s=0.01\,A_c$，

设$\varphi=1.0$，查C30级混凝土$f_c=14.3\ \text{N/mm}^2$，HRB335级钢筋$f'_y=300\ \text{N/mm}^2$

由式（3－12）得

$$A_c=\frac{N}{0.9\varphi(f_c+\rho'f'_y)}=\frac{2\,600\,000}{0.9\times1.0\times(14.3+0.01\times300)}=166\,987.8\ \text{mm}^2$$

正方形截面边长$b=\sqrt{A_c}=\sqrt{166\,987.8}=408.64$ mm，所以取$b=h=400$ mm。

（2）配筋计算

$$l_0=1.0H=4.8\ \text{m},\ l_0/b=4.8/0.4=12$$

查表 3－1 得 $\varphi=0.95$。

代入式（3－11）得

$$A_s'=\frac{\frac{N}{0.9\varphi}-f_cA_c}{f_y'}=\frac{\frac{2\ 600\ 000}{0.9\times0.95}-14.3\times400^2}{300}=2\ 509.8\ \text{mm}^2$$

选用 $8\phi20$（$A_s'=2\ 513\ \text{mm}^2$），箍筋 $\phi6@250$。

3.1.2 配有纵筋和螺旋式钢筋柱承载力的计算

当轴心受压构件承受的轴向荷载设计值较大，且其截面尺寸由于建筑上及使用上的要求而受到限制时，若按配有纵筋和普通箍筋的柱来计算，即使提高混凝土强度等级和增加纵筋用量仍不能满足承受该荷载的计算要求时，可考虑采用配有螺旋式（或焊接环式）箍筋的柱，以提高构件的承载能力。但由于施工比较复杂，造价较高，用钢量较大，一般不宜普遍采用。不过，在地震区，配置螺旋式（或焊接环式）箍筋却不失为一种提高轴心受压构件延性的有力措施。

1. 试验研究分析

混凝土的纵向受压破坏可以认为是由于横向变形而发生拉坏的现象。如果能约束其横向变形就能间接提高其纵向抗压强度。对配置有螺旋式或焊接环式箍筋的柱，箍筋所包围的核心混凝土相当于受到一个套箍作用，有效地限制了核心混凝土的横向变形，使核心混凝土在三向压应力作用下工作，从而提高了轴心受压构件正截面承载力。

试验研究表明，在配有螺旋式（或焊接环式）箍筋的轴心受压构件中，当混凝土所受的压应力较低时，箍筋受力并不明显。当压应力达到无约束混凝土极限强度的 0.7 左右以后，混凝土中沿受力方向的微裂缝将开始迅速发展，从而使混凝土的横向变形明显增大并对箍筋形成径向压力，这时箍筋方开始反过来对混凝土施加被动的径向均匀约束压力。当构件的压应变超过了无约束混凝土的极限应变后，箍筋以外的表层混凝土将逐步剥落。但核心混凝土在箍筋约束下可以进一步承担更大的压应力，其抗压强度随着箍筋约束力的增强而提高；而且核心混凝土的极限压应变也将随着箍筋约束力的增强而加大。此时螺旋式（或焊接环式）箍筋中产生了拉应力，当箍筋拉应力逐渐加大到其抗拉屈服强度时，将不能再有效地约束混凝土的横向变形，混凝土的抗压强度不能再提高，这时构件达到破坏。

用配置有较多矩形箍筋的混凝土试件所做的试验表明，矩形箍筋虽然也能对混凝土起到一定的约束作用，但其效果远没有密排螺旋式（或焊接环式）箍筋那样显著，这是因为矩形箍筋水平肢的侧向抗弯刚度很弱，无法对核心混凝土形成有效的约束；只有箍筋的 4 个角才能通过向内的起拱作用对一部分核心混凝土形成有限的约束。

2. 正截面受压承载力计算

由于螺旋式（或焊接环式）箍筋的套箍作用，使核心混凝土的抗压强度由 f_c 提高到 f_{c1}，可采用混凝土圆柱体侧向均匀压应力的三轴受压试验所得的近似公式计算，即

$$f_{c1}=f_c+4\sigma_r \tag{3-14}$$

式中：σ_r——螺旋式（或焊接环式）箍筋屈服时，柱的核心混凝土受到的径向压应力。

当螺旋式（或焊接环式）箍筋屈服时，它对混凝土施加的侧向压应力 σ_r，可由在箍筋间距 s 范围内 σ_c 的合力与箍筋拉力相平衡的条件，得

$$2\alpha f_y A_{ss1} = \sigma_r d_{cor} s \tag{3-15}$$

式中：d_{cor}——构件的核心截面直径；

s——间接钢筋沿构件轴线方向的间距；

A_{ss1}——单根间接钢筋的截面面积；

f_y——间接钢筋的抗拉强度设计值；

α——间接钢筋对混凝土约束的折减系数。当 $f_{cu,k} \leqslant 50\ N/mm^2$ 时，取 $\alpha = 1.0$；当 $f_{cu,k} = 80\ N/mm^2$ 时，取 $\alpha = 0.85$；当 $50\ N/mm^2 < f_{cu,k} < 80\ N/mm^2$ 时，按线性内插法确定。

则式（3-15）可写成

$$\sigma_r = \frac{2\alpha f_y A_{ss1}}{s d_{cor}} = \frac{2\alpha f_y A_{ss1} d_{cor} \pi}{4\frac{\pi d_{cor}^2}{4}} = \frac{\alpha f_y A_{ss0}}{2A_{cor}} \tag{3-16}$$

式中：A_{ss0}——间接钢筋换算截面面积，$A_{ss0} = \frac{\pi d_{cor} A_{ss1}}{s}$；

A_{cor}——混凝土核心截面面积。

根据纵向内外力平衡条件，受压纵筋破坏时达到其屈服强度，螺旋式（或焊接环式）箍筋所约束的核心混凝土截面面积的强度达 f_{c1}，经整理，得

$$N = 0.9 \times (f_c A_{cor} + f'_y A'_s + 2\alpha f_y A_{ss0}) \tag{3-17}$$

当利用式（3-17）计算配有纵筋和螺旋式（或焊接环式）箍筋柱的承载力时，应注意下列事项。

① 为了保证在使用荷载作用下，箍筋外层混凝土不致过早剥落，GB 50010—2010 规定配螺旋式（或焊接环式）箍筋的轴心受压承载力设计值［按式（3-17）计算］不应比按普通箍筋的轴心受压承载力设计值［按式（3-11）计算］算得的大50%。

② 当遇有下列任意一种情况时，不应计入间接钢筋的影响，而应按式（3-11）计算构件的承载力：

- 当 $\frac{l_0}{d} > 12$ 时，因构件长细比较大，可能由于初始偏心引起的侧向弯曲和附加弯矩的影响而使构件的承载力降低，螺旋式（或焊接环式）箍筋不能发挥其作用；
- 当按式（3-17）算得的构件承载力小于按式（3-11）算得的承载力时，因式（3-17）中只考虑混凝土的核心截面面积 A_{cor}，当外围混凝土较厚时，核心面积相对较小，就会出现上述情况；
- 当间接钢筋的换算截面面积 A_{ss0} 小于纵向钢筋全部截面面积的25%时，因可以认为间接钢筋配置得太少，不能起到套箍的约束作用。

例3-2　试设计某宾馆门厅钢筋混凝土圆形现浇柱，柱直径不大于400 mm。承受纵向压力设计值 N=3 800 kN，从基础顶面到二层楼面的高度 H=3.6 m，采用C30级混凝土，HRB335级钢筋。

解：（1）按正常配有纵筋和普通箍筋柱进行设计

由表3-2可知，柱计算长度取1.0H，则 $l_0 = 1.0 \times 3.6 = 3.6$ m

$$l_0/d = 3\,600/400 = 9$$

查表3-1得 $\varphi=0.9725$

圆形柱截面面积 $A=\dfrac{\pi d^2}{4}=\dfrac{3.14\times400^2}{4}=125\ 600\ \text{mm}^2$

代入式（3-11）求得 $A_s'=\dfrac{\dfrac{N}{0.9\varphi}-f_cA_c}{f_y'}=\dfrac{\dfrac{3\ 800\ 000}{0.9\times0.972\ 5}-14.3\times125\ 600}{300}=8\ 485.1\ \text{mm}^2$

$\rho'=\dfrac{A_s'}{A_c}=\dfrac{8\ 485.1}{125\ 600}=0.067\ 6>0.05$，不满足最大配筋率要求，应考虑采用配置螺旋式箍筋的方案。

（2）按配有螺旋式箍筋柱进行设计

假定按纵筋配筋率 $\rho'=0.03$ 计算，则

$A_s'=0.03A=0.03\times125\ 600=3\ 768\ \text{mm}^2$，选用 $10\phi22$（$A_s'=3\ 801\ \text{mm}^2$）。

$$d_{cor}=400-30\times2=340\ \text{mm}$$

$$A_{ss0}=\frac{\pi d_{cor}^2}{4}=\frac{3.14\times340^2}{4}=90\ 746\ \text{mm}^2$$

代入式（3-17）

$$A_{ss0}=\frac{\dfrac{N}{0.9\varphi}-(f_cA_{cor}+f_y')}{2f_y}=$$

$$\frac{3\ 800\ 000/0.9-(14.3\times90\ 746+300\times3\ 801)}{2\times300}=$$

$$2\ 973.8\ \text{mm}^2>0.25A_s'=0.25\times3\ 768=942\ \text{mm}^2$$

满足构造要求。

设螺旋箍筋直径为12 mm（$A_{ss1}=113.1\ \text{mm}^2$），则

$$s=\frac{\pi d_{cor}A_{ss1}}{A_{ss0}}=\frac{3.14\times340\times113.1}{2\ 973.8}=40.6\ \text{mm}$$

取 $s=40$ mm，满足间距构造要求。

承载力验算：

$$A_{ss0}=\frac{\pi d_{cor}A_{ss1}}{s}=\frac{3.14\times340\times113.1}{40}=3\ 018.64\ \text{mm}^2$$

$$N=0.9\times(f_cA_{cor}+f_y'A_s'+2\alpha f_yA_{ss0})=$$
$$0.9\times(14.3\times90\ 746+300\times3\ 801+2\times1.0\times300\times3\ 018.64)=$$
$$3\ 824\ 236.6\ \text{N}$$

按式（3-11）计算，得

$$N=0.9\varphi(f_cA+f_y'A_s')=0.9\times0.972\ 5\times(14.3\times125\ 600+300\times3\ 801)=$$
$$2\ 570\ 066.6\ \text{N}$$

$$1.5\times2\ 570\ 066.6=3\ 855\ 099.9\ \text{N}>3\ 824\ 236.6\ \text{N}$$

该柱能承受 $N=3\ 824.2$ kN，满足设计要求。

3.2　偏心受压构件的计算

3.2.1　偏心受压构件正截面承载力的计算

偏心受压构件在工程中应用非常广泛，例如，常用的多层框架柱、单层钢架柱、单层排架柱，大量实体剪力墙以及联肢剪力墙中的相当一部分墙肢，屋架和托架的上弦杆和某些受压腹杆，以及水塔、烟囱的筒壁等都属于偏心受压构件。

在这类构件的截面中，一般在轴力、弯矩作用的同时还作用有横向剪力。当横向剪力值较大时，偏心受力构件也应和受弯构件一样，除进行正截面承载力计算外还要进行斜截面承载力计算。

工程中的偏心受压构件大部分都是按单向偏心受压来进行截面设计的，即如图 3－2（b）所示只考虑轴向压力 N 沿截面一个主轴方向的偏心作用。在这类构件中，为了充分发挥截面的承载能力，并使构件具有不同于素混凝土构件的性能，通常都要如图中所示沿着与偏心轴垂直的截面的两个边缘配置纵向钢筋。离偏心压力较近一侧的纵向钢筋为受压钢筋，其截面面积用 A_s' 表示；另一侧的纵向钢筋则根据轴向力偏心距的大小可能受拉也可能受压。不论是受拉还是受压，其截面面积都用 A_s' 表示。

在实际工程中也有一部分偏心受力构件，例如多层框架房屋的角柱，其中轴向压力如图 3－2（c）所示同时沿截面的两个主轴方向偏心作用，应按双向偏心受压构件来进行设计。

1. 偏心受压构件正截面的破坏特征

从正截面受力性能来看，我们可以把偏心受压状态看做是轴心受压与受弯之间的过渡状态，即可以把轴心受压看做是偏心受压状态在 $M=0$ 时的一种极端情况，而把受弯看做是偏心受压状态在 $N=0$ 时的另一种极端情况。因此可以断定，偏心受压截面中的应变和应力分布特征将随着 M/N 的逐步降低而从接近于受弯构件的状态过渡到接近于轴心受压状态。

试验表明，从加荷开始到接近破坏为止，用较大的测量标距量测得到的偏心受压构件的截面平均应变值都较好地符合平截面假定。如图 3－7 所示反映了两个偏心受压构件截面临近破坏的应变变化分布。

根据已经做过的大量偏心受压构件的试验，可以把偏心受压构件按其破坏特征划分为以下两类：

第一类——受拉破坏，习惯上常称为“大偏心受压破坏”；

第二类——受压破坏，习惯上常称为“小偏心受压破坏”。

1）大偏心受压破坏（受拉破坏）

当构件截面中轴向压力的偏心距较大，而且没有配置过多的受拉钢筋时，就将发生这种类型的破坏。

这类构件由于 e_0 较大，即弯矩 M 的影响较为显著，因此它具有与适筋受弯构件类似的受力特点。在偏心距较大的轴向压力 N 的作用下，远离纵向偏心力一侧截面受拉。当 N 增大到一定程度时，受拉边缘混凝土将达到其极限拉应变，从而出现垂直于构件轴线的裂缝。

这些裂缝将随着荷载的增大而不断加宽并向受压一侧发展，裂缝截面中的拉力将全部转

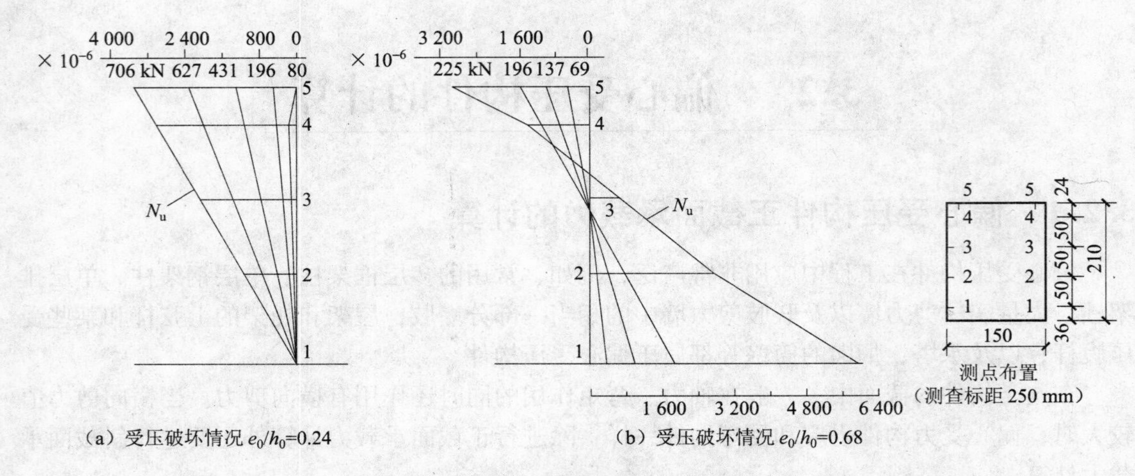

（a）受压破坏情况 $e_0/h_0=0.24$　　（b）受压破坏情况 $e_0/h_0=0.68$

图 3－7　偏心受压构件截面实测的平均应变分布

由受拉钢筋承担。随着荷载的增大，受拉钢筋将首先达到屈服。随着钢筋屈服后的塑性伸长，裂缝将明显加宽并进一步向受压一侧延伸，从而使受压区面积减小，受压边缘的压应变逐步增大。最后当受压边混凝土达到其极限压应变 ε_{cu} 时，受压区混凝土被压碎而导致构件最终破坏。这类构件的混凝土压碎区一般都不太长，破坏时受拉区形成一条较宽的主裂缝。试验所得的典型破坏状况如图 3－8（a）所示。只要受压区相对高度不致过小，混凝土保护层不是太厚，即受压钢筋不是过分靠近中性轴，而且受压钢筋的强度也不是太高，则在混凝土开始压碎时，受压钢筋一般都能达到屈服强度。

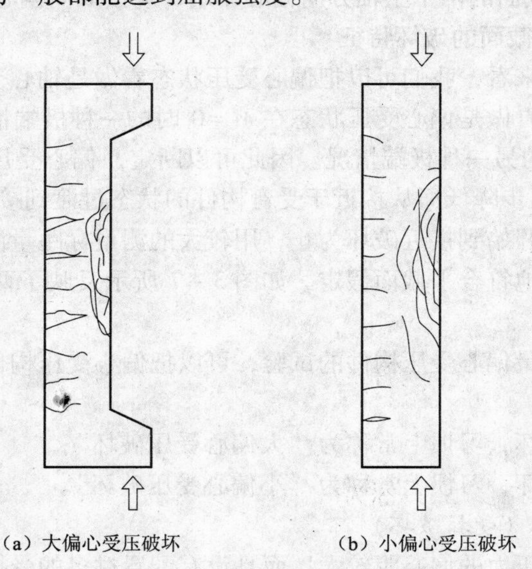

（a）大偏心受压破坏　　（b）小偏心受压破坏

图 3－8　试验所得的典型破坏状况

在上述破坏过程中，关键的破坏特征是受拉钢筋首先达到屈服，然后受压钢筋也能达到屈服，最后由于受压区混凝土压碎而导致构件破坏，这种破坏形态在破坏前有明显的预兆，属于塑性破坏。人们把这类破坏称为受拉破坏。破坏阶段截面中的应变及应力分布图形如图

3-9（a）所示。

2）小偏心受压破坏（受压破坏）

当构件截面中轴向压力的偏心距较小或很小时，或虽然偏心距较大，但配置过多的受拉钢筋时，构件就将发生这种类型的破坏。

当偏心距较小，或偏心距虽然较大，但受拉钢筋配置较多时，截面可能处于大部分受压而少部分受拉状态。当荷载增加到一定程度时，受拉边缘混凝土将达到其极限拉应变，从而沿构件受拉边一定间隔将出现垂直于构件轴线的裂缝。但由于构件截面受拉区的应变增长速度较受压区为慢，因此受拉区裂缝的开展也较为缓慢。在构件破坏时，中性轴距受拉钢筋较近，钢筋中的拉应力较小，受拉钢筋达不到屈服强度，因此也不可能形成明显的主拉裂缝。构件的破坏是由受压区混凝土的压碎所引起的，而且压碎区的长度往往较大。

当柱内配置的箍筋较少时，还可能在混凝土压碎前在受压区内出现较长的纵向裂缝。在混凝土压碎时，受压一侧的纵向钢筋只要强度不是过高，受压钢筋压应力一般都能达到屈服强度。这种情况下的构件典型破坏状况如图3-8（b）所示。破坏阶段截面中的应变及应力分布图形如图3-9（b）所示。这里需要注意的是，由于受拉钢筋中的应力没有达到屈服强度，因此在截面应力分布图形中其拉应力只能用σ_s来表示。

当轴向压力的偏心距很小时，构件截面将全部受压，只不过一侧压应变较大，另一侧压应变较小。这类构件的压应变较小一侧在整个受力过程中自然也就不会出现与构件轴线垂直的裂缝。构件的破坏是由压应变较大一侧的混凝土压碎所引起的。在混凝土压碎时，接近纵向偏心力一侧的纵向钢筋只要强度不是过高，其压应力一般均能达到屈服强度。这种受压情况破坏阶段截面中的应变及应力分布图形如图3-9（c）所示。由于受压较小一侧的钢筋压应力通常也达不到屈服强度，故在应力分布图形中它的应力也只能用σ_s表示。

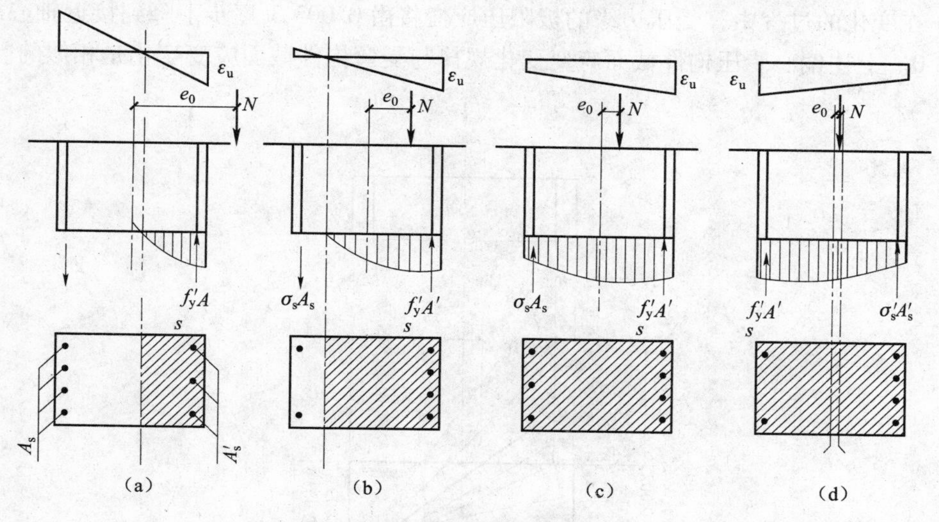

图3-9 偏心受压构件截面受力的几种情况

此外，当轴向压力的偏心距很小，而远离纵向偏心压力一侧的钢筋配置得过少，接近纵向偏心压力一侧的钢筋配置较多时，截面的实际重心和构件的几何形心不重合，重心轴向纵向偏心压力方向偏移，且越过纵向压力作用线，在这种特殊情况下，破坏阶段截面中的应变及应力分布图形如图 3－9（d）所示。可见远离纵向偏心压力一侧的混凝土的压应力反而大，出现远离纵向偏心压力一侧边缘混凝土的应变首先达到极限压应变，混凝土被压碎，最终构件破坏的现象。由于压应力较小一侧钢筋的应力通常也达不到屈服强度，因此在截面应力分布图形中其应力只能用σ_s'来表示。

上述小偏心受压情况所共有的关键性破坏特征是，构件的破坏是由受压区混凝土的压碎所引起的。破坏时，压应力较大一侧的受压钢筋的压应力一般都能达到屈服强度，而另一侧的钢筋不论受拉还是受压，其应力一般都达不到屈服强度。构件在破坏前变形不会急剧增长，但受压区垂直裂缝不断发展，破坏时没有明显预兆，属脆性破坏。人们把具有这类特征的破坏形态统称为“受压破坏”。

3）界限破坏

在“受拉破坏”和“受压破坏”之间存在着一种界限状态，称为“界限破坏”。它不仅有横向主裂缝，而且比较明显。它在受拉钢筋应力达到屈服的同时，受压混凝土出现纵向裂缝并被压碎。在界限破坏时，混凝土压碎区段的大小比“受拉破坏”情况时的大，比“受压破坏”情况时的要小。

图 3－10 显示出偏心受压构件各种情况下的截面应变分布图形。图中 ab、ac 即表示在大偏心受压状态下的截面应变状态，随着纵向压力的偏心距减小或受拉钢筋量的增加，在破坏时形成斜线 ad 所示的应变分布状态，即当受拉钢筋达到屈服应变时，受压边缘混凝土也刚好达到极限应变值 $\varepsilon_{cu}=0.0033$，这就是界限状态。如纵向压力的偏心距进一步减小或受拉钢筋配筋量进一步增大，则截面破坏时将形成斜线 ae 所示的受拉钢筋达不到屈服的小偏心受压状态。当进入全截面受压状态后，混凝土受压较大一侧的边缘极限压应变将随着纵向压力偏心距的减小而逐步有所下降，其截面应变分布以斜线 af、$a'g$ 和水平线 $a''h$ 所示的顺序变化，在变化的过程中，受压边缘的极限压应变将由 0.003 3 逐步下降到接近轴心受压时的 0.002 0。上述偏心受压构件截面应变变化规律与受弯构件截面应变变化是相似的。

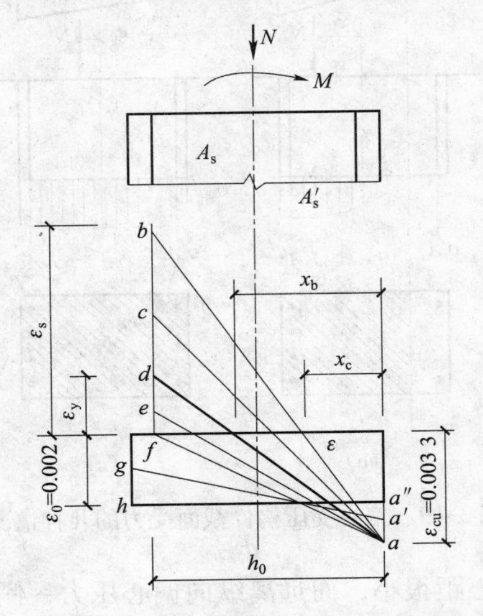

图 3－10 偏心受压构件的截面应变分布

2. 偏心受压构件 N—M 相关曲线

偏心受压构件到达承载能力极限状态时，截面承受的轴向力 N 与弯矩 M 并不是独立的，而是相关的。亦即给定轴力 N 时，有其唯一对应的弯矩 M；或者说构件可以在不同的 N 和 M 组合下达到极限强度。因此以轴向力 N 为竖轴，弯矩 M 为横轴，可在平面上绘出极限承载力 N 与 M 的相关曲线，由大小偏心受压构件正截面承载力计算公式可分别推导出截面中 M 与 N 之间的关系式均为二次函数，如图 3－11 所示。

N—M 相关曲线是偏心受压构件承载力计算的依据。平面内任意一点（N，M），若处于此曲线之内，则表明该截面不会破坏；若处于此曲线之外，则表明该截面会破坏；若该点恰好在曲线上，则处于极限状态。凡能给出 ab 曲线上任意一点的一组（N、M）组合，都将引起受压的小偏心破坏；而 bc 曲线上的任意一点所对应的组合都将引起受拉的大偏心破坏。

由曲线走向可以看出：在大偏心受压破坏情况下，随着轴向压力 N 的增大，截面所能承受的弯矩 M 也相应提高；b 点为钢筋与混凝土同时达到其强度设计值的界限状态；在小偏心受压情况下，随着轴向压力 N 的增大，截面所能承担的弯矩 M 反而降低。

当 $x>h$ 时，中性轴已位于截面以外，推导出的 M 与 N 之间的二次函数关系全然不能应用，应力图形发生了变化，这个观点可用图 3－12 所示的图形来说明。在这个图中给出了在极限荷载下的一个截面与不同的中性轴位置相对应的一系列应变分布图形。当 $x<h$ 时，边缘纤维的压应变为 0.003 3。而当 $x>h$ 时，极限的情况是 $x\to\infty$，这发生在偏心距为零和轴向荷载为 N_0 的时候。这时要注意到与 N_0 相应的截面应变分布是均匀的，应变值是 0.002 0，因为在这个应变状态下轴心受压的混凝土试件达到了最大应力。在图 3－11 中，M 与 N 之间的二次函数关系不能应用的那一段相互作用曲线（虚线）是能画出来的，因为可将这条曲线的终点固定下来。

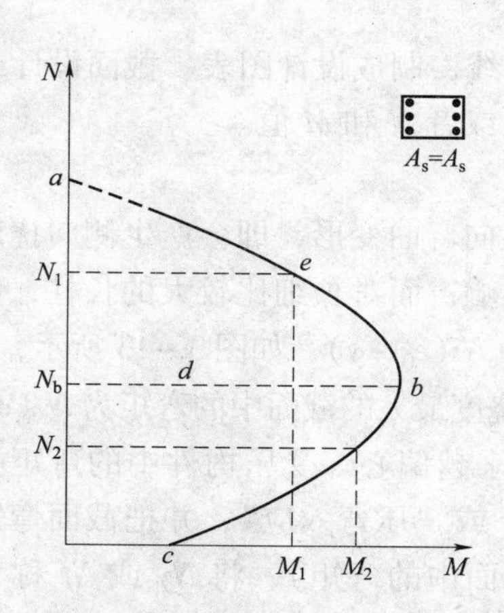

图 3－11 对称配筋偏心受压构件的 N—M 关系曲线

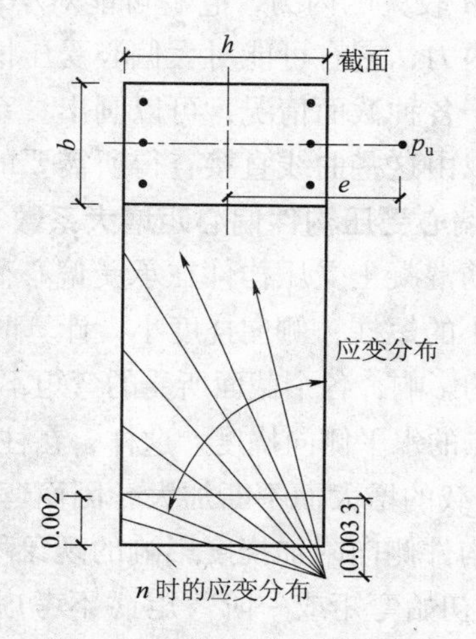

图 3－12 偏心受压极限荷载下的应变曲线

1）N—M 关系曲线的意义

该曲线展示了在截面（尺寸、配筋和材料）一定时，从正截面轴心受压、偏心受压至受弯间连续过渡的全过程中截面承载力的变化规律。图中 a 点为轴心受压情况，c 点为受弯情况。

曲线上任意一点的坐标（N，M）代表一组截面承载力。如果作用于截面上的内力 N，M 坐标点位于图中曲线内侧（如 d 点），说明截面在该点对应的内力作用下未达到承载力极限状态，是安全的；若位于曲线外侧（如 e 点），则表明截面在该点对应的内力作用下承载力不足。

2）N—M 关系曲线的特点

该曲线分为大偏心受压和小偏心受压两种情况的曲线段，其特点如下。

① $M=0$ 时，N 最大；$N=0$ 时，M 不是最大；界限状态时，M 最大。

② 小偏心受压情况时，N 随 M 的增大而减小，亦即在相同的 M 值下，N 值越大越不安全，N 值越小越安全；大偏心受压情况时，N 随 M 的增大而增大，亦即在某一 M 值下，N 值越大越安全，越小越不安全。

③ 由于对称配筋方式界限状态时所对应的 $N_b=\alpha_1 f_c bh_0\xi$，故 N_b 只与材料和截面有关，与配筋无关。

3）相关曲线的应用

作用在结构上的荷载往往有多种，但它们不一定都会同时出现或同时达到最大值，在结构设计时要进行荷载组合。因此在受压构件同一截面上可能会产生多组 N、M 内力，它们当中存在某一组内力对该截面起控制作用，即它对截面承载力为最不利，而这一组内力不容易凭直观从多组 N、M 中挑选出来。但利用 N—M 关系曲线的规律，可比较容易地找到最不利内力组合，这样就不必再对不起控制作用的若干组内力进行截面承载力计算，从而可大大减少计算工作量。例如，对称配筋方式的偏心受压构件，取 N、M 的绝对值，寻找 N_{max} 及与之相应的 M 较大的内力，它有可能对小偏心受压情况起控制作用；寻找 M_{max} 及与之相应的 N 较小的内力，它有可能对大偏心受压情况起控制作用。

对于各种截面情况，可以画出一系列 N—M 关系曲线，制成设计图表。截面设计或复核时，可以由这些曲线直接查得所需要的钢筋截面面积，或者 N 和 M 值。

3. 偏心受压构件偏心距增大系数 η

钢筋混凝土受压构件在承受偏心荷载后，将产生纵向弯曲变形，即会产生侧向挠度。对长细比小的短柱，侧向挠度小，计算时一般可忽略其影响；而对长细比较大的长柱，由于侧向挠度的影响，各个截面所受的弯矩不再是 Ne_0，而变为 $N(e_0+y)$，如图 3－13 所示，y 为构件任意点的水平侧向挠度。这样，在柱高中点处，侧向挠度最大的截面中的弯矩为 $N(e_0+f)$，f 随着荷载的增大而不断加大，因而弯矩的增长也就越来越偏心。受压构件中的弯矩受轴向压力和构件侧向附加挠度影响的现象称为“细长效应”或“压弯效应”，并把截面弯矩中的 Ne_0 称为初始弯矩或一阶弯矩（不考虑细长效应构件截面中的弯矩），将 Ny 或 Nf 称为附加弯矩或二阶弯矩。

钢筋混凝土柱按长细比可分为短柱、长柱和细长柱。

1）短柱

偏心受压短柱中，虽然偏心荷载作用将产生一定的侧向附加挠度，但其 f 值很小，一般可以忽略不计。例如，由于产生的二阶弯矩 $M=Nf$ 与初始弯矩 $M=Ne_0$ 相比小 5%，可不考虑二阶弯矩，各个截面中的弯矩均可以认为等于 Ne_0，即弯矩与轴向压力为线性关系。因此，GB 50010—2010 规定，对于矩形截面柱$\frac{l_0}{h}\leqslant 5$时，对于T形及工字形截面柱$\frac{l_0}{i}\leqslant 17.5$时，对于环形及圆形截面柱$l_0/d\leqslant 5$时，可不考虑纵向弯曲引起的二阶弯矩的影响。

短柱的破坏特征是随着荷载的增大，当达到极限承载力时，构件的截面由于材料的抗压强度（小偏心）或抗拉强度（大偏心）达到其极限强度而破坏。在如图3-14所示的N—M相关图中，从加载到破坏的受力路径可以看出，由于其长细比很小，即纵向弯曲的影响很小可以忽略不计，其偏心距e_0可以认为是不变的，故其荷载变化相互关系线OB为直线，当直线与截面极限承载力线相交于B点时发生材料破坏。

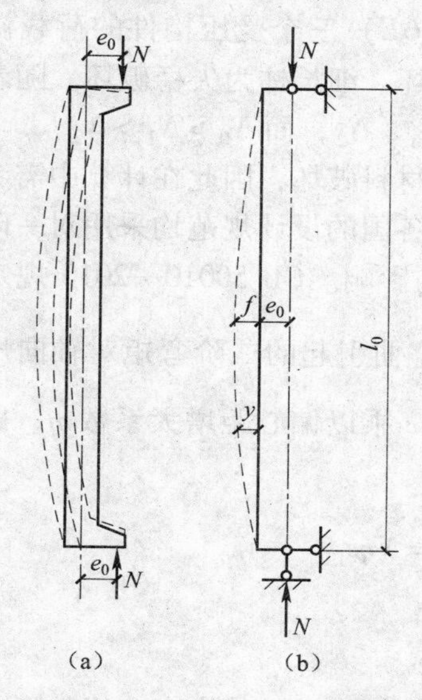

图3-13　偏心受压构件的侧向挠度

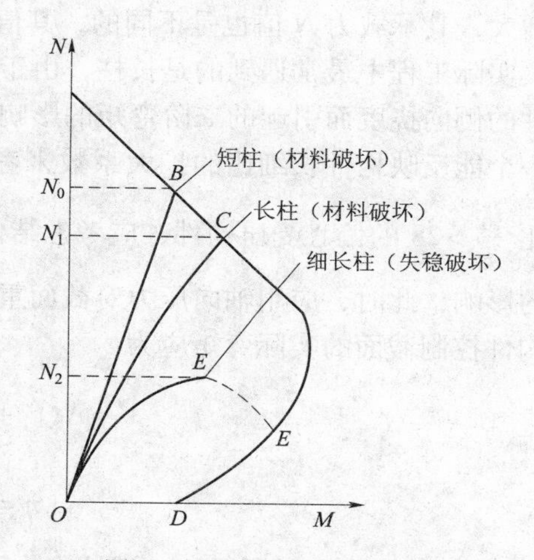

图3-14　柱长细比的影响

2）长柱

对于矩形截面柱$5<\frac{l_0}{h}\leqslant 30$时，对于T形及工字形截面柱$17.5<\frac{l_0}{i}\leqslant 104$时，对于环形及圆形截面柱$5<\frac{l_0}{d}\leqslant 26$时，即为长柱。长柱受偏心荷载作用侧向挠度$f$大，与初始偏心距相比已不能忽略，因此必须考虑二阶弯矩的影响，特别是在偏心距较小的构件中，其二阶弯矩在总弯矩中占有相当大的比重。由于f是随荷载的增加而不断增大的，因此实际荷载偏心距随荷载的增大而呈非线性增加，构件的承载力比相同截面的短柱有所减小，但就其破坏特征来说与短柱相同，即构件控制截面最终仍然是由于截面中的材料达到其强度极限而破坏，仍属材料破坏。故在图3-14所示的M—N相关图中，从加荷到破坏的受力路径可以看出，由于其长细比较大，纵向弯曲的影响比较显著，构件的承载能力随着二阶弯矩的增加而有所降低，荷载变化相互关系线OC为曲线，与截面极限承载力线相交于C点而发生材料破坏。

3）细长柱

长细比很大（$\frac{l_0}{h}>30$）的柱，当偏心压力达到最大值时，如图3-14所示的E点，侧向挠度f突然剧增，此时钢筋和混凝土的应变均未达到材料破坏时的极限值，即柱达到最大承载力是发生在其控制截面材料强度还未达到其破坏强度时，但由于纵向弯曲失去平衡，引起构件破坏。故在 $N—M$ 相关图中，从加荷到破坏的受力路径可以看出，由于其长细比很大，在接近临界荷载时虽然其钢筋并未屈服，混凝土应力也未达到其受压极限强度，同时曲线 OE 与截面极限承载力线没有相交，构件将由于微小纵向力的增加而引起不可收敛弯矩的增加导致破坏。在构件失稳后，若使作用在构件上的压力逐渐减小以保持构件的继续变形，则随着 f 增大到一定值及相应的荷载下，截面也可达到材料破坏（点 E'），但这时的承载力已明显低于失稳时的破坏荷载。由于失稳破坏与材料破坏有本质的区别，设计中一般尽量不采用细长柱。

图 3－14 中，短柱（OB）、长柱（OC）、细长柱（OE）三个受压构件的荷载初始偏心距是相同的，但其破坏类型不同，短柱、长柱为材料破坏，细长柱为失稳破坏。随着长细比的增大，其承载力 N 值也是不同的，其值分别为 N_0、N_1、N_2，而 $N_0>N_1>N_2$。

实际工程中最常遇到的是长柱，由于其最终破坏是材料破坏，因此在计算中需考虑由于构件的侧向挠度而引起的二阶弯矩的影响。目前，世界各国的设计规范均采用对一阶弯矩乘以一个能反映构件长细比的扩大系数来考虑二阶弯矩的影响。GB 50010—2010 规定，对长细比 $\frac{l_0}{i}>28$ 的偏心受压构件，应考虑结构侧移和构件挠曲引起的二阶弯矩对轴向压力偏心距的影响，此时，应用轴向压力对截面重心的初始偏距 e_i 乘以偏心距增大系数 η，即偏心受压构件控制截面的实际弯矩应为

$$M=N(e_i+f)=N\frac{e_i+f}{e_i}e_i=N\eta e_i \tag{3-18}$$

则

$$\eta=\frac{e_i+f}{e_i}=1+\frac{f}{e_i} \tag{3-19}$$

如图 3－13（b）所示的二端铰支作用着集中偏心荷载 N 时，其挠度曲线的形状基本上符合正弦曲线，因此可把这种偏心压杆的挠度曲线公式写成

$$y=f\sin\frac{\pi}{l_0}x$$

当 $x=0$ 时，$y=0$；当 $x=l_0/2$ 时，$y=f$。

于是挠度曲线的控制截面曲率为 $\phi=\frac{\mathrm{d}y^2}{\mathrm{d}x^2}=-\frac{\pi^2}{l_0^2 f\sin\frac{\pi}{l_0}}x$

当 $x=l_0/2$ 时，$\phi=\frac{\mathrm{d}y^2}{\mathrm{d}x^2}=-\frac{\pi^2}{l_0^2}f$

若只考虑柱高中点的侧向挠度 f 与该截面（控制截面）曲率 ϕ 的绝对值之间的数量关系，则可得

$$f=\phi\frac{l_0^2}{\pi^2}=\phi\frac{l_0^2}{10} \tag{3-20}$$

式中：l_0——两端铰支的偏心受压构件的计算长度。

由于大小偏心受压构件在界限破坏时受拉钢筋应变达到屈服应变值，即 $\varepsilon_s=\varepsilon_y$，受压边缘混凝土压应变也刚好达到极限应变值 $\varepsilon_{cu}=0.0033$。因此 GB 50010—2010 中对极限曲率（控制截面的曲率）采用了经验公式的近似计算方法，即以界限状态下界限截面曲率为

基础，然后对非界限情况曲率加以修正。其修正内容考虑荷载偏心距对截面曲率的影响系数 ξ_1 和构件长细比对截面曲率的影响系数 ξ_2。

根据平截面假定可知，截面曲率

$$\phi = \frac{\varepsilon_{cu} + \varepsilon_s}{h_0} = \frac{0.0033 + \frac{f_y}{E_s}}{h_0} \quad (3-21a)$$

设计时，GB 50010—2010 中规定取常用的主导钢筋 HRR400 级钢筋作为确定 ϕ_b 值的基点，即 $f_y = 360\ N/mm^2$，$E_s = 2 \times 10^5 N/mm^2$，同时考虑偏心受压构件在长期荷载作用下，由于混凝土的徐变将使截面曲率及挠度增大，徐变对截面曲率的影响精确计算是比较困难的，为了简化计算采用的方法是将混凝土应变 ε_{cu} 乘以 1.25 的徐变影响系数，则式（3-21a）可写成

$$\phi = \frac{0.0033 \times 1.25 + 0.0018}{h_0} \approx \frac{0.00593}{h_0} \approx \frac{1}{171.7} \times \frac{1}{h_0} \quad (3-21b)$$

为了考虑荷载偏心距和构件长细比的影响，再对 ϕ 乘以两个修正系数 ξ_1 和 ξ_2。即

$$\phi = \frac{1}{171.7} \times \frac{1}{h_0}\xi_1\xi_2 \quad (3-22)$$

根据试验及统计，ξ_1 和 ξ_2 分别按如下规定取值。

① 考虑偏心距对截面曲率的修正系数 ξ_1。

对于大偏心受压构件，由于在不同偏心距荷载作用下实测的曲率相差不多，GB 50010—2010 规定取界限状态下的界限曲率作为其极限曲率，即取 $\xi_1 = 1.0$。对小偏心受压构件，由于截面的极限曲率是随偏心距的减小而降低，截面所承担的偏心压力是随偏心距的减小而不断增大的，因此 ξ_1 的计算较为复杂，为便于设计应用，GB 50010—2010 中采用

$$\xi_1 = \frac{0.5 f_c A}{N} \quad (3-23)$$

当 $\xi_1 > 1.0$ 时，取 $\xi_1 = 1.0$。

② 考虑构件长细比对截面曲率的影响系数 ξ_2。

对长细比较大的偏心受压构件，在达到极限承载力 N_u 时的极限曲率随长细比的增大而降低，试验表明 $\frac{l_0}{h} = 8 \sim 15$ 时其值影响不大。因此，GB 50010—2010 规定对 $\frac{l_0}{h} > 15$ 的构件用 ξ_2 来考虑截面曲率降低的现象。GB 50010—2010 中采用

$$\xi_2 = 1.15 - 0.01\frac{l_0}{h} \quad (3-24)$$

当 $\frac{l_0}{h} \leqslant 15$ 时，取 $\xi_2 = 1.0$。

将式（3-22）代入式（3-20）即得

$$f = \frac{1}{171.7} \times \frac{1}{h_0}\xi_1\xi_2\frac{l_0^2}{10}$$

根据式（3-19）可得

$$\eta = 1 + \frac{1}{e_i}\left(\frac{1}{171.7} \times \frac{1}{h_0}\xi_1\xi_2\frac{l_0^2}{10}\right)$$

若近似取$\frac{h}{h_0}=1.1$，即可得出偏心受压构件考虑挠曲影响的轴向力偏心距增大系数 η 的计算公式

$$\eta = 1 + \frac{1}{1\,400 e_i/h_0}\left(\frac{l_0}{h}\right)^2\xi_1\xi_2 \tag{3-25}$$

上述情况仅适用于有侧移的单层排架结构和梁柱线刚度比适中的规则框架结构以及按无侧移考虑的单根偏心受压构件的矩形（$\frac{l_0}{h}\leqslant 30$）、T形、工字形截面（$\frac{l_0}{i}\leqslant 104$），以及圆形及环形截面（$\frac{l_0}{d}\leqslant 26$）的偏心受压构件，式中 h 为矩形截面高度，i 为T形、工字形截面的最小回转半径，d 为环形截面外直径或圆形截面直径。

试验表明，当$\frac{l_0}{h}>30$（如$\frac{l_0}{h}=40\sim 50$），且柱达到其极限承载力时，控制截面应变值较小，离其材料破坏还相当远。这种细长柱接近弹性失稳破坏，如仍用式（3-25）计算，误差将较大，故此时可用一般材料力学方法求解。试验表明，对矩形、工字形、T形、环形和圆形截面偏心受压构件，当长细比$\frac{l_0}{h}\leqslant 5$ 时，侧向挠度对偏心距增大的影响对截面承载力降低很少，可不考虑侧向挠度对偏心距的影响，即取 $\eta=1.0$。偏心受压构件的计算长度 l_0 取值与轴心受压构件相同。

以上关于 η 的计算公式，是按两端铰接支杆为基础的。对无侧移结构，杆端弯矩不等等不同类型结构的受压构件正截面承载力计算情况，GB 50010—2010 从偏于安全和方便设计角度出发，通过柱计算长度的取值来考虑结构侧移和构件纵向弯曲变形引起的二阶弯矩的影响。

4. 偏心受压构件正截面承载力的计算原则

1）基本假定

① 截面应变保持平面。

② 不考虑混凝土的抗拉强度。

③ 混凝土压应力与应变关系曲线可按下列规定取用：

$$\varepsilon_c \leqslant \varepsilon_0 \text{ 时}, \sigma_c = f_c\left[1-\left(1-\frac{\varepsilon_c}{\varepsilon_0}\right)\right] \tag{3-26}$$

$$\varepsilon_0 < \varepsilon_c \leqslant \varepsilon_{cu} \text{时}, \varepsilon_c = f_c \tag{3-27}$$

$$N = 2 - \frac{1}{60}(f_{cu,k}-50) \tag{3-28}$$

$$\varepsilon_0 = 0.002 + 0.05 \times (f_{cu,k}-50) \times 10^5 \tag{3-29}$$

$$\varepsilon_{cu} = 0.003\,3 - (f_{cu,k}-50) \times 10^5 \tag{3-30}$$

式中：σ_c——对应于混凝土压应变为 ε_c时的混凝土压应力；

ε_0——对应于混凝土压应力刚达到 σ_{cf}时的混凝土压应变，当按式（3-29）计算的 ε_0的值小于0.002 0时，应取为0.002 0；

ε_{cu}——正截面处于非均匀受压时的混凝土极限压应变，当按式（3-30）计算的ε_{cu}的值大于0.003 3时，应取为0.003 3，正截面处于轴心受压时的混凝土极限压应变取为0.002 0；

$f_{cu,k}$——混凝土立方体抗压强度标准值；

n——系数，当计算的n值大于2.0时，应取为2.0。

④ 受拉钢筋的应力取等于钢筋应变与其弹性模量的乘积，但不大于其强度设计值。受拉钢筋的极限拉应变取0.01。

2）两种破坏形态的界限

从大小偏心受压破坏特征可以看出，二者之间的根本区别在于破坏时受拉钢筋能否达到屈服，这和受弯构件的适筋与超筋破坏两种情况完全一致。因此，两种偏心受压破坏形态的界限与受弯构件适筋与超筋破坏的界限也必然相同，即在破坏时纵向钢筋应力达到屈服强度，同时受压区混凝土也达到极限压应变值，此时其相对受压区高度称为界限受压区高度ξ_b。故当$\xi \leqslant \xi_b$时，属于大偏心受压破坏；$\xi > \xi_b$时，属于小偏心受压破坏。

3）大偏心受压构件正截面计算的基本原则

试验分析表明，大偏心受压构件，若受拉钢筋配置不过多时与适筋梁相同，破坏时截面平均应变和裂缝截面处的应力分布如图3-15（a）所示，即其受拉及受压纵向钢筋均能达到屈服强度，受压区混凝土应力为抛物线形分布。为了简化计算，同样可以采用等效矩形应力图形，其受压区高度可取按截面应变保持平面的假定所确定的中性轴高度乘以系数β_1。当$f_{cu,k} \leqslant 50\ \text{N/mm}^2$时，$\beta_1$取为0.8，当$f_{cu,k}=80\ \text{N/mm}^2$时，$\beta_1$取为0.74，其间按线性内插法取用。矩形应力图的应力取为混凝土抗压强度设计值f_c乘以系数α_1，当$f_{cu,k} \leqslant 50\ \text{N/mm}^2$时，$\alpha_1$取为1.0，当$f_{cu,k}=80\ \text{N/mm}^2$，$\alpha_1$取为0.94，其间按线性内插法取用，如图3-15（b）所示。

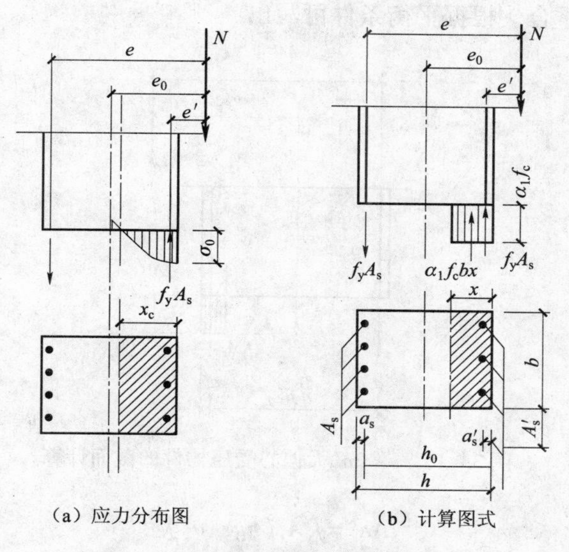

（a）应力分布图　（b）计算图式

图3-15　大偏心受压构件的截面计算

沿构件纵轴方向的内外力之和为零，可得

$$N \leqslant \alpha_1 f_c bx + \nu' A_s' - f_y A_s \tag{3-31}$$

由截面上内、外力对受拉钢筋合力点的力矩之和等于零，可得

$$Ne \leqslant \alpha_1 f_c bx\left(h_0 - \frac{x}{2}\right) + f_y' A_s'(h_0 - a_s') \tag{3-32}$$

由截面上内、外力对受压钢筋合力点的力矩之和等于零，可得

$$Ne' \leqslant f_y A_s(h_0 - a_s') - \alpha_1 f_c bx\left(\frac{x}{2} - a_s'\right) \tag{3-33}$$

式中：N——轴向压力设计值；

x——混凝土受压区高度；

e——轴向压力作用点至纵向受拉钢筋合力点之间的距离；

e'——轴向压力作用点至纵向受压钢筋合力点之间的距离。

$$e = \eta e_i + \frac{h}{2} A_s \tag{3-34}$$

$$e' = \eta e_i + \frac{h}{2} a_s' \tag{3-35}$$

适用条件：

① 为了保证构件在破坏时，受拉钢筋应力能达到抗拉强度设计值f_y，必须满足

$$\xi = \frac{x}{h_0} \leqslant \xi_b \tag{3-36}$$

② 为了保证构件在破坏时，受压钢筋应力能达到抗压强度设计值f_y'，必须满足

$$x \geqslant 2a_s' \tag{3-37}$$

当$x < 2a_s'$时，受压钢筋应力可能达不到f_y'，与双筋受弯构件类似，取$x = 2a_s'$。其应力图形如图3－16所示，近似认为受压区混凝土所承担的压力的作用位置与受压钢筋承担的压力$f_y'A_s'$的作用位置相重合。根据平衡条件可写出

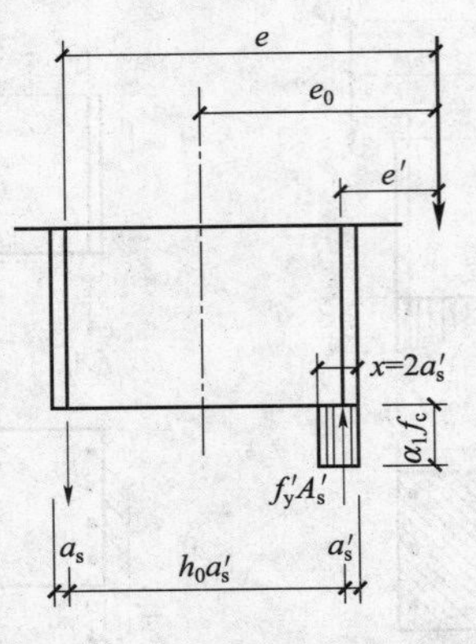

图3－16　$x < 2a_s'$大偏心受压构件的截面计算

$$Ne' = f_y A_s(h_0 - a_s')$$

$$A_s = \frac{Ne'}{f_y(h_0 - a_s')} \tag{3-38}$$

4）小偏心受压构件正截面承载力计算的基本原则

试验分析表明，小偏心受压构件，破坏时的应力分布图形可能是截面部分受压部分受拉或全截面受压。如图3－17（a）、（b）所示，一般情况下，接近纵向力N作用一侧的混凝土被压碎，并且这一侧的纵向受压钢筋A_s'的应力达到屈服，而远离纵向偏心力一侧的钢筋A_s可能受拉或受压但应力往往均达不到屈服强度，用σ_s表示。特殊情况也会出现远离纵向力作用的一侧混凝土先破坏的情况，如图3－17（c）所示。

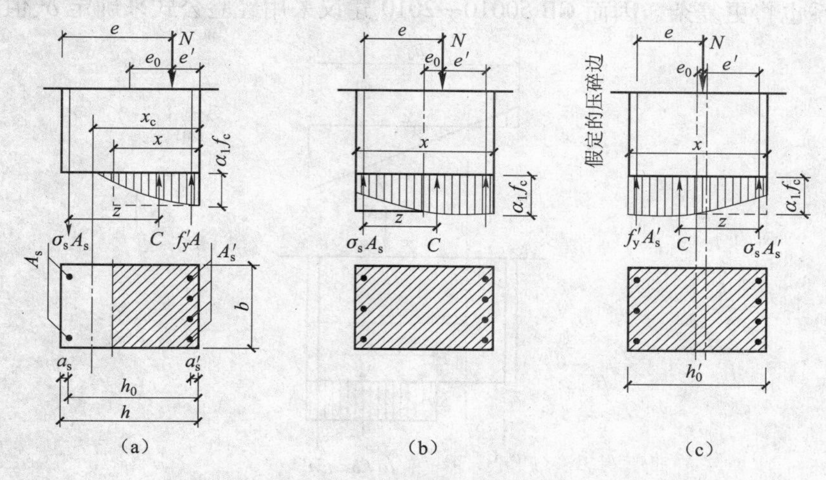

图3－17　小偏心受压构件的截面计算

（1）远离纵向偏心力一侧的钢筋应力

在小偏心受压构件中，远离纵向偏心力一侧的纵向钢筋A_s的应力不论受拉还是受压，在大部分情况下均不会达到屈服强度，只能达到σ_s。确定σ_s有以下两种方法。

① 用平截面假定确定钢筋应力σ_s。

根据平截面假定，由应变的大小与所取计算点到中性轴的距离成正比可知：$\dfrac{\varepsilon_s}{\varepsilon_{cu}}=\dfrac{h_0-x_c}{x_c}$

$$\sigma_s=\varepsilon_s E_s=\varepsilon_{cu}\frac{h_0-x_c}{x_c}E_s \tag{3-39}$$

根据将受压区混凝土的应力分布图形用等效矩形应力图形替代的原则，可得

$$x=\beta_1 x_c$$

式（3－39）可改写成

$$\sigma_s=E_s\varepsilon_{cu}\left(\frac{h_0-x/\beta_1}{x/\beta_1}\right)=E_s\varepsilon_{cu}\left(\frac{\beta_1 h_0}{x}-1\right)$$

则

$$\sigma_s=E_s\varepsilon_{cu}\left(\frac{\beta_1 h_0}{x}-1\right)=E_s\varepsilon_{cu}\left(\frac{\beta_1}{\xi}-1\right) \tag{3-40}$$

式中：E_s——钢筋弹性模量；

ε_{cu}——非均匀受压时的混凝土极限压应变，取0.003 3；

h_0——截面有效高度；

ξ——相对受压区高度，$\xi=\dfrac{x}{h_0}$。

式（3－40）表明σ_s与ξ间呈双曲线型的函数关系，如图3－18中的双曲线。如果ε_{cu}与$\frac{x}{x_c}$均不是定值，σ_s与ξ之间的关系将十分复杂，不便于计算，而式（3－40）则是按式(3－39)中的ε_{cu}与$\frac{x}{x_c}$均取定值的结果。需要指出的是，当偏心距小到使全截面受压时，ε_{cu}已不再是定值，而是由非均匀受压$\varepsilon_{cu}=0.0033$逐步过渡到轴压$\varepsilon_c=\varepsilon_0=0.0020$，此时，$\sigma_s$与$\xi$的关系也将更复杂。因而GB 50010—2010建议采用经验公式来确定σ_s值。

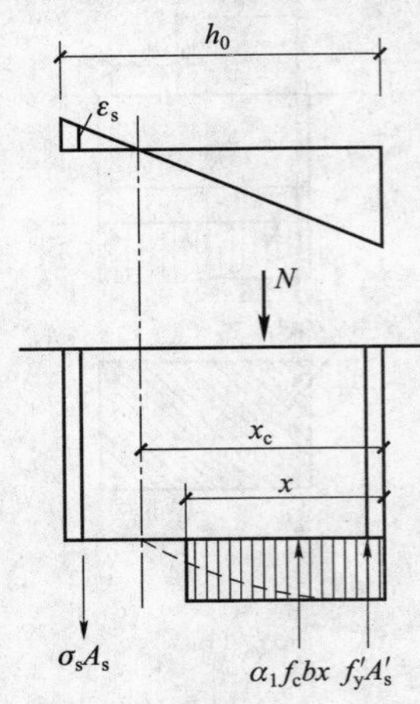

图3－18　远离纵向偏心力一侧的钢筋应力σ_s

② 用经验公式确定钢筋应力σ_s。

根据大量试验资料的统计分析，小偏心受压情况下实测的钢筋应变ε_s与ξ的关系为$\varepsilon_s=0.0044\times(0.81-\xi)$，由于小偏心受压构件$\sigma_s$对截面承载力影响较小，为简化起见，对$\sigma_s$再作适当调整。考虑到界限状态$\xi_b=\xi$时，$\sigma_s=\varepsilon_s E=f_y$，照顾到实测钢筋应变为零时的$\xi$值与应力图形的基本假定，取$\xi=\beta_1$时$\sigma_s=0$，通过以上两点即可找出$\sigma_s$—$\xi$的线性关系为(图3－19)

$$\sigma_s=\frac{f_y}{\xi_b-\beta_1}\left(\frac{x}{h_0}-\beta_1\right)=\frac{f_y}{\xi_b-\beta_1}(\xi-\beta_1) \tag{3-41}$$

式中：ξ_b——界限相对受压区高度。

此时，按式（3－39）～式（3－41）计算的钢筋应力应符合下列条件：

$$-f'_y\leqslant\sigma_s\leqslant f_y \tag{3-42}$$

（2）基本计算公式

① 接近纵向压力一侧的混凝土先被压坏的情况，如图3－17（a）、（b）所示。

由截面上纵轴方向的内、外力之和为零得

$$N=C+f'_sA'_s-\sigma_sA_s \tag{3-43}$$

由截面上内、外力对受拉钢筋合力点的力矩之和等于零得

$$Ne=CZ+f_y A'_s(h_0-a'_s) \tag{3-44}$$

式中：C——混凝土压应力的合力；

Z——混凝土压应力合力C到纵向受拉钢筋合力点的距离；

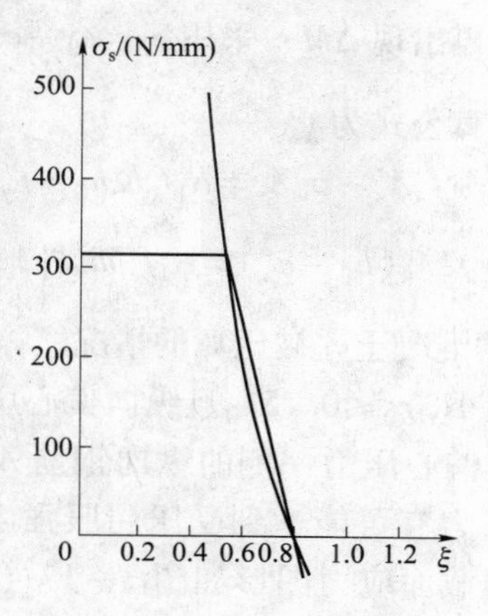

图3-19 σ_s—ξ关系曲线

σ_s——远离纵向偏心压力一侧纵向钢筋的应力。当为压应力时，σ_s为负；当为拉应力时，σ_s为正。

小偏心受压构件边缘的极限压应变是随着偏心距e_0的减小而不断降低的，即从界限状态下的$\varepsilon_{cu}=0.0033$降到轴心受压时的$\varepsilon_0=0.0020$。其抗压强度也将随偏心距的减小而不断降低，即从界限状态时的$\alpha_1 f_c$下降到趋近于零时的轴心抗压强度f_c。因此在建立小偏心受压构件正截面承载力计算公式时，要确定混凝土的抗压强度将过于复杂，GB 50010—2010中则规定在不影响基本公式表达形式的情况下，无论大、小偏心受压构件，在外荷载偏心距e_0上都附加一个相同的附加偏心距e_a，其实际效果起到使偏心受压构件的混凝土抗压强度$\alpha_1 f_c$降低为轴心抗压强度f_c的作用。因此，在大、小偏心受压构件正截面承载力计算中，混凝土的压应力图形均采用等效矩形应力图形，强度为$\alpha_1 f_c$进行计算。于是式（3-43）、式（3-44）中

$$C=\alpha_1 f_c bx,\ CZ=\alpha_1 f_c bx\left(h_0-\frac{x}{2}\right)$$

这样的结果必然过高估计了C和CZ，偏心距e_0越小，所造成的误差就越大，于是需要调整过大的C和CZ。使计算出的截面承载力接近实际承载力。GB 50010—2010中调整C的具体方法是把偏高估计了的力矩从CZ中减去，于是式（3-44）可改写为

$$Ne=\alpha_1 f_c bx\left(h_0-\frac{x}{2}\right)-\Delta M+f'_y A'_s(h_0-a'_s) \quad (3-45a)$$

或

$$Ne+\Delta M=\alpha_1 f_c bx\left(h_0-\frac{x}{2}\right)+f'_y A'_s(h_0-a'_s) \quad (3-45b)$$

根据试验结果取$\Delta M=Ne_a$

式（3-45b）中的$Ne+\Delta M$也可改写为

$$Ne+\Delta M=Ne+Ne_a=N\left(e_0+e_a+\frac{h}{2}-a_s\right) \quad (3-45c)$$

考虑纵向弯曲影响，式（3-45c）可进一步写成

$$Ne+\Delta M=N\left(\eta e_i+\frac{h}{2}-a_s\right) \quad (3-45d)$$

为了在承载力计算公式中不再出现 ΔM，采用 $e_i = e_0 + e_a$，则修正 e 为 $e = \eta e_i + \frac{h}{2} - a_s$，则矩形截面小偏心受压构件的计算公式为

$$N \leqslant \alpha_1 f_c bx + f'_y A'_s - \sigma_s A_s = \alpha_1 f_c b\xi h_0 + f'_y A'_s - \sigma_s A_s \tag{3-46}$$

$$Ne \leqslant \alpha_1 f_c bx\left(h_0 - \frac{x}{2}\right) + f'_y A'_s(h_0 - a'_s) = \alpha_1 f_c bh_0^2 \xi\left(1 - \frac{\xi}{2}\right) + f'_y A'_s(h_0 - a'_s) \tag{3-47}$$

② 远离纵向偏心压力一侧的混凝土先被压坏的情况。

在纵向偏心压力的偏心距很小，$e_0 \leqslant 0.15h_0$且纵向偏心压力又比较大即 $N > \alpha_1 f_c bh_0$的全截面受压情况下，如果接近纵向偏心压力一侧的纵向钢筋 A'_s配置较多，而远离偏心压力一侧的钢筋 A_s配置相对较少，A_s应力有可能达到受压屈服强度，远离纵向偏心压力一侧的混凝土也有可能先被压坏。这时的截面应力图形如图 3－17（c）所示，因而当 $e_0 \leqslant 0.15h_0$且 $N > \alpha_1 f_c bh_0$时，为使 A_s配置不致过少，应按图 3－17 对 A'_s合力点取力矩平衡求得 A_s。这时取 $x = h$，可得

$$Ne' \leqslant \alpha_1 f_c bx\left(h'_0 - \frac{h}{2}\right) + f'_y A'_s(h'_0 - a_s) \tag{3-48}$$

式中：h'_0——纵向钢筋 A'_s合力点离偏心压力较远一侧边缘的距离，即 $h'_0 = h - a'_s$。

$$e' = \frac{h}{2} - e_i - a'_s$$

图 3－17（c）所示的应力图形是认为受压破坏发生在 A_s一侧，此时，轴向力作用点接近截面重心，在计算中不考虑偏心距增大系数，初始偏心距取 $e_i = e_0 - e_a$，因此式（3－48）可改写为

$$N\left[\frac{h}{2} - a_s - (e_0 - e_a)\right] \leqslant \alpha_1 f_c bx\left(h'_0 - \frac{h}{2}\right) + f'_y A_s(h'_0 - A_s)$$

$$A_s = \frac{N\left[\frac{h}{2} - a_s - (e_0 - e_a)\right] - \alpha_1 f_c bx\left(h'_0 - \frac{h}{2}\right)}{f'_y(h'_0 - a_s)} \tag{3-49}$$

这时的 A_s仍按式（3－47）计算。

5. 不对称配筋矩形截面偏心受压构件正截面承载力的计算

不对称配筋矩形截面偏心受压构件正截面承载力计算可分为两类：截面设计与截面复核。

1）截面设计

（1）大、小偏心受压构件的判别

在进行偏心受压构件的截面设计时，通常由荷载产生的内力（N、MC 或 Ne_0）及材料强度等级（f_c、f'_y、f_y）已知，截面尺寸（b、h、a_s、A'_s）已预先选定，要求计算截面面积 A_s和 A'_s。这时首先需要判别截面计算属于哪一种偏心受压情况。如前所述，当 $\xi = \frac{x}{h_0} \leqslant \xi_b$ 时为大偏心受压，当 $\xi_b > \xi$ 时为小偏心受压。但当 A_s和 A'_s未知时，ξ 值无法计算，因此不能利用上述条件进行判别，现采用下述实用计算方法来初步判别大、小偏心受压情况。

① 界限偏心距的计算。如图 3－20 所示为刚好处于大、小偏心受压界限状态下矩形截面应力分布的情况。此时混凝土在界限状态下受压区相对高度为 ξ_b，受拉钢筋应力已经达

到屈服强度，即 $\sigma_s = f_y$，则由平衡条件可得

$$N_b = \alpha_1 f_c b h_0 \xi + f'_y A'_s - f_y A_s \tag{3-50}$$

$$M_b = N_b e_{0b} = \alpha_1 f_c b h_0 \xi_b \left(\frac{h}{2} - \frac{\xi_b h_0}{2}\right) + f'_y A'_s \left(\frac{h}{2} - a'_s\right) + f_y A_s \left(\frac{h}{2} - a'_s\right) \frac{x-\mu}{\sigma} \tag{3-51}$$

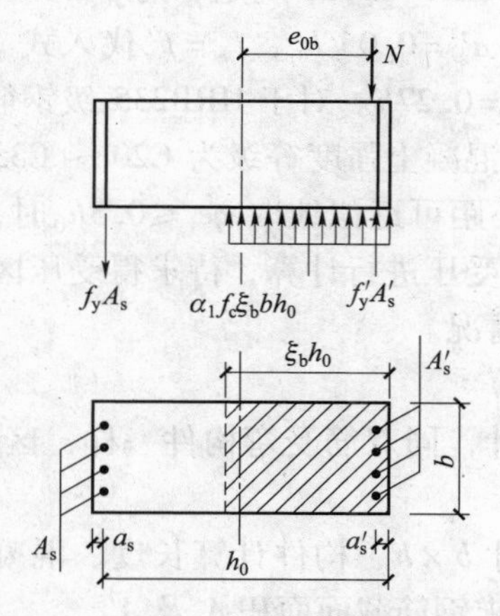

图 3-20　偏心受压构件界限状态下计算图形

式中：e_{0b}——界限偏心距。

$$e_{0b} = \frac{M_b}{N_b} = \frac{\alpha_1 f_c b h_0 \xi_b \left(\frac{h}{2} - \frac{\xi_b h_0}{2}\right) + f'_y A'_s \left(\frac{h}{2} - a'_s\right) + f_y A_s \left(\frac{h}{2} - a'_s\right)}{\alpha_1 f_c b h_0 \xi + f'_y A'_s - f_y A_s} \tag{3-52}$$

上式也可写成

$$\frac{e_{0b}}{h_0} = \frac{\alpha_1 f_c \xi_b \left(\frac{h}{h_0} - \xi_b\right) + \rho' f'_y + \rho f_y \left(\frac{h}{h_0} - \frac{2a_s}{h_0}\right)}{2\left(\alpha_1 f_c \xi_b \frac{h_0}{h} + \rho' f'_y - \rho f_y\right)} \tag{3-53}$$

式中：ρ——受拉区钢筋配筋率，$\rho = \dfrac{A_s}{b h_0}$；

ρ'——受压区钢筋配筋率，$\rho' = \dfrac{A'_s}{b h_0}$。

式（3-53）可用于偏心受压构件截面界限承载力的校核。一般根据构件的已知截面尺寸、钢筋的截面面积 A_s 和 A'_s、材料强度等级，按式（3-53）求出 e_{0b} 值；同时根据构件的长细比及其内力设计值 N 和 M，求出 η 及 e_0 值，按 $\eta e_i = \eta\ (e_0 + e_a)$ 来判定其偏心受压类型：当 $\eta e_i < e_{0b}$ 时，为小偏心受压；当 $\eta e_i > e_{0b}$ 时，为大偏心受压。

② 大、小偏心受压构件的判别。由式（3-53）可以看出，只是在纵向配筋率 ρ 及 ρ' 已知的条件下，可以求出 e_{0b} 值，因此，它只能用于截面承载力的复核，不能直接用于设计。为了便于构件的配筋计算，一般是通过分析研究来区分大小偏心受压的状况，确定界限状态时不同的偏心受压类型。

由于 e_{0b} 值与截面两侧的配筋量 A_s 和 A'_s 有关，当 ρ 与 ρ' 为最小值时将得出最小的 e_{0b} 值。因此当设计轴向力的偏心距 $\eta e_i \leqslant (e_{0b})_{\min}$ 时，表明截面必属于小偏心受压情况。当 $\eta e_i <$

$(e_{0b})_{min}$时，视ρ的大小，可能有两种情况：当ρ不过大时，破坏时受拉钢筋达到屈服强度，成为大偏心受压情况；当ρ过大时，破坏时受拉钢筋未达到屈服强度，成为混凝土先被压坏的小偏心受压情况。

为了求得e_{0b}的数值，GB 50010—2010 规定ρ与ρ'的最小值为$\rho_{min}=0.0015$和$\rho'_{min}=0.0020$，且取$h=1.05h_0$，$a_s=a'_s=0.05h_0$，$f_y=f'_y$代入式（3-53）中，可得最小偏心距$e_{0bI}=0.33h$，$e_{0bII}=0.3h$，$e_{0bIII}=0.27h$。对于 HRB235 级钢筋，取混凝土强度等级为 C15 ~ C20，对于 HRB400 级钢筋，取混凝土强度等级为 C20 ~ C35。因此当采用混凝土强度等级为 C20 ~ C40，且考虑初始偏心距可近似地取$\eta e_i \leqslant 0.3h_0$时，基本上可认为是小偏心受压。若$\eta e_i > 0.3h$，则可先按大偏心受压进行计算，待求得受压区高度后，再根据ξ与ξ_b的确切关系定出截面属于哪一种受力情况。

（2）大偏心受压构件的计算

大偏心受压构件的截面设计，同双筋受弯构件一样，区分为A_s、A'_s均未知和A'_s已知两种情形。

第一种情形：已知截面尺寸$b \times h$、构件计算长度、混凝土强度等级、钢筋种类、轴向力设计值N及弯矩设计值M，求钢筋截面面积A_s及A'_s。

由基本计算公式（3-31）和式（3-32）表明，两个方程三个未知数，即A_s、A'_s、a'_s。不能求得唯一解，和双筋受弯构件相仿，需补充一个条件才能求解。为了使总用钢量$(A_s + A'_s)$最少，应充分利用受压区混凝土承受压力，也就是应使受压区高度尽可能大。因此取$x=x_b=\xi_b h_0$代入式（3-32），可得

$$A'_s=\frac{Ne-\alpha_1 f_c bx(h_0-0.5x_b)}{f'_y(h_0-a'_s)}=\frac{Ne-\alpha_1 f_c bh_0^2\xi_b(1-0.5\xi_b)}{f'_y(h_0-a'_s)}$$

① 当求得的$A'_s \geqslant 0.002bh$时，代入式（3-31），可得

$$A_s=\frac{\alpha_1 f_c bh_0^2\xi_b+f'_yA'_s-N}{f_y}$$

当$A_s>0.002bh$时，按此A_s配筋。

当$A_s<0.002bh$时，应按$A_s=0.002bh$配筋。

当$A_s<0$时，说明截面不是大偏心受压情况，因所取$x=x_b=\xi_b h_0$，不可能不需要A_s；再者，若属于大偏心受压，A_s必然不能为零，因此所做计算与实际不符，应按小偏心受压构件重新计算。

② 当求得的$A'_s<0.002bh$或$A'_s<0$时，取$A'_s=0.002bh$，按A'_s已知的第二种情形重新计算。

第二种情形：已知条件同上，且已知受压钢筋截面面积A'_s，求受拉钢筋截面面积A_s。

由基本计算公式（3-31）和式（3-32）表明，两个方程两个未知数，即A_s和x。因此可代入公式直接求解。具体求解方法和受弯构件双筋截面计算方法完全一样。

当$2a'_s \leqslant x \leqslant \xi_b h_0$时，求$A_s$，如果$A_s \geqslant \rho_{min}bh$，则取计算所得的值，否则取$A_s=\rho_{min}bh$。

当$x>\xi_b h_0$时，应加大构件截面尺寸或按未知的情形，照第一种情形重新计算；当$x<2a'_s$时，应先按式（3-38）计算A_s，再按不考虑受压钢筋A'_s，即$A'_s=0$代入基本计算公式（3-31）和式（3-32）计算A_s，二者取其中较小值。

(3) 小偏心受压构件的计算

在进行矩形截面非对称配筋小偏心受压构件计算时，基本计算公式（3-46）和式(3-47)中，共有三个未知数A_s、A'_s、x（或ξ），不能求得唯一解，此时和大偏心受压情况一样，需补充一个总用钢量$A_s+A'_s$为最小的经济条件来确定x，再求解A_s和A'_s。

试验结果表明，对于小偏心受压破坏情况，远离偏心压力一侧的纵向受力钢筋不论受拉还是受压、配置数量是多还是少，其应力一般均不能达到屈服强度，因此除偏心距过小($e_0 \leqslant 0.5h_0$)且轴向压力又比较大($N > \alpha_1 f_c bh_0$)的情况外，均可取A_s等于最小配筋量，这样就为小偏心受压计算补充了一个经济配筋的条件，由于在未得出计算结果之前无法确定出远离轴向压力一侧的钢筋是受拉还是受压，故对这部分钢筋统一取受压钢筋最小配筋量为$A_s=0.002bh$。这样得出的$A_s+A'_s$一般为最经济。

为避免远离纵向力一侧的混凝土先被压坏，当$e_0 \leqslant 0.5h_0$且$N > \alpha_1 f_c bh_0$时，应先按式(3-49)计算A_s，与A_s最小配筋率$A_s=0.002bh$相比较，取二者的较大值作为A_s的取值。

当A_s确定以后，小偏心受压基本公式中就只有两个未知数A_s和x（或ξ），故可求得唯一解。

值得注意的是小偏心受压应满足$\xi > \xi_b$及$-f_y \leqslant \sigma_s \leqslant f_y$的条件，当纵向受力钢筋$A_s$的应力$\sigma_s$达到受压屈服强度（$-f'_y$）且$f'_y=f_y$时，根据式（3-42）可计算出此状态相对受压区高度ξ为$\xi=2\beta_1-\xi_b=1.6-\xi_b$。

当A_s确定后，代入基本计算公式（3-46）和式（3-47）可首先求得x（或ξ），或对受压钢筋A'_s中心取矩得

$$Ne' \leqslant \alpha_1 f_c bx\left(\frac{x}{2}-a'_s\right)-\sigma_s A_s(h_0-a'_s)$$

$$e'=h/2-a'_s-\eta e_i$$

将式（3-41）代入得 $Ne' \leqslant \alpha_1 f_c bx\left(\frac{x}{2}-a'_s\right)-f_y A_s\frac{\xi-0.8}{\xi_b-0.8}(h_0-a'_s)$

整理后得

$$x^2-\left[2a'_s-\frac{2f_y A_s(h_0-a'_s)}{\alpha_1 f_c bh_0(0.8-\xi_b)}\right]x-\left[\frac{2Ne'}{\alpha_1 f_c b}+\frac{1.6f_y A_s}{\alpha_1 f_c b(0.8-\xi_b)}(h_0-a'_s)\right]=0$$

同样，可以得到ξ。

① 当$\xi<1.6-\xi_b$时，说明$-f'_y<\sigma_s<f_y$，此时：

若$\xi \leqslant h/h_0$，可再由基本公式求得A'_s，且使$A'_s \geqslant 0.002bh$，否则$A'_s=0.002bh$；

若$\xi > h/h_0$，可再由基本公式求得A'_s，且使$A_s \geqslant 0.002bh$，否则$A_s=0.002bh$。

② 当$\xi \geqslant 1.6-\xi_b$时，说明$\sigma_s=-f'_y$，可直接取$\xi=1.6-\xi_b$，此时：

若$\xi \leqslant h/h_0$，可由基本公式求得A_s和A'_s，且使$A_s(A'_s) \geqslant 0.002bh$，否则$A_s(A'_s)=0.002bh$；

若$\xi > h/h_0$，可由基本公式求得A_s、A'_s，且使$A_s(A'_s) \geqslant 0.002bh$，否则$A_s(A'_s)=0.002bh$。

当$\xi \geqslant h/h_0$时，还应按轴心受压构件正截面承载力计算公式计算垂直于弯矩作用平面的截面配筋量。此时计算出的A'_s应不大于$A_s+A'_s$的总量，否则增加配筋量。

③ 当$\xi<\xi_b$时，按大偏心受压构件计算。

2）截面复核

在进行截面复核时，一般已知截面尺寸 b、h，配筋量及 A_s、A'_s，材料强度等级，构件计算长度，以及构件需要承受的轴向压力 N 和弯矩 M，要求复核截面的承载力是否足够安全；或是在确定的偏心距下，复核截面所能承担的偏心压力；或已知 N 值，求所能承受的弯矩设计值 M。

截面复核时，必须计算出截面受压区高度，以确定构件属于大偏心受压还是小偏心受压，然后通过基本公式确定构件的承载力。为了确定截面的受压区高度，可利用图 3－10 中所示各纵向内力对纵向压力 N 作用点取矩的平衡条件，得

$$A_s f_y e \pm A'_s f'_y e' = \alpha_1 f_c b h_0^2 \xi \left(\frac{e_0}{h_0} - 1 - 0.5\xi\right) \tag{3-54}$$

式中，当 N 作用于 A_s 及 A'_s 以外时，公式左边取负号，且 $e' = \eta e_i - \left(\frac{h}{2} - a'_s\right)$。

当 N 作用于 A_s 及 A'_s 之间时，公式左边取正号，且 $e' = \frac{h}{2} - \eta e_i - a'_s$，这时由式（3－54）可求得 ξ 值。

① 若 $\xi \leqslant \xi_b$，为大偏心受压构件，将 ξ 代入到大偏心受压构件基本计算公式即可计算截面的承载力。

② 若 $\xi > \xi_b$，为小偏心受压构件，此时应由小偏心受压基本公式重新联立求解 ξ，并进而求得截面的承载力。

当求得的 $N \leqslant \alpha_1 f_c b h_0$ 时，此 N 即为构件的承载力；当求得的 $N > \alpha_1 f_c b h_0$，且 $e_0 = 0.15h_0$ 时，尚须按式（3－49）计算构件的承载力，二者的较小值即为构件的承载力。

此外对小偏心受压构件还应按轴心受压构件验算垂直于弯矩平面的受压承载力。

例 3－3 已知某偏心受压柱，承受轴向力设计值 $N = 350$ kN，弯矩 $M = 160$ kN·m；截面尺寸 $b = 300$ mm，$h = 400$ mm，$a_s = a'_s = 40$ mm；C25 级混凝土，HRB335 级钢筋，$l_0/h = 8$。

求：钢筋截面面积 A_s 及 A'_s。

解：（1）大小偏心受压构件判别

$$e_0 = \frac{M}{N} = \frac{160\ 000}{350\ 000} = 0.457\ \text{m} = 457\ \text{mm}$$

$$e_a = 20\ \text{mm}, e_i = e_0 + e_a = 457 + 20 = 477\ \text{mm}$$

$$\xi_1 = \frac{0.5 f_c A}{N} = \frac{0.5 \times 11.9 \times 300 \times 400}{350\ 000} = 2.04 > 1$$

取 $\xi_1 = 1.0$，$l_0/h = 8 < 15$。

取 $\xi_2 = 0.1$，$\eta = 1 + \frac{1}{1\ 400 e_i/h_0}\left(\frac{l_0}{h}\right)^2 \xi_1 \xi_2 = 1 + \frac{1}{1\ 400 \times \frac{477}{360}} \times 8^2 \times 1 \times 1 = 1.034\ 5$

可先按大偏心受压情况进行计算。

（2）求 A'_s

$$e = \eta e_i + h/2 - a_s = 493.46 + 400/2 - 40 = 653.46\ \text{mm}$$

由式 $A'_s = \frac{Ne - \alpha_1 f_c b h_0^2 \xi_b (1 - 0.5\xi_b)}{f'_y (h_0 - a'_s)} =$

$$\frac{350\ 000\times653.46-1.0\times11.9\times300\times360^2\times0.55\times(1-0.50\times0.55)}{300\times(360-40)}=$$

$$460.63\ \text{mm}^2>\rho'_{\min}bh=0.002bh=240\ \text{mm}^2$$

（3）求 A_s

$$A_s=\frac{\alpha_1 f_c bh_0^2\xi_b+f'_yA'_s-N}{f_y}=$$

$$\frac{1.0\times11.9\times300\times360\times0.55+300\times460.63-350\ 000}{300}=$$

$$1\ 650.16\ \text{mm}^2$$

选用受拉钢筋 2 Φ22 +2 Φ25（$A_s=1\ 742\ \text{mm}^2$），受压钢筋 2 Φ18（$A'_s=509\ \text{mm}^2$）。

6. 对称配筋矩形截面偏心受压构件正截面承载力的计算

偏心受压构件采用对称配筋在实际结构中极为常见。偏心受压构件在各种不同荷载（风荷载、地震作用、竖向荷载）组合作用下，在同一截面内可能分别承受变号弯矩，即截面在一种荷载组合作用下为受拉的部位，在另一种荷载组合作用下变为受压，则截面中原受拉的钢筋由受拉变为受压，因此，当其所产生的正负弯矩值相差不大时，或者其正负弯矩相差较大，但按对称配筋计算比按不对称配筋计算时纵向钢筋总的用量相差不多时，为便于设计和施工，也宜采用对称配筋。对预制构件，为保证吊装时不出现差错，一般都采用对称配筋。所谓对称配筋是指：$a_s=a'_s$。由于对称配筋是非对称配筋的特殊情形，因此仍可采用基本计算公式。

1）截面设计

（1）大、小偏心受压构件的判别

将 $A_s=A'_s$、$f_y=f'_y$ 代入大偏心受压构件基本公式（3－30）、式（3－31）中，得对称配筋大偏心受压基本计算公式

$$N=\alpha_1 f_c bx=\alpha_1 f_c bh_0\xi \tag{3-55}$$

$$Ne=\alpha_1 f_c bx\left(h_0-\frac{x}{2}\right)+f'_yA'_s(h_0-a'_s) \tag{3-56}$$

由式（3－55）可得

$$\xi=\frac{N}{\alpha_1 f_c bh_0} \tag{3-57}$$

当 $\xi\leqslant\xi_b$ 时，为大偏心受压构件；当 $\xi>\xi_b$ 时，为小偏心受压构件。

但应注意以下两个问题。

① 此 ξ 值对小偏心受压构件来说仅为判断依据，不能作为小偏心受压构件的实际相对受压区高度值。

② 在实际设计中，由于构件截面尺寸的选择一般取决于构件的刚度，因此有可能出现截面尺寸很大而荷载相对较小以及偏心距也很小的情形。此时按式（3－57）就会得出大偏心受压的结论，但又存在 $\eta e_i<0.3\ h_0$ 的情况。实际上这种情况属于小偏心受压，这种情况无论按大偏心受压计算还是按小偏心受压计算都接近按构造配筋，因此只要是对称配筋就可以用 ξ 与 ξ_b 的关系作为判别大、小偏心受压构件的唯一依据，这样，可使计算得到简化。

（2）大偏心受压构件

由式（3－57）得出 ξ 值，即可得 $x=\xi h_0$。

① 若 $2a'_s \leqslant x < \xi_b h_0$，利用式（3－56）可直接求得 A'_s，并使 $A_s = A'_s$。

② 若 $x \leqslant \xi_b h_0$，则表示受压钢筋不能达到屈服强度，这时可利用式（3－38）求得 A_s；再将 $A'_s = 0$ 代入式（3－56）求 A_s，二者取较小值，最后使 $A'_s = A_s$。

（3）小偏心受压构件

将 $A_s = A'_s$、$f_y = f'_y$ 及 σ_s 代入小偏心受压构件基本计算公式（3－46）和式（3－47）中，可以得到对称配筋小偏心受压基本计算公式

$$N = \alpha_1 f_c bx + f'_y A'_s - f'_y A_s \frac{\xi - \beta_1}{\xi_b - \beta_1} \tag{3-58}$$

$$Ne = \alpha_1 f_c bx\left(h_0 - \frac{x}{2}\right) + f'_y A'_s (h_0 - a'_s) \tag{3-59}$$

由式（3－58）和式（3－59）可解得一个关于 ξ 的三次方程：

$$Ne\left(\frac{\xi_b - \xi}{\xi_b - \beta_1}\right) = \alpha_1 f_c bh_0^2 \xi(1 - 0.5\xi)\left(\frac{\xi_b - \xi}{\xi_b - \beta_1}\right) + (N - \alpha_1 f_c bh_0 \xi)(h_0 - a'_s) \tag{3-60}$$

可见 ξ 值很难求解。分析表明，在小偏心受压构件中，对于常用材料的强度，可近似用 $0.45(\xi_b - \xi)(\xi_b - \beta_1)$ 代替式（3－60）右边第一项中的 $\xi(1 - 0.5\xi)\left(\frac{\xi_b - \xi}{\xi_b - \beta_1}\right)$，这对 ξ 引起的最大误差不超过5%。

这样，经近似简化并整理后，可得

$$\xi = \frac{N - \xi_b \alpha_1 f_c bh_0}{\dfrac{Ne - 0.45\alpha_1 f_c bh_0^2}{(\beta_1 - \xi_b)(h_0 - a'_s)} + \alpha_1 f_c bh_0} + \xi_b \tag{3-61}$$

显然，$\xi > \xi_b$，肯定为小偏心受压情况。将 ξ 代入式（3－58）可求得

$$A_s = A'_s = \frac{Ne - \alpha_1 f_c bh_0^2 \xi(1 - 0.5\xi)}{f'_y (h_0 - a'_s)} \tag{3-62}$$

当求得 $A_s + A'_s > 5\% \times bh$ 时，说明柱的截面尺寸过小，宜加大柱截面尺寸。

当求得 $A'_s < 0$ 时，表明柱的截面尺寸较大。这时，应按受压钢筋最小配筋率配置钢筋，取 $A'_s = A_s = 0.002bh$。

2）截面复核

对称配筋偏心受压构件的截面承载力复核，可按不对称配筋偏心受压构件的方法和步骤进行计算，只是此时应取 $f_y A_s = f'_y A'_s$。

例3－4 已知条件同例3－3，求：钢筋截面面积 $A'_s(=A_s)$。

解：（1）大小偏心受压假定

假设为大偏心，则有 $\xi = \dfrac{N}{\alpha_1 f_c bh_0} = \dfrac{350\,000}{1.0 \times 11.9 \times 300 \times 360} = 0.272 < \xi_b$，假设正确。

（2）求 $A_s = A'_s$

$$x = \xi h_0 = 0.272 \times 360 = 97.92 \text{ mm} > 2a'_s = 80 \text{ mm}$$

代入基本计算公式 $Ne = \alpha_1 f_c bx\left(h_0 - \dfrac{x}{2}\right) + f'_y A'_s (h_0 - a'_s)$，得

$$350\,000 \times 653.46 = 1.0 \times 11.9 \times 300 \times 98.04 \times \left(360 - \frac{97.92}{2}\right) + 300 \times A'_s \times (360 - 40)$$

$$A'_s = 1\ 248.4\ \text{mm}^2 = A_s$$

选用钢筋 4 Φ20（$A'_s = 1\ 256\ \text{mm}^2$）

3.2.2　偏心受压构件斜截面承载力的计算

偏心受压构件，一般情况下剪力值相对较小，可不进行斜截面承载力的验算；但对于有较大水平力作用的框架柱，有横向力作用下的桁架上弦压杆等，剪力影响相对较大，必须考虑其斜截面受剪承载力。

试验表明，轴向压力对构件抗剪起着有利的作用，主要是由于轴力的存在不仅能阻滞斜裂缝的出现和开展，且能使构件各点的主拉应力方向与构件轴线的夹角与无轴向力构件相比均有增大，因而临界斜裂缝与构件轴线的夹角较小，增加了混凝土剪压区的高度，使剪压区的面积相对增大，从而提高了剪压区混凝土的抗剪能力。但是，临界斜裂缝的倾角虽然有所减小，但斜裂缝水平投影长度与无轴向压力构件相比基本不变，故对跨越斜裂缝箍筋所承担的剪力没有明显影响。

轴向压力对构件抗剪承载力的有利作用是有限度的，图 3－21 列出了一组构件的试验结果。在轴压比 $N/f_c bh$ 较小时，构件的抗剪承载力随轴压比的增大而提高，当轴压比 $N/f_c bh = 0.3 \sim 0.5$ 时，抗剪承载力达到最大值，此时再增大轴压力，构件抗剪承载力反会随着轴压力的增大而降低，并转变为带有斜裂缝的小偏心受压正截面破坏。

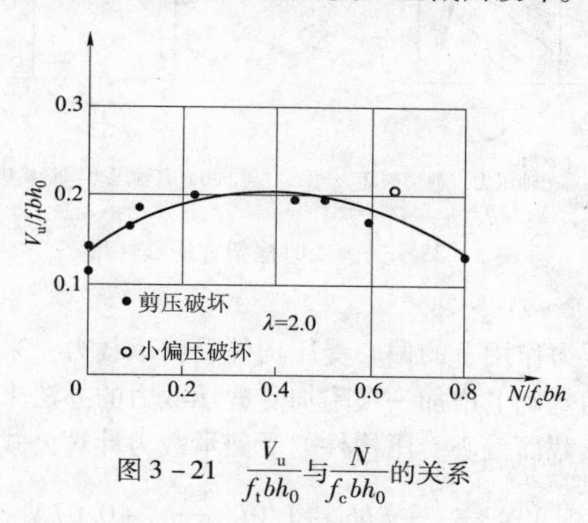

图 3－21　$\dfrac{V_u}{f_t bh_0}$与$\dfrac{N}{f_c bh_0}$的关系

图 3－22 给出了不同高宽比$\dfrac{V_u}{f_t bh_0}$与$\dfrac{N}{f_c bh_0}$的关系，由图可看出，柱的受剪承载力大致随轴压比的加大而成线性提高。但轴压比对受剪承载力的影响程度是差不多的，也就是与高宽比关系不大。但当$\dfrac{H}{h_0} = 2$时，试验表明，柱的受剪承载力随轴压比的加大而提高不多，甚至没有提高。出现这一现象的原因与破坏形态转化有关，在无轴压力时，随着 M 和 V 的加大，首先在构件的上、下两端出现弯曲裂缝，再出现两条腹剪斜裂缝分别伸向柱端，最后发生剪压破坏，如图 3－23（a）所示。而有轴压力时，弯曲裂缝几乎不出现，而在柱两端之间突然出现一条对角线裂缝，如图 3－23（b）所示，裂缝一出现就开展较宽，构件随即发生对角斜拉破坏，延性极差，这种极短柱在设计中应尽量避免。

根据图 3－21 和图 3－22 所求的试验结果，并考虑一般偏心受压框架柱两端在节点处是

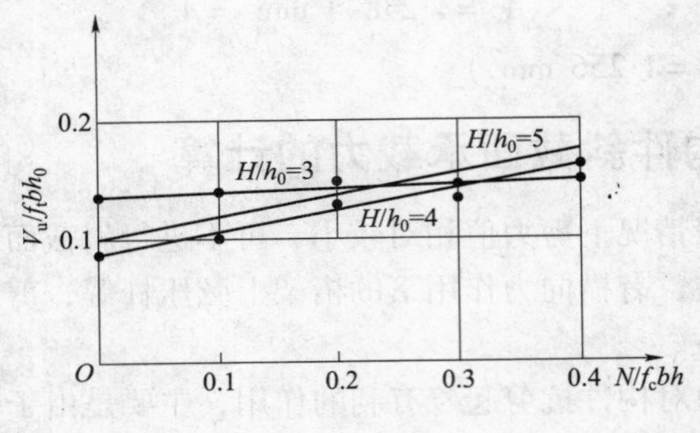

图 3-22　不同高宽比$\frac{V_u}{f_t bh_0}$与$\frac{N}{f_c bh_0}$的关系

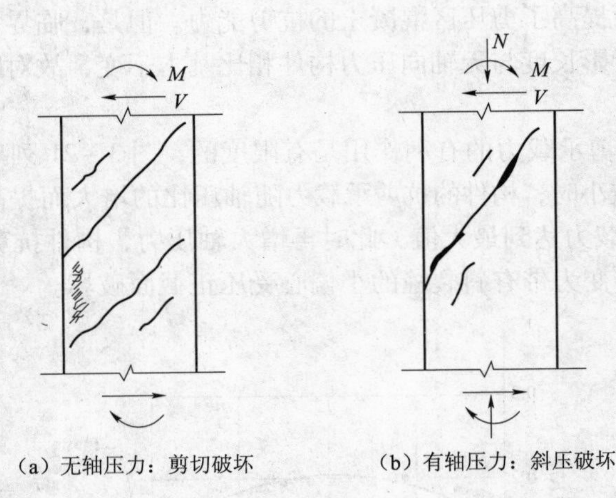

（a）无轴压力：剪切破坏　　（b）有轴压力：斜压破坏

图 3-23　$\frac{H}{h_0}=2$ 时框架柱的破坏形态

有约束的，因而在轴向压力作用下的偏心受压构件受剪承载力，采用在无轴压力受弯构件连续梁的受剪承载力公式的基础上增加一项附加受剪承载力的办法来考虑轴向压力对构件受剪承载力的有利影响。矩形截面偏心受压构件的受剪承载力计算公式为

$$V \leqslant \frac{1.75}{\lambda+1.0} f_t b h_0 + 1.0 f_{yv} \frac{A_{sv}}{s} h_0 + 0.07N \tag{3-63}$$

式中：λ——偏心受压构件计算截面的剪跨比；

N——与剪力设计值 V 相应的轴向压力设计值，当 $N>0.3f_cA$ 时，取 $N=0.3f_cA$，A 为构件截面面积。

计算截面的剪跨比按下列规定取用：

① 对框架柱，取 $\lambda=\frac{H_n}{2h_0}$，当 $\lambda<1$ 时，取 $\lambda=1$，当 $\lambda>3$ 时，取 $\lambda=3$，此处，H_n 为柱净高；

② 对其他偏心受压构件，当承受均布荷载时，取 $\lambda=1.5$，当承受集中荷载时（包括作用有多种荷载，且集中荷载对支座截面或节点边缘所产生的剪力值占总剪力值的 75% 以上

的情况），取$\lambda=\frac{a}{h_0}$，当$\lambda<1.5$时，取$\lambda=1.5$，当$\lambda>3$时，取$\lambda=3$，此处，a为集中荷载到支座或节点边缘的距离。

试验还表明，$\rho_{sr}f_{yr}/f_c$过大时，箍筋用量增大，但并不能充分发挥作用，即会产生由混凝土的斜向压碎引的斜压型剪切破坏，因此，《规范》规定矩形截面框架柱的截面必须满足

$$V\leqslant0.25\beta_c f_c bh_0 \tag{3-64}$$

此外，当满足

$$V\leqslant\frac{1.75}{\lambda+1.0}f_t bh_0+0.07N \tag{3-65}$$

的条件时，可不进行斜截面抗剪承载力计算，而仅需按普通箍筋的轴心受压构件的规定配置构造箍筋。

3.2.3 受压构件的一般构造要求

受压构件除满足承载力计算要求外，还应满足相应的构造要求。因而，构造要求内容多而复杂。

1. 材料强度等级

受压构件正截面承载力受混凝土强度等级影响较大，为了充分利用混凝土承压，节约钢材，减小构件的截面尺寸，受压构件宜采用较高强度等级的混凝土。一般设计中常用的混凝土强度等级为C20～C40，对多层及高层建筑结构的下层柱必要时可采用更高的如C50以上的高强混凝土。

由于在受压构件中，钢筋与混凝土共同受压，在混凝土达到极限压应变时，钢筋的压应力最高只能达到400 N/mm^2，采用高强度钢材不能充分发挥其作用，因而，不宜选用高强度钢筋来试图提高受压构件的承载力。故一般设计中常采用HRB335、HRB400和RRB400级钢筋。

2. 截面形式和尺寸

钢筋混凝土受压构件的截面形式要考虑到受力合理和模板制作方便。轴心受压构件的截面形式一般做成正方形或边长接近的矩形，有特殊要求的情况下，亦可做成圆形或多边形；偏心受压构件的截面形式一般多采用矩形截面。为了节省混凝土及减轻结构自重，装配式受压构件也常采用工字形截面或双肢截面形式。

钢筋混凝土受压构件截面尺寸一般不宜小于250 mm×250 mm，以避免长细比过大，降低受压构件截面承载力。一般宜控制$l_0/b\leqslant30$、$l_0/h\leqslant25$、$l_0/d\leqslant25$。此处l_0为柱的计算长度，b、h、d分别为柱的短边、长边尺寸和圆形截面直径。为了施工制作方便，高度在800 mm以内时，宜取50 mm为模数；高度在800 mm以上时，可取100 mm为模数。

3. 纵向钢筋

钢筋混凝土受压构件中纵向受力钢筋的作用是与混凝土共同承担由外荷载引起的内力，防止构件突然脆性破坏，减小混凝土不匀质性的影响；同时，纵向钢筋还可以承担构件失稳破坏时，凸出面出现的拉力以及由于荷载的初始偏心、混凝土收缩徐变、构件的温度变形等因素所引起的拉力等。

1）直径

受压构件中，为了增加钢筋骨架的刚度，减小钢筋在施工时的纵向弯曲，减少箍筋用量

宜采用较粗直径的钢筋，以便形成劲性较好的骨架。因此，纵向受力钢筋直径 d 不宜小于12 mm，一般在 12 ～32 mm 范围内选用。

2）布置

矩形截面受压构件中纵向受力钢筋根数不得少于4 根，以便与箍筋形成钢筋骨架。轴心受压构件中的纵向钢筋应沿构件截面周边均匀布置，偏心受压构件中的纵向钢筋应按计算要求布置在离偏心压力较近或较远一侧。圆形截面受压构件中纵向钢筋一般应沿周边均匀布置，根数不宜少于8 根，且不应少于6 根。

当矩形截面偏心受压构件的截面高度 $h \geqslant 600$ mm 时，应在截面两个侧面设置直径 d 为10 ～16 mm 的纵向构造钢筋，以防止构件因温度和混凝土收缩应力而产生裂缝，并相应地设置复合箍筋或拉筋。

纵向钢筋的净距不应小于50 mm，对水平位置浇筑的预制受压构件，其纵向钢筋的净距要求与梁相同。偏心受压构件中在垂直于弯矩作用平面配置的纵向受力钢筋和轴心受压构件中各边的纵向钢筋的间距都不应大于300 mm。

3）配筋率

为使纵向受力钢筋起到提高受压构件截面承载力的作用，纵向钢筋应满足最小配筋率的要求。对于轴心受压构件，全部受压钢筋的配筋率不应小于0. 6%，同时一侧钢筋的配筋率不应小于0. 2%。当温度、收缩等因素对结构产生较大影响时，构件的最小配筋率应适当增加。为了施工方便和经济要求，全部纵向钢筋配筋率不宜超过5%。当混凝土强度等级为C60 及以上时，受压构件全部纵向钢筋最小配筋率应不小于 0. 7%。当采用 HRB400 和RRB400 级钢筋时，全部纵向钢筋最小配筋率应取0. 5%。

对于贮料荷载经常占总荷载较大部分的结构物，若构件中的纵筋配筋率过大，在长期贮料突然卸载时，会使构件中的混凝土出现拉应力，甚至开裂，若构件中的钢筋和混凝土之间有很强的黏结应力，则能同时产生纵向裂缝，这种裂缝更为危险。

4. 箍筋

钢筋混凝土受压构件中箍筋的作用是为了防止纵向钢筋受压时压曲，同时保证纵向钢筋的正确位置并与纵向钢筋组成整体骨架。

① 形式：应做成封闭式的箍筋。

② 直径：采用热轧钢筋时，箍筋直径不应小于 $d/4$ 且不应小于6 mm；采用冷拔低碳钢丝时，箍筋直径不应小于 $d/5$，且不应小于5 mm（d 为纵向钢筋最大直径）。

柱内纵向钢筋搭接长度范围内的箍筋直径不宜小于搭接钢筋直径的0. 25。

当柱中全部纵向受力钢筋的配筋率超过3% 时，箍筋直径不宜小于8 mm。

③ 间距：任何情况下箍筋间距都不应大于400 mm 且不应大于构件截面的短边尺寸；同时在绑扎骨架中不应大于 $15d$，在焊接骨架中不应大于 $20d$（d 为纵向钢筋最小直径）。

当柱内纵向钢筋采用非焊接的搭接接头时，在规定的搭接长度的任一区段内和采用焊接接头的情况下，在焊接接头处的 $35d$ 且不小于500 mm 区段内，当搭接钢筋为受拉时，其间距不应大于 $5d$ 且不应大于100 mm，当搭接钢筋为受压时，其间距不应大于 $10d$ 且不应大于200 mm（d 为纵向钢筋最小直径）。

当受压钢筋直径大于25 mm 时，应在搭接接头两个端面处50 mm 范围内，各设置两根与此构件相同直径的箍筋。

当柱中全部纵向受力钢筋的配筋率超过3%时，其箍筋应焊成封闭式；箍筋末端应做成不小于135°的弯钩，弯钩末端平直的长度不应小于箍筋直径的10倍；间距不应大于纵向钢筋最小直径的10倍且不应大于200 mm。

纵向钢筋至少每隔一根放置于箍筋转弯处。

当柱截面短边大于400 mm 但截面各边纵向钢筋多于3根时，或当柱截面短边不大于400 mm，但截面各边纵向钢筋多于4根时，应设置复合箍筋。复合箍筋的直径和间距均与此构件内设置的箍筋方法相同。如图3－24（a）所示箍筋形式用于纵筋每边不多于3根的情况，图3－24（b）所示形式用于纵筋每边不多于4根且 $b \leqslant 400$ mm 的情况，图3－24（c）所示形式用于附加箍筋。

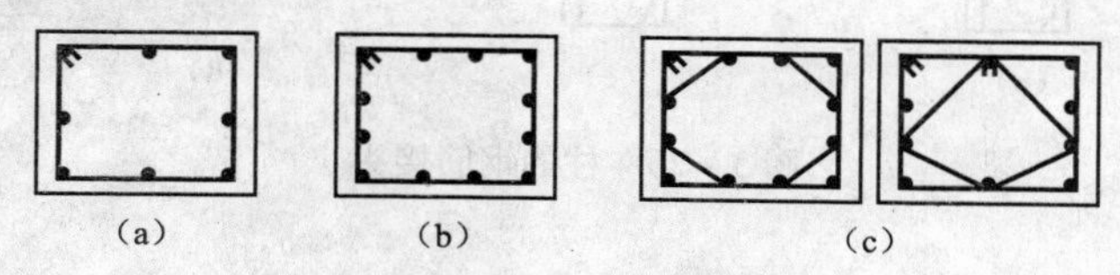

图3－24　矩形柱的箍筋形式

对于截面形状复杂的柱，不可采用具有内折角的箍筋，以避免产生向外的拉力，致使折角处的混凝土破损，而应采用分离式箍筋，如图3－25所示。

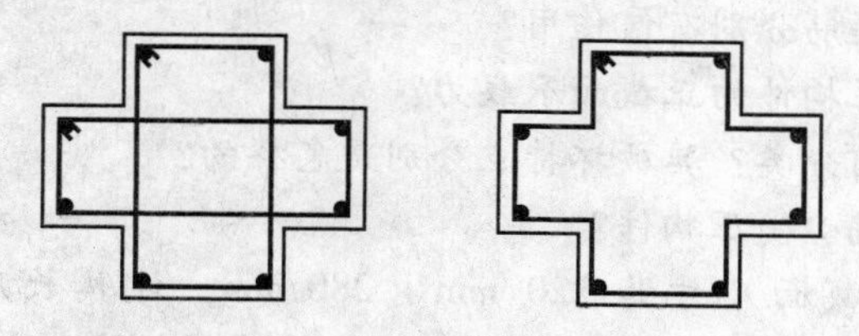

图3－25　截面形状复杂柱的箍筋形式

5. 上下层柱的接头

在多层房屋中，上下柱要做接头。柱内纵筋接头位置一般设在各层楼面处500～1 200 mm 范围内。通常是将下层柱的纵筋伸出楼面一段距离，与上层柱纵筋相搭接，其长度为钢筋的搭接长度 l_a。

偏心受压构件中的受拉钢筋，当采用搭接连接时，搭接接头的长度可在按公式 $l_a = \xi_w l_w$ 计算的数值上乘以轴向压力影响系数0.9，但不得小于300 mm。

位于同一接头范围内的受压钢筋搭接接头百分率不宜超过50%。当采用搭接连接时，受压纵筋搭接长度在接头面积百分率不大于50%时，取 $0.85l_a$；当接头面积百分率大于50%时，取 $1.05l_a$；且在任何情况下不应小于200 mm。

焊接骨架在受力方向的连接若采用搭接连接，则受拉钢筋的搭接长度不应小于 l_a，受压钢筋的搭接长度不应小于 $0.7l_a$。

当柱每边的纵筋不多于4根时，可在同一水平截面处接头；当每边的纵筋为5～8根时，应在两个水平截面处接头；当每边的纵筋为9～12根时，应在三个截面处接头，如图3－26（a）、（b）、（c）所示。

当下柱截面尺寸大于上柱截面尺寸，且上下柱相互错开尺寸与梁高之比小于或等于1/6时，下柱钢筋可弯折伸入上柱；当上下柱相互错开尺寸与梁高之比大于1/6时，应加短筋。

短筋直径和根数与上柱相同，如图 3－26（d）、（e）所示。

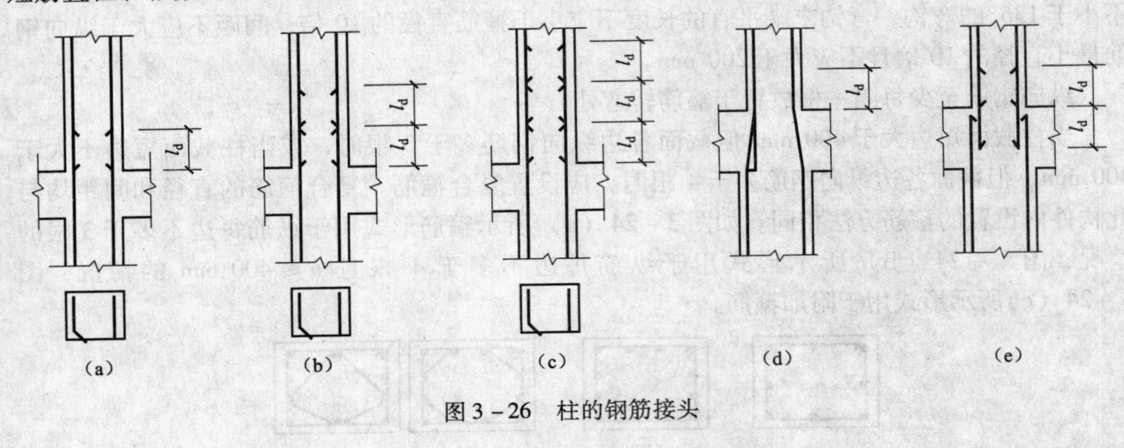

图 3－26 柱的钢筋接头

思 考 题

1. 柱中纵向钢筋和箍筋分别有何作用？

2. 怎样计算轴心受拉构件的正截面承载力？

3. 偏心受压构件如何分类？其破坏特点分别是怎样的？

4. 如何判别大、小偏心受压构件？

5. 已知一现浇柱，截面尺寸为 220 mm × 280 mm，计算长度为 4 m，轴心压力为 608 kN，混凝土强度等级为 C20，钢筋为 Q235 钢，试进行配筋设计。

第4章

极限状态设计法

【本章内容概要】

本章介绍了目前工程结构中常用的两种设计计算方法及其主要区别；进而引入了极限状态和可靠度的概念；之后按照极限状态设计方法介绍了受弯构件的抗弯和抗剪强度计算，以及偏心受力构件的强度计算。

【本章学习重点与难点】

学习重点：材料的强度设计值及荷载效应组合的应用，受弯构件按极限状态设计法的计算。

学习难点：极限状态设计表达式的含义，材料的强度设计值及荷载效应组合，受弯构件和偏心受压构件按极限状态设计法的计算。

4.1 结构的功能要求和极限状态

4.1.1 结构上的作用与作用效应

结构上的作用是指施加在结构或构件上的力，以及引起结构外加变形或约束变形的原因。结构上的作用分为直接作用和间接作用两种。直接作用是指施加在结构上的荷载，如恒荷载、活荷载、风荷载和雪荷载等。间接作用是指引起结构外加变形和约束变形的其他作用，如地基不均匀沉降、温度变化、混凝土收缩、焊接变形等。

结构上的作用可按下列性质分类。

1. 按随时间的变异分类

永久作用：是指在设计基准期内其量值不随时间变化，或其变化与平均值相比可以忽略不计的作用，如结构自重、土压力、预加应力等。

可变作用：是指在设计基准期内其量值随时间变化，且其变化与平均值相比不可忽略的作用，如安装荷载、楼面活荷载、风荷载、雪荷载、吊车荷载和温度变化等。

偶然作用：是指在设计基准期内不一定出现，而一旦出现其量值很大且持续时间很短，如地震、爆炸、撞击等。

2. 按空间位置的变异分类

固定作用：是指在结构上具有固定分布的作用，如工业与民用建筑楼面上的固定设备荷载、结构构件自重等。

自由作用：是指在结构上一定范围内可以任意分布的作用，如工业与民用建筑楼面上的人员荷载、吊车荷载等。

3. 按结构的反应特点分类

静态作用：是指使结构产生的加速度可以忽略不计的作用，如结构自重、住宅和办公楼的楼面活荷载等。

动态作用：是指使结构产生的加速度不可忽略不计的作用，如地震、吊车荷载、设备振动等。

作用效应 S：是指由结构上的作用引起的结构或构件的内力（如轴力、剪力、弯矩、扭矩等）和变形（如挠度、侧移、裂缝等）。当作用为集中力或分布力时，其效应可称为荷载效应。

由于结构上的作用是不确定的随机变量，所以作用效应 S 一般说来也是一个随机变量。以下主要讨论荷载效应，荷载 Q 与荷载效应 S 之间，可以近似地按线性关系考虑，即

$$S = CQ \tag{4-1}$$

式中，常数 C 为荷载效应系数。例如，简支梁在均布荷载 q 作用下，跨中最大弯矩为 $M=\frac{1}{8}ql^2$，M 就是荷载效应，$\frac{1}{8}ql^2$就是荷载效应系数，l 为梁的计算跨度。

由于荷载是随机变量，根据式（4－1）可知，荷载效应也应为随机变量。

结构抗力 R 是指结构或构件承受作用效应的能力，如构件的承载力、刚度、抗裂度等。影响结构抗力的主要因素是材料性能（承载力、变形模量等物理力学性能）、几何参数以及计算模式的精确性等。考虑到材料性能的变异性、几何参数及计算模式精确性的不确定性，由这些因素综合而成的结构抗力也是随机变量。

4.1.2 结构的功能要求

工程结构设计的基本目的是：在一定的经济条件下，结构在预定的使用期限内满足设计所预期的各项功能。结构的功能要求包括以下几项。

① 安全性。结构在预定的使用期间内（一般为50 年）应能承受在正常施工、正常使用情况下可能出现的各种荷载、外加变形（如超静定结构的支座不均匀沉降时）、约束变形（如温度和收缩变形受到约束时）等的作用。

在偶然事件（如地震、爆炸）发生时和发生后，结构应能保持整体稳定性，不应发生倒塌或连续破坏而造成生命财产的严重损失。

② 适用性。结构在正常使用期间具有良好的工作性能。如不发生影响正常使用的过大的变形（挠度、侧移）、振动（频率、振幅），或产生让使用者感到不安的过大的裂缝宽度等。

③ 耐久性。结构在正常使用和正常维护的条件下，应具有足够的耐久性，即在各种因素的影响下（混凝土碳化、钢筋锈蚀），结构的承载力和刚度不应随时间有过大的降低，从而导致结构在其预定使用期间内丧失安全性和适用性，缩短使用寿命。

4.1.3 设计基准期

设计基准期是确定可变作用及与时间有关的材料性能等取值而选用的时间参数，它是结构可靠度分析的一个时间坐标。设计使用年限为设计规定的结构或结构构件不需进行大修即可按其预定目的使用的时期，它是房屋建筑的地基基础工程和主体结构工程“合理使用年

限”的具体化。

设计基准期可参考结构设计使用年限的要求适当选定，但不能将设计基准期简单地理解为结构的使用寿命，两者是有联系的，然而又不完全等同。结构的使用年限超过设计基准期时，表明其失效概率可能会增大，不能保证其承载力极限状态的可靠指标，但不等于结构丧失所要求的功能甚至破坏。一般来说，使用寿命长，设计基准期可以长一些；使用寿命短，设计基准期可以短一些。通常，设计基准期应该小于寿命期，而不应该大于寿命期。

影响结构可靠度的设计基本变量，如荷载、温度等，都是随时间变化的，设计基本变量的取值大小与时间长短有关，从而直接影响结构可靠度。因此，必须参照结构的预期寿命、维护能力和措施等，规定结构的设计基准期。

结构可靠度与结构的使用年限有关。这是因为设计中所考虑的基本变量，如荷载（尤其是可变荷载）和材料性能等大多是随时间变化的。因此，计算结构可靠度时，必须确定结构的使用期，即设计基准期。我国对一般性建筑物取用的设计基准期为50年。

4.1.4　结构的极限状态

1. 结构极限状态的概念

结构能够满足功能要求而良好地工作，则称结构为“可靠”或“有效”，反之，则结构为“不可靠”或“失效”。区分结构“可靠”与“失效”的临界工作状态称为“极限状态”，即整个结构或结构的一部分超过某一特定状态就不能满足设计规定的某一功能要求，此特定状态即为该功能的极限状态。钢筋混凝土简支梁的可靠、失效和极限状态概念见表4-1。

表4-1　钢筋混凝土简支梁的可靠、失效和极限状态概念

结构的功能		可靠	极限状态	失效
安全性	受弯承载力	$M < M_u$	$M = M_u$	$M > M_u$
适用性	挠度变形	$f < [f]$	$f = [f]$	$f > [f]$
耐久性	裂缝宽度	$w_{max} < [w_{max}]$	$w_{max} = [w_{max}]$	$w_{max} > [w_{max}]$

2. 承载能力极限状态

结构或构件达到最大承载力，发生疲劳破坏或不适于继续承载的变形状态称为承载能力极限状态。超过该极限状态，结构则不能满足预定的安全性功能要求，主要包括：

① 结构或构件达到最大承载力（包括疲劳）；

② 结构整体或其中一部分作为刚体失去平衡（如倾覆、滑移）；

③ 结构塑性变形过大而不适于继续使用；

④ 结构形成几何可变体系（超静定结构中出现足够多的塑性铰）；

⑤ 结构或构件丧失稳定（如细长受压构件的压曲失稳）。

3. 正常使用极限状态

结构或构件达到正常使用或耐久性的某项限值规定，称为正常使用极限状态。超过该极限状态，结构就不能满足预定的适用性和耐久性的功能要求。主要包括：

① 过大的变形、侧移，这往往会导致非结构构件受力破坏，会给人不安全感或导致结构不能正常使用（如吊车梁）等；

② 过大的裂缝，这往往会导致钢筋锈蚀，给人不安全感或导致房屋漏水等；

③ 过大的振动，这往往会给人不舒适感；

④ 其他非正常使用要求。

4.1.5 结构的设计状况

设计状况是指代表时段的一组物理条件，设计应做到结构在该时段内不超越有关的极限状态。设计建筑结构时，应根据施工和使用中的环境条件和影响，区分下列3种设计状况。

① 持久状况。在结构使用过程中一定出现，持续期很长的状态。持续期一般与设计使用年限为同一数量级。

② 短暂状态。在结构施工和使用过程中出现概率较大，而与设计使用年限相比，持续期很短的状况，如结构施工和维修等。

③ 偶然状况。在结构使用过程中出现概率很小，且持续期很短的状况，如火灾、爆炸、撞击等。

对于不同的设计状况，可采用相应的结构体系、可靠度水准和基本变量等。对建筑结构的3种设计均应进行承载力极限状态设计；对持久状况，尚应进行正常使用极限状态设计；对短暂状况，可根据需要进行正常使用极限状态设计。

4.1.6 极限状态方程

极限状态函数可表示为

$$Z = R - S \tag{4-2}$$

式中：R——结构构件抗力，它与材料的力学指标及材料用量有关；

S——作用（荷载）效应及其组合，它与作用的性质有关。

R 和 S 均可视为随机变量，Z 为复合随机变量，它们之间的运算规则应按概率理论进行。

式（4-2）可以用来表示结构的3种工作状态：

当 $Z>0$ 时，结构能够完成预定的功能，处于可靠状态；

当 $Z<0$ 时，结构不能完成预定的功能，处于失效状态；

当 $Z=0$ 时，即 $R=S$ 结构处于临界的极限状态，$Z=g(R, S)=R-S=0$，称为极限状态方程。

保证结构可靠的条件 $Z=R-S>0$ 是一非确定性的问题，只有用概率来加以解决。

结构设计中经常考虑的不仅是结构的承载能力，多数场合还需要考虑结构对变形或开裂等的抵抗能力，也就是说要考虑结构的实用性和耐久性的要求。由此，上述的极限状态方程可推广为

$$Z = g(x_1, x_2, \cdots, x_n) \tag{4-3}$$

式中，$g(x_1, x_2, \cdots, x_n)$ 是函数记号，在这里称为功能函数。$g(x_1, x_2, \cdots, x_n)$ 由所研究的结构功能而定，可以是承载力，也可以是变形或裂缝宽度等，$x_1, x_2, \cdots, x_n$ 为影响该结构功能的各种荷载效应以及材料强度、构件的几何尺寸等。结构功能则为上述各变量的函数。

设 R、S 符合正态分布，R 的均值为 μ_r，标准差为 σ_r，S 的均值为 μ_s，标准差为 σ_s，则 Z 的统计参数（两正态分布随机变量差）为

$$\mu_z = \mu_r - \mu_s \tag{4-4}$$

$$\sigma_z = \sqrt{\sigma_r^2 + \sigma_s^2} \tag{4-5}$$

$$f(Z) = \frac{1}{\sqrt{2\pi}\sigma_z} \exp\left[-\frac{(Z-\mu_z)^2}{2\sigma_z^2} \right] dZ \tag{4-6}$$

4.2　概率极限状态设计方法

4.2.1　结构可靠度

结构在规定的时间内和规定的条件下完成预定功能的能力称为结构的可靠性，是结构安全性、实用性和耐久性的总称。

结构可靠度是结构可靠性的概率度量，指结构在规定时间内，在规定的条件下完成预定功能的概率。规定的时间是指设计使用年限，所有的统计分析均以该时间区间为准；所谓规定的条件，是指正常设计、正常施工、正常使用和维护的条件，不包括非正常的，例如人为的错误等。

4.2.2　失效概率与可靠指标

结构能够完成预定功能的概率称为可靠概率 P_s，结构不能完成预定功能的概率称为失效概率 P_f。显然，二者是互补的，即 $P_s + P_f = 1.0$。因此，结构可靠性也可用结构的失效概率来度量，失效概率越小，结构可靠度越大。

可靠概率
$$P_s = P(Z \geqslant 0) = \int_0^{+\infty} f(Z)\,dZ \tag{4-7}$$

失效概率
$$P_s = P(Z < 0) = \int_{-\infty}^{0} f(Z)\,dZ = 1 - P_s \tag{4-8}$$

当失效概率 P_f 小于某个值时，人们因结构失效的可能性很小而不再担心，即可认为结构设计是可靠的，该失效概率限值称为容许失效概率 $[P_f]$。

可近似地认为结构构件抗力 R 和荷载效应 S 均服从正态分布且二者为线性关系，则 Z 也服从正态分布，用图形表示如图 4－1 所示。

图中的阴影部分表示出现 $Z<0$ 事件的概率，也就是构件的失效概率。阴影部分的面积与 μ_z 和 σ_z 的大小有关：增大 μ_z，曲线右移，阴影面积将减小，减小 σ_z，曲线变得高而窄，阴影面积也将减小。如果将曲线对称轴至纵轴的距离表示成 σ_z 的倍数，取

$$\mu_z = \beta\sigma_z \tag{4-9}$$

则 P_f 的大小可用来度量 β。

$$\beta = \frac{\sigma_z}{\mu_z} = \frac{\sqrt{\sigma_s^2 + \sigma_r^2}}{\mu_r - \mu_s} \tag{4-10}$$

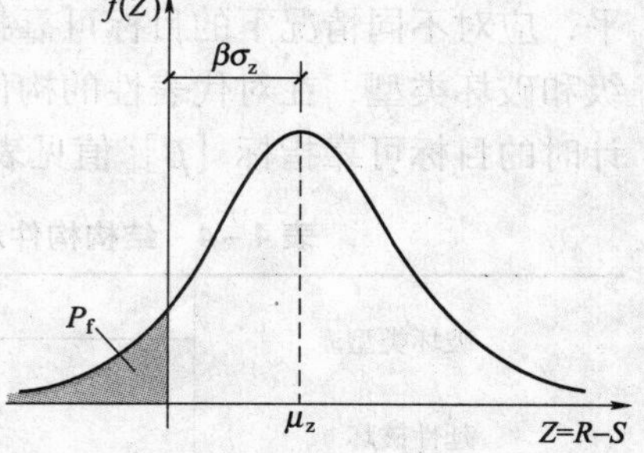

图 4－1　Z 的概率密度分布曲线

β 称为可靠指标。β 与失效概率 P_f 之间有一一对应关系。由式（4－10）可知，在随机变量 R、S 服从正态

分布时，只要知道μ_r，μ_s，σ_r，σ_s，即可求出可靠指标β。β与P_f在数值上的对应关系见表4-2。从表中可以看出，β值相差0.5，失效概率P_f大致差一个数量级。

表4-2 β与P_f在数值上的对应关系

β	P_f	β	P_f
1.0	1.59×10^{-1}	3.2	6.40×10^{-4}
1.5	6.68×10^{-2}	3.5	2.33×10^{-4}
2.0	2.28×10^{-2}	3.7	1.10×10^{-4}
2.5	6.21×10^{-3}	4.0	3.17×10^{-5}
2.7	3.50×10^{-3}	4.2	1.30×10^{-5}
3.0	1.35×10^{-3}		

4.2.3 结构的安全等级

GB 50068—2001《建筑结构可靠度设计统一标准》根据建筑结构的重要性、规模大小、破坏后果严重程度而将建筑结构划分为3个安全等级，见表4-3。

表4-3 建筑结构的安全等级

安全等级	破坏后果的影响程度	建筑物的类型
一级	很严重	重要的建筑物
二级	严重	一般的建筑物
三级	不严重	次要的建筑物

对人员比较集中、使用频繁的影剧院、体育馆等，安全等级宜按一级设计，对特殊的建筑物，其设计安全等级可视具体情况确定。

在近似概率理论的极限状态设计法中，结构的安全等级是用结构重要性系数γ_0来体现的。

4.2.4 目标可靠指标

结构功能函数的失效概率P_f小到某种可接受的程度或可靠指标大到某种可接受的程度，就认为该结构处于有效状态，即$P_f\leq[P_f]$或$\beta\geq[\beta]$。

结构按承载能力极限状态设计时，要保证其完成预定功能的概率不低于某一允许的水平，应对不同情况下的目标可靠指标$[\beta]$值作出规定。GB 50068—2001根据结构的安全等级和破坏类型，在对代表性的构件进行可靠度分析的基础上，规定了按承载能力极限状态设计时的目标可靠指标$[\beta]$值见表4-4。

表4-4 结构构件承载能力极限状态设计时的目标可靠指标$[\beta]$值

破坏类型	安全等级		
	一级	二级	三级
延性破坏	3.7	3.2	2.7
脆性破坏	4.2	3.7	3.2

4.3　荷载的代表值

结构上的荷载可分为3类，它们分别是：永久荷载，如结构自重、土压力、预应力等；可变荷载，如楼面活荷载、屋面活荷载、积灰荷载、吊车荷载、风荷载和雪荷载等；偶然荷载，如爆炸力、撞击力等。

荷载代表值是指设计中用以验算极限状态所采用的荷载量值，如标准值、组合值、频遇值和准永久值。

建筑结构设计时，对不同荷载应采用不同的代表值。永久荷载采用标准值作为代表值，可变荷载应根据设计要求采用标准值、组合值、频遇值或准永久值作为代表值，偶然荷载应按建筑结构使用的特点确定其代表值。

4.3.1　荷载标准值

荷载标准值是《建筑结构荷载规范》(GB 50009—2012) 中规定的荷载基本代表值，为设计基准期内最大荷载统计分布的特征值（如均值、众值、中值或某个分位值)。由于最大荷载值是随机变量，因此，原则上应由设计基准期（50 年）荷载最大值概率分布的某一分位数来确定。但是，有些荷载并不具备充分的统计参数，只能根据已有的工程经验确定，故实际上荷载标准值取值的分位数并不统一。

永久荷载标准值，对于结构或非承重构件的自重，可由设计尺寸与材料单位体积的自重计算确定。《建筑结构荷载规范》给出的自重大体上相当于统计平均值，其分位数为0.5。对于自重变异较大的材料（如屋面保温材料、防水材料、找平层等)，在设计中应根据该荷载对结构有利或不利，分别取《建筑结构荷载规范》中给出的自重上限和下限值。

可变荷载标准值由《建筑结构荷载规范》给出，设计时可直接查用。如住宅、宿舍、旅馆、办公楼、医院病房、教室、试验室等楼面均布荷载标准为2.0 kN/m^2，食堂、餐厅、一般资料档案室等楼面均布荷载标准为2.5 kN/m^2等。

4.3.2　荷载准永久值

荷载准永久值是指可变荷载在设计基准期内，其超越的总时间约为设计基准一半的荷载值。可变荷载准永久值为可变荷载标准值乘以荷载准永久值系数 ψ_q。荷载准永久值系数 ψ_q 由《建筑结构荷载规范》给出，如住宅，楼面均布荷载标准为2.0 kN/m^2，荷载准永久值系数 ψ_q 为0.4，则活荷载准永久值为 $2.0\times0.4=0.8\ kN/m^2$。

4.3.3　荷载频遇值

荷载频遇值是指可变荷载在设计基准期内，其超越的总时间约为规定的较小比率或超越频率为规定频率的荷载值。可变荷载频遇值为可变荷载标准值乘以荷载频遇值系数 ψ_f。

荷载准永久值系数 ψ_f由《建筑结构荷载规范》给出，如住宅，楼面均布荷载标准为2.0 kN/m^2，荷载频遇值系数 ψ_f为0.5，则活荷载准永久值为 $2.0\times0.5=1.0\ kN/m^2$。

4.3.4 荷载组合值

荷载组合值是指对可变荷载，使组合后的荷载效应在设计基准内的超越概率，能与该荷载单独出现时的相应概率趋于一致的荷载值；或使组合后的结构具有统一规定的可靠指标的荷载值，如住宅，楼面均布荷载标准为2.0 kN/m²，荷载组合值系数 ψ_c 为0.7，则活荷载组合值为 $2.0\times0.7=1.4\ \mathrm{kN/m^2}$。

4.4 材料强度的标准值和设计值

4.4.1 钢筋强度的标准值和设计值

对于钢筋强度标准值应按符合规定质量的钢筋强度总体分布的0.05分位数确定，即保证率不小于95%，经校核，国家标准规定的钢筋强度绝大多数符合这一要求且偏于安全。

《规范》规定以国标规定的数值作为确定钢筋强度标准值 f_{sk} 的依据。

① 对有明显屈服点的热轧钢筋，取国家标准规定的屈服点作为标准值。

② 对无明显屈服点的碳素钢丝、钢绞线、热处理钢筋及冷拔低碳钢丝，取国家标准规定的极限抗拉强度作为标准值，但设计时取 $0.8f_{su}$（f_{su} 为极限抗拉强度）作为条件屈服点。

③ 对冷拉钢筋，取其冷拉后的屈服点作为强度标准值。

钢筋强度设计值与其标准值之间的关系为

$$f_s=f_{sk}/\gamma_s \tag{4-11}$$

式中：f_s——钢筋强度设计值；

γ_s——钢筋的材料分项系数，对HPB235、HRB335钢筋取值1.12；对HRB400、RRB400钢筋取值1.11。

4.4.2 混凝土强度的标准值和设计值

混凝土轴心抗压强度标准值 f_{ck} 和轴心抗拉强度标准值 f_{tk}，是假定与立方体强度具有相同的变异系数，由立方体抗压强度标准值 f_{cu} 推算而得到的。

混凝土轴心抗压强度标准值 f_{ck} 可由其强度平均值 μ_{fcu} 按概率和试验分析来确定。

因

$$f_{cu}=\mu_{fcu}(1-1.645\delta) \tag{4-12}$$

$$\mu_{fc}=\alpha_{c1}\mu_{fcu} \tag{4-13}$$

故

$$f_{ck}=\mu_{fc}(1-1.645\delta)=\alpha_{c1}\mu_{fcu}(1-1.645\delta)=\alpha_{c1}f_{cuk} \tag{4-14}$$

考虑到结构中混凝土强度与试件强度之间的差异。GB 50010—2010中根据以往的经验，并结合试验数据分析，以及参考国家的其他有关规定，对试件混凝土强度修正系数取值0.88。此外，还考虑混凝土脆性折减系数 α_{c2}，则

$$f_{ck}=0.88\alpha_{c1}\alpha_{c2}f_{cuk} \tag{4-15}$$

棱柱体强度与立方体强度之比值 α_{c1}，对普通混凝土取值0.76，对高强度混凝土则随着混凝土强度等级的提高而提高。《规范》规定：对C50及其以下的混凝土取值0.76，对C80取值0.82，中间按线性规律变化。

混凝土脆性折减系数 α_{c2} 是考虑高强混凝土脆性破坏特征对强度影响的系数，强度等级越高，脆性越明显。《规范》规定：对 C40 及其以下的混凝土取值 1.0，对 C80 取值 0.87，中间按线性规律变化。

轴心抗拉强度标准值 f_{tk} 与轴心抗压强度标准值的确定方法和取值类似，可由其强度平均值 μ_{ft} 按概率和试验分析来确定，并考虑试件混凝土强度修正系数 0.88 和脆性系数 α_{c2}，则

$$f_{tk}=0.88\alpha_{c2}\times 0.395\mu_{fcu}^{0.55}(1-1.645\delta)^{0.45}=0.348\alpha_{c2}\mu_{fcu}^{0.55}(1-1.645\delta)^{0.45} \tag{4-16}$$

式中，混凝土的变异系数 δ 按表 4-5 取用。

表 4-5 混凝土的变异系数 δ

混凝土强度等级	C15	C20	C25	C30	C35	C40	C45	C50	C55	C60 ~ C80
变异系数 δ	0.21	0.18	0.16	0.14	0.13	0.12	0.12	0.11	0.11	0.10

混凝土各种强度设计值与其标准值之间的关系为：

$$f_c=f_{ck}/\gamma_c \tag{4-17}$$

$$f_t=f_{tk}/\gamma_c \tag{4-18}$$

式中：f_c——混凝土轴心抗压强度设计值；

f_t——混凝土轴心抗拉强度设计值；

γ_c——混凝土的材料分项系数，取值为 1.40。

4.5 概率极限状态实用设计表达式

4.5.1 分项系数

采用概率极限状态方法用可靠指标 β 进行设计，需要大量的统计数据，计算可靠指标比较复杂，GB 50068—2001 提出了便于实际使用的设计表达式，称为实用设计表达式，采用以荷载和材料强度的标准值分别与荷载分项系数和材料强度分项系数相联系的荷载设计值、材料强度设计值来表达的方式。分项系数按照目标可靠指标［β］值，并考虑工程经验优选原则进行确定，通过分项系数将可靠指标隐含在设计表达式中。所以，分项系数起着考虑目标指标的等价作用。分项系数的推导如下：

由 $\beta=\dfrac{\mu_z}{\sigma_z}=\dfrac{\mu_r-\mu_s}{\sqrt{\sigma_r^2+\sigma_s^2}}$，得

$$\mu_r-\mu_s=\beta\sqrt{\sigma_r^2+\sigma_s^2}=\beta\frac{\sqrt{\sigma_r^2+\sigma_s^2}\sqrt{\sigma_r^2+\sigma_s^2}}{\sqrt{\sigma_r^2+\sigma_s^2}}=$$

$$\beta\frac{\sigma_r^2+\sigma_s^2}{\sigma_z}=\beta\left(\frac{\sigma_r^2}{\sigma_z}+\frac{\sigma_s^2}{\sigma_z}\right) \tag{4-19}$$

整理得

$$\mu_r - \beta\frac{\sigma_r^2}{\sigma_z} = \beta\frac{\sigma_s^2}{\sigma_z} + \mu_s \tag{4-20}$$

将 $\sigma_r = \mu_r\delta_r$，$\sigma_s = \mu_s\delta_s$ 代入式（4-20），得

$$\mu_r - \beta\frac{\mu_r\mu_r\delta_r\delta_r}{\sigma_z} = \beta\frac{\mu_s\mu_s\delta_s\delta_s}{\sigma_z} + \mu_s \tag{4-21}$$

移项得

$$\mu_r\left(1 - \frac{\sigma_r\delta_r}{\sigma_s}\right) = \mu_s\left(1 + \beta\frac{\sigma_s\delta_s}{\sigma_z}\right) \tag{4-22}$$

设抗力的标准值为 R_k，则

$$R_k = \mu_r(1 - \alpha_r\delta_r) \tag{4-23}$$

设荷载效应的标准值为 S_k，则

$$S_k = \mu_s(1 - \alpha_s\delta_s) \tag{4-24}$$

将 $\mu_r = \frac{R_k}{1 - \alpha_r\delta_r}$，$\mu_s = \frac{S_k}{1 + \alpha_s\delta_s}$ 代入式（4-22），得

$$\frac{R_k}{1 - \alpha_r\delta_r}\left(1 - \beta\cdot\frac{\sigma_r\delta_r}{\sigma_z}\right) = \frac{S_k}{1 + \alpha_s\delta_s}\left(1 + \beta\cdot\frac{\sigma_s\delta_s}{\sigma_z}\right) \tag{4-25}$$

取 $r_R = \dfrac{1 - \alpha_r\delta_r}{1 - \beta\cdot\dfrac{\alpha_r\sigma_r}{\sigma_z}}$，$r_s = \dfrac{1 + \beta\cdot\dfrac{\alpha_s\sigma_s}{\sigma_z}}{1 + \alpha_s\delta_s}$，得

$$\frac{R_k}{r_k} = r_s S_k \tag{4-26}$$

式中：r_R——结构抗力分项系数；

r_s——荷载效应分项系数。

荷载效应 S 由永久荷载效应 S_g 和可变荷载效应 S_q 组成，即

$$S = S_g + S_q = C_g G_k + C_q Q_k \tag{4-27}$$

均值：

$$\mu_s = C_g\mu_g + C_q\mu_q \tag{4-28}$$

方差：

$$\sigma_s^2 = (C_g\sigma_g)^2 + (C_q\sigma_q)^2 \tag{4-29}$$

将 $\mu_g = \frac{G_k}{1 - \alpha_g\delta_g}$，$\mu_q = \frac{Q_k}{1 + \alpha_q\delta_q}$ 代入式（4-28）右项，得

$$\begin{aligned}\mu_s + \beta\frac{\sigma_s^2}{\sigma_z} &= C_g\mu_g + C_q\mu_q + \beta\frac{C_g^2(\sigma_g)^2 + C_q^2(\sigma_q)^2}{\sigma_z} = \\ &C_g\mu_g\left(1 + \beta\frac{\delta_g\sigma_g C_g}{\sigma_z}\right) + C_q\mu_q\left(1 + \beta\frac{\delta_q\sigma_q C_q}{\sigma_z}\right) = \\ &C_g\cdot\frac{G_k}{1 + \alpha_g\delta_g}\left(1 + \beta\frac{\delta_g\sigma_g C_g}{\sigma_z}\right) + C_q\cdot\frac{Q_k}{1 + \alpha_q\delta_q}\left(1 + \beta\frac{\delta_q\sigma_q C_q}{\sigma_z}\right) = \\ &\gamma_g C_g G_k + \gamma_q C_q Q_k\end{aligned} \tag{4-30}$$

式中：γ_g——永久荷载分项系数，$\gamma_g = \dfrac{1 + \beta\dfrac{C_g\delta_g\sigma_g}{\sigma_z}}{1 + \alpha_g\delta_g}$；

γ_q——可变荷载分项系数，$\gamma_q = \dfrac{1+\beta\dfrac{C_q\delta_q\sigma_q}{\sigma_z}}{1+\alpha_q\delta_q}$。

4.5.2　承载能力极限状态设计表达式

《建筑结构荷载规范》中采用以概率理论为基础的极限状态设计法，以可靠指标度量结构构件的可靠度，采用分项系数的设计表达式进行设计。

承载能力极限状态设计表达式为

$$\gamma_0 S \leqslant R \tag{4-31}$$

$$R = R(f_c, f_s, a_k, \cdots) \tag{4-32}$$

式中：γ_0——结构重要性系数（对安全等级为一级或设计使用年限为100年及以上的结构构件，不应小于1.1；对安全等级为二级或设计使用年限为50年的结构构件，不应小于1.0；对安全等级为三级或设计使用年限为5年及以下的结构构件，不应小于0.9；在抗震设计中，不考虑结构构件的重要性系数）；

S——荷载效应组合的设计值；

R——结构构件抗力的设计值；

f_c、f_s——混凝土强度和钢筋强度的设计值；

a_k——几何参数标准值，当几何参数的变异性对结构性能有明显的不利影响时，可另增减一个附加值。

荷载在计算截面上产生的内力一般可按结构力学方法计算。有时结构上同时作用有多种可变荷载，如框架结构除了楼（屋）面活荷载外，一般还同时作用有风荷载，而排架结构上作用的可变荷载还可能有吊车荷载、风荷载、雪荷载等。各种可变荷载同时以最大值出现的概率是很小的。为了使结构在两种或两种以上可变荷载参与的情况下，与仅有一种可变荷载的情况具有大体相同的可靠指标，需引入可变荷载的组合系数，对荷载标准值进行折减。

荷载效应组合分为基本组合和偶然组合。对于基本组合，荷载效应组合的设计值S应从下列组合值中取最不利值确定。

由可变荷载效应控制的组合：

$$S = \gamma_g S_{gk} + \gamma_{q1} S_{q1k} + \sum_{i=2}^{n} \gamma_{qi} \psi_{ci} S_{qik} \tag{4-33}$$

由永久荷载效应控制的组合：

$$S = \gamma_g S_{gk} + \sum_{i=1}^{n} \gamma_{qi} \psi_{ci} S_{qik} \tag{4-34}$$

式中：γ_g——永久荷载的分项系数（当永久荷载效应对结构构件承载力不利时，由可变荷载控制的组合，取值1.2，由永久荷载控制的组合，取值1.35；当永久荷载效应对结构构件承载力有利时，一般情况下取值1.0，对结构的倾覆、滑移或漂浮验算，取值0.9）；

γ_{q1}、γ_{qi}——第1个和第i个可变荷载分项系数，当可变荷载效应对结构构件承载力不利时，一般情况下限值1.4，对标准值大于4 kN/m^2的工业房屋楼面结构的活荷载取值1.3；

S_{gk}——按永久荷载标准值 G_k 计算的荷载效应值；

S_{qik}——按可变荷载标准值 Q_{ik} 计算的荷载效应值，其中 S_{qik} 为诸可变荷载效应中的控制作用者；

ψ_{ci}——可变荷载 Q_i 的组合值系数，其值不应大于1.0，按《建筑结构荷载规范》有关规定取用；

n——参与组合的可变荷载数。

对于工程中常用的一般排架、框架结构，可采用简化规则，并在下列组合值中取最不利值确定。

由可变荷载效应控制的组合

$$S = \gamma_g S_{gk} + \gamma_q S_{q1k} \tag{4-35}$$

$$S = \gamma_g S_{gk} + 0.9 \sum_{i=1}^{n} \gamma_{qi} S_{qik} \tag{4-36}$$

由永久荷载效应控制的组合仍按式（4-34）采用。

对于偶然组合，荷载效应组合的设计值宜按下列规定确定：偶然荷载的代表值不乘分项系数，与偶然荷载同时出现的其他荷载可根据观察资料和工程经验采用适当的代表值。

各种情况下荷载效应的设计公式可由有关规范另行规定。

例4-1 受均布荷载和集中荷载作用的住宅楼面简支梁，跨长 $l=6.0$ m。荷载的标准值：永久荷载均布值（包括梁自重）$g_k=8$ kN/m，集中荷载 $G_k=12$ kN，楼面活荷载 $q_k=12$ kN/m，结构安全等级为二级，求简支梁跨中截面荷载效应设计值 M。

解：(1) 荷载效应标准值

永久荷载引起的跨中弯矩标准值 $M_{gk}=\frac{1}{8}g_k l^2+\frac{1}{4}G_k l=36.0\ \text{kN}\cdot\text{m}$

楼活荷载引起的跨中弯矩标准值 $M_{qk}=\frac{1}{8}q_k l^2=54.0\ \text{kN}\cdot\text{m}$

(2) 荷载效应设计值

按可变荷载效应控制的组合 $M=\gamma_g S_{gk}+\gamma_{q1}S_{q1k}+\sum_{i=2}^{n}\gamma_{qi}\psi_{ci}S_{qik}=$

$1.2\times36.0+1.4\times54.0=118.8\ \text{kN}\cdot\text{m}$

按永久荷载效应控制的组合 $M=g_g S_{gk}+\sum_{i=1}^{n}g_{qi}y_{ci}S_{qik}=$

$1.35\times36.0+1.4\times54.0=124.2\ \text{kN}\cdot\text{m}$

4.5.3 正常使用极限状态设计表达式

对于正常使用极限状态，应根据不同的设计要求，采用荷载的标准组合、频遇组合或准永久组合，并应按下列设计表达式进行设计：

$$S \leqslant C \tag{4-37}$$

式中：C——结构或结构构件达到正常使用要求的规定限值，例如变形、裂缝、振幅、加速度、应力等的限值，应按各有关建筑结构设计规范另行规定。

对于标准组合，荷载效应组合的设计值 S 按下式采用：

$$S = S_{\mathrm{gk}} + S_{\mathrm{q1k}} + \sum_{i=2}^{n} \psi_{ci} S_{\mathrm{q}ik} \tag{4-38}$$

对于频遇组合，荷载效应组合的设计值 S 按下式采用：

$$S = S_{\mathrm{gk}} + \psi_{\mathrm{f1}} S_{\mathrm{q1k}} + \sum_{i=2}^{n} \psi_{\mathrm{q}i} S_{\mathrm{q}ik} \tag{4-39}$$

式中：ψ_{f1}——可变荷载 Q_1 的频遇值系数；

$\psi_{\mathrm{q}i}$——可变荷载 Q_i 的准永久值系数。

对于准永久组合，荷载效应组合的设计值 S 按下式采用：

$$S = S_{\mathrm{gk}} + \sum_{i=1}^{n} \psi_{\mathrm{q}i} S_{\mathrm{q}ik} \tag{4-40}$$

例4-2 求例4-1中分别按标准组合、频遇组合及准永久组合计算的弯矩值 M。

解：(1) 按标准组合

$$M = S_{\mathrm{gk}} + S_{\mathrm{q1k}} + \sum_{i=2}^{n} \psi_{ci} S_{\mathrm{q}ik} = 36.0 + 54.0 = 90.0\ \mathrm{kN \cdot m}$$

(2) 按频遇组合

$$M = S_{\mathrm{gk}} + \psi_{\mathrm{f1}} S_{\mathrm{q1k}} + \sum_{i=2}^{n} \psi_{\mathrm{q}i} S_{\mathrm{q}ik} = 36.0 + 0.5 \times 54.0 = 63.0\ \mathrm{kN \cdot m}$$

(3) 按准永久组合

$$M = S_{\mathrm{gk}} + \sum_{i=1}^{n} \psi_{\mathrm{q}i} S_{\mathrm{q}ik} = 36.0 + 0.4 \times 54.0 = 57.6\ \mathrm{kN \cdot m}$$

思 考 题

1. 什么是结构上的作用，它们如何分类？

2. 简述结构可靠性的含义。它包含哪些功能要求？

3. 什么是结构的极限状态？结构的极限状态分为几类？简述其含义。

4. 材料强度是服从正态分布的随机变量 x，其概率密度为 $f(x)$，怎样计算材料强度大于某一取值 x_0 的概率 $P(x > x_0)$？

5. 什么叫结构可靠度和结构可靠指标？《建筑结构可靠度设计统一标准》(GB 50068—2001) 对结构可靠度是如何定义的？

6. 材料强度的设计值与标准值有什么关系？荷载强度的设计值和标准值有什么关系？

7. 我国《建筑结构荷载规范》(GB 50009—2012) 规定的承载能力极限状态表达式采用了何种形式？说明式中各符号的物理意义及荷载效应基本组合的取值原则。式中的可靠指标体现在何处？

8. 什么情况下要考虑荷载组合系数？为什么荷载组合系数值小于1？

9. 何谓荷载效应的基本组合、标准组合、频遇组合和准永久组合？分别写出其设计表达式。

习　题

4-1　受恒载 N 作用的钢筋混凝土拉杆 $b \times h = 250\ \text{mm} \times 200\ \text{mm}$，配有2Φ20钢筋，钢筋截面面积的平均值 $\mu_{as} = 509\ \text{mm}^2$，变异系数 $\delta_{as} = 0.032$。钢筋屈服强度平均值 $\mu_{fy} = 370\ \text{N/mm}^2$，变异系数 $\delta_{fy} = 0.08$。设恒载为正态分布，平均值 $\mu_n = 14\ \text{kN/mm}^2$，变异系数 $\delta_n = 0.09$。不考虑计算公式精度的不确定性。求此拉杆的可靠指标 β。

4-2　某单层工业基础厂房属一般工业建筑，采用18 m预应力混凝土屋架，恒载标准值产生的下弦拉杆轴向力 $N_{gk} = 300\ \text{kN}$，屋面活荷载标准值产生的轴向力 $N_{qk} = 100\ \text{kN}$。组合值系数 $\psi_c = 0.9$，频遇值系数 $\psi_f = 0.9$，准永久值系数 $\psi_q = 0.9$。要求计算：(1) 进行承载力计算时的轴向力设计值；(2) 进行正常使用极限状态设计时按标准组合、频遇组合及准永久组合计算的轴向力设计值。

第5章

预应力混凝土结构

【本章内容概要】

本章介绍了预应力混凝土结构的基本概念（包括预应力、预应力损失、预应力的施加方法等)、结构对材料的性能要求以及各项预应力损失的计算及影响因素；并详细介绍了预应力混凝土受弯构件的各种强度计算、挠度计算以及设计要点。

【本章学习重点与难点】

学习重点：预应力的概念，预应力的施加方法，预应力损失的分类，有效预应力的计算。

学习难点：预应力的施加方法，预应力损失计算。

5.1 预应力混凝土结构的基本概念及其材料

5.1.1 预应力混凝土的概念

普通钢筋混凝土结构充分利用了钢筋和混凝土两种材料的受力特点，具有诸多优点，但也存在着缺点：混凝土的抗拉强度和极限拉应变很小，导致裂缝过早地出现。混凝土极限拉应变约为（0.10～0.15）$\times 10^{-3}$，钢筋HPB235、HRB335、HRB400和RRB400屈服时，其应变约为（1.00～1.80）$\times 10^{-3}$。由此可以看出，混凝土开裂时钢筋的设计强度只发挥了1/11左右。

普通钢筋混凝土不可能充分利用其高强度材料。提高混凝土强度等级对提高其极限拉应变值的效果很小，对提高构件承载力的效果也不明显。采用高强度钢筋，会导致构件变形和裂缝扩展，使$f_{max} \leqslant f_{lim}$，$w_{max} \leqslant w_{lim}$不成立（不能使用高强钢筋)，使构件不能满足正常使用极限状态要求。

在很多情况下，普通钢筋混凝土结构不能适应大跨度、大开间工程结构的需要。采用普通钢筋混凝土建造大跨度、大开间结构，由于无法利用高强度材料，必将导致结构的截面尺寸和自重过大，以致无法建造。

为了避免混凝土结构出现裂缝或推迟裂缝，充分利用高强度材料以适应大跨度、大开间工程结构的需要，目前最好的办法是在结构构件受外荷载作用前，预先对外荷载产生拉应力部位的混凝土施加压力造成人为的压应力状态（注意：施工阶段与使用阶段应力状态的区别)。它所产生的预压应力可以抵消外荷载引起的大部分或全部拉应力，从而使结构构件在使用时的拉应力不大甚至处于受压状态，这样，结构构件在外荷载作用下，不致产生裂缝，即使产生，裂缝开展宽度也不致过大。这种在构件受荷载前预先对混凝土受拉区施加压应力的结构称为预应力混凝土结构。

现以预应力简支梁的受力情况为例，说明预应力的基本原理。如图5－1（a）所示，在外荷载作用前，预先在梁的受拉区施加一对大小相等、方向相反的偏心预压应力N，使得梁截面下边缘混凝土产生预压应力σ_{cp}。当外荷载q作用时，截面下边缘将产生拉应力σ_{ct}，如图5－1（b）所示。在二者共同作用下，梁的应力分布为上述两种情况的叠加；梁的下边缘应力可能是数值很小的拉应力，如图5－1（c）所示，也可能是压应力。也就是说，由于预压力的作用，可部分抵消或全部抵消外荷载所引起的拉应力，因而延缓了混凝土构件的开裂。

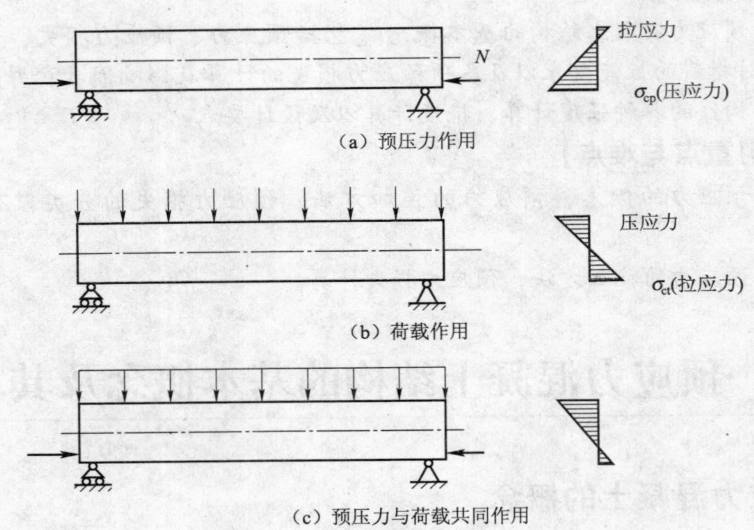

图5－1　预应力简支梁的受力情况

预应力混凝土与普通混凝土相比，具有以下特点。

① 构件的抗裂度和刚度提高。由于预应力混凝土中预应力的作用，当构件在使用阶段外荷载作用下产生拉应力时，首先要抵消预压应力。这就推迟了混凝土裂缝的出现并限制了裂缝的发展，从而提高了混凝土构件的抗裂度和刚度。

② 构件的耐久性增加。预应力混凝土能避免或延缓构件出现裂缝，而且能限制裂缝的扩大，构件内的预应力钢筋不容易锈蚀，延长了使用期限。

③ 自重减轻。由于采用高强度材料，构件截面尺寸相应减小，自重减轻。

④ 节省材料。预应力混凝土可以发挥钢材的强度，钢材和混凝土的用量均可减少。

⑤ 预应力混凝土施工，需要专门的材料和设备、特殊的工艺，造价较高。

由此可见，预应力混凝土构件从本质上改善了钢筋混凝土结构的受力性能，因而具有技术革命的意义。

5.1.2　预应力混凝土的分类

预应力混凝土按预加应力的方法可分为先张法预应力混凝土和后张法预应力混凝土，按预加应力的程度可分为全预应力混凝土和部分预应力混凝土，按预应力钢筋与混凝土的黏结状况可分为有黏结预应力混凝土和无黏结预应力混凝土，按预应力筋的位置可分为体内预应力混凝土和体外预应力混凝土。

1. 先张法预应力混凝土和后张法预应力混凝土

钢筋混凝土构件中配有纵向受力钢筋，通过这些纵向受力钢筋并使其产生回缩，对构件施加预应力。根据张拉预应力钢筋和浇捣混凝土的先后顺序，将建立预应力的方法分为先张法和后张法。

1）先张法预应力混凝土

先张法的主要工序是：

① 钢筋就位，如图5－2（a）所示；

② 张拉预应力钢筋，如图5－2（b）所示；

③ 临时锚固钢筋，浇筑混凝土，如图5－2（c）所示；

④ 切断预应力筋，混凝土受压，此时混凝土强度约为设计强度的75%，如图5－2（d）所示。

采用先张法时，预应力的建立主要依靠钢筋与混凝土之间的黏结力。

该方法适用于以钢丝或 $d<16$ mm 钢筋配筋的中、小型构件，如预应力混凝土空心板等。

先张法工艺简单，质量比较容易保证，成本低，所以，先张法是目前我国生产预应力混凝土构件的主要方法之一。

2）后张法预应力混凝土

后张法的主要工序是：

① 制作构件，预留孔道（塑料管，铁管），如图5－3（a）所示；

② 穿筋，如图5－3（b）所示；

③ 张拉预应力钢筋，如图5－3（c）所示；

④ 锚固钢筋，孔道灌浆，如图5－3（d）所示。采用后张法时，预应力的建立主要依靠构件两端的锚固装置。

该法适用于钢筋或钢绞线配筋的大型预应力构件，如屋架、吊车梁、屋面梁。

后张法施加预应力方法的缺点是工序多，预留孔道占截面面积大，施工复杂，压力灌浆费时，造价高。

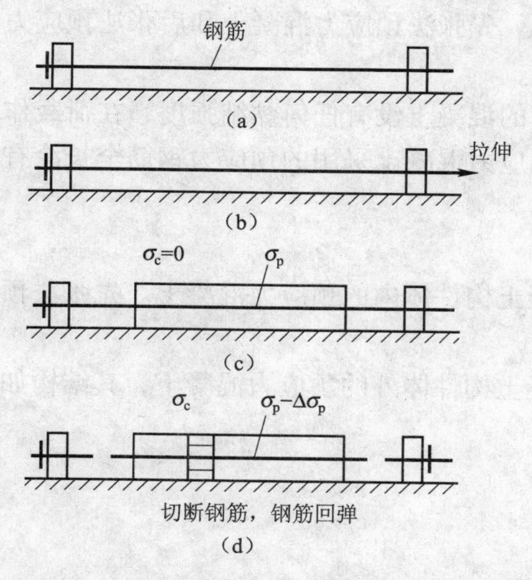

图5－2　先张法预应力混凝土构件施工工序

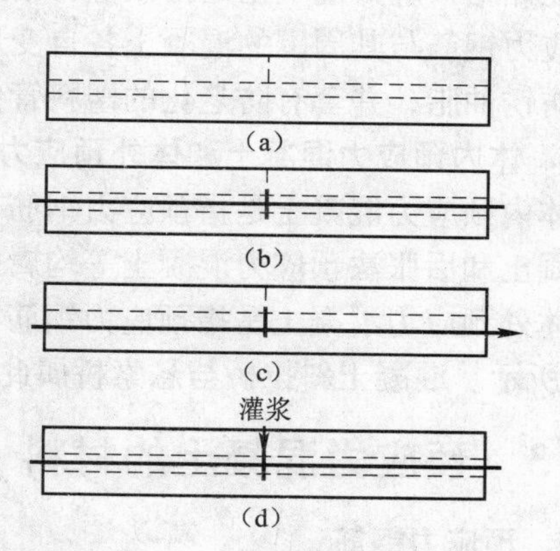

图5－3　后张法预应力混凝土构件施工工序

2. 全预应力混凝土和部分预应力混凝土

对于预应力混凝土结构，可依据其预应力度不同，划分为若干等级。1970 年国际预应力混凝土协会和欧洲混凝土委员会（CEB-FIP）曾建议将配筋混凝土分为 4 个等级：Ⅰ级（全预应力混凝土）、Ⅱ级（有限预应力混凝土）、Ⅲ级（部分预应力混凝土）和Ⅳ级（普通钢筋混凝土）。

1）全预应力混凝土

全预应力混凝土是指预应力混凝土结构在最不利荷载效应组合作用下，混凝土中不允许出现拉应力。

全预应力混凝土具有抗裂性好和刚度大等优点。但也存在着以下缺点：

① 抗裂要求高，预应力钢筋的配筋量取决于抗裂要求，而不是取决于承载力的需要，导致预应力钢筋配筋量增大；

② 张拉应力高，对锚具和张拉设备要求高，锚具下混凝土受到较大的局部压力，需配置较多的钢筋网片或螺旋筋；

③ 施加预压力时，构件产生过大反拱，而且高压应力下的徐变和反拱随时间而增大。

2）部分预应力混凝土

部分预应力混凝土是指预应力混凝土结构在最不利荷载效应组合作用下，容许混凝土受拉区出现拉应力或裂缝。其中，最不利荷载效应组合作用下，受拉区出现拉应力但不出现裂缝的预应力混凝土结构称为有限预应力混凝土。

部分预应力混凝土既克服了全预应力混凝土的缺点，又可以用预应力改善钢筋混凝土构件的受力性能，使开裂推迟，增加刚度并减轻自重。与全预应力混凝土结构相比，部分预应力混凝土结构虽然抗裂性能稍差，刚度稍小，但只要能满足使用要求，仍然是允许的。越来越多的研究成果和工程实践表明，采用部分预应力混凝土结构是合理的。可以认为，部分预应力混凝土结构的出现是预应力混凝土结构设计和应用的一个重要发展。

3. 有黏结预应力混凝土和无黏结预应力混凝土

有黏结预应力混凝土是指预应力钢筋与其周围的混凝土有可靠的黏结强度，使得在荷载作用下预应力钢筋与其周围的混凝土有共同的变形。先张法预应力混凝土和后张法预应力混凝土均为有黏结预应力混凝土。

无黏结预应力混凝土是指预应力钢筋与其周围的混凝土没有任何黏结强度，在荷载作用下预应力钢筋与其周围的混凝土各自变形。这种预应力混凝土采用的预应力钢筋全长涂有特制的防锈油脂，并套有防老化的塑料管保护。

4. 体内预应力混凝土和体外预应力混凝土

体内预应力混凝土是指预应力钢筋布置在混凝土构件体内的预应力混凝土。先张法预应力混凝土和后张法预应力混凝土等均属此类。

体外预应力混凝土是指预应力钢筋布置在混凝土构件体外的预应力混凝土，其结构如图 5-4 所示。混凝土斜拉桥与悬索桥属此类特例。

5.1.3 预应力混凝土的材料

1. 预应力钢筋

与普通混凝土构件不同，钢筋在预应力构件中，从构件制作到构件破坏，始终处于高应

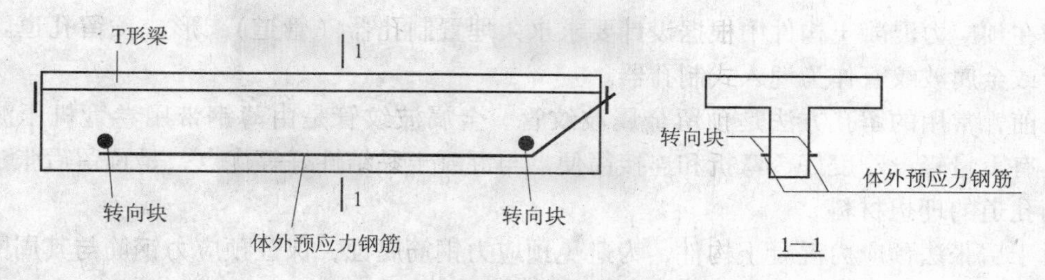

图5-4 体外预应力混凝土结构

力状态，故对钢筋有较高的质量要求。预应力混凝土结构对钢筋的性能要求如下。

① 高强度。预应力混凝土构件通过张拉预应力钢筋，在混凝土中建立预压应力。在制作和使用过程中，由于多种原因使预应力钢筋的张拉应力产生应力损失。为了在扣除应力损失以后，仍然能使混凝土建立起较高的预应力值，需要采用较高的张拉应力，因此，预应力钢筋必须采用高强度钢材。

② 较好的黏结性能。在受力传递长度内钢筋与混凝土间的黏结力是先张法构件建立预应力的前提，因此必须有足够的黏结强度。当采用光面高强钢丝时，表面应经“刻痕”或“压波”等措施处理后方能使用。

③ 较好的塑性。为实现预应力结构的延性破坏，保证预应力钢筋的弯曲和转折要求，预应力钢筋必须具有足够的塑性，即预应力钢筋必须满足一定的拉断延伸率和弯折次数的要求。

我国目前用于预应力混凝土结构中的钢材有热处理钢筋、消除应力钢丝（有光面、螺旋肋、刻痕）和钢绞线三大类。

热处理钢筋具有强度高、松弛小等特点。它以盘圆形式供货，可省掉冷拉、对焊等工序，大大方便了施工。

高强钢丝用高碳钢轧制成盘圆后经过多次冷拔而成。它多用于大跨度构件，如桥梁上的预应力大梁等。

钢绞线一般由多股高强钢丝经绞盘拧成螺旋状而形成，多在后张法预应力构件中采用。

2. 混凝土

预应力混凝土构件对混凝土的基本要求如下。

① 高强度。预应力混凝土需要采用较高强度的混凝土，才能建立起较高的预压应力，有效地减小构件截面尺寸，减轻构件自重，节约材料。对于先张法构件，高强度的混凝土具有较高的黏结强度，可减少构件端部应力传递长度；对于后张法构件，采用高强度混凝土可承受构件端部较高的局部压应力。

② 收缩和徐变小。这样，可以减少由于收缩徐变引起的预应力损失。

③ 快硬和早强。这样，可以尽早地施加预应力，提高台座、模具和夹具的周转率，加快施工进度，降低管理费用。

3. 孔道及灌浆材料

后张法混凝土构件的预留孔道是通过制孔器形成的，常用的制孔器的形式有两类：一类为抽拔式制孔器，即在预应力混凝土构件中根据设计要求预留制孔器具，待混凝土初凝后抽拔出制孔器具，形成预留孔道，常用橡胶抽拔管作为抽拔式制孔器；另一类为埋入式制孔器，即在预应力混凝土构件中根据设计要求永久埋置制孔器（管道），形成预留孔道。常用铁皮管或金属波纹管作为埋入式制孔器。

目前，常用的留孔方法是预留金属波纹管。金属波纹管是由薄钢带用卷管机压波后卷成，具有重量轻、刚度好、弯折和连接简便、与混凝土黏结性好等优点，是预留后张法预应力钢筋孔道的理想材料。

对于后张法预应力混凝土构件，为避免预应力钢筋腐蚀，保证预应力钢筋与其周围混凝土共同变形，应向孔道中灌入水泥浆。要求水泥浆应具有一定的黏结强度，且收缩也不能过大。

5.1.4 锚具和夹具

预应力混凝土结构和构件中锚固预应力钢筋的器具有锚具和夹具两种。

在先张法预应力混凝土构件施工时，为保持预应力钢筋的拉力，将其固定在生产台座（或设备）上的临时性锚固装置上；在后张法预应力混凝土结构施工时，在张拉千斤顶或设备上夹持预应力钢筋的临时性锚固装置称为夹具（代号 J）。夹具根据其工作特点分为张拉夹具和锚固夹具。

在后张法预应力混凝土结构中，为保持预应力钢筋的拉力并将其传递到混凝土上所用的永久性锚固装置称为锚具（代号 M）。锚具根据其工作特点分为张拉端锚具（张拉和锚固）和固定端锚具（只能固定）。根据锚固方式的不同分为以下几种类型。

① 夹片式锚具，代号 J，如 JM 型锚具（JM12），QM 型、XM 型（多孔夹片锚具）、OVM 型锚具，夹片式扁锚（BM）体系。

② 支撑式锚具，代号 L（螺丝）和 D（镦头），如螺丝端杆锚具（LM）、镦头锚具（DM）。

③ 锥塞式锚具，代号 Z，如钢质锥形锚具（GZ）。

④ 握裹式锚具，代号 W，如挤压锚具和压花锚具等。

锚具的标记由型号、预应力钢筋直径、预应力钢筋根数和锚固方式等四部分组成。如锚固 6 根直径为 12 mm 预应力钢筋束的 JM12 锚具，标记为 JM12 - 6。

锚具设计应根据结构要求、产品技术性能和张拉施工方法，按表 5 - 1 选用。

表 5 - 1 锚具选用

预应力钢筋品种	选用锚具形式		
	张拉端	固定端	
		安装在结构之外	安装在结构之内
钢绞线及钢绞线束	夹片锚具	夹片锚具 挤压锚具	压花锚具 挤压锚具
高强钢丝束	夹片锚具 镦头锚具 锥塞锚具	夹片锚具 镦头锚具 挤压锚具	挤压锚具 镦头锚具
精轧螺纹钢筋	螺母锚具	螺母锚具	—

锚具的种类很多，不同类型的预应力钢筋所配用的锚具不同，常用的锚具有以下几种。

1. JM 型锚具

JM 型锚具由锚环和呈扇形的夹片组成，夹片的块数与预应力钢筋或钢绞线的根数相同。夹片呈楔形，其截面呈扇形。每一块夹片有两个圆弧形槽，上有齿纹以锚住预应力钢筋。其构造如图 5－5 所示。

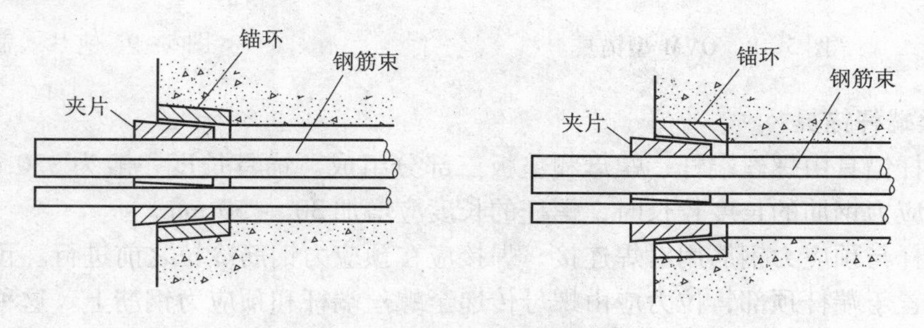

图 5－5　JM12 型锚具的构造

JM 型锚具是一种利用楔块原理锚固多根预应力钢筋的锚具，它既可作为张拉端的锚具，又可作为固定端的锚具或作为重复使用的工具锚。

JM 型锚具性能好，锚固时钢筋束或钢绞线束被单根夹紧，不受直径误差的影响，且预应力钢筋是在呈直线状态下被张拉和锚固，受力性能好。

2. XM 型、QM 型和 OVM 型锚具

XM 型锚具由锚板与三片夹片组成，如图 5－6 所示。它既适用于锚固钢绞线束，又适用于锚固钢丝束；既可锚固单根预应力钢筋，又可锚固多根预应力钢筋。当用于锚固多根预应力钢筋时，既可单根张拉、逐根锚固，又可成组张拉，成组锚固。另外，它还可用做工作锚具。

QM 型锚具由锚板与夹片组成，如图 5－7 所示。QM 型锚固体系配有专门的工具锚，以保证每次张拉后退锲方便，并减少安装工具锚所花费的时间。

图 5－6　XM 型锚具

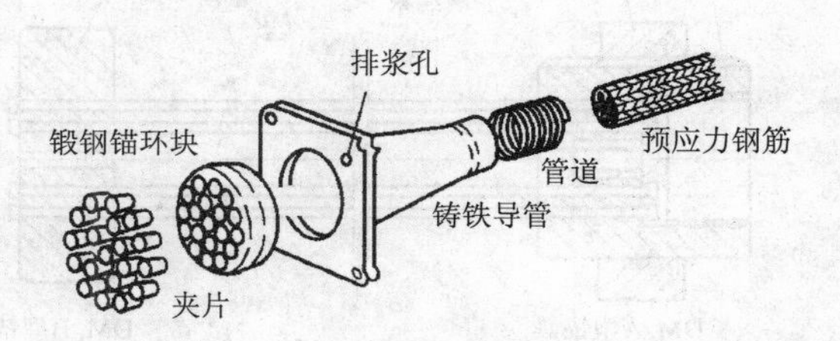

图 5－7　QM 型锚具及配件

OVM 型锚具是在 QM 型锚具的基础上，将夹片改为二片式，并在夹片背部上部锯有一条弹性槽，以提高锚固性能。在张拉空间较小或在环形预应力混凝土结构中，当采用与 OVM 型锚具配套的变角张拉工艺时，张拉十分方便，如图 5－8 所示。

3. 夹片式扁锚体系

夹片式扁锚体系由夹片、扁形锚板、扁形喇叭管等组成，如图 5－9 所示。采用扁锚的优点：可减少混凝土厚度、增大预应力钢筋的内力臂、减小张拉槽口尺寸等。

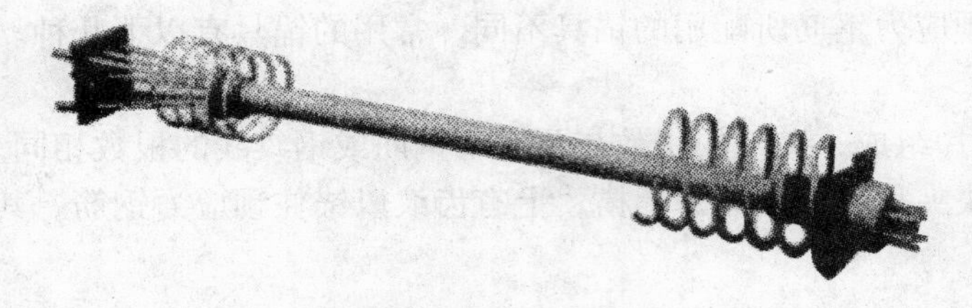

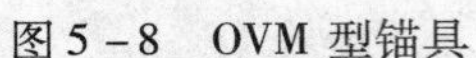

图 5－8　OVM 型锚具

图 5－9　夹片式扁锚体系

4. 螺丝端杆锚具

螺丝端杆锚具由螺丝端杆、螺母和垫板三部分组成。锚具长度一般为 320 mm，当为一端张拉或预应力钢筋的长度较长时，螺杆的长度应增加 30 ～ 50 mm。

螺丝端杆与预应力钢筋用对焊连接，焊接应在预应力钢筋冷拉之前进行。预应力钢筋冷拉时，螺母置于端杆顶部，拉力应由螺母传递至螺丝端杆和预应力钢筋上。这种锚固体系曾主要用于预应力混凝土屋架的下弦杆等配有直线预应力钢筋的结构构件中，目前已很少采用。

5. 镦头锚具

镦头锚具是利用钢丝两端的镦粗头来锚固预应力钢丝的一种锚具。镦头锚具加工简单，张拉方便，锚固可靠，成本较低，但对钢丝束的等长要求较严。这种锚具可根据张拉力的大小和使用条件设计成多种形式和规格，能锚固任意根数的钢丝。

常用的钢丝束镦头锚具分 A 型与 B 型。A 型由锚环与螺母组成，用于张拉端；B 型为锚板，用于固定端，其构造如图 5－10 所示。

6. 钢质锥形锚具

钢质锥形锚具由锚环和锚塞组成，如图 5－11 所示，用于锚固以锥锚式双作用千斤顶张拉的钢丝束。锚环内孔的锥度应与锚塞的锥度一致。锚塞上刻有细齿槽，用于夹紧钢丝防止滑动。

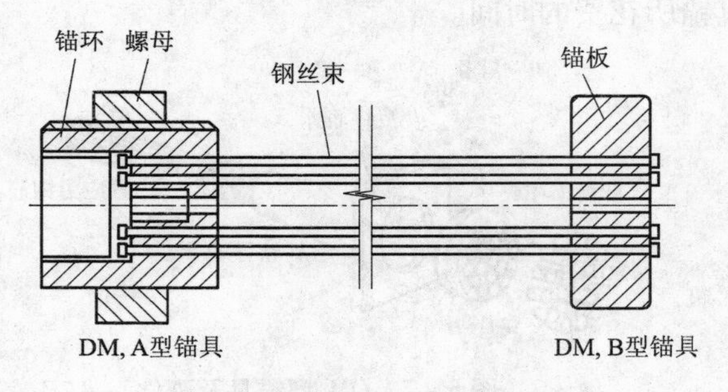

图 5－10　钢丝束镦头锚具

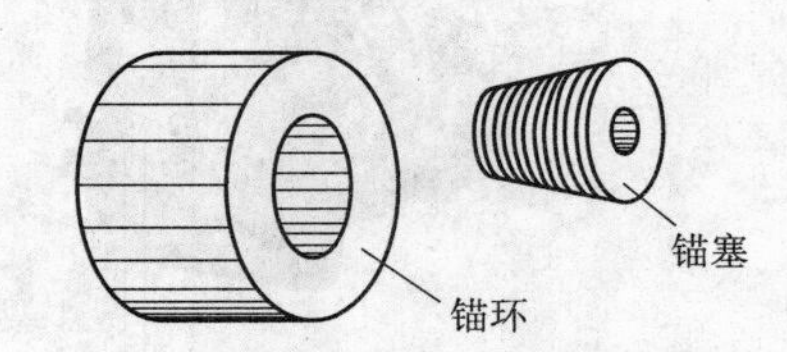

图 5－11　钢质锥形锚具

5.1.5　预应力混凝土结构的计算规定

1. 计算要求

预应力混凝土结构构件，除应根据使用条件进行承载力计算及变形、抗裂、裂缝宽度和应力验算外，尚应根据具体情况对制作、运输和安装等施工阶段进行验算。

承载力计算是结构构件不发生破坏的基本保证，所有结构构件均应进行承载力计算。

裂缝控制验算按结构构件不同的控制要求将裂缝控制等级分为三级：一级，严格要求不出现裂缝；二级，一般要求不出现裂缝；三级，允许出现裂缝。

变形验算不仅考虑使用荷载作用下的变形，尚应对预应力产生的反拱进行估算。

由于预应力混凝土结构构件在制作、运输、吊装等施工阶段的受力状态与使用阶段的受力状态不同，且混凝土实际强度较使用时低，因此，设计时应根据具体情况，对制作、运输、吊装等施工阶段应进行应力校核，并对后张法构件端部进行局部受压验算。

在进行上述计算或验算时，预应力有时需作为荷载效应考虑。对承载能力极限状态，当预应力效应对结构有利时，预应力分项系数取1.0；不利时取为1.2。对正常使用极限状态，预应力分项系数取1.0。当预应力作为荷载效应考虑时，其设计值应按有关计算式计算。

2. 张拉控制应力

在制作预应力混凝土构件时，张拉设备（如千斤顶油压表）所控制的总张拉力除以预应力钢筋截面面积所得到的应力值称为张拉控制应力σ_{con}。

为了充分发挥预应力的优势，张拉控制应力宜尽可能高一些，使混凝土建立较高的预压应力，可以节约预应力钢筋，减小截面尺寸。但张拉控制应力过高，可能出现下列问题。

σ_{con}过高，裂缝出现时的预应力钢筋应力将接近于其抗拉设计强度，使构件破坏前缺乏足够的预兆，延性较差；σ_{con}过高，将使预应力钢筋的应力松弛增大；当进行超张拉时（为了减小摩擦损失及应力松弛损失），由于σ_{con}过高可能使个别钢筋（丝）超过屈服（抗拉）强度，产生永久变形（脆断）。因此，预应力钢筋的张拉应力必须加以控制，不宜超过表5－2中的数值。

σ_{con}的限值应根据构件的具体情况，按照预应力钢筋种类及施加预应力的方法予以确定。

设计预应力构件时，表5－2所列限值可根据具体情况和施工经验作适当调整，在下列情况下可将σ_{con}提高$0.05f_{ptk}$：

① 要求提高构件在施工阶段的抗裂性能而在使用阶段受压区内设置的预应力钢筋；

② 要求部分抵消由于应力松弛、摩擦、钢筋分批张拉以及预应力钢筋与张拉台座间的温差因素产生的预应力损失。

表5－2 张拉控制应力限值

钢筋种类	张拉方法	
	先张法	后张法
消除应力钢丝、钢绞线	$0.75f_{ptk}$	$0.75f_{ptk}$
热处理钢筋	$0.70f_{ptk}$	f_{ptk}

为了充分发挥预应力钢筋的作用，克服预应力损失，σ_{con}不宜过小，GB 50010—2010规定张拉控制应力限值不应小于$0.4f_{ptk}$。

3. 预应力损失

预应力钢筋张拉完毕或经历一段时间后，由于张拉工艺、材料性能和锚固等因素的影响，预应力钢筋中的拉应力值将逐渐降低，这种现象称为预应力损失。预应力损失计算正确与否对结构构件的极限承载力影响很小，但对使用荷载下的性能（反拱、挠度、抗裂度及裂缝宽度）有着相当大的影响。损失估计过小，导致构件过早开裂。正确估算和尽可能减小预应力损失是设计预应力混凝土结构构件的关键。

在预应力混凝土结构发展初期，由于没有高强材料和对预应力损失认识不足而屡遭失败，因此，必须在设计和制作过程中充分了解引起预应力损失的各种因素。GB 50010—2010提出了6项预应力损失，下面分项讨论引起这些预应力损失的原因、损失值的计算方法以及减小预应力损失的措施。

1）张拉端锚具变形和钢筋内缩引起的预应力损失 σ_{l1}

预应力钢筋锚固在台座或构件上时，由于锚具、垫板与构件之间的缝隙被挤紧，或者由于钢筋和螺帽在锚具内滑移，使预应力钢筋回缩，引起预应力损失 σ_{l1}。

对于直线预应力钢筋，σ_{l1} 可按下式进行计算：

$$\sigma_{l1} = E_s \varepsilon_s = E_s \frac{a}{l} \tag{5-1}$$

式中：a——张拉端锚具变形和钢筋内缩值，mm，可按表5-3采用，也可根据实测数据确定；

l——张拉端到锚固端之间的距离，mm，先张法为台座或钢筋长度，后张法为构件长度；

E_s——预应力钢筋弹性模量，N/mm²。

锚具的损失只考虑张拉端，对于锚固端，由于锚具在张拉过程中已被挤紧，故不考虑其引起的预应力损失。

对块体拼成的结构，其预应力损失尚应计及块体间填缝的预压变形。当采用混凝土或砂浆作为填充材料时，每条填缝的预压变形值应取1 mm。式（5-1）没有考虑反向摩擦的作用，计算的预应力损失值沿预应力钢筋全长是相等的。

表5-3 锚具变形和钢筋内缩值 a mm

锚具类别		a
支撑式锚具（钢丝束镦头锚具等）	螺帽缝隙	1
	每块后加垫板的缝隙	1
锥塞式锚具（钢丝束的钢质锥形锚具等）		5
夹片式锚具	有顶压时	5
	无顶压时	6～8

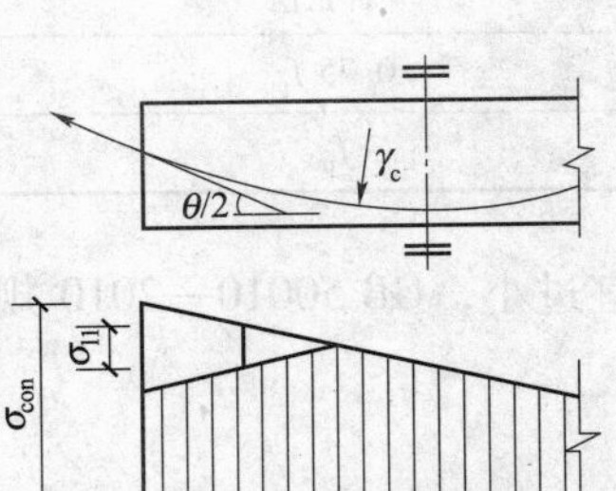

后张法构件的曲线或折线预应力钢筋，张拉预应力钢筋时，预应力钢筋将沿孔道向张拉端方向移动，此时摩擦力阻止预应力钢筋向张拉端方向移动而产生摩擦损失，但锚固时，预应力钢筋回缩，其移动方向与张拉方向相反，因而将产生反向摩擦。由于反向摩擦的作用，锚具变形引起的预应力损失在张拉端最大，随着与张拉端的距离增大而逐步减小，直至消失，如图5-12所示。

图5-12 曲线预应力钢筋由于锚具变形引起的预应力损失

对于曲线或折线预应力钢筋，由锚具变形和钢筋回缩引起的预应力损失值 σ_{l1} 应根据曲线预应力钢筋与孔道壁之间的反向摩擦影响长度 l_f 范围内的总变形值与锚具变形和预应力钢筋内缩值相等的条件确定。

当预应力钢筋为圆弧形曲线（抛物线形预应力钢筋可近似按圆弧形曲线预应力钢筋考虑），且其对应的圆形角 $\theta \leqslant 30°$时，由于锚具变形和钢筋内缩，在反向摩擦影响长度 l_f范围内的预应力损失 σ_{l1} 可按式（5－2）进行计算：

$$\sigma_{l1} = 2\sigma_{con} l_f \left(\frac{\mu}{\gamma_c} - \kappa\right)\left(1 - \frac{x}{l_f}\right) \tag{5-2}$$

式中：γ_c——圆弧曲线预应力钢筋曲率半径，m；

μ——预应力钢筋与孔道壁摩擦因数，见表5－4；

κ——考虑孔道每米长度局部偏差的摩擦因数，见表5－4；

x——张拉端到计算截面的距离，m；

l_f——反向摩擦影响长度，m。

l_f可按式（5－3）计算：

$$l_f = \sqrt{\frac{\alpha E_s}{1000\sigma_{con}\left(\frac{\mu}{\gamma_c} - \kappa\right)}} \tag{5-3}$$

表5－4　摩擦因数 κ 和摩擦因数 μ 值

孔道成形方式	κ	μ
预埋金属波纹管	0.001 5	0.25
预埋钢管	0.001 0	0.30
橡胶管或钢管抽芯成形	0.001 4	0.55
无黏结预应力钢绞线	0.004 0	0.12
无黏结预应力钢丝束	0.003 5	0.10

减小 σ_{l1} 损失的措施如下：

① 合理选择锚具和夹具，使锚具变形小或预应力回缩值小；

② 尽量减小垫块的块数；

③ 增加台座长度；

④ 对直线预应力钢筋可采用一端张拉方法；

⑤ 采用超张拉，可部分地抵消锚固损失。

2）预应力钢筋与孔道壁之间的摩擦引起的损失 σ_{l2}

在后张法预应力混凝土结构构件的张拉过程中，由于预留孔道偏差、内壁不光滑及预应力钢筋表面粗糙等原因，使预应力钢筋在张拉时与孔道壁之间产生摩擦。随着计算截面距张拉端距离的增大，预应力钢筋的实际预拉应力将逐渐减小。各截面实际受拉应力与张拉控制应力之间的这种应力差值，称为摩擦损失。

σ_{l2}可按下式进行计算（图5－13）：

$$\sigma_{l2} = \sigma_{con}\left(1 - e\,\frac{1}{\kappa x + \mu\theta}\right) \tag{5-4}$$

当 $\kappa x + \mu\theta \leqslant 0.2$ 时，σ_{l2}可按下式近似计算：

$$\sigma_{l2} = (\kappa x + \mu\theta)\sigma_{con}$$

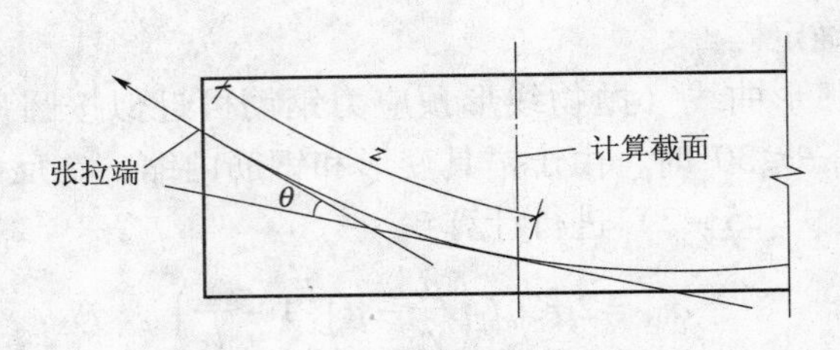

图 5-13 预应力摩擦损失计算

式中：x——从张拉端至计算截面的孔道长度，亦可近似取该段孔道在纵轴上的投影长度，m；

θ——张拉端至计算截面曲线孔道部分切线的平角，rad；

κ——考虑孔道每米长度局部偏差的摩擦因数，可按表 5-4 采用；

μ——预应力钢筋与孔道壁之间的摩擦因数，可按表 5-4 采用。

减小 σ_{l2} 损失的措施如下：

① 采用两端张拉，预应力钢筋经两端张拉后，靠近锚固段一侧预应力钢筋的应力损失大为减小，损失最大截面转移到构件中部；

② 采用“超张拉”工艺，如图 5-14 所示，即第一次张拉至 $1.1\sigma_{con}$，持续 2 分钟，再卸载至 $0.85\sigma_{con}$，持续 2 分钟，再张拉至 σ_{con}，可见采用超张拉工艺，预应力钢筋实际应力沿构件比较均匀，而且预应力损失也大为降低；

③ 在接触材料表面涂水溶性润滑剂，以减小摩擦因数；

④ 提高施工质量，减小钢筋位置偏差。

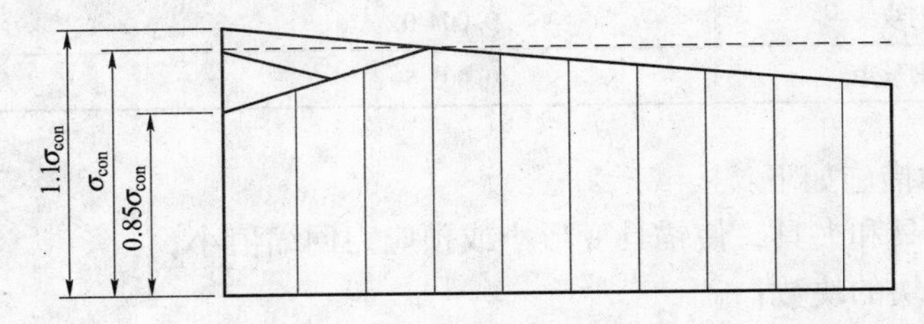

图 5-14 超张拉建立的应力分布

3）*混凝土加热养护时，受张拉的钢筋与承受拉力设备之间的温差引起的预应力损失* σ_{l3}

为了缩短先张法构件的生产周期，常在浇捣混凝土后进行蒸汽养护。升温时，新浇的混凝土尚未结硬，钢筋受热膨胀，但是两端的台座是固定不变的。即台座间距离保持不变，因而张拉后的钢筋就松了。

降温时，混凝土已结硬并和钢筋结成整体，显然，钢筋应力不能恢复到原来的张拉值，于是产生了预应力损失。

当预应力钢筋和承受拉力的设备之间温差为 Δt 时，预应力损失为

$$\sigma_{l3} = \Delta\varepsilon E_s = \frac{\Delta l}{L}E_s = \frac{\alpha\Delta l}{L}E_s = 1.0\times10^{-5}\times2.0\times10^{5}\times\Delta t = 2\Delta t \tag{5-5}$$

减小 σ_{l3} 的措施：两阶段升温养护。即首先按设计允许的温差（一般不超过 20 ℃）养

护，待混凝土强度达到10 N/mm²以后，再升温至养护温度。当混凝土强度达到10 N/mm²后，可认为预应力钢筋与混凝土之间已结硬成整体，能一起张缩，故第二阶段无预应力损失。

对于在钢模上张拉预应力钢筋的先张法构件，因钢模和构件一起加热蒸汽养护，所以，可不考虑此项温度损失。

4）*预应力钢筋的应力松弛引起的应力损失* σ_{l4}

钢筋在高应力下，具有随时间而增长的塑性变形性能。当钢筋的应力保持不变时，表现为随时间而增长的塑性变形，称为徐变；当钢筋长度保持不变时，表现为随时间而增长的应力降低，称为松弛。

钢筋的徐变和松弛都会引起预应力钢筋中的应力损失。一般来说，预应力混凝土构件中，松弛是主要的，因构件长度在张拉锚固后几乎是保持不变的，因而将由钢筋松弛和徐变引起的损失，统称为应力松弛损失。

应力松弛值与初始应力和时间有关。如图5-15（a）所示为不同初始应力 $\sigma_f=(0.5\sim0.8)f_{ptk}$ 作用下，应力损失率 σ_{l4}/σ_f 与时间的关系。在加荷（张拉）初期发展较快，1 000小时后增长缓慢，应力松弛与时间的对数约呈线性关系。试验表明，10年的松弛约为1 000小时的1.5倍。张拉应力越大，则松弛值越大。如图5-15（b）所示为松弛与初始应力 σ_f 的关系，当初始应力 $\sigma_f\leqslant0.7f_{ptk}$ 时，σ_{l4}/σ_f 与 σ_f 呈线性关系；当初始应力 $\sigma_f>0.7f_{ptk}$ 时，松弛明显增大，呈非线性关系。

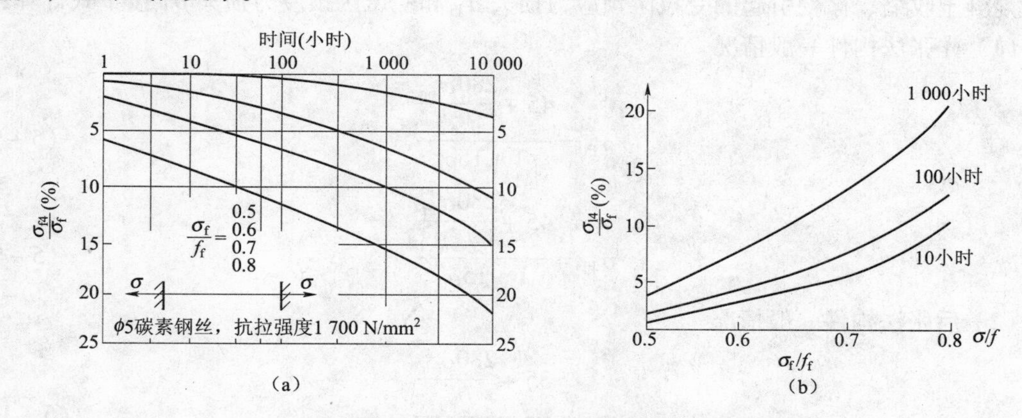

图5-15　应力松弛值与时间、初始应力的关系

预应力钢筋的应力松弛引起应力损失，根据预应力钢筋种类的不同，按下式进行计算。

① 预应力钢丝和钢绞丝。

普通松弛：

$$\sigma_{l4}=0.4\psi\left(\frac{\sigma_{con}}{f_{ptk}}-0.5\right)\sigma_{con} \tag{5-6}$$

此处，一次张拉，$\psi=1.0$，超张拉 $\psi=0.9$。

低松弛：

当 $\sigma_{con}\leqslant0.7f_{ptk}$ 时

$$\sigma_{l4}=0.125\left(\frac{\sigma_{con}}{f_{ptk}}-0.5\right)\sigma_{con} \tag{5-7a}$$

当$0.7f_{ptk}<\sigma_{con}\leqslant 0.8f_{ptk}$时

$$\sigma_{l4}=0.20\left(\frac{\sigma_{con}}{f_{ptk}}-0.575\right)\sigma_{con} \tag{5-7b}$$

② 热处理钢筋。

一次张拉时：
$$\sigma_{l4}=0.05\sigma_{con} \tag{5-8a}$$

超张拉时：
$$\sigma_{l4}=0.035\sigma_{con} \tag{5-8b}$$

预应力钢筋的松弛损失与张拉控制应力有关，当预应力钢筋的拉应力小于$0.5f_{ptk}$时，松弛损失可取为0。

减小应力松弛损失的措施：采用短时间超张拉方法。在高应力持续2分钟，将使1小时完成的那部分应力松弛，在2分钟内完成大部分，故重新张拉至σ_{con}时一部分应力松弛已完成。超张拉的工艺：$0\to 1.05\sigma_{con}$（停2～5分）$\to 0\to\sigma_{con}$。

5）*混凝土收缩和徐变引起的预应力损失*σ_{l5}

混凝土在正常温度条件下，结硬时产生体积收缩，而在预压力作用下，混凝土又发生压力方向的徐变。收缩、徐变都使构件的长度缩短，预应力钢筋也随之回缩，造成预应力损失σ_{l5}。当构件中配置有非预应力钢筋时，非预应力钢筋将产生压应力σ_{l5}。由于收缩和徐变是伴随产生的，且二者的影响因素相似，同时，收缩和徐变引起钢筋应力的变化规律也是相似的，因此，将二者产生的预应力损失合并考虑。

混凝土收缩、徐变引起的受拉区预应力损失σ_{l5}和受压区预应力损失σ'_{l5}按下式计算：

（1）先张法构件一般情况

$$\sigma_{l5}=\frac{45+\dfrac{280\sigma_{cp}}{f'_{cu}}}{1+15\rho} \tag{5-9a}$$

$$\sigma'_{l5}=\frac{45+\dfrac{280\sigma'_{cp}}{f'_{cu}}}{1+15\rho'} \tag{5-9b}$$

（2）后张法构件一般情况

$$\sigma_{l5}=\frac{35+\dfrac{280\sigma_{cp}}{f'_{cu}}}{1+15\rho} \tag{5-10a}$$

$$\sigma'_{l5}=\frac{35+\dfrac{280\sigma'_{cp}}{f'_{cu}}}{1+15\rho'} \tag{5-10b}$$

式中：σ_{cp}、σ'_{cp}——受拉区、受压区预应力钢筋在各自合力点处混凝土的法向压应力；

f'_{cu}——施加预应力时混凝土立方抗压强度；

ρ、ρ'——受拉区、受压区预应力钢筋和非预应力钢筋的配筋率，对先张法构件$\rho=\dfrac{A_p+A_s}{A_0}$，$\rho'=\dfrac{A'_p+A'_s}{A_0}$，对后张法构件$\rho=\dfrac{A_p+A_s}{A_n}$，$\rho'=\dfrac{A'_p+A'_s}{A_n}$，对于对称配置预应力钢筋和非预应力钢筋的构件，配筋率ρ、ρ'应按钢筋总截面面积的一半计算；

A_p、A'_p——受拉区、受压区纵向预应力钢筋的截面面积；

A_s、A'_s——受拉区、受压区纵向非预应力钢筋的截面面积；

A_0——混凝土换算截面面积（包括扣除孔道、凹槽等削弱部分以外的混凝土全部截面面积以及全部纵向预应力钢筋和非预应力钢筋截面面积换算成混凝土的截面面积）；

A_n——净截面面积（换算截面面积减去全部纵向预应力钢筋截面面积换算成混凝土的截面面积）。

在受拉区、受压区预应力钢筋合力点处的混凝土法向压应力 σ_{cp}、σ'_{cp}应按 GB 50010—2010 的规定计算。此时，预应力损失值仅考虑混凝土预压前（前一批）的损失，其非预应力钢筋中的应力值应取为零；σ_{cp}值不得大于 $0.5f'_{cu}$；当 σ'_{cp}为拉应力时，式（5－9b）和式（5－10b）中的 σ'_{cp}应取为零。计算混凝土法向应力 σ_{cp}、σ'_{cp}时，可根据构件制作情况考虑自重的影响。

当结构处于年平均相对湿度低于0%的环境中时，σ_{l5}、σ'_{l5}值应增加30%。

当采用泵送混凝土时，宜根据实际情况考虑混凝土收缩、徐变引起的预应力损失值的增大。

混凝土收缩和徐变引起的预应力损失在预应力总损失中所占比重较大，减少此项损失的措施为：

① 控制混凝土法向压应力，其值不大于 $0.5f'_{cu}$；

② 采用高强度等级的水泥，以减少水泥用量；

③ 采用级配良好的骨料及掺加高效减水剂，减小水灰比；

④ 振捣密实，加强养护。

6）用螺旋式预应力钢筋做配筋的环形构件，当直径 $d\leqslant 3$ m 时，由于混凝土的局部挤压引起的预应力损失 σ_{l6}

对于后张法环形构件，如水池、水管等，预加应力的方法是先拉紧预应力钢筋并外缠于池壁或管壁上，而后在外表喷涂砂浆作为保护层。当施加预应力时，预应力钢筋的径向挤压使混凝土局部产生挤压变形，因而引起预应力损失。

若环形构件变形前预应力钢筋的环形直径为 D，变形后直径缩小为 d，则预应力钢筋的长度缩短为 $\pi D-\pi d$，单位长度的变形为 $\varepsilon_s=\dfrac{\pi D-\pi d}{\pi D}=\dfrac{D-d}{D}$

则

$$\sigma_{l6}=\varepsilon_s E_s=\frac{D-d}{D}E_s \tag{5-11}$$

σ_{l6}的大小与环形构件的直径成反比。当环形构件直径大于 3 m 时，此损失可忽略不计；当直径小于或等于 3 m 时，可取 $\sigma_{l6}=30\ \text{N/mm}^2$。

4. 预应力损失值的组合

上述各项预应力损失不是同时产生的，而是按不同的张拉方法分批产生的。通常把混凝土预压结束前产生的预应力损失称为第一批预应力损失 $\sigma_{l\text{I}}$，预压结束后产生的预应力损失称为第二批预应力损失 $\sigma_{l\text{II}}$。预应力混凝土构件在各阶段预应力损失值的组合可按表 5－5 进行。

表5-5　各阶段预应力损失值的组合

预应力损失组合值	先张法构件	后张法构件
混凝土施加预压完成前的损失	$\sigma_{l\text{I}}=\sigma_{l1}+\sigma_{l2}+\sigma_{l3}+\sigma_{l4}$	$\sigma_{l\text{I}}=\sigma_{l1}+\sigma_{l2}$
混凝土施加预压完成后的损失	$\sigma_{l\text{II}}=\sigma_{l5}$	$\sigma_{l\text{II}}=\sigma_{l4}+\sigma_{l5}+\sigma_{l6}$

考虑到应力损失计算值与实际损失尚有误差，为了保证预应力构件的抗裂性能。GB 50010—2010 规定了总预应力损失的最小值，即当计算所得的总预应力损失值 $\sigma_l=\sigma_{l\text{I}}+\sigma_{l\text{II}}$ 小于下列数值时，应按下列数值取用：

先张法构件　100 N/mm²；

后张法构件　80 N/mm²。

5.1.6　预应力钢筋的传递长度和锚固长度

在先张法预应力混凝土构件中，预应力钢筋端部的预应力是由钢筋与混凝土之间的黏结力逐步建立的。当放松预应力钢筋后，在构件端部，预应力钢筋的应力为零，由端部向中部逐渐增加，至一定长度处才达到最大预应力值。预应力钢筋中的应力由零增大到最大值的这段长度称为预应力传递长度 l_{tr}，如图5-16所示。

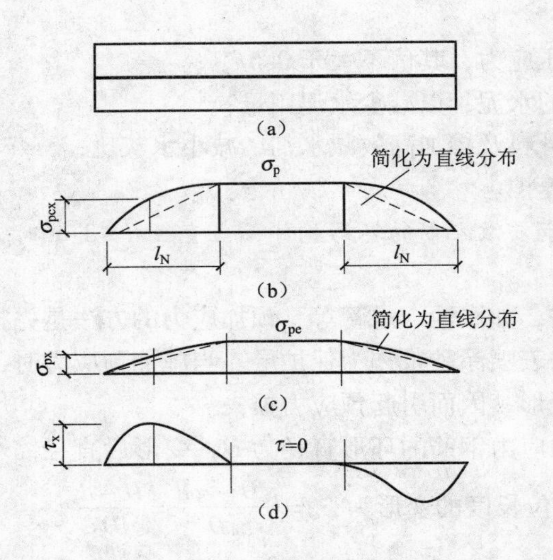

图5-16　预应力钢筋的预应力传递长度

由图5-16可知，在传递长度范围内，应力差由预应力钢筋和混凝土的黏结力来平衡，预应力钢筋的应力按某曲线规律变化（图示实线）。为简化计算可按线性变化考虑（图示虚线）。

先张法构件预应力钢筋的预应力传递长度 l_{tr} 应按下式计算：

$$l_{tr}=\alpha\frac{\sigma_{pe}}{f'_{tk}}d \tag{5-12}$$

式中：σ_{pe}——放张时预应力钢筋的有效预应力；

　　d——预应力钢筋的公称直径；

α——预应力钢筋的外形系数；

f'_{tk}——与放张时混凝土立方体抗压强度f'_{cu}相应的轴心抗拉强度标准值。

当采用骤然放松预应力钢筋的施工工艺时，l_{tr}的起点应从距构件末端$0.25l_{tr}$处开始计算。

对先张法预应力混凝土构件端部进行正截面和斜截面抗裂验算时，应考虑预应力钢筋在其预应力传递长度l_{tr}范围内实际应力值的变化。预应力钢筋的实际应力按线性规律增大，在构件端部取为零，在其预应力传递长度的末端取有效预应力值σ_{pe}，如图5－17所示。

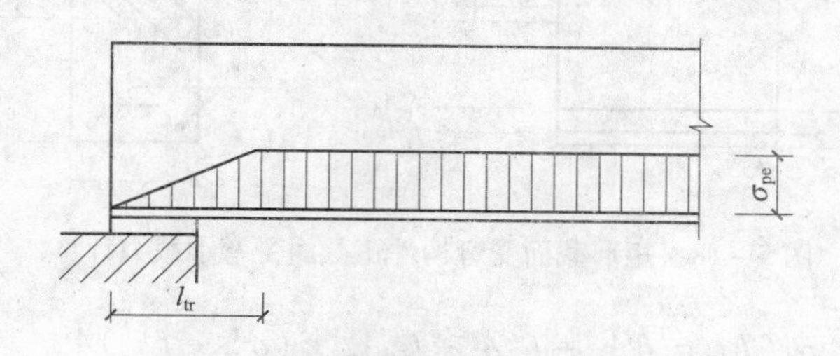

图5－17 预应力传递长度范围内有效预应力值的变化

类似地，在计算先张法预应力混凝土构件端部锚固区的正截面和斜截面受弯承载力时，预应力钢筋必须在经过足够的锚固长度后才能考虑其充分发挥作用（即其应力才可能达到预应力钢筋抗拉强度设计值f_{py}）。因此，锚固区内的预应力钢筋抗拉强度设计值可按下列规定取用：在锚固起点处为零，在锚固终点处为f_{py}，在两点之间按直线内插。

5.2 预应力混凝土受弯构件的设计与计算

5.2.1 预应力混凝土受弯构件的设计

预应力混凝土受弯构件的应力分析过程，与预应力混凝土轴心受拉构件的应力分析相同，也分为施工阶段和使用阶段。应力分析时假定预应力混凝土为一般弹性匀质体，按材料力学公式进行应力计算和分析。

在预应力混凝土受弯构件中，预应力钢筋主要配置在使用阶段的受拉区（称为预压区）；为了防止构件在施工阶段出现裂缝，有时在使用阶段的受压区（称为预拉区）也设置有预应力钢筋。

对预拉区允许出现裂缝的构件，为了控制在预压力作用下梁顶面（预拉区）的裂缝宽度，在预拉区需设置非预应力钢筋（A'_s）。同时，为了构件运输和吊装阶段的需要，在梁底部预压区有时也要配置非预应力钢筋（A_s）。

5.2.2 预应力混凝土受弯构件的承载力计算

预应力混凝土受弯构件有正截面及斜截面承载力计算，其计算方法类同普通钢筋混凝土受弯构件。

1. 正截面承载力计算

1）矩形截面

对于矩形截面，其计算应力简图如图 5－18 所示。根据平衡条件 $\sum X=0$ 和 $\sum M=0$ 可得基本公式：

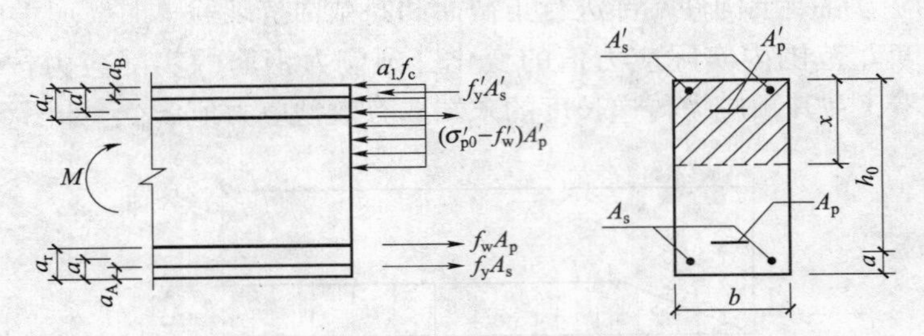

图 5－18 矩形截面受弯构件正截面受弯承载力计算

$$\alpha_1 f_c bx=f_yA_s-f'_yA'_s+f_{py}A_p+(\sigma'_{p0}-f'_{py})A'_p \tag{5-13a}$$

$$M=\alpha_1 f_c bx\left(h_0-\frac{x}{2}\right)+f'_yA'_s(h_0-a'_s)-(\sigma'_{p0}-f'_{py})A'_p(h_0-a'_p) \tag{5-13b}$$

受压区高度尚应满足下列适用条件：

$$x\leqslant \xi_b h_0 \tag{5-14a}$$

$$x\geqslant 2a' \tag{5-14b}$$

式中：a'_p——受拉区及受压区预应力钢筋合力点至截面边缘的距离；

a'_s——受拉区及受压区非预应力钢筋合力点至截面边缘的距离；

σ'_{p0}——受压区预应力钢筋合力点处混凝土法向应力为零时预应力钢筋的应力；

a'——受压区全部纵向受压钢筋合力点至截面受压边缘的距离，当受压区未配置纵向预应力钢筋（$A'_p=0$）或受压区纵向预应力钢筋的应力（$\sigma'_{p0}-f'_{py}$）为拉应力时，式（5－14b）中的 a' 应用 a'_s 代替。

2）T 形和工字形截面

翼缘位于受压区的T形、工字形截面受弯构件如图 5－19 所示，其正截面受弯承载力计算方法如下：

当 $x\leqslant h'_f$，即满足下列条件时

$$f_yA_s=f_{py}A_p\leqslant \alpha_1 f_c b'_f h'_f+f'_yA'_s-(\sigma'_{p0}-f'_{py})A'_p \tag{5-15a}$$

应按宽度为 b'_f 的矩形截面计算。

当 $x>h'_f$，即满足下列条件时

$$f_yA_s+f_{py}A_p>\alpha_1 f_c b'_f h'_f+f'_yA'_s-(\sigma_{p0}-f'_{py})A'_p \tag{5-15b}$$

可按下列公式计算

$$\alpha_1 f_c[bx+(b'_f-b)h'_f]=f_yA_s-f'_yA'_s+f_{py}A_p+(\sigma'_{p0}-f'_{py})A'_p \tag{5-16}$$

$$M\leqslant M_u=\alpha_1 f_c bx\left(h_0-\frac{x}{2}\right)+f'_yA'_s(h_0-a'_s)+$$

$$\alpha_1 f_c(b'_f-b_f)h'_f\left(h_0-\frac{h'_f}{2}\right)-(\sigma'_{p0}-f'_{py})A'_p(h_0-a'_p) \tag{5-17}$$

受压区高度尚应满足式（5－14a）和式（5－14b）的条件。

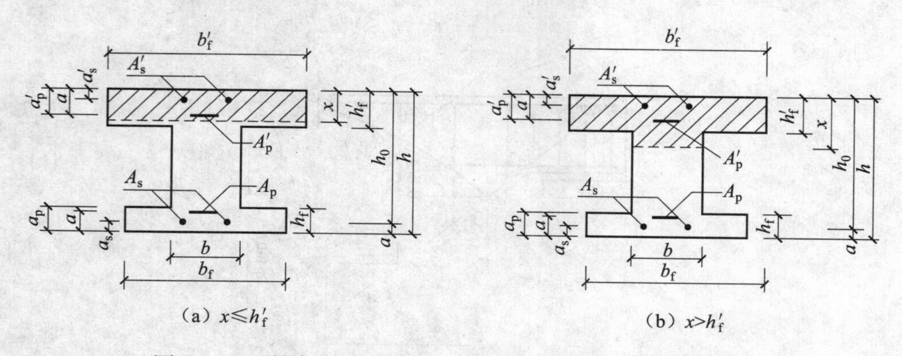

图 5－19　翼缘位于受压区的 T 形、工字形截面受弯构件

2. 斜截面承载力计算

由于预应力的作用延缓了斜裂缝的出现和开展，增加了混凝土剪压区高度，加强了斜裂缝间骨料的咬合作用，从而提高了构件的抗剪能力，因此，预应力混凝土受弯构件比相应的钢筋混凝土受弯构件具有较高的抗剪能力。试验表明，预应力对受弯构件受剪承载力的提高与预压应力的大小有关。当换算截面形心处的预压应力 σ_{cp} 小于 $0.3f_c$ 时，预应力提高的承载力 V_p 与 σ_{cp} 成正比；当 σ_{cp} 超过 $(0.3 \sim 0.4)f_c$ 以后，预压应力的有利作用不再增加，甚至有所下降。

矩形、T 形、工字形截面的一般受弯构件，当仅配有箍筋时，其斜截面的受剪承载力按下列公式计算：

$$V \leqslant V_{cs} + V_p \tag{5-18}$$

$$V_p = 0.05N_{p0} \tag{5-19}$$

式中：V——构件斜截面上的最大剪力设计值；

V_{cs}——构件斜截面上混凝土和箍筋的受剪承载力设计值；

V_p——由预应力提高的构件受剪承载力设计值。

N_{p0}——计算截面上的混凝土法向预压应力为零时预应力钢筋及非预应力钢筋的合力，当 $N_{p0} > 0.3f_cA_0$ 时，取 $N_{p0} = 0.3$。

当配有箍筋和弯起钢筋时，其斜截面的受剪承载力应按下列公式计算：

$$V \leqslant V_{cs} + V_p + 0.8f_y A_{sb}\sin\alpha_s + 0.8 f_{py} A_{pb}\sin\alpha_p \tag{5-20}$$

式中：V——配置弯起钢筋处的剪力设计值；

A_{sb}、A_{pb}——同一弯起平面内的非预应力钢筋、预应力钢筋的截面面积；

α_s、α_p——斜截面上非预应力钢筋及预应力弯起钢筋的切线与构件纵向轴线的夹角。

矩形、T 形和工字形截面的预应力混凝土一般受弯构件，当符合下列要求时：

$$V \leqslant 0.7f_tbh_0 + 0.05N_{p0} \tag{5-21}$$

集中荷载作用下的独立梁，当符合下下列要求时：

$$V \leqslant \frac{1.75}{\lambda + 1}f_tbh_0 = 0.05N_{p0} \tag{5-22}$$

均可不进行斜截面受剪承载力计算，仅需按构造配置箍筋。

受拉边倾斜的矩形、T 形和工字形截面的受弯构件，其斜截面受剪承载力应符合下列规定（图 5－20）：

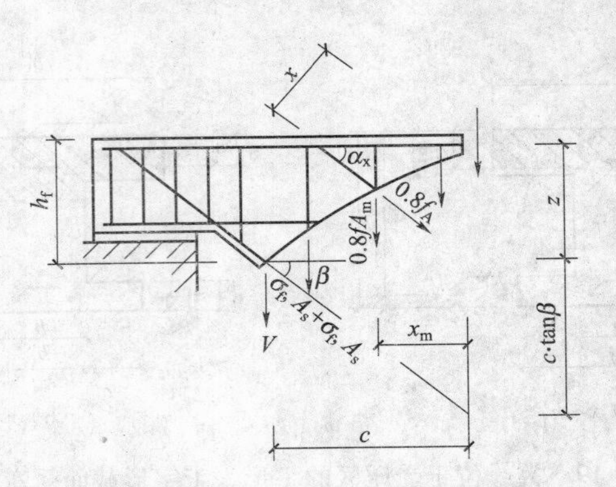

图 5-20 受拉边倾斜的受弯构件斜截面受剪承载力计算

$$V \leqslant V_{cs} + V_{sp} + 0.8 f_y A_{sb} \sin\alpha_s \tag{5-23}$$

$$V_{sp} = \frac{M - 0.8\left(\sum f_{yv} A_{sv} Z_{sy} + \sum f_y A_{sb} Z_{sb}\right)}{z + c \cdot \tan\beta} \tag{5-24}$$

式中：V——构件斜截面上的最大剪力设计值；

M——构件斜截面受压区末端的弯矩设计值；

V_{cs}——构件斜截面上混凝土和箍筋的受剪承载力设计值，按 GB 50010—2010 中的公式计算，其中，h_0取斜截面受拉区始端的垂直截面有效高度；

V_{sp}——构件截面上受拉边倾斜的纵向非预应力和预应力受拉钢筋合力的设计值在垂直方向的投影，对钢筋混凝土受弯构件，其值不应大于$f_y A_s \sin\beta$，对预应力混凝土受弯构件，其值不应大于（$f_{py} A_p + f_y A_s$）$\sin\beta$，且不应小于$\sigma_{pe} A_p \sin\beta$；

Z_{sv}——同一截面内箍筋的合力至斜截面受压区合力点的距离；

Z_{sb}——同一弯起平面内的弯起钢筋的合力至斜截面受压区合力点的距离；

z——斜截面受拉区始端处纵向受拉钢筋合力的水平分力至斜截面受压区合力点的距离，可近似取 $z = 0.9h_0$；

β——斜截面受拉区始端处倾斜的纵向受拉钢筋的倾角；

c——斜截面的水平投影长度，可近似取 $c = h_0$。

在梁截面高度开始变化处，斜截面的受剪承载力应按等截面高度梁和变截面高度梁的有关公式分别计算，并应按其中不利者配置箍筋和弯起钢筋。

受弯构件斜截面的受弯承载力应符合下列规定（图 5-21）：

$$M \leqslant (f_y A_s + f_{py} A_p) Z + \sum f_y A_{sb} Z_{sb} + \sum f_{py} A_{pb} Z_{pb} + \sum f_{yv} A_{sv} Z_{sv} \tag{5-25}$$

此时，斜截面的水平投影长度 c 可按下列条件确定：

$$V = \sum f_y A_{sb} \sin\alpha_s + \sum f_{py} A_{pb} \sin\alpha_p + \sum f_{yv} A_{sv} \tag{5-26}$$

式中：V——斜截面受压区末端的剪力设计值；

Z——纵向非预应力和预应力受拉钢筋的合力至受压区合力点的距离，可近似取 $Z = 0.9h_0$；

Z_{sb}、Z_{pb}——同一弯起平面内的非预应力弯起钢筋、预应力弯起钢筋的合力至斜截面受压区合力点的距离；

Z_{sv}——同一斜截面上箍筋的合力至斜截面受压区合力点的距离。

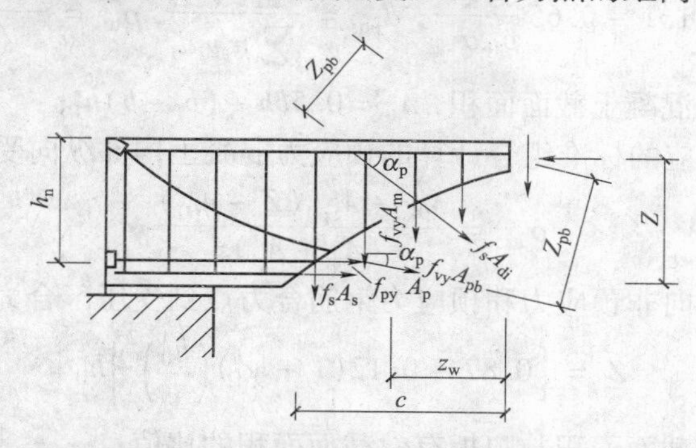

图 5-21　受弯构件斜截面受弯承载力计算

在计算先张法预应力混凝土构件端部锚固区的斜截面受弯承载力时，公式中的 f_{py} 应按下列规定确定：

锚固区内的纵向预应力钢筋抗拉强度设计值在锚固起点处应取为零，在锚固终点处应取为 f_{py}，在两点之间可按线性内插法确定。

5.2.3　预应力受弯构件的裂缝控制验算

对于预应力受弯构件的使用阶段裂缝控制验算，不仅要进行正截面裂缝控制验算，同时还要进行斜截面裂缝控制验算。

1. 正截面裂缝控制验算

① 一级——对严格不允许出现裂缝的受弯构件要求在荷载效应标准组合下符合下列要求：

$$\sigma_{ck} - \sigma_{pc\,\mathrm{II}} \leqslant 0 \tag{5-27}$$

② 二级——对一般不允许出现裂缝的受弯构件要求在荷载效应标准组合下符合下列要求：

$$\sigma_{ck} - \sigma_{pc\,\mathrm{II}} \leqslant f_{tk} \tag{5-28}$$

在荷载效应的准永久组合下，宜符合下列要求：

$$\sigma_{cq} - \sigma_{pc\,\mathrm{II}} \leqslant 0 \tag{5-29}$$

式中，σ_{ck}、σ_{cq} 分别为荷载效应的标准组合、准永久组合下抗裂验算时边缘的混凝土法向应力，其计算公式为

$$\sigma_{ck} = M_k / W_0,\ \sigma_{cq} = M_q / W_0 \tag{5-30}$$

式中：M_k、M_q——荷载效应标准组合、准永久组合计算的弯矩值；

W_0——混凝土换算截面抵抗矩；

$\sigma_{pc\,\mathrm{II}}$——扣除全部预应力损失后在抗裂验算边缘的混凝土预压应力；

f_{tk}——混凝土抗拉强度标准值。

③ 三级——允许出现裂缝的受弯构件。在荷载效应的标准组合下，并考虑长期作用影响的最大裂缝宽度应按下列公式计算：

$$w_{max} = \alpha_{cr}\psi\frac{\sigma_{sk}}{E_s}\left(1.9c + 0.08\frac{d_{eq}}{\rho_{te}}\right) \leqslant [w_{max}] \tag{5-31a}$$

$$\psi = 1.1 - 0.65\frac{f_{\mathrm{tk}}}{\rho_{\mathrm{te}}\sigma_{\mathrm{sk}}},\ d_{\mathrm{eq}} = \frac{\sum n_i d_i^2}{\sum n_i v_i d_i},\ \rho_{\mathrm{te}} = \frac{A_{\mathrm{s}} + A_{\mathrm{p}}}{A_{\mathrm{te}}} \tag{5-31b}$$

式中：A_{te}——有效受拉混凝土截面面积，$A_{\mathrm{te}} = 0.5bh + (b_{\mathrm{f}} - b)h_{\mathrm{f}}$；

σ_{sk}——按荷载效应的标准组合计算的预应力混凝土构件纵向受拉钢筋的应力；

$$\sigma_{\mathrm{sk}} = \frac{M_{\mathrm{k}} - M_{\mathrm{p0}}(Z - e_{\mathrm{p0}})}{(A_{\mathrm{s}} + A_{\mathrm{p}})z}$$

Z——受拉区纵向非预应力和预应力钢筋合力点到受压区合力点的距离；

$$Z = \left[0.87 - 0.12(1 - \gamma'_{\mathrm{f}})\left(\frac{h_0}{e}\right)^2\right]h_0$$

γ'_{f}——受压翼缘截面面积与腹板有效截面面积的比值；

e——轴向压力作用点至纵向受拉钢筋合力点的距离。

$$e = e_{\mathrm{p0}} + \frac{M_{\mathrm{k}}}{N_{\mathrm{p0}}}$$

e_{p0}——混凝土法向预应力等于零时全部纵向预应力和非预应力钢筋合力 N_{p0} 的作用点到受拉区纵向预应力钢筋和非预应力钢筋合力点的距离；

M_{k}——按荷载效应标准组合计算的弯矩值。

2. 斜截面裂缝控制验算

对于斜截面裂缝控制验算，主要是验算斜截面上的混凝土主拉应力和主压应力。

（1）混凝土主拉应力

① 一级——对严格要求不出现裂缝的构件：

$$\sigma_{\mathrm{tp}} \leq 0.85 f_{\mathrm{tk}} \tag{5-32a}$$

② 二级——对于一般要求不出现裂缝的构件：

$$\sigma_{\mathrm{tp}} \leq 0.95 f_{\mathrm{tk}} \tag{5-32b}$$

式中：σ_{tp}——混凝土的主拉应力。

（2）混凝土主压应力，对严格要求和一般要求不出现裂缝的构件

$$\sigma_{\mathrm{cp}} \leq 0.6 f_{\mathrm{tk}} \tag{5-33}$$

式中：σ_{cp}——混凝土的主压应力。

（3）主应力计算

在斜裂缝出现以前，构件基本处于弹性阶段工作，可按材料力学方法进行主应力计算。构件中各混凝土微单元除了承受由荷载引起的正应力和剪应力外，还承受由预应力钢筋所引起的预应力以及集中荷载产生的局部应力。主拉应力 σ_{tp} 和主压应力 σ_{cp} 可按下式计算：

$$\left.\begin{matrix}\sigma_{\mathrm{tp}} \\ \sigma_{\mathrm{cp}}\end{matrix}\right\} = \frac{\sigma_x + \sigma_y}{2} \pm \sqrt{\tau_{xy}^2 + \left(\frac{\sigma_x - \sigma_y}{2}\right)^2} \tag{5-34a}$$

$$\sigma_x = \sigma_{\mathrm{pc\,II}} + \frac{M_{\mathrm{k}} y_0}{I_0} \tag{5-34b}$$

$$\tau_{xy} = \frac{(V_{\mathrm{k}} - \sum \rho_{\mathrm{p}} A_{\mathrm{pb}} \sin\alpha_{\mathrm{p}})S_0}{I_0 b} \tag{5-34c}$$

式中：σ_x——由预加力和弯矩值 M_{k} 在计算纤维处产生的混凝土法向应力，对超静定后张法混凝土构件，尚应考虑预加力引起的次弯矩的影响；

σ_y——由集中荷载标准值 F_k 产生的混凝土竖向压应力，对预应力混凝土吊车梁（截面如图5－22（a）所示）在集中荷载作用点两侧各0.6h 的范围内，可按图5－22（b）所示的线性分布取值；

τ_{xy}——由剪力值 V_k 和预应力弯起钢筋的预加力在计算纤维处产生的混凝土剪应力；

$\sigma_{pc\,\text{II}}$——扣除全部预应力损失后，在计算纤维处由预加力产生的混凝土法向应力；

y_0——换算截面重心至计算纤维处的距离；

I_0——换算截面惯性矩；

V_k——按荷载效应的标准组合计算的剪力值；

S_0——计算纤维以上部分的换算截面面积对构件换算截面重心的面积矩；

A_{pb}——计算截面上同一弯起平面内的预应力弯起钢筋的截面面积；

α_p——计算截面上预应力弯起钢筋的切线与构件纵向轴线的夹角。

对预应力混凝土吊车梁在集中荷载作用点两侧各0.6h 的范围内，I_{xy} 可按图5－22（c）所示线性分布取值。当计算截面上有扭矩作用时，尚应计入扭矩引起的剪应力。对后张法预应力混凝土超静定结构构件，在计算剪应力时，尚应计入预加力引起的次剪力。

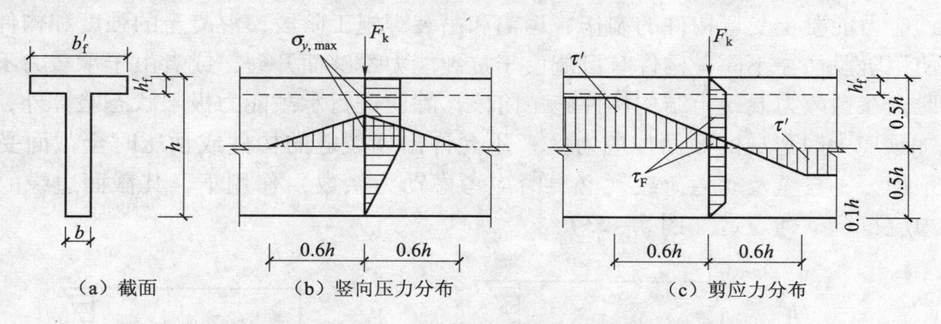

图5－22　预应力混凝土吊车梁集中力作用点附近的应力分布

式（5－34a）中的 σ_x 及 σ_y，当为拉应力时以正号代入，当为压应力时以负号代入。其符号意义同前。

斜截面裂缝控制验算，应选择跨度内不利位置的截面，对该截面的换算截面重心处和截面宽度剧烈改变处进行验算。

5.2.4　预应力混凝土受弯构件的挠度验算

预应力混凝土受弯构件的挠度由两部分组成：一部分是由于构件预加应力产生的向上变形（反拱），另一部分则是受荷后产生的向下变形（挠度）。挠度或反拱均可根据构件刚度 B 按一般结构力学方法计算。

① 按材料力学的方法计算使用荷载作用下构件的挠度 f_1

$$f_1 = s\frac{M_k l_0^2}{B} \tag{5-35}$$

式中：s——与荷载形式、支撑条件有关的系数；

B——荷载效应标准组合并考虑荷载长期作用影响的长期刚度。

② 预应力混凝土受弯构件在使用阶段的预加力反拱值 f_2，可用结构力学方法按刚度 $E_c I_0$

进行计算，并应考虑预压应力长期作用的影响，将计算求得的预加力反拱值乘以增大系数2.0。

在计算中，预应力钢筋的应力应扣除全部预应力损失。即

$$f_2 = 2 \times \frac{N_p e_p l_0^2}{8E_c I_0} = \frac{N_p e_p l_0^2}{4E_c I_0} \tag{5-36}$$

式中：N_p——扣除全部预应力损失后的预应力和非预应力钢筋的合力；

e_p——N_p对截面重心轴的偏心距。

对重要的或特殊的预应力混凝土受弯构件的长期反拱值，可根据专门的试验分析确定或采用合理的收缩、徐变计算方法经分析确定；对恒载较小的构件，应考虑反拱过大对使用的不利影响。

③ 预应力混凝土受弯构件最后挠度f为

$$f = f_1 - f_2 \tag{5-37}$$

5.2.5　预应力混凝土受弯构件施工阶段的验算

在预应力混凝土受弯构件的制作、运输和吊装等施工阶段，混凝土的强度和构件的受力状态与使用阶段往往不同，构件有可能由于抗裂能力不够而开裂，或者由于承载力不足而破坏。因此，在预应力混凝土结构构件施工阶段，除应进行承载能力极限状态验算外，对预拉区（施加预应力时形成的截面拉应力区）不允许出现裂缝的构件或预压时全截面受压的构件，在预加力、自重及动力荷载（必要时应考虑动力系数）作用下，其截面边缘的混凝土法向应力应符合下列规定（图5-23）：

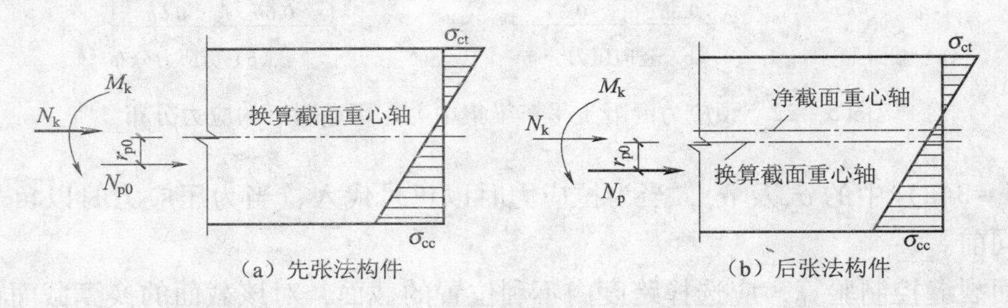

图5-23　预应力混凝土构件施工阶段验算

$$\sigma_{ct} \leqslant f'_{tk} \tag{5-38a}$$

$$\sigma_{cc} \leqslant 0.8 f'_{ck} \tag{5-38b}$$

截面边缘的混凝土法向应力可按下列公式计算：

$$\sigma_{cc}\text{或}\sigma_{ct} = \sigma_{cp} + \frac{N_k}{A_0} \pm \frac{M_k}{W_0} \tag{5-39}$$

式中：σ_{cc}、σ_{ct}——相应施工阶段计算截面边缘纤维的混凝土压应力、拉应力；

f'_{tk}、f'_{ck}——与各施工阶段混凝土立方体抗压强度f'_{cu}相应的抗拉强度标准值、抗压强度标准值；

N_k、M_k——构件自重及施工荷载标准组合的计算截面产生的轴向力值、弯矩值；

W_0——验算边缘的换算截面弹性抵抗矩。

式（5-39）中，当σ_{cp}为压应力时，取正值；当σ_{cp}为拉应力时，取负值。当N_k为轴

向压力时，取正值；当 N_k 为轴向拉力时，取负值。当 M_k 产生的边缘纤维应力为压应力时，式（5-39）中符号取加号，拉应力时取负号。

对施工阶段预拉区允许出现裂缝的构件，当预拉区不配置预应力钢筋时，截面边缘的混凝土法向应力应符合下列条件：

$$\sigma_{ct} \leqslant 2f'_{tk} \tag{5-40a}$$

$$\sigma_{cc} \leqslant 0.8f'_{ck} \tag{5-40b}$$

除进行施工阶段的应力校核外，对后张法预应力混凝土受弯构件，尚需进行端部局部受压的验算，具体验算方法与后张法预应力混凝土轴心受拉构件相同。

例 5-1　已知先张法预应力混凝土圆孔板，截面尺寸如图 5-24 所示，所承受的恒载标准值 $g_k = 4.0\ \text{kN/m}^2$，使用活荷载标准值 $q_k = 2.0\ \text{kN/m}^2$，其准永久值系数 $\psi_q = 0.5$，结构重要性系数 $\gamma_0 = 1$，处于室内正常环境，裂缝控制等级为二级，板的计算跨度 $l_0 = 5.5$ m，混凝土强度等级为 C30（$f_{ck} = 20.1\ \text{N/mm}^2$，$f_{tk} = 2.01\ \text{N/mm}^2$，$E_c = 3 \times 10^4\ \text{N/mm}^2$，$f_c = 14.3\ \text{N/mm}^2$）。预应力钢筋采用热处理钢筋 40Si2Mn（$f_{ptk} = 1\ 470\ \text{N/mm}^2$，$f_{py} = 1\ 040\ \text{N/mm}^2$，$E_s = 2 \times 105\ \text{N/mm}^2$），一次张拉，当混凝土强度达到设计强度时，放松预应力钢筋。张拉是在 6 m 的钢模上进行的，采用蒸汽养护。

求：（1）使用阶段的正截面受弯承载力计算；

（2）验算使用阶段的正截面抗裂度；

（3）施工阶段验算；

（4）验算使用阶段的变形。

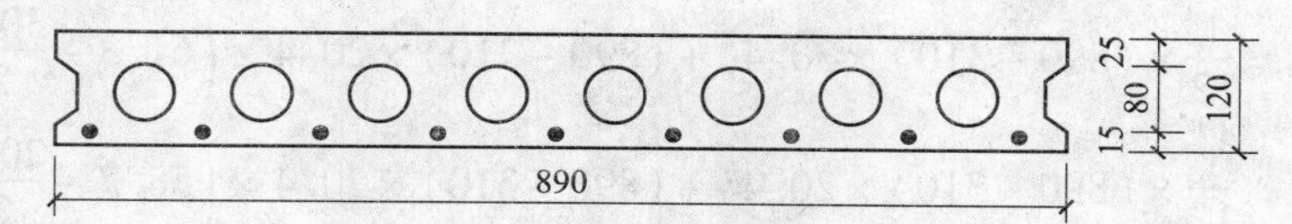

图 5-24　例 5-1 空心板截面尺寸

解：（1）使用阶段正截面受弯承载力计算

计算跨中截面设计弯矩 $M = \dfrac{1}{8} \times 0.89 \times (1.2 \times 4.0 + 1.4 \times 2.0) \times 5.5^2 = 25.58\ \text{N} \cdot \text{m}$

$$h_0 = 120 - \left(15 + \frac{5}{2}\right) = 102.5\ \text{mm}$$

$$\alpha_s = \frac{M}{\alpha_1 f_c b'_f h_0^2} = \frac{25.58 \times 10^6}{14.3 \times 890 \times 102.5^2} = 0.191$$

计算得 $\gamma_s = 0.893$

$$A_p = \frac{M}{\gamma_s h_0 f_{pv}} = \frac{25.25 \times 10^6}{0.893 \times 102.5 \times 1040} = 265\ \text{mm}^2$$

考虑到使用阶段抗裂性的要求，选配 9ϕ8（$A_p = 453\ \text{mm}^2$）。

（2）验算使用阶段的正截面抗裂度

① 等效截面计算。按截面形心位置、面积和对形心轴惯性矩不变的原则，将圆孔截面换算成工字形截面。换算的工字形截面如图 5-25 所示。

$$b = 890\ \text{mm},\ h'_f = 30.4\ \text{mm},\ h_f = 20.4\ \text{mm},\ h_2 = 69.2\ \text{mm}$$

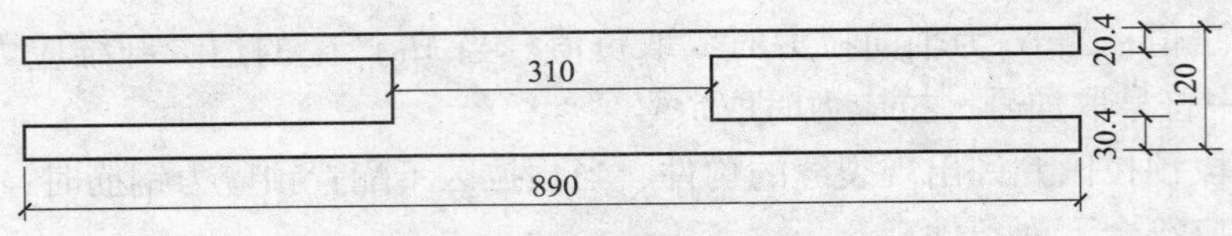

图 5－25　例 5－1 换算截面尺寸

② 截面几何特征。

$$\alpha_e = \frac{E_s}{E_c} = \frac{200}{30} = 6.67$$

$$(\alpha_e - 1)A_p = 5.67 \times 453 = 2\ 569\ \text{mm}^2$$

$$A_0 = A_c + (\alpha_e - 1)A_p = 890 \times (20.4 + 30.4) + 310 \times 69.2 + 2\ 569 = 69\ 233\ \text{mm}^2$$

$$S_0 = 890 \times 30.4 \times 104.8 + 890 \times 20.4 \times 10.2 + 310 \times 69.2 \times 55.0 + 2\ 569 \times 17.5 = 4\ 245\ 478\ \text{mm}^2$$

换算截面重心至截面下边缘的距离 $y_{01} = \frac{S_0}{A_0} = \frac{4\ 245\ 478}{69\ 233} = 61.3\ \text{mm}$

换算截面重心至截面上边缘的距离 $y_{02} = 120 - 61.3 = 58.7\ \text{mm}$

预应力钢筋的偏心距 $e_p = 61.3 - \left(15 + \frac{5}{2}\right) = 43.8\ \text{mm}$

换算截面惯性矩

$$I_0 = \frac{1}{12} \times (890 - 310) \times 30.4^3 + (890 - 310) \times 20.4 \times \left(61.3 - \frac{30.4}{2}\right)^2 + \frac{1}{12} \times (890 - 310) \times 20.4^3 + (890 - 310) \times 20.4 \times \left(58.7 - \frac{20.4}{2}\right)^2 + \frac{1}{3} \times 310 \times 61.3^3 + \frac{1}{3} \times 310 \times 58.7^3 + 2\ 569 \times 43.8 = 116\ 597\ 971.8\ \text{mm}^4$$

③ 计算预应力钢筋张拉控制应力及预应力损失值。

$$\sigma_{con} = 0.70 f_{ptk} = 0.70 \times 1\ 470 = 1\ 029\ \text{N/mm}^2$$

张拉锚具的变形损失值 $\sigma_{l1} = \frac{\alpha}{l} E_s = \frac{2}{6} \times 200 = 66.67\ \text{N/mm}^2$

因钢模蒸汽养护，故温差损失 $\sigma_{l3} = 0$

一次张拉的钢筋应力松弛损失 $\sigma_{l4} = 0.05\sigma_{con} = 0.05 \times 1\ 029 = 51.45\ \text{N/mm}^2$

故混凝土预压前的第一批预应力损失值为

$$\sigma_{l\text{I}} = \sigma_{l1} + \sigma_{l3} + \sigma_{l4} = 66.67 + 0 + 51.45 = 118.12\ \text{N/mm}^2$$

由混凝土的收缩、徐变产生的损失值 σ_{l5}

$$N_{p\text{I}} = A_p(\sigma_{con} - \sigma_{l\text{I}}) = 453 \times (1\ 029 - 118.12) = 412.63\ \text{kN}$$

$$\sigma_{pc\text{I}} = \frac{N_{p\text{I}}}{A_0} + \frac{N_{p\text{I}} e_p}{I_0} e_p = \frac{412.63 \times 10^3}{69\ 233} + \frac{412.63 \times 10^3 \times 43.8}{116\ 597\ 971.8} \times 43.8 = 12.75\ \text{N/mm}^2$$

$$\frac{\sigma_{pcI}}{f'_{cu}}=\frac{12.75}{30}=0.425<0.5$$

$\rho=\dfrac{A_p+A_s}{bh_0}=\dfrac{453+0}{310\times102.5}=0.01426$（$b$ 是指腹板的宽度，不是指整个板宽）

$$\sigma_{l5}\frac{45+280\dfrac{\sigma_{pcI}}{f_{cu}}}{1+15\rho}=\frac{45+280\times0.425}{1+15\times0.01426}=135.10\ \text{N/mm}^2$$

$$\sigma_{l\text{II}}=\sigma_{l5}=135.10\ \text{N/mm}^2$$

预应力总损失值为 σ_l

$$\sigma_l=\sigma_{l\text{I}}+\sigma_{l\text{II}}=118.12+135.10=253.22\ \text{N/mm}^2$$

④ 验算正截面抗裂度。

$$M_k=\frac{1}{8}\times0.89\times(4.0+2.0)\times5.5^2=20.19\ \text{N}\cdot\text{m}$$

$$M_q=\frac{1}{8}\times0.89\times(4.0+0.5\times2.0)\times5.5^2=16.83\ \text{N}\cdot\text{m}$$

$$W_0=\frac{I_0}{y_{01}}=\frac{116\,597\,971.8}{61.3}=1\,902\,087.6$$

$$\sigma_{ck}=\frac{M_k}{W_0}=\frac{20.19\times10^6}{1\,902\,087.6}=10.61\ \text{N/mm}^2$$

$$\sigma_{cq}=\frac{M_q}{W_0}=\frac{16.83\times10^6}{1\,902\,087.6}=8.85\ \text{N/mm}^2$$

$$N_{p\text{II}}=A_p(\sigma_{con}-\sigma_{\text{II}})=453\times(1\,029-253.22)=351.43\ \text{kN}$$

$$\sigma_{cp}=\frac{N_{p\text{II}}}{A_0}+\frac{N_{p\text{II}}e_p}{W_0}=\frac{351.43\times10^3}{69\,233}+\frac{351.43\times10^3\times43.8}{1\,902\,087.6}=13.17\ \text{N/mm}^2$$

$$\sigma_{cq}-\sigma_{cp}=8.85-13.17=-4.32<0$$

满足二级裂缝控制等级要求。

(3) 验算使用阶段的变形

短期刚度 $B_s=0.85E_cI_0=0.85\times3\times10^4\times116\,597\,971.8=297.32\times10^{10}\ \text{N/mm}^2$

由于 $\rho'=0$，所以 $\theta=2.0$

构件刚度

$$B=\frac{M_k}{M_q(\theta-1)+M_k}B_s=\frac{20.19}{16.83\times(2-1)+20.19}\times297.32\times10^{10}=162.15\times10^{10}\ \text{N/mm}^2$$

荷载效应标准组合并考虑荷载长期作用影响的挠度

$$f_1=\frac{5M_kl_0^2}{48B}=\frac{5\times20.19\times10^6\times5.5^2\times10^6}{48\times162.15\times10^{10}}=39.23\ \text{mm}$$

反拱值 $f_2=\dfrac{N_{p\text{II}}e_pl_0^2}{4E_cI_0}=\dfrac{351.43\times10^3\times43.8\times5.5^2\times10^6}{4\times3\times10^4\times116\,597\,971.8}=33.27\ \text{mm}$

$$f=f_1-f_2=39.23-33.27=5.96\ \text{mm}$$

$$\frac{f}{l_0}=\frac{5.96}{5\ 500}=\frac{1}{922}<f_{\lim}=\frac{1}{200}$$

满足要求。

5.3 预应力混凝土的构造要求

预应力混凝土结构构件的构造要求，应满足普通钢筋混凝土结构的有关规定，预应力张拉工艺、锚固措施、预应力钢筋种类不同，相应的构造要求也不同。

5.3.1 一般规定

① 预应力混凝土构件的截面形式应根据构件的受力特点进行合理选择。对于轴心受拉构件，通常采用正方形或矩形截面；对于受弯构件，宜选用T形、工字形或其他空心截面。

此外，沿受弯构件纵轴，其截面形式可以根据受力要求改变，如预应力混凝土屋面大梁和吊车梁，其跨中可采用薄壁工字形截面，而在支座处，为了承受较大的剪力以及能有足够的面积布置曲线预应力钢筋和锚具，往往要加宽截面厚度。

与相同受力情况的普通混凝土构件的截面尺寸相比，预应力构件的截面尺寸可以设计得小些，因为预应力构件具有较大的抗裂度和刚度。决定截面尺寸时，既要考虑构件承载力，又要考虑抗裂度和刚度的需要，而且还必须考虑施工时的模板制作及钢筋、锚具的布置等要求。截面的宽高比宜小，翼缘和腹部的厚度也不宜大。梁高通常可取普通钢筋混凝土梁高的70%。

② 预应力混凝土结构的混凝土强度等级不应低于C30；当采用钢绞线、钢丝、热处理钢筋做预应力钢筋时，混凝土强度等级不宜低于C40。预应力钢筋宜采用预应力钢绞线、钢丝，也可采用热处理钢筋。

③ 当跨度和荷载不大时，预应力纵向钢筋可用直线布置，如图5－26（a）所示，施工时采用先张法或后张法均可；当跨度和荷载较大时，预应力钢筋可用曲线布置，如图5－26（b）所示，施工时一般采用后张法；当构件有倾斜受拉边的梁时，预应力钢筋可用折线布置，如图5－26（c）所示，施工时一般采用先张法。

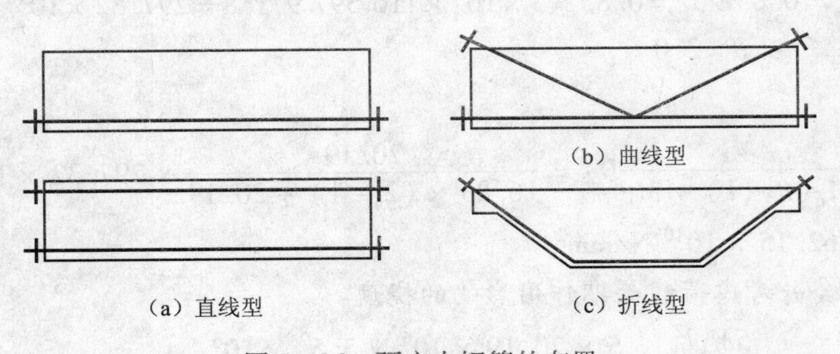

图5－26 预应力钢筋的布置

④ 为了在预应力混凝土构件制作、运输、堆放和吊装时防止预拉区出现裂缝或减小裂缝宽度，可在构件上部（即预拉区）布置适量的非预应力钢筋。当受拉区部分钢筋施加预应力已能满足构件使用阶段的抗裂度要求时，则按承载力计算所需的其余受拉钢筋允许采用

非预应力钢筋。

5.3.2 先张法构件的构造要求

① 先张法预应力钢筋之间的净间距应根据浇筑混凝土、施加预应力及钢筋锚固等要求确定。预应力钢筋之间的净间距不应小于其公称直径或等效直径的1.5倍，且应符合下列规定：对热处理钢筋及钢丝，不应小于15 mm；对三股钢绞线，不应小于20 mm；对7股钢绞线，不应小于25 mm。

② 对先张法预应力混凝土构件，预应力钢筋端部周围的混凝土应采取下列加强措施。

- 对单根配置的预应力钢筋，其端部宜设置长度不小于150 mm且不少于4圈的螺旋筋；当有可靠经验时，亦可利用支座垫板上的插筋代替螺旋筋，但插筋数量不应少于4根，其长度不宜小于120 mm。
- 对分散布置的多根预应力钢筋，在构件端部$10d$（d为预应力钢筋的公称直径）范围内应设置3～5片与预应力钢筋垂直的钢筋网。
- 对采用预应力钢丝配筋的薄板，在板端100 mm范围内应适当加密横向钢筋。

③ 对槽形板类构件，应在构件端部100 mm范围内沿构件板面设置附加横向钢筋，其数量不应少于2根。对预制肋形板，宜设置加强其整体性和横向刚度的横肋。端横肋的受力钢筋应弯入纵肋内。当采用先张长线法生产有端横肋的预应力混凝土肋形板时，应在设计和制作上采取防止放张预应力时端横肋产生裂缝的有效措施。

④ 在预应力混凝土屋面梁、吊车梁等构件靠近支座的斜向主拉应力较大部位，宜将一部分预应力钢筋弯起。

⑤ 对预应力钢筋在构件端部全部弯起的受弯构件或直线配筋的先张法构件，当构件端部与下部支撑结构焊接时，应考虑混凝土收缩、徐变及温度变化所产生的不利影响，宜在构件端部可能产生裂缝的部位设置足够的非预应力纵向构造钢筋。

5.3.3 后张法构件的构造要求

① 后张法预应力钢丝束、钢绞线束的预留孔道应符合下列规定。

- 对预制构件，孔道之间的水平净间距不宜小于50 mm；孔道至构件边缘的净间距不宜小于30 mm，且不宜小于孔道直径的一半。
- 在框架梁中，预留孔道在竖直方向的净间距不应小于孔道外径，水平方向的净间距不应小于1.5倍孔道外径；从孔壁算起的混凝土保护层厚度，梁底不宜小于50 mm，梁侧不宜小于40 mm。
- 预留孔道的内径应比预应力钢丝束或钢绞线束外径及需穿过孔道的连接器外径大10～15 mm。
- 在构件两端及跨中应设置灌浆孔或排气孔，其孔距不宜大于12 m。
- 凡制作时需要预先起拱的构件，预留孔道宜随构件同时起拱。

② 对后张法预应力混凝土构件的端部锚固区，应按下列规定配置间接钢筋。

- 应按规定进行局部受压承载力计算，并配置间接钢筋，其体积配筋率不应小于0.5%。
- 在局部受压间接钢筋配置区以外，在构件端部长度l不小于$3e$（e为截面重心线上部或下部预应力钢筋的合力点至邻近边缘的距离）但不大于$1.2h$（h为构件端部截面高度）、

高度为 $2e$ 的附加配筋区范围内，应均匀配置附加箍筋或网片，其体积配筋率不应小于 0.5%，如图 5－27 所示。

③ 在后张法预应力混凝土构件端部宜按下列规定布置钢筋。

• 宜将一部分预应力钢筋在靠近支座处弯起，弯起的预应力钢筋宜沿构件端部均匀布置。

• 当构件端部预应力钢筋需集中布置在截面下部或集中布置在上部和下部时，应在构件端部 $0.2h$（h 为构件端部截面高度）范围内设置附加竖向焊接钢筋网、封闭式箍筋或其他形式的构造钢筋。

④ 附加竖向钢筋宜采用带肋钢筋，其截面面积应符合下列要求。

• 当 $e \leqslant 0.1h$ 时，$A_{sv} \geqslant 0.3N_p/f_y$；当 $0.1h < e \leqslant 0.2h$ 时，$A_{sv} \geqslant 0.15N_p/f_y$；当 $e > 0.2h$ 时，可根据实际情况适当配置构造钢筋。

式中，N_p 为作用在构件端部截面重心线上部或下部预应力钢筋的合力，并乘以预应力分项系数 1.2，此时，仅考虑混凝土预压前的预应力损失值；e 为截面重心线上部或下部预应力钢筋的合力点至截面近边缘的距离。

• 当端部截面上部和下部均有预应力钢筋时，附加竖向钢筋的总截面面积应按上部和下部的预应力合力分别计算的数值叠加后采用。

⑤ 当构件在端部有局部凹进时，应增设折线构造钢筋（图 5－28）或其他有效的构造钢筋。

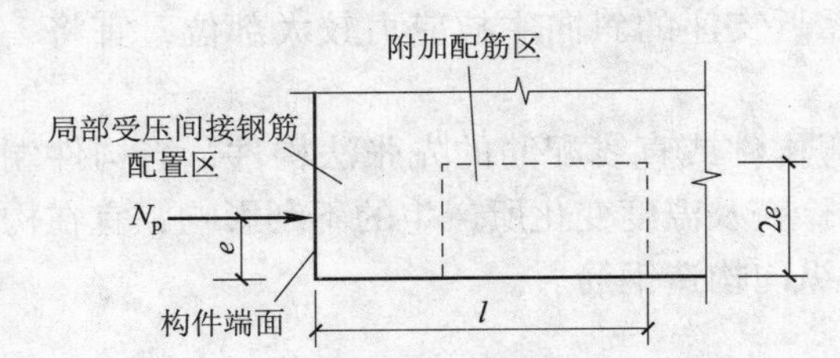

图 5－27 防止沿孔道劈裂的配筋范围

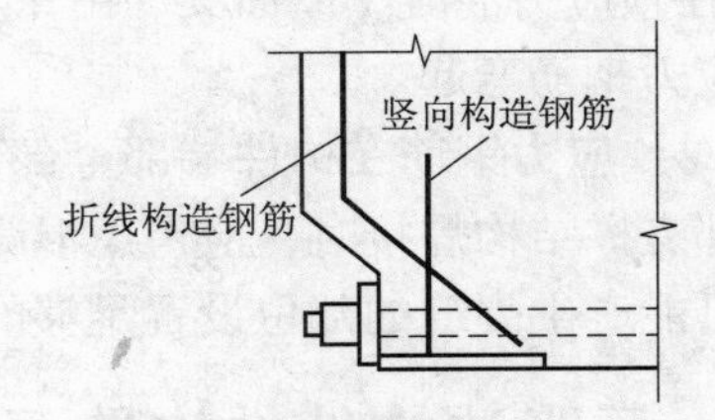

图 5－28 端部凹进处构造配筋

⑥ 后张法预应力混凝土构件中，曲线预应力钢丝束、钢绞线束的曲率半径不宜小于 4 m；对折线配筋的构件，在预应力钢筋弯折处的曲率半径可适当减小。

⑦ 在后张法预应力混凝土构件的预拉区和预压区，应设置纵向非预应力构造钢筋；在预应力钢筋弯折处，应加密箍筋或沿弯折处内侧设置钢筋网片。

⑧ 构件端部尺寸应考虑锚具的布置、张拉设备的尺寸和局部受压的要求，必要时应适当加大。在预应力钢筋锚具下及张拉设备的支撑处，应设置预埋钢垫板并按规定设置间接钢筋和附加构造钢筋。

对外露金属锚具，应采取可靠的防锈措施。

思 考 题

1. 为什么在钢筋混凝土受弯构件中不能有效地利用高强度钢筋和高强度混凝土？为什么在预应力混凝土构件中必须采用高强度钢筋和高强度混凝土？

2. 在预应力混凝土构件中，对钢材和混凝土性能有何要求？为什么？

3. 张拉控制应力 σ_{con} 为什么不能过高？为什么 σ_{con} 是按钢筋抗拉强度标准值确定的？为什么 σ_{con} 可以高于抗拉强度设计值？

4. 引起预应力损失的因素有哪些？如何减少各项预应力损失？

5. 何谓预应力钢筋的预应力传递长度？影响预应力钢筋预应力传递长度的因素有哪些？

6. 两个轴心受拉构件，设二者的截面尺寸、配筋及材料完全相同。一个施加了预应力，另一个没有施加预应力。有人认为前者在施加外荷载前钢筋中已存在有很大的拉应力，因此在承受轴心拉力以后，其钢筋的应力必然先到达抗拉强度。这种看法显然是不对的，试用公式表达，但不能简单地用 $N_u = f_{py}A_p$ 来说明。

7. 矩形截面预应力混凝土构件，预应力钢筋在截面上为对称配置。设在全部应力损失出现后，构件受到轴心压力的作用，试问当混凝土到达极限压应变 ε_{cu} 时，预应力钢筋中应力是多少？试写出其表达式。

8. 在预应力混凝土轴心受拉构件中，配置非预应力钢筋对抗裂度是有利的还是不利的？为什么？

9. 混凝土局部受压的应力状态和破坏特征如何？

10. 预应力混凝土受弯构件正截面承载力的计算应力图形如何？它与钢筋混凝土受弯构件有何异同？

11. 是否对所有预应力混凝土构件均可以考虑预应力对斜截面受剪承载力的提高？

12. 对施工阶段预拉区允许出现裂缝的构件为什么要控制非预应力钢筋的配筋率及钢筋直径？

13. 预应力混凝土受弯构件挠度计算与钢筋混凝土的挠度计算相比，有何特点？

14. 预应力混凝土受弯构件的最大裂缝宽度如何计算？它与钢筋混凝土偏心受压构件有何异同？

15. 预应力混凝土受弯构件正截面抗裂验算和斜截面抗裂验算如何进行？集中荷载对斜截面抗裂性能有何影响？

16. 预应力混凝土受弯构件在施工阶段应进行哪些验算？各项验算的要求如何？

习　题

5－1　某后张法预应力屋架下弦，采用 C40 混凝土（$f_{tk} = 2.45\ \text{N/mm}^2$），预应力钢筋截面面积 $A_p = 1\,131\ \text{mm}^2$，构件净截面面积 $A_n = 38\,400\ \text{mm}^2$，换算截面面积 $A_0 = 44\,670\ \text{mm}^2$，张拉控制应力 $\sigma_{con} = 595\ \text{N/mm}^2$，全部预应力损失 $\sigma_l = 135.5\ \text{N/mm}^2$，永久荷载与可变荷载标准值产生的轴向拉力分别为 360 kN 和 140 kN，可变荷载的准永久值系数为 0.5，取 $\alpha_{ct} = 0.5$。求：按一般要求不出现裂缝的构件（二级构件）进行抗裂验算。

5－2　已知某后张法轴拉构件，截面如图 5－29 所示。预留孔内有预应力筋 5ϕ10（$E_p = 2.0 \times 10^5\text{MPa}$，$f_{pyk} = 1\,470\ \text{MPa}$，$f_{py} = 1\,040\ \text{MPa}$，$A_p = 393\ \text{mm}^2$），截面内还配有非预应力钢筋 4$\phi$12（$E_c = 2.0 \times 10^5\text{MPa}$，$f_y = 300\ \text{MPa}$，$A_s = 452\ \text{mm}^2$），混凝土强度等级为 C40（$E_p = 3.25 \times 10^4\text{MPa}$，$f_c = 19.1\ \text{MPa}$，$f_{tk} = 2.39\ \text{MPa}$）。当混凝土达到设计强度后一次张拉预应力

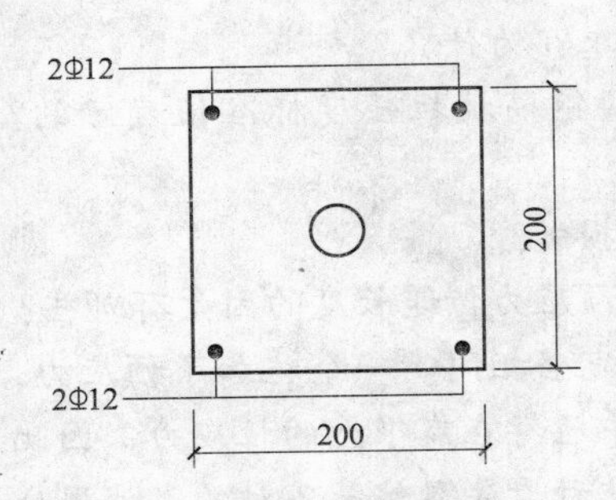

图 5－29　后张法轴拉构件截面

钢筋。该轴拉构件承受：轴心拉力设计值 $N=530$ kN，按荷载效应的标准组合计算的轴心拉力值 $N_k=450$ kN，按荷载效应的准永久组合计算的轴心拉力值 $N_q=370$ kN。且已知 $\sigma_{con}=0.75f_{pyk}$，$A_n=40\ 364\ mm^2$，$A_0=44\ 746\ mm^2$，$\sigma_{l1}=22$ MPa，$\sigma_{l2}=15$ MPa，$\sigma_{l3}=0$，$\sigma_{l4}=20$ MPa，$\sigma_{l5}=68$ MPa，要求：

（1）验算其承载力；

（2）验算其是否满足裂缝控制二级要求；

（3）验算施工阶段受压承载力是否满足要求。

5－3　先张法预应力混凝土梁的跨度为 9 m（计算跨度 $\lambda_0=8.75$ m，净跨 $\lambda_n=8.5$ m），截面尺寸和配筋如图 5－30 所示。承受的均布恒载标准值 $g_k=14.0$ kN/m，均布活荷载标准值 $q_k=12.0$ kN/m，混凝土强度等级为 C40（$\varphi_c=19.1\ N/mm^2$，$\varphi_t=1.71\ N/mm^2$，$\varphi_{tk}=2.39\ N/mm^2$，$E_c=3.25\times104\ N/mm^2$），预应力钢筋采用热处理钢筋（$\varphi_{ptk}=1\ 470\ N/mm^2$，$\varphi_{py}=1\ 040\ N/mm^2$，$\varphi'_{py}=400\ N/mm^2$，$E_p=2.0\times10^5N/mm^2$），预应力钢筋面积 $A_p=624.8\ mm^2$，$A'_p=624.8\ mm^2$，$a_p=43$ mm，$a'_p=25$ mm，箍筋采用 HPB235 钢筋。在 50 m 长线台座上生产，施工时采用超张拉，养护温差 $\Delta t=20$ ℃，混凝土强度达到设计规定的强度等级时放松钢筋。裂缝控制等级为一级，已知受拉区张拉控制应力 $\sigma_{con}=1\ 029\ N/mm^2$，受压区 $\sigma'_{con}=735\ N/mm^2$，锚具变形和钢筋内缩值 $a=5$ mm，准永久系数为 0.4。试进行如下计算：

① 正截面受弯承载力验算；

② 斜截面受剪承载力验算；

③ 施工阶段应力验算；

④ 正常使用阶段的裂缝控制验算；

⑤ 正常使用阶段的变形验算。

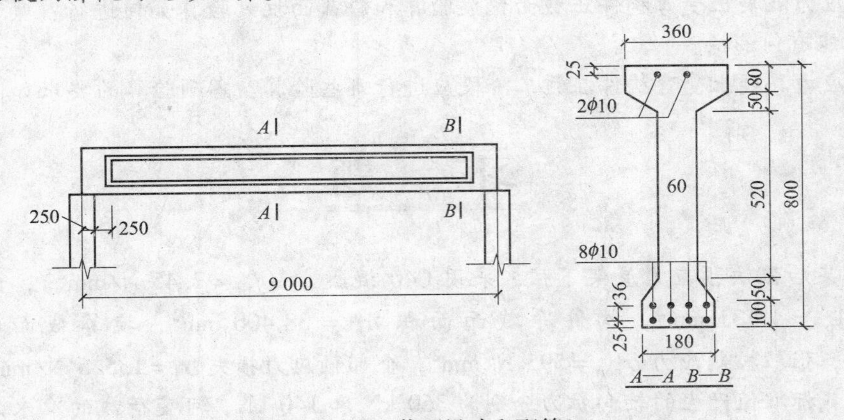

图 5－30　截面尺寸和配筋

第6章

混凝土与石结构

【本章内容概要】

本章介绍了混凝土与石结构的基本概念与相关材料及其力学性能，介绍了混凝土与石结构的设计原则。

【本章学习重点与难点】

学习重点：砌体结构的基本砌筑方式、破坏过程，砌体受压构件承载力计算原则。

学习难点：混凝土受压构件承载力计算；抗弯承载力计算。

6.1 概　述

6.1.1　概念

采用胶结材料（砂浆、小石子混凝土等）将石料等块材连接成整体的结构物，称为石结构。《公路圬工桥涵设计规范》（JTG D61—2005）中对由预制或整体浇筑的素混凝土、片石混凝土构成的结构物，称之为混凝土结构。以上两种结构通常称为圬工结构。由于圬工材料（石料、混凝土等）的力学特点是抗压强度大，而其抗拉、抗剪性能比较差，因此圬工结构在工程中通常被用做以承压为主的结构构件，如拱桥的拱圈，涵洞、桥梁的重力式墩台，扩大基础及重力式挡土墙等。

圬工结构常以砌体的形式出现。砌体是由不同尺寸和形状的石料及混凝土预制块通过砂浆等胶凝材料按一定的砌筑规则砌成，并满足构件设计尺寸和形状要求的受力整体。砌体中所使用的一定规格（尺寸、形状、强度等级等）的石料及混凝土预制块称为块材。

石结构及混凝土结构之所以能够在桥涵工程和其他建筑工程中得到广泛应用，重要的原因是其本身具有以下优点：

① 原材料分布广，易于就地取材，价格低廉；

② 耐久性、耐腐蚀、耐污染等性能较好，材料性能比较稳定，维修养护工作量小；

③ 与钢筋混凝土结构相比，可节约水泥用材和木材；

④ 施工不需要特殊的设备，施工简便，并可以连续施工；

⑤ 具有较强的抗冲击性能和超载性能。

石结构及混凝土结构也存在一些明显的缺点，限制了其应用范围，例如：

① 因砌体的强度较低，故构件截面尺寸大，造成自重很大；

② 砌体工作相当繁重，操作主要依靠手工方式，机械化程度低，施工周期长；

③ 砌体是靠砂浆的黏结作用将块材形成整体，砂浆和块材间的黏结力相对较弱，抗拉、抗弯、抗剪强度很低，抗震能力也差，同时砌体属于一种松散结构，经长期振动后易产生裂缝。

6.1.2 圬工结构的材料

1. 石料

常用的天然石料主要有花岗岩、石灰岩等，工程上依据石料的开采方法、形状、尺寸和表面粗糙程度的不同，将其分为下列几种。

① 细料石。厚度200～300 mm的石材，宽度为厚度的1.0～1.5倍，长度为厚度的2.5～4.0倍，表面凹陷深度不大于10 mm，外形方正的六面体。

② 半细料石。表面凹陷深度不大于15 mm，其他同细料石。

③ 粗料石。表面凹陷深度不大于20 mm，其他同细料石。

④ 块石。厚度200～300 mm的石材，形状大致方正，宽度约为厚度的1.0～1.5倍，长度约为厚度的1.5～3.0倍。

⑤ 片石。厚度不小于150 mm的石材，砌筑时敲去其尖锐凸出部分，平稳放置，可用小石块填塞空隙。

桥涵中所用石材强度等级：MU120、MU100、MU80、MU60、MU50、MU40、MU30。石材强度设计值见表6-1。石材的强度等级，应用含水饱和试件的边长用70 mm的立方体试块的抗压强度表示。试件也可采用表6-2所列边长尺寸的立方体，将其试验结果乘以相应的换算系数后作为石材的强度。

表6-1　石材强度设计值　　MPa

强度类别 \ 强度等级	MU120	MU100	MU80	MU60	MU50	MU40	MU30
轴心抗压f_{cd}	31.78	26.49	21.19	15.89	13.24	10.59	7.95
弯曲抗拉f_{tmd}	2.18	1.82	1.45	1.09	0.91	0.73	0.55

表6-2　石材试件强度的换算系数

立方体试件边长/mm	200	150	100	70	50
换算系数	1.43	1.28	1.14	1.00	0.86

石料多为就地取材，因而常用于山区及其附近城市。上述石料分类所耗加工量依次递减，以同样等级砂浆砌筑的五种石料，其砌体抗压极限强度也依次递减。砌体表面美观程度也是如此。所以石料选择应根据当地情况、施工工期和美观要求确定，并满足下列要求。

① 累年最冷月平均气温等于或低于-10 ℃的地区，所用的石材抗冻性指标应符合表6-3的规定。

表6-3　石材抗冻性指标

结构物部位	大、中桥	小桥及涵洞
镶面或表面石材	50	25

注：① 抗冻性指标是指材料在含水饱和状态下经过-15 ℃的冻结与20 ℃融化的循环次数。试验后的材料应无明显损伤（裂缝、脱层），其强度不应低于试验前的0.75倍。

② 根据以往实践经验证明材料确有足够抗冻性能者，可不做抗冻试验。

② 石材应具有耐风化和抗侵蚀性。用于浸水或气候潮湿地区的受力结构的石材，软化系数不应低于0.8。

注：软化系数是指石材在含水饱和状态下与干燥状态下试块极限抗压强度的比值。

2. 混凝土

混凝土预制块是根据使用及施工要求预先设计成一定形状及尺寸后浇制而成，其尺寸要求不低于粗料石，且其表面应较为平整。混凝土预制块形状、尺寸统一，砌体表面整齐美观；尺寸较黏土砖大，可以提高抗压强度，节省砌缝砂浆，减少劳动量，加快施工进度；混凝土块可提前预制，使其收缩尽早消失，避免构件开裂。采用混凝土预制块，可节省石料的开采加工工作；对于形状复杂的材料，难以用石料加工时，更显混凝土预制块的优越性。

整体浇筑的素混凝土结构因结构内缩应力很大，受力不利，且浇筑时需消耗大量木材，工期长，花费劳动力多，质量也难控制，故较少采用。

桥涵工程中的大体积混凝土结构，如墩身、台身等，常采用片石混凝土结构，它是在混凝土中分层加入含量不超过混凝土体积20%的片石，片石强度等级不低于表6－1规定的石材最低强度等级，且不应低于混凝土强度等级。片石混凝土各项强度、弹性模量和剪变模量可按同强度等级的混凝土采用。

小石子混凝土是由胶凝材料（水泥），粗骨料（细卵石或碎石，粒径不大于20 mm），细粒料（砂）和水拌制而成。小石子混凝土比相同砂浆砌筑的片石、块石砌体抗压极限强度高10%～30%，可以节约水泥和砂，在一定条件下是一种水泥砂浆的代用品。

混凝土强度设计值按表6－4取用。

表6－4　混凝土强度设计值

强度类别＼强度等级	C40	C35	C30	C25	C20	C15
轴心抗压f_{cd}	15.64	13.69	11.73	9.78	7.82	5.87
弯曲抗拉f_{tmd}	1.24	1.14	1.04	0.92	0.80	0.66
直接抗剪f_{vd}	2.48	2.28	2.09	1.85	1.59	1.32

3. 砂浆

砂浆是由胶结料（水泥，石灰和黏土等）、粒料（砂）和水拌制而成。砂浆在砌体中的作用是将砌体内的块材连接成整体，并可抹平块材表面而促使应力分布较为均匀。此外，砂浆填满块材间的缝隙，也提高了砌体的保温性和抗冻性。

砂浆按其胶结料的不同可分为：

① 水泥砂浆；

② 混合砂浆（如水泥石灰砂浆，水泥黏土砂浆等）；

③ 非水泥砂浆。

由于混合砂浆和非水泥砂浆的强度较低，使用性能较差，故桥涵工程中大多采用水泥砂浆。但在缺乏水泥的地区，可依结构物的部位以及重要性程度有选择性地使用石灰水泥砂浆。

砂浆的物理力学性能指标是指砂浆的强度、和易性和保水性。

砂浆的强度等级用M××表示，是指边长为70.7 mm×70.7 mm×70.7 mm的砂浆立方体试块经 28 d 的标准养护，按统一的标准试验方法测得的极限抗压强度，单位为 MPa。有 M5、M7.5、M10、M15、M20 等级别。

砂浆的和易性是指砂浆在自身与外力作用下的流动性能，实际上反映了砂浆的可塑性。和易性用锥体沉入砂浆中的深度测定，锥体的沉入程度根据砂浆的用途加以规定。和易性好的砂浆不但操作方便，能提高劳动生产率，而且可以使砂浆缝饱满、均匀、密实，使砌体具有良好的质量。对于多孔及干燥的砖石，需要和易性较好的砂浆；对于潮湿及密实的砖石，和易性要求较低。

砂浆的保水性是指砂浆在运输和砌筑过程中保持其水分的能力，它直接影响砌体的砌筑质量。在砌筑时，块材将吸收一部分水分，当吸收的水分在一定范围内时，对砌缝中的砂浆强度和密度有良好的影响。但是，如果砂浆的保水性很差，新铺在块材面上的砂浆水分将很快散失或被块材吸收，使砂浆难以抹平，因而降低砌体的质量，同时砂浆因失去过多水分而不能正常硬化，从而大大降低砌体的强度。因此在砌筑砌体前，对吸水性较大的干燥块材，必须洒水湿润其表面。砂浆的保水性用分层度表示。测定砂浆的和易性后，将砂浆静置 30 min 再测其沉入度，前后两次沉入度之差即为砂浆的分层度，一般为 10 ～20 mm。

当提高水泥砂浆的强度时，其抗渗性有所提高，但和易性及保水性却有所下降。当砂浆中掺入塑化剂后，不但可以增加砂浆的和易性，提高砌筑劳动生产率，还可能提高砂浆的保水性，以保证砌筑质量。至于塑性掺和料的数量，要视砂浆的强度、水泥的强度等级及砂子的粒度而定。当砂浆所需强度较小而水泥强度等级较高时，所用可塑性掺和料则可能多些。但必须注意的是，如使用过多，反而会增加灰缝中砂浆的横向变形，因而导致砌体强度降低。

4. 砌体

根据所用块材的不同，常将砌体分以下几类。

1）*片石砌体*

片石应分层砌筑，砌筑时敲击其尖锐凸出部分，并交错排列，互相咬接，竖缝应相互错开，不得贯通；片石应放置平稳，避免过大空隙，并用小石子填塞空隙（不得支垫）；砂浆用量不宜超过砌体体积的 40%，以防止砂浆的收缩过大，同时也可节省水泥用量。砌缝宽度一般应不大于 40mm，宜以 2 ～3 层砌块组成一工作层，每一工作层的水平缝应大致找平。

2）*块石砌体*

块石应平整，每层石料高度应大致一致，并错缝砌筑。砌缝宽度不宜过宽，否则影响砌体总体强度，而且多耗用水泥。一般水平缝不大于 30 mm，竖缝不大于 40 mm。上下层竖缝错开距离 380 mm。

3）*粗料石砌体*

砌筑前应按石料厚度与砌缝宽度预先计算层数，选好面料。砌筑时面料应安放端正，保证砌缝平直。为保证强度要求和外表整齐、美观，砌缝宽度不大于 20 mm，并应错缝砌筑，错缝距离不小于 100 mm。

4）*半细料石砌体*

砌缝宽度不大于 15 mm，错缝砌筑，其他要求同粗料石。

5）*细料石砌体*

砌缝宽度不大于 10 mm，错缝砌筑，其他要求同粗料石。

6）混凝土预制块砌体

砌筑要求同粗料石砌体。

上述砌体中，除片石砌体外，其余五种砌体统称为规则块石砌体。砌筑时，应遵循砌体的砌筑规则，以保证砌体的整体性和受力性能，使砌体的受力尽可能均匀、合理。如果石材或混凝土预制块排列分布不合理，使各层块材的竖向灰缝重合于几条垂直线上，就会将砌体分割成彼此无联系的几个部分，不仅不能很好地承受外力，也削弱甚至破坏了结构物的整体工作性能。为使砌体构成一个受力整体，砌体中的竖向灰缝应上下错缝，内外搭砌。例如，砖砌体的砌筑多采用一顺一丁、梅花丁和三顺一丁砌法，如图6－1所示。

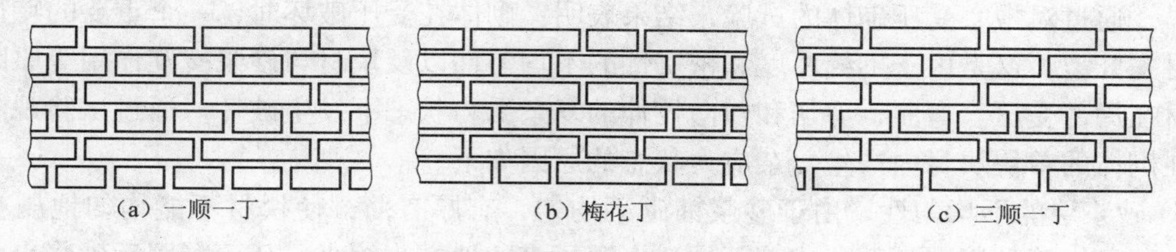

（a）一顺一丁　（b）梅花丁　（c）三顺一丁

图6－1　砖砌体的砌筑方法

在桥涵工程中，砌体种类的选用应根据结构构件的大小、重要程度、工作环境、施工条件及材料供应等情况综合考虑。考虑到结构耐久性和经济性的要求，根据构造部位的重要性及尺寸大小不同，各种结构物所用的石、混凝土材料及其砂浆的最低强度等级见表6－5。

表6－5　圬工材料的最低强度等级

结构物种类	材料最低强度等级	砌筑砂浆最低强度等级
拱圈	MU50 石材 C25 混凝土（现浇） C30 混凝土（砌块）	M10（大、中桥） M7.5（上桥涵）
大、中桥墩台及基础，梁式轻型桥台	MU40 石材 C25 混凝土（现浇） C30 混凝土（砌块）	M7.5
小桥涵墩台、基础	MU30 石材 C20 混凝土（现浇） C25 混凝土（砌块）	M5

砌体中的砂浆强度应与块材强度相匹配，强度高的块材宜配用强度等级高的砂浆，强度低的块材则使用强度等级低的砂浆，块材使用前必须浇水湿润并清洗干净，以避免砂浆中的水分在凝结前被吸收而影响砂浆的硬化作用，保证黏结力。

砌体中的砖石及混凝土材料，除应符合规定的强度外，还应具有耐风化的抗侵蚀性。位于侵蚀性水中的结构物，配置砂浆或混凝土的水泥，应采用具有抗侵蚀性的特种水泥，或采取其他防护措施。对于月平均气温低于－10 ℃的地区，所用的石及混凝土材料，除气候干旱地区的不受冰冻外，均应符合规范有关规定。

6.2 砌体的强度与变形

6.2.1 砌体的抗压强度

1. 砌体中实际应力状态

砌体是由单块块材用砂浆黏结而成，因而它的受压工作与匀质的整体结构构件也有很大的差异。通过对中心受压砌体的试验，结果表明：砌体在受压破坏时，一个重要的特征是单块块材先开裂，这是由于砌缝厚度和密实性的不均匀性以及块材与砂浆交互作用等原因，导致块材在局部受压、弯曲、剪切和横向拉伸的复杂受力状态下发生破坏。通过试验观测和分析，在砌体的单块块材内产生复杂应力状态的原因如下。

① 砂浆层的不均匀性。由于砂浆铺砌不均匀，有厚有薄，使块材不能均匀地压在砂浆层上，而且由于砂浆层各部分成分不均匀，砂子多的地方收缩小，从而凝固后砂浆表面出现凹凸不平，再加上块材表面不平整，因而实际上块材和砂浆并非全面接触。所以，块材在砌体受压时实际上处于受弯、受剪与局部受压的复杂应力状态，如图 6-2（a）所示。

② 块材和砂浆的横向变形差异。如图 6-2（b）所示，块材和砂浆砌合后的横向尺寸为 b_0。假使块材和砂浆受压后各自能自行变形，则块材的横向变形小（由 $b_0 \rightarrow b_1$），砂浆的横向变形大（由 $b_0 \rightarrow b_2$），且 $b_2 > b_1$。但实际上块材和砂浆间的黏结力和摩擦力约束了它们彼此间的自由横向变形，砌体受压后的横向尺寸只能由 b_0 变至 b（$b_0 > b > b_1$）。这时，块材的尺寸由 b_1 增加至 b，必然会受到一个横向拉力，砂浆的尺寸由 b_2 压缩到 b，必然会受到一个横向压力。

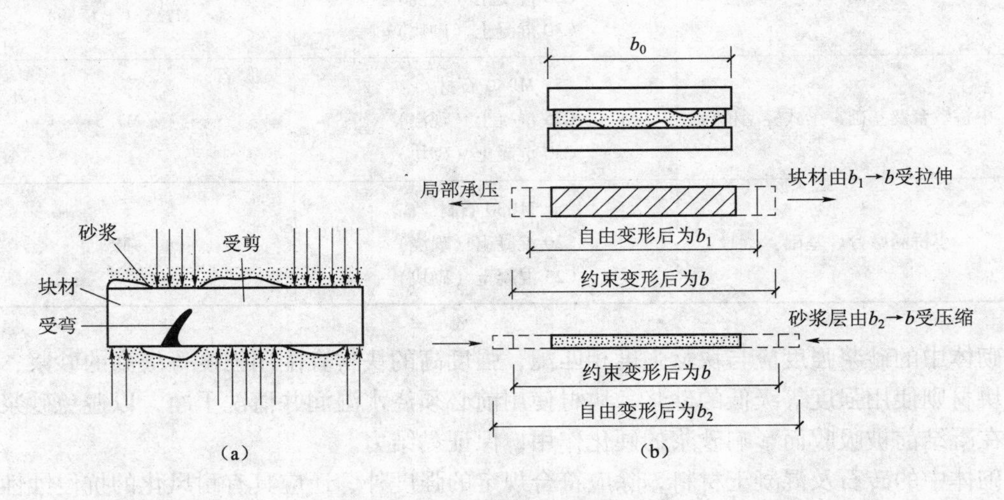

图 6-2 砌体中的应力状态

综上所述，在均匀压力作用下，砌体内的砌块并不处于均匀受压状态，而是处于压缩、局部受压、弯曲、剪切和横向拉伸的复杂受力状态。由于块材的抗弯、抗拉强度很低，所以砌体在强度远小于块材的极限抗压强度时就出现了裂缝，裂缝的扩展损害了砌体的整体工作，以致在承受作用时发生侧向凸出而破坏。所以说砌体的抗压强度总是低于块材的抗压强度，这是砌体受压性能不同于其他建筑材料受压性能的基本点。

2. 影响砌体抗压强度的主要因素

（1）块材的强度、尺寸和形状

块材是砌体的主要组成部分，在砌体中处于复杂的受力状态，因此，块材的强度对砌体强度起主要的作用。

增加块材厚度的同时，其截面面积和抵抗矩相应加大，提高了块材的抗弯、抗剪、抗拉的能力，砌体强度也相应增大。

块材的形状规则与否也直接影响砌体的抗压强度，因为块材表面不平整也会使砌体灰缝厚薄不均，从而降低砌体的抗压强度。

（2）砂浆的物理力学性能

除砂浆的强度直接影响砌体的抗压强度外，砂浆等级过低将加大块材和砂浆的横向差异，从而降低砌体强度。但应注意单纯提高砂浆等级并不能使砌体抗压强度有很大提高。

砂浆的和易性和保水性对砌体强度也有影响。和易性好的砂浆较易铺砌成饱满、均匀、密实的灰缝，可以减小块材内的复杂应力，使砌体强度提高。但砂浆内水分过多，会导致砌缝的密实性降低，砌体强度反而降低。因此，作为砂浆和易性指标的标准圆锥沉入度，对片石、块石砌体，控制在50～70 mm；对粗料面及砖砌体，控制在70～100 mm。

（3）砌筑质量的影响

砌筑质量的标志之一是灰缝的质量，包括灰缝的均匀性和饱满程度。砂浆铺砌得均匀、饱满，可以改善块材在砌体内的受力性能，使之比较均匀地受压，提高砌体抗压强度；反之，则将降低砌体强度。

另外，灰缝厚薄对砌体抗压强度的影响也不能忽视。灰缝过厚、过薄都难以保证均匀密实，灰缝过厚还将增加砌体的横向变形。

3. 砌体抗压极限强度

《公路圬工桥涵设计规范》（JTG D61—2005）对砂浆砌体抗压强度设计值规定如下。

① 混凝土预制块砂浆砌体抗压强度设计值f_{cd}应按表6-6所示的规定采用。

表6-6　混凝土预制块砂浆砌体抗压强度设计值f_{cd}　MPa

砌块强度等级	砂浆强度等级					砂浆强度
	M20	M15	M10	M7.5	M5	0
C40	8.25	7.04	5.84	5.24	4.64	2.06
C35	7.71	6.59	5.47	4.90	4.34	1.93
C30	7.14	6.10	5.06	4.54	4.02	1.79
C25	6.52	5.57	4.62	4.14	3.67	1.63
C20	5.83	4.98	4.13	3.70	3.28	1.46
C15	5.05	4.31	3.58	3.21	2.84	1.26

② 块石砂浆砌体抗压强度设计值f_{cd}应按表6-7所示的规定采用。

表 6－7 块石砂浆砌体抗压强度设计值 f_{cd} MPa

砌块强度等级	砂浆强度等级					砂浆强度
	M20	M15	M10	M7.5	M5	0
MU120	8.42	7.19	5.96	5.35	4.73	2.10
MU100	7.68	6.56	5.44	4.88	4.32	1.92
MU80	6.87	5.87	4.87	4.37	3.86	1.72
MU60	5.95	5.08	4.22	3.78	3.35	1.49
MU50	5.43	4.64	3.85	3.45	3.05	1.36
MU40	4.86	4.15	3.44	3.09	2.73	1.21
MU30	4.21	3.59	2.98	2.67	2.37	1.05

注：对各类石砌体，应按表中数值分别乘以下列系数：细料石砌体为 1.5，半细料石砌体为 1.3，粗料石砌体为 1.2，干砌块石砌体可采用砂浆强度为零时的抗压强度设计值。

③ 片石砂浆砌体抗压强度设计值 f_{cd} 应按表 6－8 所示的规定采用。

表 6－8 片石砂浆砌体抗压强度设计值 f_{cd} MPa

砌块强度等级	砂浆强度等级					砂浆强度
	M20	M15	M10	M7.5	M5	0
MU120	1.97	1.68	1.39	1.25	1.11	0.33
MU100	1.80	1.54	1.27	1.14	1.01	0.30
MU80	1.61	1.37	1.14	1.02	0.90	0.27
MU60	1.39	1.19	0.99	0.88	0.78	0.23
MU50	1.27	1.09	0.90	0.81	0.71	0.21
MU40	1.14	0.97	0.81	0.72	0.64	0.19
MU30	0.98	0.84	0.70	0.63	0.55	0.16

注：干砌片石砌体可采用砂浆强度为零时的抗压强度设计值。

6.2.2 砌体的抗拉、抗弯与抗剪强度

圬工砌体多用于承受压力为主的承压结构中，但在实际工程中，砌体也常常处于受拉、受弯或受剪状态。如图 6－3（a）所示的挡土墙，在墙后土的侧压力作用下，挡土墙砌体发生沿通缝截面 1—1 的弯曲受拉；如图 6－3（b）所示有扶壁的挡土墙，在垂直截面中将发生沿齿缝截面 2—2 的弯曲受拉；如图 6－3（c）所示的拱脚附近，由于水平推力的作用，将发生沿通缝截面 3—3 的受剪。

在大多数情况下，砌体的受拉、受弯及受剪破坏一般均发生在砂浆与块材的黏结面上，此时，砌体的抗拉、抗弯与抗剪强度将取决于砌缝的宽度，也取决于砌缝中砂浆与块材的黏结强度。根据砌体受力方向的不同，黏结强度分为作用力垂直于砌缝时的法向黏结力和平行于砌缝时的切向黏结力，在正常情况下，黏结强度值与砂浆的强度等级有关。

按照外力作用于砌体的方向，砌体的受拉、弯曲受拉和受剪破坏情况简述如下。

1. 轴心受拉

在平行于水平灰缝的轴心拉力作用下，砌体可能沿齿缝截面发生破坏，如图 6－4（a）

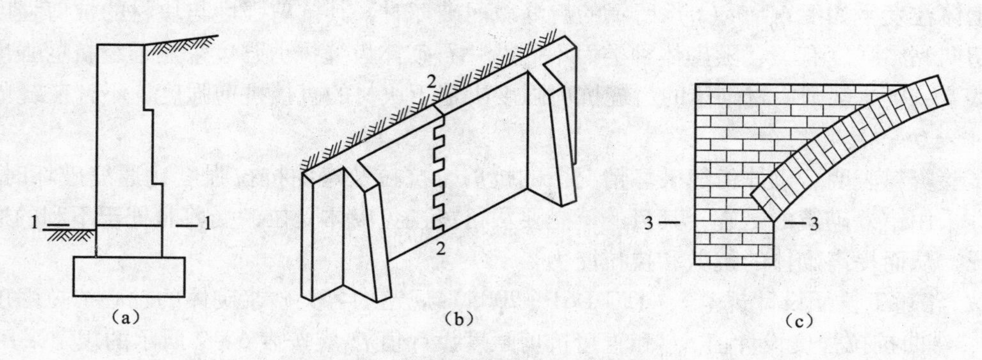

图6－3　砌体中常见的几种受力情况

所示，其强度主要取决于灰缝的法向及切向黏结强度。当拉力作用方向与水平灰缝垂直时，砌体可能沿截面发生破坏，如图6－4（b）所示，其强度主要取决于灰缝的法向黏结强度。由于法向黏结强度不易保证，工程中一般不容许采用利用法向黏结强度的轴心受拉构件。

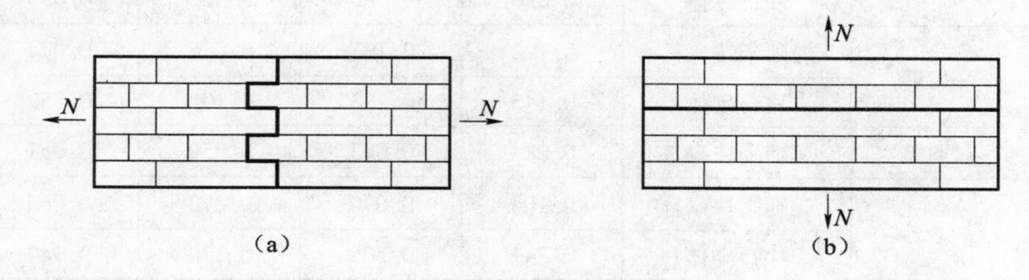

图6－4　轴心受拉砌体破坏形式

2. 弯曲受拉

如图6－3（a）的所示，砌体可能沿1—1通缝截面发生破坏，其强度主要取决于灰缝的法向黏结强度。

如图6－3（b）所示，砌体可能沿2—2齿缝截面发生破坏，其强度主要取决于灰缝的切向黏结强度。

3. 受剪

砌体可能发生如图6－5（a）所示的通缝截面受剪破坏，其强度主要取决于灰缝的黏结强度。

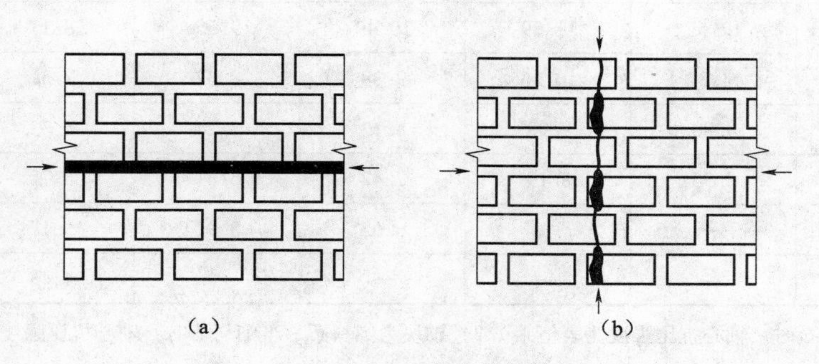

图6－5　剪切破坏位置

砌体在发生如图6－5（b）所示的齿缝截面破坏时，其抗剪强度与块材的抗剪强度及砂浆的切向黏结强度有关，随砌体种类而不同。片石砌体齿缝抗剪强度采用通缝抗剪强度的两倍（表6－9）。规则块材砌体的齿缝抗剪强度决定于块材的直接抗剪强度，不计灰缝的抗剪强度（表6－9）。

试验资料表明，砌体齿缝破坏情况下的抗剪、抗拉及弯曲抗拉强度比通缝破坏时要高，因此，采用错缝砌筑的措施，其目的就是要尽可能避免砌体受拉、受剪时处于不利的通缝破坏情况，从而提高砌体的抗剪和抗拉能力。

《公路圬工桥涵设计规范》（JTG D61—2005）规定的各类砂浆砌体的轴心抗拉强度设计值f_{cd}、弯曲抗拉强度设计值f_{tmd}和直接抗剪强度设计值f_{vd}应按表6－9所示的规定采用。

表6－9　砂浆砌体轴心抗拉、弯曲抗拉和直接抗剪强度设计值　MPa

强度类别	破坏特征	砌体种类	砂浆强度等级				
			M20	M15	M10	M7.5	M5
轴心抗拉f_{cd}	齿缝	规则砌块砌体	0.104	0.090	0.073	0.063	0.052
		片石砌体	0.096	0.083	0.068	0.059	0.048
弯曲抗拉f_{tmd}	齿缝	规则砌块砌体	0.122	0.105	0.086	0.074	0.061
		片石砌体	0.145	0.125	0.102	0.089	0.072
	通缝	规则砌块砌体	0.084	0.073	0.059	0.051	0.042
直接抗剪f_{vd}	—	规则砌块砌体	0.104	0.090	0.073	0.063	0.052
		片石砌体	0.241	0.208	0.170	0.147	0.120

注：① 砌体龄期为28 d。

② 规则砌块石砌体包括：块石砌体、粗料石砌体、半细料石砌体、细料石砌体、混凝土预制块砌体。

③ 规则砌块砌体在齿缝方向受剪时，砌块和灰缝均剪破。

小石子混凝土砌块石、片石砌体强度设计值，应分别按表6－10、表6－11、表6－12所示的规定采用。

表6－10　小石子混凝土砌块石砌体轴心抗压强度f_{cd}设计值　MPa

石材强度等级	小石子混凝土强度等级					
	C40	C35	C30	C25	C20	C15
MU120	13.86	12.69	11.49	10.25	8.95	7.59
MU100	12.65	11.59	10.49	9.35	8.17	6.93
MU80	11.32	10.36	9.38	8.37	7.31	6.19
MU60	9.80	9.98	8.12	7.24	6.33	5.36
MU50	8.95	8.19	7.42	6.61	5.78	4.90
MU40	—	—	6.63	5.92	5.17	4.38
MU30	—	—	—	—	4.48	3.79

注：砌块为粗料石时，轴心抗压强度为表值乘1.2；砌块为细料石、半细料石时，轴心抗压强度为表值乘以1.4。

表 6-11　小石子混凝土片石砌体轴心抗压强度 f_{cd} 设计值　MPa

石材强度等级	小石子混凝土强度等级			
	C30	C25	C20	C15
MU120	6.94	6.51	5.99	5.36
MU100	5.30	5.00	4.63	4.17
MU80	3.94	3.74	3.49	3.17
MU60	3.23	3.09	2.91	2.67
MU50	2.88	2.77	2.62	2.43
MU40	2.50	2.42	2.31	2.16
MU30	—	—	1.95	1.85

表 6-12　小石子混凝土砌块石、片石砌体轴心抗拉、弯曲抗拉和直接抗剪强度设计值　MPa

强度类别	破坏特征	砌体种类	混凝土强度等级					
			C40	C35	C30	C25	C20	C15
轴心抗拉 f_{cd}	齿缝	块石	0.285	0.267	0.247	0.226	0.202	0.175
		片石	0.425	0.398	0.368	0.336	0.301	0.260
弯曲抗拉 f_{tmd}	齿缝	块石	0.335	0.313	0.290	0.265	0.237	0.205
		片石	0.493	0.461	0.427	0.387	0.349	0.300
	通缝	块石	0.232	0.217	0.201	0.183	0.164	0.142
直接抗剪 f_{vd}	—	块石	0.285	0.267	0.247	0.226	0.202	0.175
		片石	0.425	0.398	0.368	0.336	0.301	0.260

注：对其他规则砌块石砌体强度值为表内砌块石砌体强度值乘以下列系数：粗料石砌体 0.7，细料石、半细料石砌体 0.35。

6.2.3　圬工砌体的温度变形与弹性模量

1. 圬工砌体的温度变形

圬工砌体的温度变形在计算超静定结构温度变化所引起的附加内力时应予考虑。温度变形的大小随砌筑块材与砂浆的不同而不同。设计中，把温度每升高 1 ℃，单位长度砌体的线性伸长称为该砌体的温度膨胀系数，又称线膨胀系数。用水泥砂浆砌筑的圬工砌体的膨胀系数为：

混凝土　1.0×10^{-5} ℃$^{-1}$

各种砌体　0.8×10^{-5} ℃$^{-1}$

混凝土预制块砌体　0.9×10^{-5} ℃$^{-1}$

2. 圬工砌体的弹性模量

试验表明，圬工砌体为弹性塑性体。圬工砌体在受压时，应力与应变之间的关系不符合胡克定律，砌体的变形模量 $E=\mathrm{d}\sigma/\mathrm{d}\varepsilon$，是一个变量。《公路圬工桥涵设计规范》（JTG D61—2005）规定混凝土及各类砌体的受压弹性模量应分别按表 6-13、表 6-14 的规定采用。混凝土和砌体的剪变模量 G_c 和 G_m 分别取其受压弹性模量的 0.4。

表 6-13 混凝土的受压弹性模量 E_c MPa

混凝土强度等级	C40	C35	C30	C25	C20	C15
弹性模量 E_c	3.25×10^4	3.15×10^4	3.00×10^4	2.80×10^4	2.55×10^4	2.20×10^4

表 6-14 各类砌体受压弹性模量 E_m MPa

砌体种类	砂浆强度等级				
	M20	M15	M10	M7.5	M5
混凝土预制块砌体	$1\ 700f_{cd}$	$1\ 700f_{cd}$	$1\ 700f_{cd}$	$1\ 600f_{cd}$	$1\ 500f_{cd}$
粗料石、块石及片石砌体	7 300	7 300	7 300	5 650	4 000
细料石、半细料石砌体	22 000	22 000	22 000	17 000	12 000
小石子混凝土砌体	$2\ 100f_{cd}$				

注：f_{cd}为砌体抗压强度设计值。

3. 圬工砌体之间或与其他材料间的摩擦因数 μ_f

污工砌体之间或与其他材料间的摩擦因数 μ_f 按表 6-15 取用。

表 6-15 砌体的摩擦因数 μ_f

材料种类	摩擦面情况	
	干燥	潮湿
砌体沿砌体或混凝土滑动	0.70	0.60
木材沿砌体滑动	0.60	0.50
钢沿砌体滑动	0.45	0.35
砌体沿砂或卵石滑动	0.60	0.50
砌体沿粉土滑动	0.55	0.40
砌体沿黏性土滑动	0.50	0.30

6.3 圬工结构的承载力计算

6.3.1 设计原则

在《公路圬工桥涵设计规范》（JTG D61—2005）中，圬工结构的设计采用以概率理论为基础的极限状态设计方法，以可靠指标度量结构构件的可靠度，采用分项系数的设计表达式进行计算。

圬工桥涵结构应按承载能力极限状态设计，并满足正常使用极限状态的要求。但根据圬工桥涵结构的特点，其正常使用极限状态的要求一般情况下可由相应的构造措施来保证。

圬工桥涵结构的承载能力极限状态应按以下安全等级进行设计。

① 特大桥、重要大桥的安全等级为一级，其破坏后果很严重，设计可靠度最高。

② 大桥、中桥、重要小桥的安全等级为二级，其破坏后果严重，设计可靠度中等。

③ 小桥、涵洞的安全等级为三级，其破坏后果不严重，设计可靠度较低。

圬工结构的设计原则是：作用效应组合的设计值小于或等于结构构件承载力的设计值。其表达式为

$$\gamma_0 S \leqslant R(f_d, \alpha_d) \tag{6-1}$$

式中：γ_0——结构重要性系数，对应于一级、二级、三级设计安全等级分别取用 1.1，1.0，0.9；

S——作用效应组合设计值；

$R(f_d, \alpha_d)$——构件承载力设计值函数；

f_d——材料强度设计值；

α_d——几何参数设计值，可采用几何参数标准值 α_k，即设计文件规定值。

6.3.2 圬工受压构件正截面承载力计算

1. 偏心距在限值内的圬工受压构件轴向承载力计算

偏心距的限值按表 6-16 取用。

表 6-16 受压构件偏心距限值

作用（荷载）组合	偏心距限值 e
基本组合	$\leqslant 0.6s$
偶然组合	$\leqslant 0.7s$

注：① 混凝土结构单向偏心的受拉一边或双向偏心的受拉一边，当设有不小于截面积 0.05% 的纵向钢筋时，表内规定值可增加 $0.1s$；

② 表中 s 值为截面或换算截面重心轴至偏心方向截面边缘的距离。

1）*砌体受压构件*

砌体（包括砌体与混凝土组合）受压构件，当轴向力偏心距在限值以内时，承载力按下式计算：

$$\gamma_0 N_d < \varphi A f_{cd} \tag{6-2}$$

式中：N_d——轴向力设计值；

A——构件截面面积；

f_{cd}——砌体或混凝土抗压强度设计值，按表 6-4、表 6-6、表 6-7、表 6-8、表 6-10、表 6-11 的规定取用，对组合截面应采用标准层抗压强度设计值；

φ——构件轴向力的偏心距 e 和长细比 β 对受压构件承载力的影响系数。

2）*混凝土受压构件*

混凝土偏心受压构件，在表 6-16 规定的受压偏心距限值范围内，当按受压承载力计算时，假定受压区的法向应力图形为矩形，其应力取混凝土抗压强度设计值，此时，取轴向力作用点与受压区法向应力的合力作用点相重合的原则（图 6-6）确定受压区面积 A_c。受压承载力应按下列公式计算：

$$\gamma_0 N_d \leqslant \varphi f_{cd} A_c \tag{6-3}$$

（1）单向偏心受压

受压区高度 h_c 应按下列条件确定（图 6-6（a））：

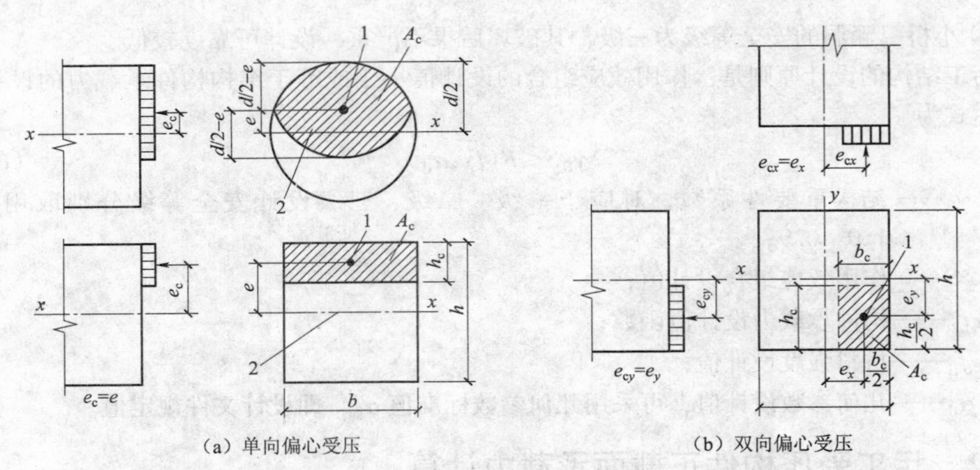

(a) 单向偏心受压　　　　(b) 双向偏心受压

图6-6　混凝土构件偏心受压

1—受压区重心（法向压应力合力作用点）；2—截面重心轴；e—单向偏心受压偏心距；e_c—单向偏心受压法向应力合力作用点距重心轴距离；e_x、e_y—双向偏心受压在x方向、y方向的偏心距；e_{cx}、e_{cy}—双向偏心受压法向应力合力作用点在x、y方向的偏心距；A_c—受压区面积（圆形截面偏心受压的受压区面积可取两个对称的扇形面积）；h_c、b_c—矩形截面受压区高度、宽度；d—圆形截面直径

$$e_c = e \tag{6-4}$$

矩形截面的受压承载力可按下列公式计算：

$$\gamma_0 N_d \leqslant \varphi f_{cd} b(h-2e) \tag{6-5}$$

式中：N_d——轴向力设计值；

φ——弯曲平面内受压构件弯曲系数，按表6-17取用；

f_{cd}——混凝土轴心抗压强度设计值，按表1-1的规定取用；

A_c——混凝土受压区面积；

e_c——受压区混凝土法向应力合力作用点至截面重心的距离；

e——轴向力的偏心距；

b——矩形截面宽度；

h——矩形截面高度。

表6-17　混凝土受压构件弯曲系数

l_0/b	<4	4	6	8	10	12	14	16	18	20	22	24	26	28	30
l_0/i	<14	14	21	28	35	42	49	56	63	70	76	83	90	97	104
φ	1.00	0.98	0.96	0.91	0.86	0.82	0.77	0.72	0.68	0.63	0.59	0.55	0.51	0.47	0.44

注：① l_0为计算长度，取值如下：两端固结取$0.5l$，一端固定、一端为不移动的铰取$0.7l$，两端均为不移动的铰取$1.0l$，一端固定、一端自由取$2.0l$。l为构件支点间长度。

② 在计算l_0/b或l_0/i时，b或i的取值，对于单向偏心受压构件，取弯曲平面内的截面高度或回转半径；对于轴心受压构件及双向偏心受压构件，取截面短边尺寸或截面最小回转半径。

当构件弯曲平面外长细比大于弯曲平面内长细比时，尚应按轴心受压构件验算其承载力。

(2) 双向偏心受压

受压区高度和宽度应按下列条件确定（图6-6（b））：

$$e_{cy} = e_y \tag{6-6}$$

$$e_{cx} = e_x \tag{6-7}$$

矩形截面的偏心受压承载力可按下列公式计算：

$$\gamma_0 N_d \leqslant \varphi f_{cd} b[(h - 2e_y)(h - 2e_x)] \tag{6-8}$$

式中：φ——偏心受压构件弯曲系数，见表6-17；

e_{cy}——受压区混凝土法向应力合力作用点，在 y 轴方向至截面重心距离；

e_{cx}——受压区混凝土法向应力合力作用点，在 x 轴方向至截面重心距离。

其他符号意义同前。

2. 偏心距超过限值时的圬工受压构件轴向承载力计算

当轴向力的偏心距 e 超过表6-16所规定的偏心距限值时，构件承载力应按下列公式计算：

单向偏心

$$\gamma_0 N_d \leqslant \varphi \frac{A f_{tmd}}{\frac{Ae}{W} - 1} \tag{6-9}$$

双向偏心

$$\gamma_0 N_d \leqslant \varphi \frac{A f_{tmd}}{\left(\frac{Ae_x}{W_y} + \frac{Ae_y}{W_x} - 1\right)} \tag{6-10}$$

式中：N_d——轴向力设计值；

A——构件截面积，对于组合截面应按弹性模量比换算为换算截面面积；

W——单向偏心时为构件受拉边缘的弹性抵抗矩，对于组合截面应按弹性模量比换算为换算截面弹性抵抗矩；

W_y、W_x——双向偏心时，构件 x 方向受拉边缘绕 y 轴的截面弹性抵抗矩和构件 y 方向受拉边缘绕 x 轴的截面弹性抵抗矩，对于组合截面应按弹性模量比换算为换算截面弹性抵抗矩；

f_{tmd}——构件受拉边层的弯曲抗拉强度设计值，按表6-4、表6-9、表6-12取用；

e——单向偏心时，轴向力偏心距；

e_x、e_y——双向偏心时，轴向力在 x 方向和 y 方向的偏心距。

其他符号意义同上。

受压构件偏心距如图6-7所示。

3. 圬工构件抗弯和抗剪承载力计算

1）抗弯承载力计算

圬工砌体在弯矩的作用下，可能沿通缝和齿缝截面产生弯曲受拉而破坏。因此，对于超偏心受压构件和受弯构件，均应进行抗弯承载力计算。《公路圬工桥涵设计规范》（JTG D61—2005）规定：结构构件正截面受弯时，按下列公式计算：

$$\gamma_0 M_d \leqslant W f_{tmd} \tag{6-11}$$

式中：M_d——弯矩设计值；

W——截面受拉边缘的弹性抵抗矩，对于组合截面应按弹性模量比换算为换算截面受拉边缘弹性抵抗矩；

f_{tmd}——构件受拉边缘的弯曲抗拉强度设计值，按表6-4、表6-9、表6-12取用。

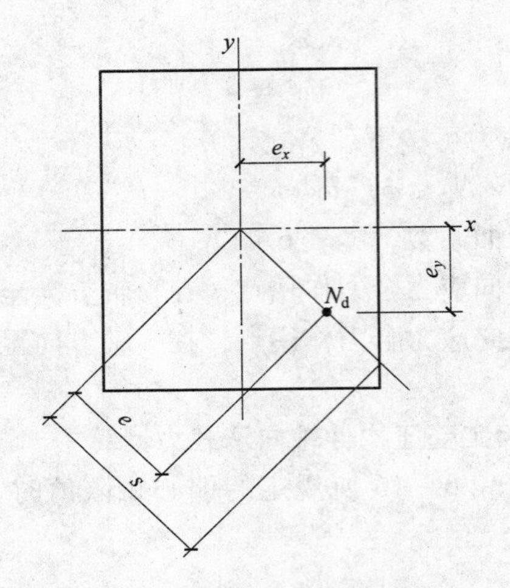

图 6-7 受压构件偏心距

2）抗剪承载力计算

如图 6-3（c）所示的拱脚处，在拱脚的水平推力作用下，桥台截面受剪。当拱脚处采用砖或砌块砌体时，可能产生沿水平缝截面的受剪破坏；当拱脚处采用片石砌体时，则可能产生沿齿缝截面的受剪破坏。在受剪构件中，除水平剪力外，还作用有垂直压力。砌体构件的受剪试验表明，砌体沿水平缝的抗剪承载能力为砌体沿通缝的抗剪承载能力及作用在截面上的垂直压力所产生的摩擦力之和。因为随着剪力的加大，砂浆产生很大的剪切变形，一层砌体对另一层砌体产生移动，当有压力时，内摩擦力将抵抗滑移，因此构件截面直接受剪时，其抗剪承载力按下式计算：

$$\gamma_0 V_d \leqslant Af_{vd} + \frac{1}{1.4}\mu_f N_k \tag{6-12}$$

式中：V_d——剪力设计值；

A——受剪截面面积；

f_{vd}——砌体或混凝土抗剪强度设计值；

μ_f——摩擦因数，按表 6-15 取用，圬工砌体多采用 $\mu_f=0.7$；

N_k——与受剪截面垂直的压力标准值。

4. 局部承压构件承载力计算

混凝土局部承压构件的承载力应按下列公式计算：

$$\gamma_0 N_d \leqslant \beta A_l f_{cd} \tag{6-13}$$

$$\beta = \sqrt{\frac{A_b}{A_l}} \tag{6-14}$$

式中：N_d——局部承压面积上的轴向力设计值；

β——局部承压强度提高系数；

A_l——局部承压面积；

A_b——局部承压计算底面积，根据底面积重心与局部受压面积重心相重合的原则，按图 6-8 确定；

f_{cd}——混凝土轴心抗压强度设计值，按表 6-4 取用。

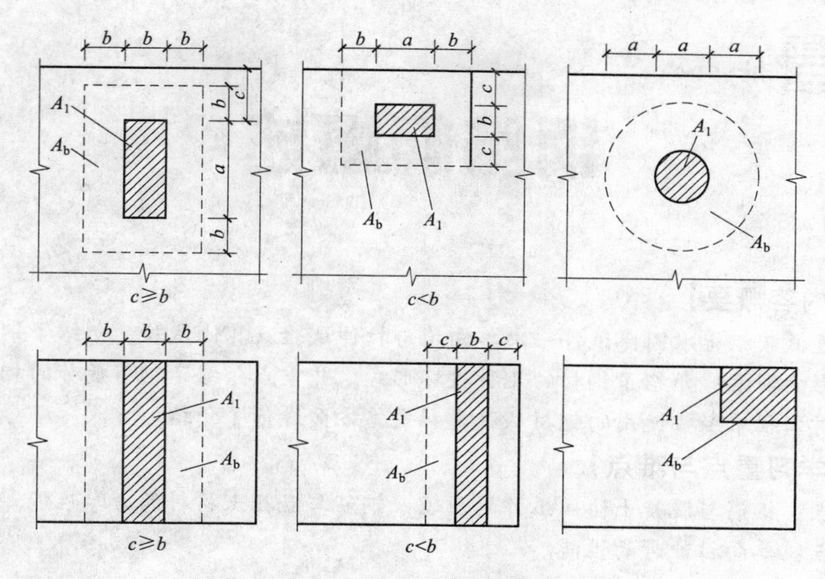

图6-8　局部承压计算底面积A_b示意图

思　考　题

1. 什么是砌体？什么是圬工结构？
2. 为什么圬工结构不能用于所有的构件？
3. 工程上将石料分为哪些类型？
4. 小石子混凝土由什么构成？有何特点？
5. 大体积混凝土结构如何采用片石混凝土？
6. 砂浆在圬工结构中有什么作用？
7. 砂浆的和易性和保水性是指什么？
8. 砌体有哪些类型？
9. 为什么砌体在受压破坏时是单块块材先开裂？导致单块块材内产生复杂应力状态的原因是什么？
10. 为什么砌体的抗压强度总小于块材的抗压强度？
11. 影响砌体抗压强度的主要因素是什么？
12. 简述砌体在受拉、弯曲受拉、受剪时的破坏特点。
13. 圬工砌体的温度变形何时才予以考虑？
14. 圬工结构设计计算的原则是什么？
15. 圬工受压构件正截面承载力计算的内容有哪些？
16. 圬工结构承载力计算时，如何考虑偏心距和长细比的影响？

第7章

钢结构概述

【本章内容概要】

本章通过低碳钢标准圆棒试件一次单向均匀拉伸试验及其他试验，介绍了钢材的基本力学性能及其影响因素；介绍了钢材的几种破坏形式，并重点介绍了钢材疲劳的相关概念及计算方法；还对工程中经常使用的钢材从种类和规格方面进行了介绍。

【本章学习重点与难点】

学习重点：钢筋与混凝土协同工作的原理，钢筋与混凝土材料的力学性能。

学习难点：单向拉伸时的性能。

7.1 钢结构的特点及应用

7.1.1 钢结构的特点

1. 钢材强度高，结构重量轻

钢与混凝土和木材比较，虽然容重较大，但由于强度很高，容重与屈服点的比值相对较低。因此，在承载力相同的条件下，钢结构与钢筋混凝土结构、木结构相比，构件体积小，结构重量轻，运输和安装方便。例如，当跨度和荷载相同时，普通钢屋架的重量仅为钢筋混凝土屋架重量的1/4～1/3。若采用薄壁型钢屋架则更轻。所以钢结构特别适用于跨度大、建筑物高、荷载重的结构。也适用于要求装拆和移动的结构。

2. 钢材内部组织比较均匀，有良好的塑性和韧性

与钢筋混凝土和木材相比，钢材的内部组织比较均匀，各个方向的物理力学性能基本相同，接近于各向同性的匀质体，钢材的弹性模量大（$E=2.06\times10^5\ N/mm^2$），有良好的塑性和韧性，这些物理力学性能最符合目前所采用的计算方法和结构分析中的基本假定，所以钢结构的实际受力情况与结构分析结果最接近，在使用中最安全可靠。

3. 钢结构装配化程度高，施工周期短

钢结构一般均采用工厂制造后运至工地安装的施工方法，因此具有精确度高和大件、批量生产的特点，现场装配速度很快，施工周期很短。例如，建筑面积为10 000 m^2左右的轻钢结构厂房，全部钢结构仅需一个月即可安装完毕，并交付使用，因此可以节省投资，降低造价，提高经济效益和资金周转率。

4. 钢材能制造密闭性要求较高的结构

钢材具有不渗漏性和可焊性，因此可以通过焊接制成完全密封的焊接密闭结构，例如，气密性和水密性要求较高的高压容器，大型油库、煤气柜、大型管道等板壳结构。

5. 钢结构耐热，但不耐火

当钢材温度在150 ℃以内时，其物理力学性能变化很小；在250 ℃左右时，钢材的抗拉强度提高而塑性降低，冲击韧性下降；当温度高于300 ℃时，屈服点和极限强度急剧下降；到达600 ℃左右时，强度接近于零。钢结构通常在温度450 ℃～650 ℃时失去承载能力，所以钢结构耐热（≤150 ℃），但不耐火。

当钢结构长期经受150 ℃以上的辐射热时，必须在局部区域采取隔热保护措施，此外，对于轻型钢结构，还应根据建筑物的耐火极限时间，对承重构件采取有效的防护措施，如涂刷防火涂料等，但费用较大。

6. 钢结构易锈蚀，维护费用大

钢结构的最大缺点是容易锈蚀，新建的钢结构必须先除锈，然后刷防锈涂料或镀锌，并且每隔一段时间重复一次，比较费工，维护费用较大。若采用不易锈蚀的耐候钢，则可节省大量劳动力和资金，但目前还较少采用。

7.1.2　钢结构的合理应用范围

随着我国近十几年来钢产量的稳步增长和国内钢材市场供应的改善，钢结构在工程中的应用已日趋普遍。在房屋结构中，不仅重型厂房、大跨度房屋结构、超高层建筑中采用钢结构，中、小跨度的单层厂房和民用建筑中，也有不少采用钢结构。虽然我国钢材年产量已超过一亿吨，但按人均计算，还是很低的。此外，由于国民经济生产各部门都需要用钢材，因此钢材在我国仍是一种贵重的建筑材料，必须合理应用。在房屋建筑中属于以下情况时宜采用钢结构。

1. 重型厂房结构

所谓重型厂房，就是指车间里桥式吊车的起重量很大（通常在100 t以上）或起重量虽略小，但吊车在24 h内作业，运行非常频繁（重级工作制）的厂房，以及直接承受很大振动荷载或受振动荷载影响很大的厂房，例如冶金工厂的平炉车间、初轧车间、混铁炉车间，重型机器厂的铸钢车间、锻压车间、水压机车间，造船厂的船体车间，飞机制造厂的装配车间等。

2. 大跨度房屋的屋盖结构

结构的跨度越大，自重在全部荷载中所占的比例越大。由于钢结构具有材料强度高、结构自重轻的优点，使钢结构最适用于大跨度结构，例如，飞机库、体育馆，铁路、汽车和轮船的客运站大厅，展览厅、影剧院等的屋盖结构。常用的结构体系为空间网架结构、拱架结构、悬挂结构、框架结构、空间网壳结构以及预应力钢结构等。

3. 高层及多层建筑

钢结构由于结构自重轻、构件体积小、装配化程度高，对高层建筑特别有利。因此，在高层建筑，特别是超高层建筑中，宜采用钢结构或钢结构框架与钢筋混凝土筒体相结合的组合结构。此外，钢结构还适用于多层工业厂房，如炼油工业中的多层多跨框架等。

4. 轻型钢结构

轻型钢结构是由弯曲薄壁型钢、薄壁铜管或小角钢、圆钢等组成的结构。屋面和墙体常用压型钢板等轻质材料。由于轻型钢结构具有建造速度快、用钢量省、综合经济效益好等优点，适用于吊车吨位不大于20 t的中、小跨度厂房、仓库以及中、小型体育馆等大空间民用建筑。此外，由于轻型钢结构装拆方便，宜用于需要拆迁的结构。

除房屋结构以外，钢结构还可用于下列结构。

1. 塔桅结构

塔桅结构包括电视塔、微波塔、无线电桅杆、高压输电塔、石油钻井塔、化工排气塔、导航塔以及火箭发射塔等，一般均宜采用钢结构。

2. 板壳结构

板壳结构包括大型储气柜、储液库等要求密闭的容器以及大直径高压输油管、输气管等。此外，还有高炉的炉壳、轮船的船体等均应采用钢结构。

3. 桥梁结构

钢结构一般用于跨度大于40 m的各种形式的大、中跨度桥梁。

4. 移动式结构

移动式结构包括桥式起重机、塔式起重机、龙门式起重机、缆式起重机、汽车式起重机、装卸桥等起重运输机械以及水工闸门、升船机等金属结构。

7.2 钢材的工作性能

国民经济建设的各行各业几乎都需要钢材，但由于各自用途不同，对钢材性能的要求也各异，如机械加工的切削工具需要钢材有很高的强度和硬度，有的石油化工设备需要钢材具有耐高温和耐腐蚀性能，有的机器零件需要钢材有较高的强度、耐磨性和中等的韧性等。钢材的种类繁多，碳素钢有一百多种，合金钢有三百多种，但适用于建筑钢结构的钢材只是其中的一小部分。

用于建筑钢结构的钢材必须具有下列性能。

1. 较高的抗拉强度f_w和屈服点f_y

屈服点f_y高可以减小构件截面，减轻结构自重，节约钢材，降低造价。抗拉强度f_w高可以增加结构的安全储备，提高结构的可靠性。

2. 较好的塑性、韧性及耐疲劳性能

较好的塑性可以使结构在破坏前产生较大的变形，给人以明显的破坏预兆，从而可使人们及时发现和采取补救措施，减少损失。较好的塑性还能调整局部高峰应力，使结构产生内力重分布，使结构或构件中某些原先受力不等部分的应力趋于均匀，提高结构的承载能力。较好的韧性可以使结构在动力冲击荷载作用下破坏时吸收比较多的能量，降低脆性破坏的危险程度。较好的耐疲劳性能可以使结构具有较好的抵抗重复荷载作用的能力。

3. 良好的加工性能

良好的加工性能包括冷加工性能、热加工性能和可焊性。建筑钢结构所采用的钢材不但要易于加工成各种形式的结构或构件，而且不致因加工而对结构或构件的强度、塑性、韧性以及耐疲劳性能等造成过大的不利影响。

此外，根据结构的具体工作条件，在必要时还应该具有适应低温、高温和腐蚀性环境的能力。当然，在符合上述性能的条件下，同其他建筑材料一样，建筑钢结构用钢还应该易于生产，价格便宜，以降低造价。

根据我国国情，结合我国钢材生产的实际情况和多年来的工程实践，《钢结构设计规范》（GB 50017—2003）中所推荐的Q235钢、16锰钢和15锰钒钢是符合上述要求的。

当选用钢结构设计规范中未推荐的钢材时，要有可靠依据，以确保钢结构的质量。

7.3 钢材的破坏形式

钢材有两种性质完全不同的破坏形式，即塑性破坏和脆性破坏。建筑钢结构所用钢材虽然有较好的塑性和韧性，但在一定的条件下，仍然有脆性破坏的可能性。

取两种拉伸试件，一种是标准圆棒试件，另一种是比标准试件粗但在中部有小槽，其净截面面积仍与标准试件截面面积相同的试件（图7－1）。当两种试件分别在拉力试验机上均匀地加荷直到拉断时，其受力性能和破坏特征呈现出非常明显的区别。

当标准试件应力达到屈服点f_y以后，试件将产生很明显的塑性变形；当应力超过抗拉强度f_w时，试件将在出现很大的变形情况下颈缩而破坏。加荷的延续时间长，破坏后断口呈纤维状，色泽发暗，有时还能看到滑移的痕迹。断口与作用力的方向约成45°（图7－1（c）），这种破坏的塑性特征明显，故称为塑性破坏。由于塑性破坏前有明显的变形且延续的时间长，很容易及时发现而采取措施予以补救，因而不致引起严重后果。实际工程中建筑钢结构是很少发生塑性破坏的。

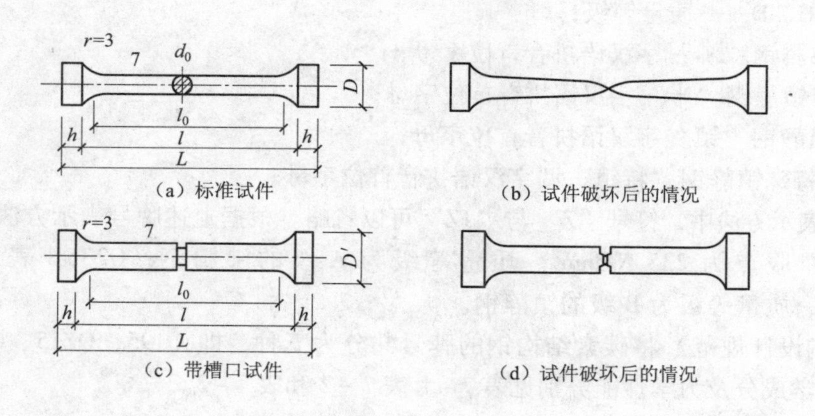

图7－1 对比试件

带小槽的试件在断裂破坏前塑性变形很小，且几乎无任何迹象而突然断裂，其断口平齐，呈有光泽的晶粒状（图7－1（b））。这种破坏的脆性特征明显，故称为脆性破坏。由于脆性破坏是突然发生的，无任何预兆，无法及时察觉和采取措施补救，而且一旦发生还有导致整个结构倒塌的可能，因此比塑性破坏危险得多。我们应该充分认识到钢材脆性破坏的危险性，在钢结构设计、施工、制造和使用时均应采取适当的措施以防止钢材发生脆性破坏。

影响钢材变脆的因素有很多，除上面提到的以外，其他如钢材处于低温（例如≤－20 ℃）条件下工作、对钢材进行冷加工、焊接、重复荷载作用、钢材处于复杂应力状态等，均可使钢材变脆而变为脆性破坏。

7.4 钢材的种类和选用

钢材的品种繁多，按化学成分可分为碳素钢和合金钢。合金钢按合金元素总含量的多少又分为低合金钢、中合金钢和高合金钢，按用途可分为结构钢、工具钢和特殊钢，按冶炼方法可分为平炉钢、氧气转炉钢、碱性转炉钢和电炉钢等，按浇筑方法可分为沸腾钢、半镇静钢、镇静钢和特殊镇静钢。

建筑钢结构中常用的钢材是碳素结构钢和低合金结构钢中的几种，用平炉或氧气转炉冶炼。

7.4.1 钢材的种类

1. 碳素结构钢

碳素结构钢是我国生产的专用于结构的普通碳素钢。国家标准《碳素结构钢》（GB/T 700—2006）中规定碳素结构钢的牌号由代表屈服点的字母、屈服点数值、质量等级符号、脱氧方法符号四个部分按顺序组成。所采用的符号分别用下列字母表示：

Q——钢材屈服点“屈”字汉语拼音首位字母；

A、B、C、D——质量等级；

F——沸腾钢“沸”字汉语拼音首位字母；

b——半镇静钢“半”字汉语拼音首位字母；

Z——镇静钢“镇”字汉语拼音首位字母；

TZ——特殊镇静钢“特镇”两字汉语拼音首位字母。

在牌号表示方法中，符号“Z”与“TZ”可以省略。根据上述牌号表示方法，如 Q235－A·F 表示屈服点为 235 N/mm^2、质量等级为 A 级的沸腾钢；Q235B 表示屈服点为 235 N/mm^2、质量等级为 B 级的镇静钢。

《钢结构设计规范》将碳素结构钢的牌号共分为五种，即 Q195、QZ15、Q235、Q255、Q275。其化学成分及力学性能分别见表 7－1 表 7－2 和表 7－3。

表 7－1 碳素结构钢牌号

牌号	等级	化学成分（%）					脱氧方法
		C	Mn	Si	S	P	
				不大于			
Q195	—	0.06～0.12	0.25～0.50	0.30	0.050	0.045	F、b、Z
Q215	A	0.09～0.15	0.25～0.55	0.30	0.05	0.045	F、b、Z
	B				0.045		

续表

牌号	等级	化学成分（%）					脱氧方法
		C	Mn	Si	S	P	
				不大于			
Q235	A	0.14～0.22	0.30～0.65	0.30	0.05	0.045	F、b、Z
	B	0.12～0.20	0.30～0.70		0.045		
	C	≤0.18	0.35～0.80		0.040	0.040	Z
	D	≤0.17			0.035	0.035	TZ
Q255	A	0.18～0.28	0.40～0.70	0.30	0.050	0.045	Z
	B				0.045		
Q275	—	0.28～0.38	0.50～0.80	0.35	0.050	0.045	Z

表7-2　碳素结构钢的冷弯试验

牌号	等级	拉伸试验													冲击试验	
		屈服点 f_y/（N/mm²）						抗拉强度 f_u/（N/mm²）	伸长率 δ_5（%）						温度/℃	V形冲击功（纵向）/J
		钢材厚度（直径）/mm							钢材厚度（直径）/mm							
		≤16	>16～40	>40～60	>60～100	>100～150	>150		≤16	>16～40	>40～60	>60～100	>100～150	>150		
		不小于							不小于							不小于
Q195	—	(195)	(185)	—	—	—	—	315～390	33	32	—	—	—	—	—	—
Q215	A	215	205	195	185	175	165	335～410	31	30	29	28	27	26	—	—
	B														20	27
Q235	A	235	225	215	205	195	185	375～460	26	25	24	23	22	21	—	—
	B														20	27
	C														0	
	D														-20	
Q255	A	255	245	235	225	215	205	410～510	24	23	22	21	20	19	—	—
	B														20	27
Q275	—	275	265	255	245	235	225	490～610	20	19	18	17	16	15		

注：① 牌号Q195的屈服点仅供参考，不作为交货条件。

② 夏比（V形缺口）冲击功值按一组三个试样单值的算术平均值计算，允许其中一个试样单值低于规定值，但不得低于规定值的70%。

③ 冲击试样的纵向轴线应平行于轧制方向。

④ 对厚度不小于12 mm的钢板、钢带、型钢或直径不小于16 mm的棒钢做冲击试验时，应采用10 mm×10 mm×55 mm试样；对厚度为6 mm至小于12 mm的钢板、钢带、型钢或直径为12 mm至小于16 mm的棒钢做冲击试验时，应采用5 mm×10 mm×55 mm小尺寸试样，冲击试样可保留一个轧制面。当采用5 mm×10 mm×55 mm小尺寸试样做冲击试验时，其试验结果应不小于规定值的50%。

⑤ 钢材的夏比（V形缺口）冲击试验结果不符合上述规定时，应从同一批钢材上再取一组三个试样进行试验，前后六个试样的平均值不得低于规定值，但允许有两个试样低于规定值，其中低于规定值70%的试样只允许有一个。

表7-3　碳素结构钢的冷弯试验

牌号	试样方向	冷弯试验 $B=2a$，180°		
		钢材厚度（直径）/mm		
		60	>60～100	>100～200
		弯心直径 d		
Q195	纵	0	—	—
	横	0.5a		
Q215	纵	0.5a	1.5a	2a
	横	a	2a	2.5a
Q235	纵	a	2a	2.5a
	横	1.5a	2.5a	3a
Q255		2a	3a	3.5a
Q275		3a	4a	4.5a

注：① B为试样宽度，a为钢材厚度（直径）。

② 当做厚度或直径大于20 mm钢材的冷弯试验时，试样经单面刨削使其厚度达到20 mm，弯心直径按表中规定，进行试验时，未加工面应在外面，如试样未经刨削，弯心直径应较表中所列数值增加一个试样厚度a。

由于Q195钢的屈服点仅供参考，不作为交货条件，只能用于不受力的构件，Q235钢含碳量少，强度过低，一般也不在钢结构中使用。Q255钢和Q275钢含碳量过高，脆性大，不适用于建筑钢构。而Q235钢的含碳量和强度、塑性、可焊性等均较适中，因此，建筑钢结构中主要采用Q235钢。Q235钢共分A、B、C、D四个质量等级，各级的化学成分和力学性能相应有所不同：A，B级钢分沸腾钢、半镇静钢或镇静钢，而C级钢全为镇静钢，D级钢全为特殊镇静钢；对力学性能，A级钢保证f_y、f_u和δ_5三项指标，不要求冲击韧性指标，冷弯试验也只在需方要求时才进行，B、C、D级钢均保证f_y、f_u和δ_5，冷弯性能和冲击韧性（B、C、D级钢的温度分别为20 ℃、0 ℃、-20 ℃）。对化学成分，要求碳、锰、硅、硫、磷含量符合相应质量等级的规定，但A级钢的碳、锰含量在保证力学性能符合规定的情况下可以不作为交货条件。

2. 低合金结构钢

低合金结构钢是在冶炼碳素结构钢时加入一种或几种合金元素而成的钢。目的是提高钢材的强度、冲击韧性、耐腐蚀性等而又不降低其塑性。

国家标准《低合金高强度结构钢》（GB/T 1591—2008 ）规定，低合金结构钢牌号与碳素结构钢牌号的表示方法相同，常用的低合金结构钢有Q345、Q390、Q420等。

低合金结构钢在交货时供方应提供屈服强度、抗拉强度、伸长率和冷弯试验等力学性能指标，还要提供碳、锰、硅、硫、磷、钒、铝和铁等化学成分含量的指标。

低合金结构钢的质量等级除了与碳素结构钢相同的A、B、C、D四个等级外，还增加了E级，要求提供－40 ℃夏比V形缺口冲击功不小于27J（纵向）。不同质量等级对碳、硫、磷、铝的含量要求也有区别。

低合金结构钢根据其脱氧方法不同可分为镇静钢和特殊镇静钢。

Q345－B表示屈服强度为345 N/mm^{2}的B级镇静钢，Q390－D表示屈服强度为390 N/mm^{2}的D级特殊镇静钢。

碳素结构钢和低合金结构钢都可以采取适当的热处理（如调质处理）进一步提高其强度。如用于制造高强度螺栓的45优质碳素钢及40硼（40B）、20锰钛硼（20MnTiB）就是通过调质处理提高其强度的。

低合金钢交货时应有 碳 、锰、硅、硫、磷、合金元素等化学成分和屈服点f_y、抗拉强度f_u、伸长率δ_5、冷弯性能等力学性能的合格保证，其合格标准见表7－4和表7－5。当需要时，还可提出20 ℃、0 ℃、－20 ℃、－40 ℃冲击韧性合格的附加交货条件。

《钢结构设计规范》推荐的16Mn钢和15MnV钢是建筑结构中常用的两种低合金结构钢，其屈服点比Q235钢分别高约47%和66%，并具有良好的塑性和冲击韧性，特别是负温冲击韧性。《钢结构设计规范》推荐的16Mnq和15MnVq是桥梁用钢，其力学性能优于一般钢种，焊接性能好，但价格较贵。

表7－4　16Mn钢和15MnV钢的化学成分

牌号	化学成分										
	C	Mn	Si	V	Ti	Nb	Cu	N	RE加入量	S	P
										不大于	
16Mn	0.12～0.20	1.2～1.6	0.20～0.55	—	—	—	—	—	—	0.045	0.045
15MnV	0.12～0.18	1.2～1.6	0.20～0.55	0.04～0.12	—	—	—	—	—	0.045	0.045

注：① 各牌号的钢，允许加入钒、铌、钛等微量合金元素。

② 钢中铬、镍、铜的残余含量应各不大于0.30%，如供方能保证，可不作分析。

③ 钢材化学成分的允许偏差，应符合相关的规定。

表7－5　16Mn钢和15MnV钢的力学成分

牌号	钢材厚度或直径/mm	抗拉强度f_u/（N/mm^2）	屈服点f_y/（N/mm^2）	伸长率δ_5（%）	180°冷弯试验 d＝弯心直径 a＝试样厚度	允许试验	
						温度/℃	V形冲击功（纵向）/J
			不小于				不小于
	≤16	510～660	345	22	$d=2a$		
	＞16～25	490～640	325	21	$d=3a$		
16Mn	＞25～36	470～620	315	21	$d=3a$	20	27
	＞36～50	470～620	295	21	$d=3a$		
	＞50～100方、圆钢	470～620	275	20	$d=3a$		

续表

牌号	钢材厚度或直径/mm	抗拉强度f_u/(N/mm²)	屈服点f_y/(N/mm²)	伸长率δ_5(%)	180°冷弯试验 d=弯心直径 a=试样厚度	允许试验	
						温度/℃	V形冲击功（纵向）/J
			不小于				不小于
15MnV	≤4	550～700	410	19	$d=2a$	20	27
	>4～6	530～680	390	18	$d=3a$		
	>16～25	510～660	375	18	$d=3a$		
	>25～36	490～640	355	18	$d=3a$		
	>36～50	490～640	335	18	$d=3a$		

注：① 进行拉伸和冷弯试验时，钢板和钢带应取横向试样，伸长率允许比表中数值降低1%（绝对值）。型钢应取纵向试样。

② 根据需方要求，并在合同中注明，钢材应进行20 ℃夏比（V形缺口）冲击试验，冲击功应符合表中规定。

③ 根据需方要求，并经双方协议，钢材可进行0 ℃、-20 ℃或-40 ℃夏比（V形缺口）冲击试验，纵向试样冲击功应不小于27 J。当进行-20 ℃或-40 ℃冲击试验时，钢中硫、磷含量应各不大于0.035%，并应为细晶粒钢。如用铝细化晶粒，则钢中全铝（ALt）含量应不小于0.020%，或酸溶铝（ALs）不小于0.015%。

④ 对厚度大于或等于12 mm或直径大于或等于16 mm的钢材做冲击试验时，应采用10 mm×10 mm×55 mm试样，对厚度为6 mm至小于12 mm或直径为12 mm至小于16 mm的钢材做冲击试验时，应采用5 mm×10 mm×55 mm小尺寸试样。冲击试样可保留一个轧制面，其试验结果应不小于规定值的50%。

⑤ 经过供需双方协议，16Mn钢可供应比表中规定的屈服点、抗拉强度各降低20 N/mm²的钢材。在所列规格以外钢的性能由供需双方协商确定。

⑥ 夏比（V形缺口）冲击试验，按一组三个试样算术平均值计算，允许其中一个试样单值低于规定值，但不得低于规定值的70%。

若冲击试验结果不符合上述规定，应从同一批钢材上再取一组三个试样进行试验，前后六个试样的平均值不得小于规定值，允许其中两个试样小于规定值，但小于规定值70%的试样只允许有一个。

⑦ 对于厚度不大于4 mm的热连轧钢板，弯曲试验的弯心直径$d=3a$，试验结果合格亦可交货。

7.4.2 钢材的选用

选用钢材的任务是确定钢材牌号（包括钢种、脱氧方法、质量等级等）及提出应有的力学性能和化学成分的保证项目，它是钢结构设计的重要环节，其目的是保证结构安全可靠，并做到经济合理，节约钢材。选用钢材通常应考虑下列因素。

1. 结构的重要性

根据《建筑结构可靠度设计统一标准》（GB 50068—2001）的规定，建筑结构及其构件依其破坏可能产生的后果（危及人的生命、造成经济损失、产生社会影响等）的严重性分为重要的、一般的和次要的三类，设计时相应的安全等级为一级、二级、三级。如对民用建筑的大跨度钢屋架、重级工作制吊车梁等按一级考虑，应选用质量好的钢材；对普通厂房的屋架、梁和柱等按二级考虑，可选用一般质量的钢材；对梯子、平台、栏杆等按三级考虑，可选用质量较低的钢材。

2. 荷载特征

结构承受的荷载可分为静力荷载和动力荷载。承受动力荷载的构件，如吊车梁还有经常满载（重级工作制）和不经常满载（中、轻级工作制）的区别。因此应根据结构所受荷载特征的不同选用不同的钢种，并提出不同的质量保证项目要求。对直接承受动力荷载的结构构件应选用质量和韧性较好的钢材；对承受静力或间接承受动力荷载的结构构件可选用一般质量的钢材。

3. 连接方法

钢结构的连接可分为焊接和非焊接（螺栓连接或铆钉连接）之分。对于焊接结构，由于焊接不可避免地会产生焊接残余应力、焊接残余变形和焊接缺陷，在受力性质和温度变化的情况下容易使钢材变脆从而使构件产生裂纹甚至脆性断裂，因此焊接结构的钢材应选用塑性、韧性较好，碳、硫、磷含量较低的钢材，而对非焊接结构的钢材，这些要求就可以放宽一些。

4. 结构的工作环境温度

由于钢材的塑性和冲击韧性都随着温度下降而降低，当温度下降到冷脆转变温度时，钢材处于脆性状态，随时可能产生脆性破坏。因此，对经常处于或可能处于低温下工作的结构，尤其是焊接结构，应选用质量较好且冷脆转变温度低于结构工作环境温度的钢材，而对处于常温下工作的结构可选用一般质量的钢材。

5. 构件的受力性质

前面提到钢材在三向拉应力场中容易发生脆性破坏，而在钢材的生产和钢结构的制造过程中又不可避免地会在某些部位存在局部缺陷而产生应力集中现象。对于经常受拉的钢结构构件应力集中现象将更加严重，因此应选用质量较好的钢材，而对于经常受压的钢结构构件可选用一般质量的钢材。

我国目前可供选用的结构钢材主要是碳素结构钢 Q235 和低合金结构钢 16Mn、15MnV。一般结构多选用 Q235 钢。跨度、高度较大或荷载较重，使构件内力较大，以及承受较大动力荷载，尤其是处于较低负温的结构，需要钢材有较好的冲击韧性时，可选用 16Mn 或 15MnV 钢；承受很重的动力荷载作用时可选用 16Mnq 或 15MnVq 钢。承重结构的钢材宜采用平炉钢或氧气转炉钢，二者质量相当，订货和设计时一般不加以区别，由钢厂自行决定（除非需方有特殊要求并在合同中注明）。

对于 Q235 钢，一般承重结构可采用沸腾钢，但下列承重结构不宜采用沸腾钢。

1）焊接结构

重级工作制吊车梁、吊车桁架或类似结构，冬季计算温度等于或低于 −20 ℃的轻、中级工作制吊车梁、吊车桁架或类似结构，以及冬季计算温度等于或低于 −30 ℃时的其他承重结构。

2）非焊接结构

冬季计算温度等于或低于 −20 ℃的重级工作制吊车梁、吊车桁架或类似结构。

对上述结构可采用 Q235 − B 钢、Q235 − C 钢和 Q235 − D 钢但不宜采用 Q235 − A 钢，因为 Q235 − A 钢的碳含量和冷弯试验可不作交货条件并且没有冲击韧性的保证。

承重结构的钢材应具有抗拉强度、伸长率、屈服点和硫、磷含量的合格保证，对焊接结构尚应具有碳含量的合格保证。

承重结构的钢材，必要时尚应具有冷弯试验的合格保证。这里的“必要时”可应用于某些重要结构，如吊车梁、吊车桁架，有振动的设备或大吨位吊车厂房的屋架、托架和柱；

大跨度重型桁架等。

对于重级工作制和吊车起重量等于或大于50 t的中级工作制焊接吊车梁、吊车桁架或类似结构的钢材，应具有常温（20 ℃）冲击韧性的合格保证。但当冬季计算温度等于或低于－20 ℃时，对于Q235钢尚应具有－20 ℃的冲击韧性的合格保证；对于16Mn钢、16Mnq钢、15MnV钢和15MnVq钢尚应具有－40 ℃冲击韧性的合格保证。

对于重级工作制的非焊接吊车梁、吊车桁架或类似结构的钢材，必要时亦应具有冲击韧性的合格保证。这里的“必要时”是指大跨度、大吨位的重级工作制吊车梁、吊车桁架或其他特别重要的结构。

在钢结构设计图样和钢材订货文件中，应注明所采用的钢材牌号和对钢材所要求的力学性能和化学成分的附加保证项目。具体来说，对于Q235－B钢、Q235－C钢、Q235－D钢，其保证项目中已包括屈服点、抗拉强度、伸长率、冷弯性能四项力学性能和碳、硫、磷三项化学成分，还分别保证20 ℃、0 ℃、－20 ℃的冲击韧性。所以选用这些牌号的钢时只需同时注明牌号和质量等级，这样保证项目也就明确了。对Q235－A钢，碳含量和冷弯试验可不作为交货条件，对仅要求屈服点、抗拉强度、伸长率三项力学性能和硫、磷含量的非焊接结构，可以直接注明该牌号和质量等级；对焊接结构，则还要注明碳含量上限的附加保证；对要求四项力学性能保证的结构，则还需注明冷弯试验的附加保证。对于16Mn、15MnV、16Mnq、15MnVq钢，其保证项目中已包括屈服点、抗拉强度、伸长率、冷弯性能四项力学性能和碳、硫、磷含量三项化学成分，对一般焊接或非焊接结构已经足够，可直接注明其牌号。当还需要保证冲击韧性时，应根据温度注明20 ℃、0 ℃、－20 ℃或－40 ℃的附加保证项目。

7.5 钢材的设计强度和容许应力

钢材的主要力学性能通常是指钢厂生产供应的钢材在标准条件下拉伸、冷弯和冲击等单独作用下显示出的各种性能，它们由相应试验得到，试验采用的试件制作和试验方法都必须按照各相关国家标准规定进行。

7.5.1 单向拉伸时的性能

钢材单向拉伸试验按照有关要求进行。钢结构所用钢材的标准试件在室温（10 ℃～35 ℃）以满足静力加载的加载速度一次加载所得钢材的应力—应变曲线如图7－2所示。

图7－2（a）所示是低碳结构钢一次静力单向均匀拉伸试验的典型应力—应变曲线，图7－2（b）所示是曲线的局部放大图。图中，纵坐标是试件横截面上的名义应力（试件的受拉荷载与原横截面面积的比值），横坐标是应变。

低碳结构钢一次静力单向均匀拉伸试验时的工作特性可以分成五个阶段。

1. 弹性阶段（图7－2（b）中*OA*段）

试验表明，当应力σ小于比例极限f_p（*A*点）时，σ与ε呈线性关系，称该直线的斜率*E*为钢材的弹性模量。在钢结构设计中，对所有钢材统一取$E=2.06\times10^5\ \text{N/mm}^2$。当应力$\sigma$不超过某一应力值$f_e$时，卸除荷载后试件的变形将完全恢复。钢材的这种性质称为弹性，

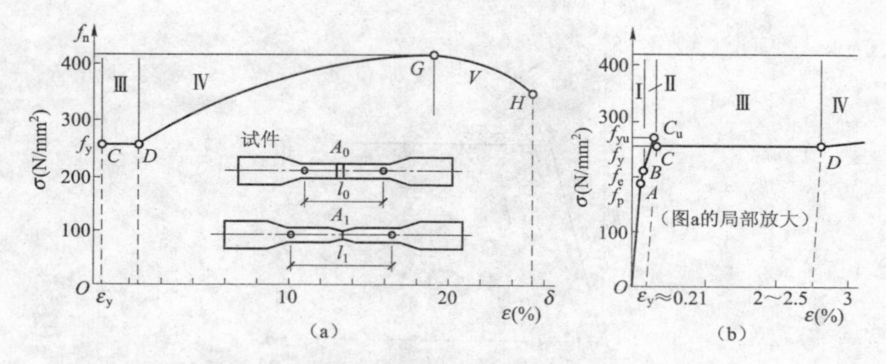

图7－2　碳素结构钢静力拉伸应力—应变曲线

Ⅰ 弹性阶段；Ⅱ 弹塑性阶段；Ⅲ 屈服阶段；Ⅳ 强化阶段；Ⅴ 颈缩阶段

称f_e为弹性极限。在σ达到f_e之前钢材处于弹性变形阶段，简称弹性阶段。f_e略高于f_p，二者极其接近，因而通常取比例极限f_p和弹性极限f_e值相同，并用比例极限f_p表示。

2. 弹塑性阶段（图7－2（b）中*AB*段）

在*AB*段，变形由弹性变形和塑性变形组成，其中弹性变形在卸载后恢复为零，而塑性变形则不能恢复，成为残余变形。称此阶段为弹塑性变形阶段，简称弹塑性阶段。在此阶段，σ与ε呈非线性关系，称$E_t = d\sigma/d\varepsilon$为切线模量。$E_t$随应力增大而减小，当$\sigma$达到$f_y$时，$E_t$为零。

3. 屈服阶段（图7－2（b）中*BC*段）

当σ达到f_y后，应力保持不变而应变持续发展，形成水平线段，即屈服平台*BC*。这时犹如钢材屈服于所施加的荷载，故称为屈服阶段。实际上，由于加载速度及试件状况等试验条件的不同，屈服开始时总是形成曲线上下波动，波动最高点称上屈服点，最低点称下屈服点。下屈服点的数值对试验条件不敏感，所以计算时取下屈服点作为钢材的屈服强度f_y。对碳含量较高的钢或高强度钢，常没有明显的屈服点，这时规定取对应于残余应变$\varepsilon_y = 0.2\%$时的应力$\sigma_{0.2}$作为钢材的屈服点，常称为条件屈服点或屈服强度。为简单划一，钢结构设计中常不区分钢材的屈服点或条件屈服点，而统一称作屈服强度f_y。考虑σ达到f_y后钢材暂时不能承受更大的荷载，且伴随产生很大的变形，因此钢结构设计取f_y作为钢材的强度承载力极限。

4. 强化阶段（图7－2（b）中*CD*段）

钢材经历了屈服阶段较大的塑性变形后，金属内部结构得到调整，产生了继续承受增长荷载的能力，应力—应变曲线又开始上升，一直到*D*点，称为钢材的强化阶段。称试件能承受的最大拉应力f_u为钢材的抗拉强度。这个阶段的变形模量称为强化模量，它比弹性模量低很多。取f_y作为强度极限承载力的标志，f_u则为材料的强度储备。

对于没有缺陷和残余应力影响的试件，f_p与f_y比较接近，且屈服点前的应变很小。在应力达到f_y之前，钢材近于理想弹性体，在应力达到f_y之后，塑性应变范围很大而应力保持不增长，接近理想塑性体。因此可把钢材视为理想弹塑性体，其应力—应变曲线如图7－3所示。钢结构塑性设计是以材料为理想弹塑性体的假设为依据的，虽然忽略了强化阶段的有利因素，但却是以f_u应高出f_y多少为条件的。设计规范要求$f_u/f_y \geqslant 1.2$，以保证塑性设计应有的储备能力。

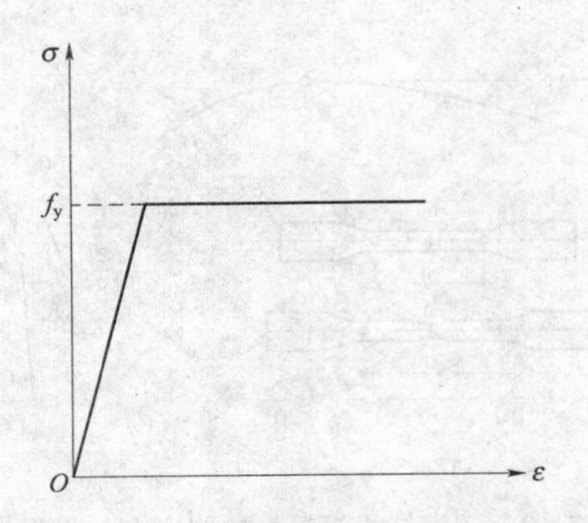

图 7－3　理想弹塑性体的应力—应变曲线

5. 颈缩阶段（*D* 点以后区段）

当应力达到f_u后，在承载能力最弱的截面处，横截面急剧收缩，且荷载下降直至拉断破坏。试件被拉断时的绝对变形值与试件原标距之比的百分数称为伸长率δ。伸长率代表材料在单向拉伸时的塑性应变能力。

钢材的f_y、f_u和δ被认为是承重钢结构对钢材要求所必需的三项基本力学性能指标。

7.5.2　钢材的冷弯性能

钢材的冷弯性能由冷弯试验来确定，试验时按照规定的弯心直径在试验机上用冲头加压（图 7－4），使试件弯曲 180°，若试件外表面不出现裂纹和分层，即为合格。冷弯试验不仅能直接反映钢材的弯曲变形能力和塑性性能，还能显示钢材内部的冶金缺陷（如分层、非金属夹渣等）状况，是判别钢材塑性变形能力及冶金质量的综合指标。重要结构中需要有良好的冷热加工性能时，应有冷弯合格保证。

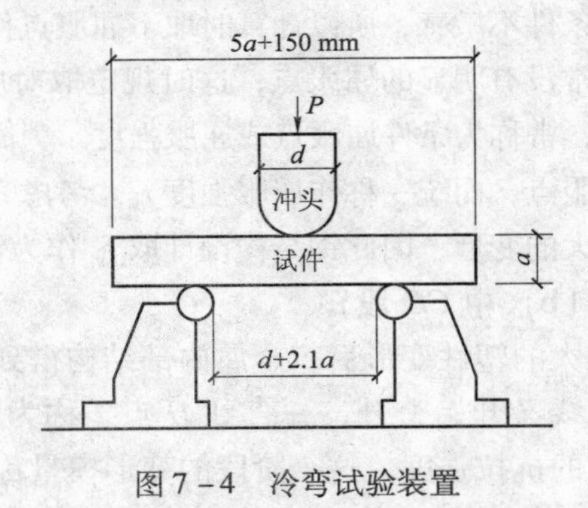

图 7－4　冷弯试验装置

7.5.3　钢材的冲击韧性

钢材的冲击韧性是指钢材在冲击荷载作用下断裂时吸收机械能的一种能力，是衡量钢抵抗可能因低温、应力集中、冲击荷载作用等而致脆性断裂能力的一项力学性能。在实际结构中，脆性断裂总是发生在有缺口高峰应力的地方。因此，最有代表性的是钢材的缺口冲击韧性，简称冲击韧性。钢材的冲击韧性试验采用有 V 形缺口的标准试件，在冲击试验机上进行。冲击韧性值用击断试样所需的冲击功 A_{KV} 表示，单位为 J。

冲击韧性与温度有关，当温度低于某一负温值时，冲击韧性值将急剧降低。因此在寒冷地区建造的直接承受动力荷载的钢结构，除应有常温冲击韧性的保证外，还应依钢材的类别，使其具有 -20 ℃或 -40 ℃的冲击韧性保证（图 7-5）。

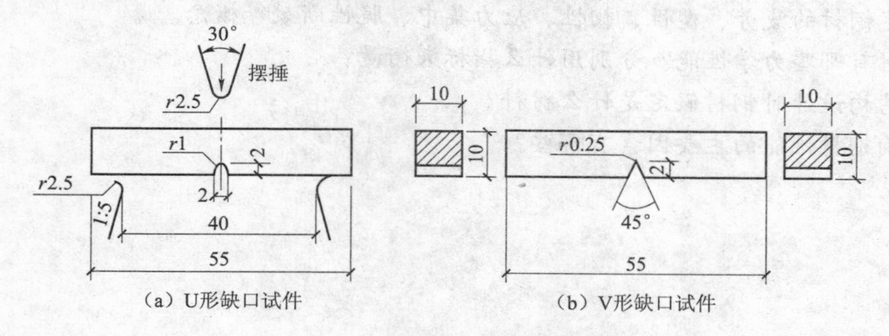

图 7-5　钢材冲击韧性试验示意图

7.5.4　钢材受压和受剪时的性能

钢材在单向受压（短试件）时，受力性能基本上与单向受拉相同。受剪的情况也相似，但抗剪屈服点 τ_y 及抗剪强度 τ_u 分别低于 f_y 和 f_u；剪变模量 G 也低于弹性模量 E。

钢材的力学性能指标见表 7-6，钢材的强度设计值见表 7-7。

表 7-6　钢材的力学性能指标

弹性模量 $E/(\text{N/mm}^2)$	剪变模量 $G/(\text{N/mm}^2)$	线膨胀系数 $\alpha/℃^{-1}$	质量密度 $\rho/(\text{kg/m}^3)$
2.06×10^5	7.9×10^4	1.2×10^{-5}	7.85×10^3

表 7-7　钢材的强度设计值　N/mm²

钢材			抗拉、抗压和抗弯 f	抗剪 f_u	端面承压（刨平顶紧）f_{ce}
钢号	组别	厚度或直径/mm			
Q235 钢	第 1 组	≤20	215	125	320
	第 2 组	>20～40	200	115	320
	第 3 组	>40～50	190	110	320
16Mn 钢 16Mnq 钢	—	≤16	315	185	445
	—	17～25	300	175	425
	—	26～36	290	170	410
15MnV 钢 15MnVq 钢	—	≤16	350	205	450
	—	17～25	335	195	435
	—	26～36	320	185	415

注：3 号镇静钢钢材的抗拉、抗压、抗弯以及抗剪强度设计值，可按表中数值增加 5%。

思 考 题

1. 简述钢材的疲劳、塑性、韧性、应力集中、脆性断裂等概念。
2. 钢材有哪些力学性能？分别用什么指标来衡量？
3. 钢结构设计时钢材假定是什么材料？
4. 影响钢材性能的主要因素有哪些？

第8章

钢结构的连接

【本章内容概要】

本章介绍了常用的连接方法及其受力特点和应用情况；重点介绍焊缝连接（包括对接焊缝、贴角焊缝）、普通螺栓连接和高强度螺栓连接以及铆钉连接的构造、受力性能及计算方法。简要介绍焊接残余应力和残余变形的产生、种类和分布情况，以及相应的工程措施。

【本章学习重点与难点】

学习重点：常用的连接方法、特点、构造要求。对接焊缝、贴角焊缝及摩擦型高强螺栓连接的构造与计算方法。

学习难点：角焊缝计算，螺栓群受剪力和拉力共同作用的计算。

8.1 钢结构的连接方法

钢结构是用型材和板材做成零部件和构件，再通过某种连接方法连接而成的结构。结构连接质量的好坏，直接影响结构的安全。所以，连接方法的选择和连接设计是结构设计中的重要环节。好的连接设计应符合安全可靠、构造简单、传力明确、施工方便、节约钢材等原则。

钢结构常用的连接方法有焊缝连接、铆钉连接和螺栓连接三种（图8－1），螺栓连接又可分为普通螺栓连接和高强螺栓连接。我国目前采用最多的是焊接，高强螺栓连接近年来也有了较大发展，而铆钉连接已很少采用。此外，在既有结构的加固中，也可用胶接。

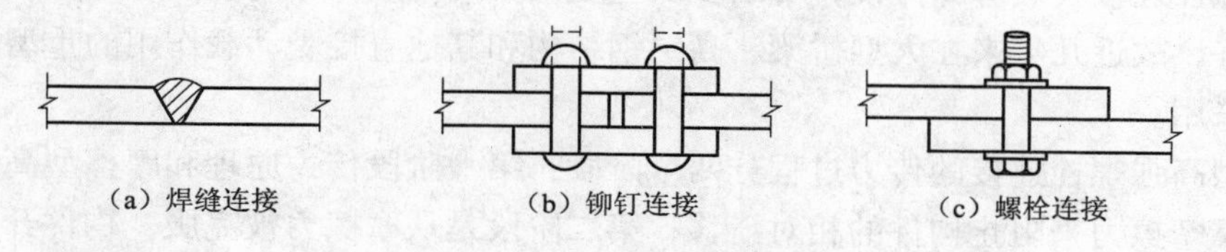

（a）焊缝连接　（b）铆钉连接　（c）螺栓连接

图8－1　钢结构的连接方法

8.1.1 焊缝连接

焊缝连接具有不削弱构件截面、节约钢材、构造简单、加工方便、连接密闭性好、刚度大、易采用自动化作业、生产效率高等优点，是目前钢结构最主要的连接方法。但焊缝连接会使焊缝附近热影响区的材质变脆，同时在焊件中会产生焊接残余应力和残余变形，给结构安全承载带来不利影响。由于焊缝连接刚度大，故对裂纹扩展很敏感，尤其对直接承受动载作用的结构影响更为明显。在低温环境中，结构容易发生脆性断裂。

8.1.2 铆钉连接

铆钉连接具有良好的塑性和韧性，传力可靠，连接质量易于检查，较适用于直接承受动载作用的结构连接。但因铆接工艺复杂，技术要求高，而且会削弱构件截面，故费工费料，现在已很少采用。

8.1.3 螺栓连接

1. 普通螺栓连接

普通螺栓一般都用Q235钢制成，分为A、B、C三个等级。螺栓连接的强度不仅与材质有关，同时还与螺栓及螺孔加工精度有关。A、B级属精制螺栓，C级属粗制螺栓。螺孔根据其加工精细程度不同，分为Ⅰ类和Ⅱ类孔；A、B级螺栓应配用Ⅰ类孔，C级螺栓可配用Ⅱ类孔。Ⅰ类孔径只比螺栓直径大0.3～0.5 mm，Ⅱ类孔径比螺栓直径大1.0～1.5 mm。A、B级螺栓加工精度高，连接较紧密，传力性能好，但制造、安装较复杂，价格高，目前用得较少；C级螺栓加工粗糙，连接传力性能较差，但制造安装方便，价格便宜，且能有效地传递拉力，可多次重复使用，故常用于拉剪联合作用的临时安装连接。

2. 高强螺栓连接

我国《钢结构设计规范》推荐使用的高强螺栓有8.8级和10.9级两种，8.8级采用45钢或35钢制成，10.9级采用40B钢、35VB钢、20MnTiB钢制成，螺帽和垫圈可用45钢或35钢经热处理制成。级别代号中，小数点前的数字是螺栓材料经热处理后的最低抗拉强度，小数点后的数字是材料的屈强比（f_y/f_u），如8.8级钢材最低抗拉强度为800 N/mm^2，$f_u/f_y=0.8$。

高强螺栓连接传力方式可分成摩擦型和承压型两种。摩擦型高强螺栓连接是靠拧紧螺帽使螺栓产生足够大的预拉力，从而使连接件接触面间产生相应的摩擦力来阻止连接件的相对滑移，达到传递外力的目的。这种连接既具备铆钉连接塑性、韧性好，传力可靠的优点，又兼备普通螺栓连接安装拆卸方便，可以多次重复使用的优点，且连接变形小，承受动载和抗疲劳性能好，故近几年来在大型桥梁、高层钢结构和其他直接受动载作用的重型钢结构连接中被广泛采用。

承压型高强螺栓连接的传力过程分两个阶段：第一阶段传力原理和摩擦型高强螺栓连接相同，是靠摩擦力来阻止构件的相对滑移；第二阶段是从摩擦力被克服，构件开始产生相对滑移到由连接螺栓本身的抗剪和承压来传力，其传力原理和普通螺栓连接相同。按承压型设计的高强螺栓连接比摩擦型高强螺栓连接的承载能力高，但因其在后阶段传力过程中变形较大，故目前仅用于承受静载或间接承受动载结构的连接上。

摩擦型高强螺栓连接的设计准则是不允许构件间发生相对滑移，其螺孔直径可比螺栓直径大1.5～2.0 mm。而承压型高强螺栓连接允许滑移，为了减小滑移引起的变形，其孔径只能比螺栓直径大1.0～1.5 mm。

8.2 焊缝连接

8.2.1 钢结构常用的焊接方法

钢结构常用的焊接方法有电弧焊、电阻焊和气焊。

1. 电弧焊

电弧焊的工作原理是利用焊条或焊丝为一极，焊件为另一极，在通电后，两极间产生电弧，并由电弧焊提供热源，使焊条或焊丝熔化，滴落在被电弧加热熔化并吹成小凹槽的焊口熔池中，与焊件熔化部分结成焊缝，将焊件连接成为整体。电弧焊的质量比较可靠，是最常用的焊接方法。电弧焊又可分为手工电弧焊（图 8－2）、自动埋弧焊（图 8－3）和 CO_2气体保护焊等。

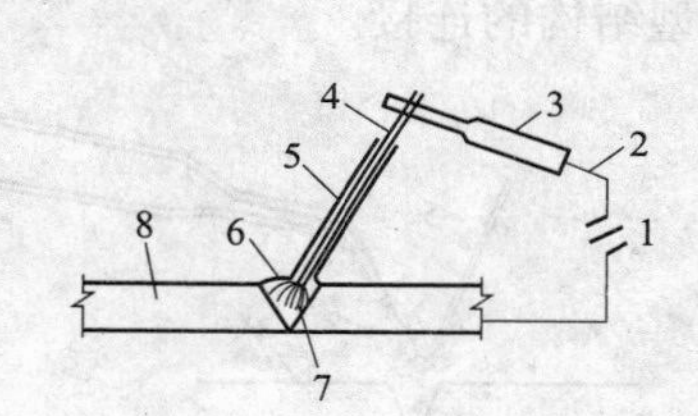

图 8－2　手工电弧焊

1—电源；2—导线；3—焊钳；4—焊条；5—药皮；6—焊弧；7—熔池；8—焊件

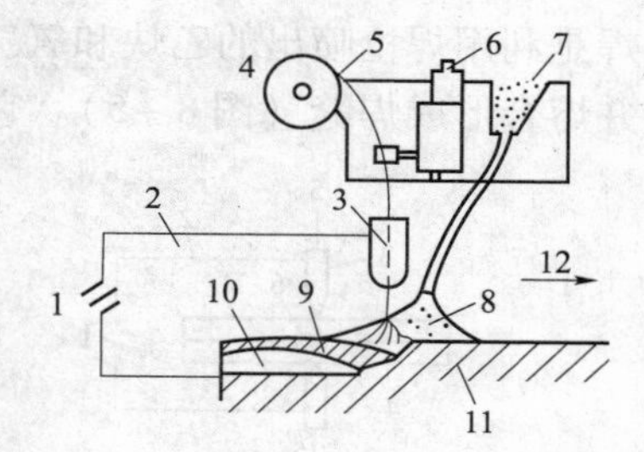

图 8－3　自动埋弧焊

1—电源；2—导线；3—进丝器；4—转盘；5—焊丝；6—进丝电动机；7—焊齐漏斗；8—熔剂；9—熔渣；10—敷熔金属；11—焊件；12—移动方向

1）手工电弧焊

手工电弧焊采用的焊条金属表面涂有焊药，当焊条熔化时，药皮形成熔渣和一种气体，覆盖在焊缝金属表面，防止空气中的氧和氨等有害气体与液态中的焊缝金属接触，避免形成使焊缝金属变脆的化合物。

手工电弧焊采用的焊条有碳素钢焊条 E43 × ×和低合金钢焊条 E50 × ×和 E 55 × ×，符号中 E 表示焊条，后面的两位数字表示焊条金属的抗拉强度最小值、× ×表示不同焊接位置、电源种类、药皮类型和敷熔金属的化学成分等。选用焊条型号应与焊件金属的强度相适应，如 Q235 钢焊接宜选用 E43 × ×系列焊条，16Mn 钢焊件宜选用 E50 × ×系列焊条，15MnV 钢焊件宜选用 E55 × ×系列焊条。

2）自动（半自动）埋弧焊

自动埋弧焊使用电焊小车来完成施焊全过程。自动埋弧焊用的是光面焊丝，配合使用颗粒状焊药，通电引弧后，焊丝的进丝速度和小车沿施焊方向的前进速度自动协调，装在自动给药容器内的颗粒状焊药通过导管敷于焊口熔化金属表面，并将焊弧埋盖，故称自动埋弧焊。自动埋弧焊焊接质量均匀，塑性、韧性好，焊接缺陷少，质量比手工焊高。

半自动埋弧焊与自动埋弧焊的区别在于它是依靠人工操作来移动小车，其焊接质量介于自动埋弧焊与手工焊之间。

自动埋弧焊采用的焊丝型号也应与焊件金属强度等级相适应，如 Q235 钢焊件宜选用 H08A 或 H08MnA，16Mn 钢焊件宜选用 H08MnA 或 H10MnSi，15MnV 钢焊件宜选用 H10MnSi 或 H08Mn2Si 等焊丝。

3）气体保护焊

气体保护焊是用喷枪喷出 CO_2 气体或其他惰性气体，作为电弧的保护介质，并使熔化金属不与空气接触。这种焊接方法，电弧加热集中，熔化深度大，焊缝强度高，塑性和抗腐蚀性能好，可采用高硅型焊丝焊接。这种方法很适合于厚钢板或特厚钢板的焊接。

2. 电阻焊

电阻焊是利用电流通过焊件接触表面存在的电阻时，产生的电阻热来熔化焊件金属自身，并通过对焊件施加压力达到焊合的目的（图 8 -4）。它常用于模压及冷弯薄壁型钢接触点焊，适用于厚度为 6 ～12 mm 的板叠合焊。

3. 气焊

气焊是利用焊枪喷出的乙炔和氧气混合燃烧产生的高温火焰做热源，来熔化焊条和焊件金属，并熔合形成焊缝（图 8 -5）。它常用于薄板和小型结构的连接。

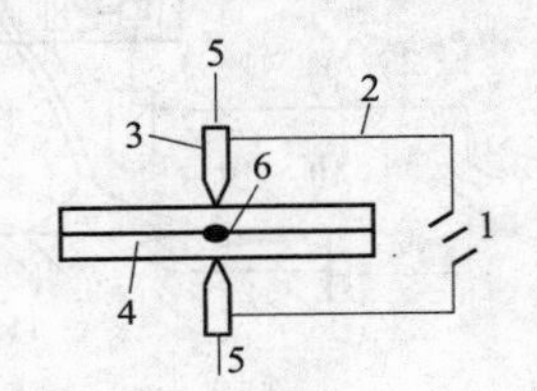

图 8 -4 电阻焊

1—电源；2—导线；3—夹具；
4—焊件；5—压力；6—焊点

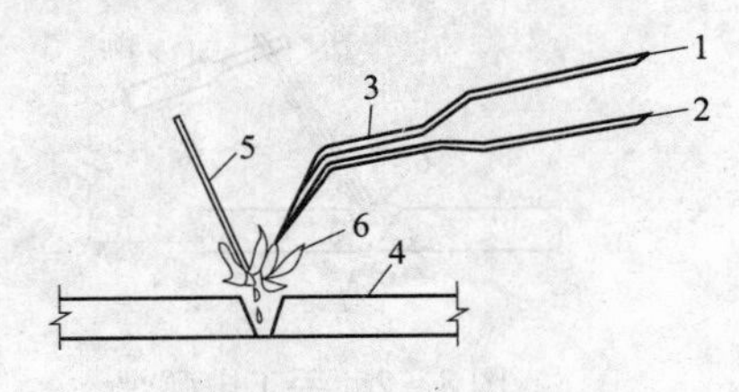

图 8 -5 气焊

1—乙炔；2—氧气；3—焊枪；
4—焊件；5—焊条；6—火焰

8.2.2 焊缝缺陷及质量检验

1. 焊缝缺陷

常见的焊缝缺陷有裂纹、气孔、夹渣、烧穿、咬边、未焊透、弧坑和焊瘤等，其中裂纹（图 8 -6（a））是焊缝连接最危险的缺陷，它分为热裂纹和冷裂纹两种，前者在施焊过程中产生，后者在冷却过程中形成。裂纹产生常与材料的化学成分不当，电流强度、施焊速度和施焊顺序的选择不当有关。气泡（图 8 -6（b））是由于空气或受潮药皮熔化时产生的气体侵入熔焊金属，或者由于焊件表面存在油、锈、污垢等物所致。其他缺陷的出现常与施焊者的技术熟练程度有关。

各种焊缝缺陷的存在，都会不同程度地削弱焊缝的受力面积，降低焊缝连接强度，特别是在缺陷处易出现应力集中，从而影响结构受力性能。对承受动载作用的结构，焊缝缺陷往往是导致结构破坏的祸根。所以，对焊缝连接质量，一定要按现行规范要求进行严格的检验。

2. 焊缝质量检验

焊缝质量分为三个等级：三级质量检查只对全部焊缝进行外观缺陷及几何尺寸检查，其

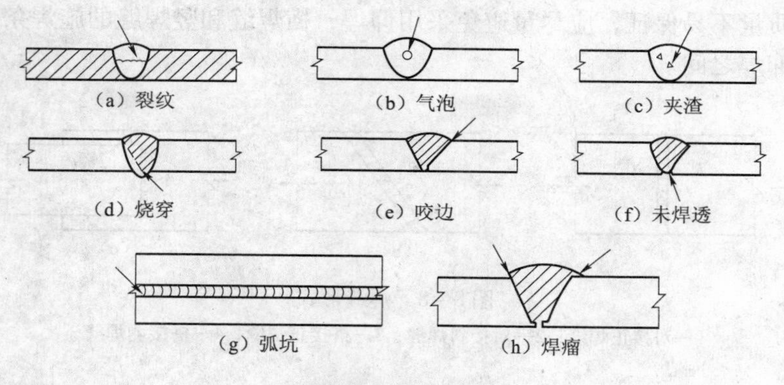

图 8 – 6　焊缝缺陷

外观可见缺陷及几何尺寸偏差应达到三级合格标准要求；二级质量检查除对外观进行检查并达二级质量合格标准外，还需用超声波仪抽查焊缝总长的 50%，应达到二级合格要求；一级质量检查除外观及超声波检查符合一级合格标准外，还需用 X 射线抽查 2%，应达到合格标准。

焊缝质量级别要求应根据连接的重要性，包括结构重要性等级、受力性质、焊接部位等加以确定，对焊缝质量的级别要求应在施工图中标注，但三级质量要求可以不标。

8.2.3　焊接形式及焊缝形式

1. 焊接形式

焊接形式是按连接件之间的相对位置进行分类，一般分为平接、搭接、T 形连接和角接四种形式，如图 8 – 7 所示。

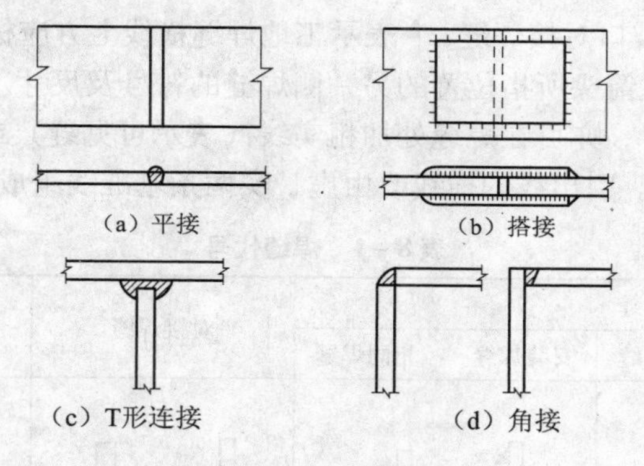

图 8 – 7　焊接形式

2. 焊缝形式

焊缝形式有多种分类方法。

① 按焊缝与力线方向不同分类，在对接焊中有对接正焊缝和对接斜焊缝；在搭接焊中有搭接正焊缝和搭接侧焊缝，如图 8 – 8 所示。

② 按施焊者手持焊条与焊件间的相对位置分，有平焊（俯焊）、竖焊、横焊和仰焊四种，如图 8 – 9 所示。其中平焊缝施焊条件最好，质量易保证，故质量最好，而仰焊缝的施

焊条件最差，质量不易保证，应尽量避免采用仰焊，横焊缝和竖焊缝的施焊条件及焊缝质量均介于平焊和仰焊之间。

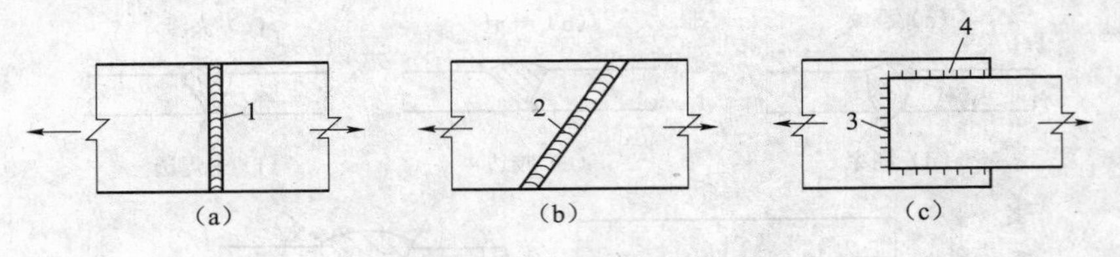

图 8－8　焊缝形式

1—对接正焊缝；2—对接斜焊缝；3—搭接正焊缝；4—搭接侧焊缝

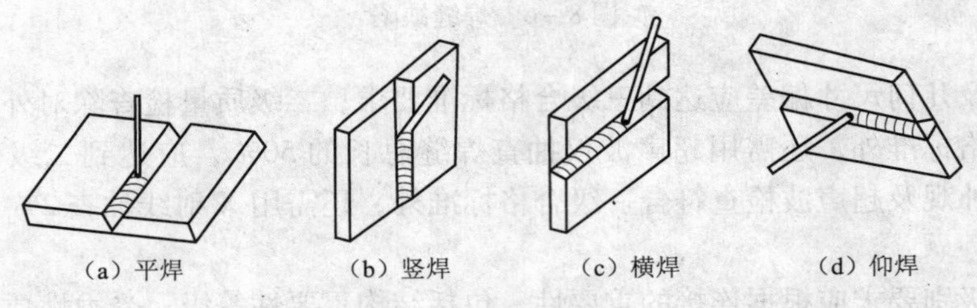

图 8－9　焊缝形式分类

8.2.4　焊缝代号及标注方法

在钢结构施工图中，要用焊缝代号标明焊缝形式、尺寸和辅助要求，焊缝代号主要由引出线、图形符号和辅助符号三部分组成。表 8－1 中仅列出了常用焊缝代号的一部分。引出线由斜线、横线及单边箭头组成。横线上、下用来标注各种图形符号和焊缝尺寸等，如◺表示角焊缝，Ⓥ表示 V 形坡口对接焊缝，⚑表示工地焊缝横线上方应标注箭头所指位置的焊缝符号及尺寸，下方应标注箭头所指位置的另一侧焊缝的符号及尺寸。当焊缝分布较复杂或上述标注法不能表示清楚时，亦可在焊缝处加粗实线（表示可见缝）或栅线（表示不可见缝）来标示（图 8－10（a））。引出线的横线改由虚、实两条基准线组成（图 8－10（b））。

表 8－1　焊缝代号

	角焊缝				对接焊缝	塞焊缝	三边围焊缝
	单面焊缝	双面焊缝	安装焊缝	相同焊缝			
形式					c　α　p		
标注方法	h	h	h		α　c　p	h	h　E50 E50为对焊条的辅助要求

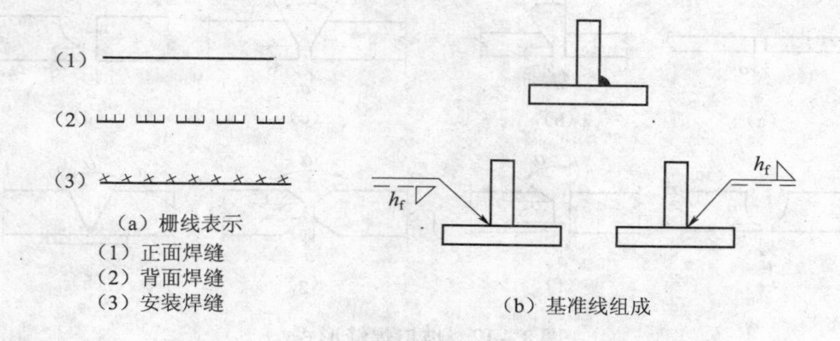

图 8-10　焊缝表示法

8.2.5　对接焊缝的构造要求

对接焊缝可分为焊透的和未焊透的两种。焊透的对接焊缝截面保持与构件截面相同，焊件间不存在缝隙，传力性能好；未焊透的对接焊缝，焊件间存在一定缝隙（图 8-11），缝隙处易产生应力集中，传力性能较差，故一般的对接焊多采用焊透缝，只有当构件较厚，内力较小，且受静载作用时，方可采用未焊透的对接缝。

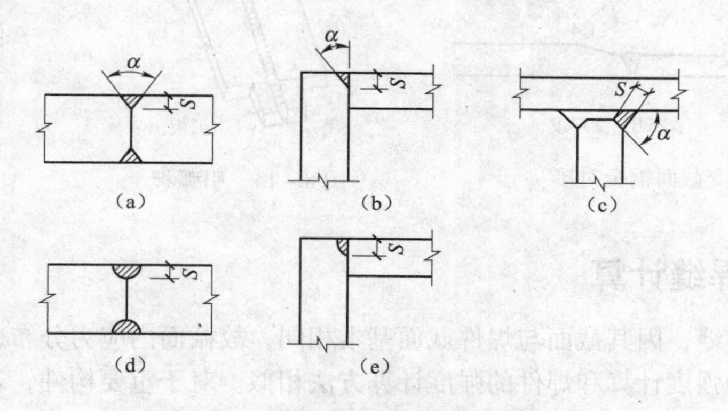

图 8-11　未焊透的对接焊缝

为保证对接焊缝的质量，可按焊件厚度不同，将焊口边缘加工成不同形式的坡口，坡口宽度应以能提供一个便于施工的空间，能将焊缝根部焊透为限。当焊件厚度 $t \leqslant 10$ mm 时，可不做成坡口，而采用直边缝 I；当 $t=10 \sim 20$ mm 时，可采用单边 V 形或双边 V 形坡口；当 $t>20$ mm 时，应采用根部带钝边的 U 形、J 形、K 形和 X 形缝（图 8-12）。对带斜边 U 形缝的根部要进行清根补焊。如无条件进行清根补焊，应在根部事先加垫板，以保证焊透。

对不同宽度和厚度的钢板进行对接焊时，为使传力平顺，减少截面变化处的应力集中，应从宽（或厚）板的一侧或两侧，向窄（或薄）板方向做成 1:4 的斜坡（图 8-13）。如两板厚度相差不大于 4 mm，可不做斜坡，焊缝计算厚度应取薄板厚度。

对接焊缝的起、落弧点，常会出现未焊透或未焊满的凹陷焊口，此处极易产生裂纹和应力集中。为消除试件缺陷，可采用引弧板施焊（图 8-14）。把起、落弧点移至引弧板上，焊好后再将引弧板切除。未采用引弧板施焊的对接焊缝计算长度应减去 10 mm，以考虑两端

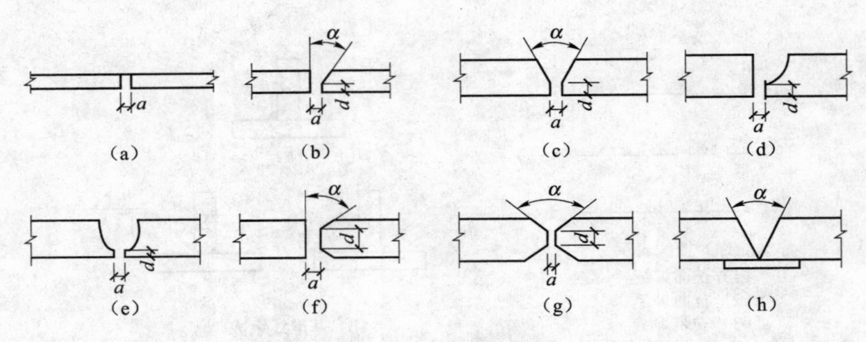

图 8－12　坡口焊缝形式

焊缝缺陷的不利影响。

当钢板在纵、横两个方向进行对接焊时，焊缝可采用十字交叉和 T 形交叉对接（图 8－15）。采用 T 形交叉时，两交叉点间距不得小于 200 mm（图 8－15）。

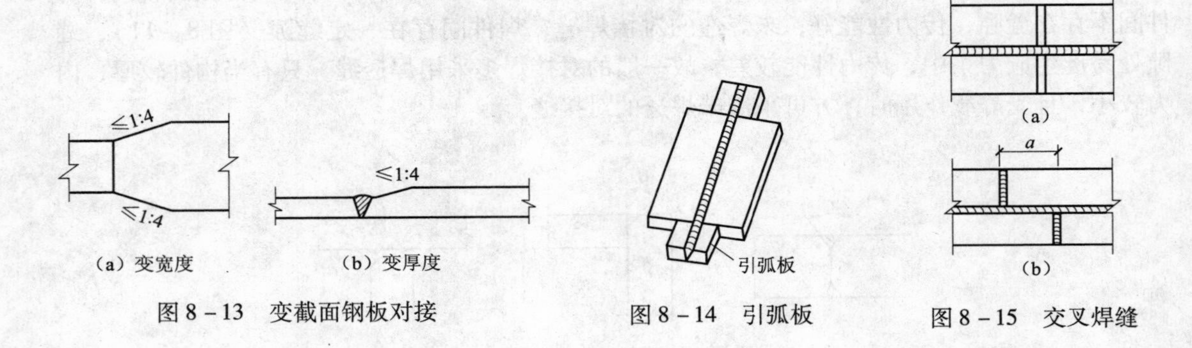

图 8－13　变截面钢板对接　　图 8－14　引弧板　　图 8－15　交叉焊缝

8.2.6　对接焊缝计算

焊透的对接焊缝，因其截面与焊件截面基本相同，故截面内应力分布也和焊件截面应力分布相同，焊缝的强度计算和焊件的强度计算方法相似。对于重要构件，若按一、二级质量标准检验合格时，可认为焊缝与焊件等强，不必另行计算。对三级质量合格的焊缝需另作计算。

1. 受轴心力作用的对接焊缝计算

当对接焊缝与力线垂直时，焊缝强度可按下式计算：

$$\sigma = \frac{N}{L_w t} \leqslant f_t^w \text{ 或 } f_c^w \tag{8-1}$$

式中：N——轴心拉力或压力的设计值；

L_w——焊缝计算长度，当采用引弧板时取焊缝实际长度，未采用引弧板时应取实际长减去 10 mm；

t——两对接板中较薄板的厚度，在 T 形连接中为腹板厚；

f_t^w、f_c^w——对接焊缝的抗拉、抗压强度设计值，可从表 8－2 中查得。

表8-2　焊缝的设计强度值　N/mm²

焊接方法和焊条型号	构件钢材			对接焊缝				角焊缝
	钢号	组别	厚度或直径/mm	抗压 f_c^w	焊缝质量为下列级别时，抗拉 f_t^w		抗剪 f_v^w	抗拉、抗压和抗剪 f_f^w
					一级、二级	三级		
自动焊、半自动焊和E43××型焊条的手工焊	Q235钢	第1组	≤20	215	215	185	125	160
		第2组	>20～40	200	200	170	115	160
		第3组	>40～50	190	190	160	110	160
自动焊、半自动焊和E50××型焊条的手工焊	16Mn钢、16Mnq钢	—	≤16	315	315	270	185	200
		—	17～25	300	300	255	175	200
		—	26～36	290	290	245	170	200
自动焊、半自动焊和E55××型焊条的手工焊	15Mnv钢、15MnVq钢	—	≤16	350	350	300	205	220
		—	17～25	335	335	285	195	220
		—	26～30	320	320	270	185	220

注：自动焊和半自动焊所采用的焊丝和焊剂，应保证其熔敷金属抗拉强度不低于相应手工焊焊条的数值。

如焊缝强度低于焊件强度，可改用对接斜焊缝连接，以提高焊缝连接的承载力，但斜焊缝连接焊件需要切角，故较费材料。《钢结构设计规范》规定，当斜焊缝和作用力的夹角 θ 符合 $\tan\theta \leqslant 1.5$ 时，可不再计算焊缝强度。

2. 受弯和受剪的对接焊缝计算

1）矩形截面对接焊缝计算

截面弯曲正应力和剪应力分布如图8-16（a）所示，应分别计算截面最大正应力和最大剪应力，即

$$\sigma = \frac{M}{W_w} \leqslant f_t^w \tag{8-2}$$

$$\tau = \frac{VS_w}{I_w^t} \leqslant f_v^w \tag{8-3a}$$

$$\tau = \frac{V}{I_w^t} f_v^w \text{（适用于矩形截面）} \tag{8-3b}$$

式中：W_w——焊缝截面抵抗矩；

I_w——焊缝截面对中性轴的惯性矩；

S_w——焊缝截面在计算剪应力处以上部分截面对中性轴的面积矩；

t——对接焊缝计算厚度（应取连接件中较薄板的厚度）；

f_t^w——对接焊缝抗拉强度设计值；

f_v^w——对接焊缝抗剪强度设计值。

2）工字形截面对接焊缝计算

工字形截面弯曲正应力和剪应力分布如图8-16所示，焊缝最大正应力和最大剪应力仍按式（8-2）和式（8-3a）分别计算。翼缘和腹板相交处，因正应力 σ_1 和剪应力 τ_1 都相对较大，故还应按式（8-4）验算该点的折算应力：

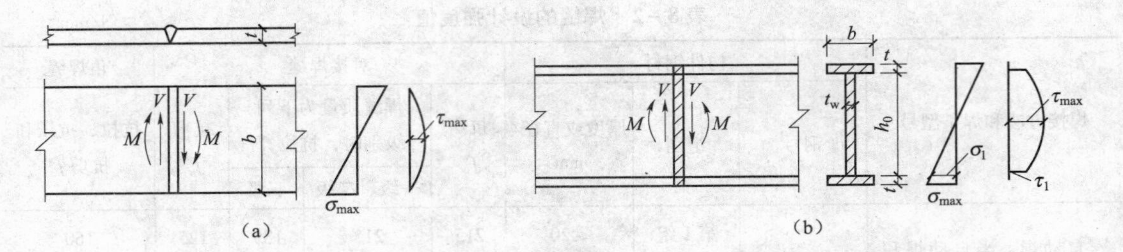

图 8－16　对接焊缝受弯矩和剪力共同作用

$$\sqrt{\sigma_1^2+3\tau_1^2}\leqslant 1.1f_t^w \tag{8-4}$$

式中：σ_1——腹板焊缝端部点的正应力，$\sigma_1=\sigma_{max}\dfrac{h_0}{h}=\dfrac{M}{M_w}\dfrac{h_0}{h}$；

τ_1——腹板焊缝端部点的剪应力；

1.1——考虑到最大折算应力只发生在局部而将焊缝强度设计值适当提高的数。

例 8－1　计算图 8－17 所示两块钢板的对接焊缝。已知板截面为 460 mm × 10 mm，承受轴心拉力设计值 $N=980$ kN，钢材为 Q235 钢，采用手工焊，焊条为 E43，焊缝质量为三级，未采用引弧板。

解：由表 8－2 查得 $f_t^w=185\ \text{N/mm}^2$

当采用直缝时，$L_w=460-10=450$ mm，焊缝正应力为

$$\sigma=\frac{N}{L_w t}=\frac{980\times10^3}{450\times10}=218\ \text{N/mm}^2>f_t^w=185\ \text{N/mm}^2$$

可见直缝不能满足强度要求，故改用斜缝连接，并取 $\tan\theta=1.5$，即 $L/a=1.5$。

$$a=\frac{L}{1.5}=\frac{460}{1.5}=306.7\ \text{mm}，取\ a=310\ \text{mm}$$

强度可满足要求，不需要再验算。

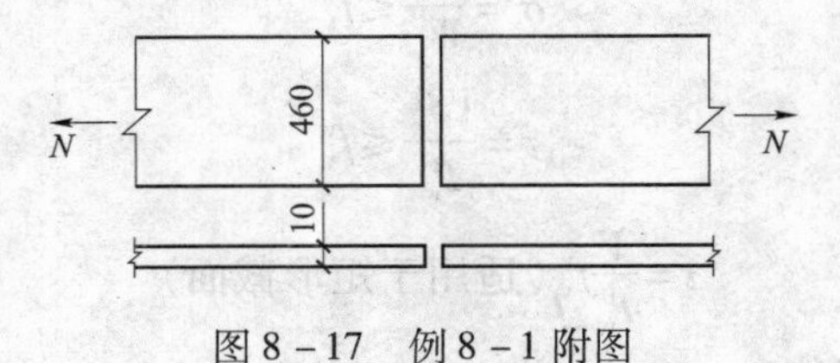

图 8－17　例 8－1 附图

例 8－2　计算图 8－18 所示 T 形截面牛腿与柱翼缘连接的对接焊缝。牛腿翼缘板宽 120 mm，厚 12 mm，腹板高 200 mm，厚 10 mm，竖向荷载设计值 160 kN，力作用点到焊缝截面距离为 180 mm，钢材为 16 Mn 钢，采用 E50 型焊条，手工焊，焊缝质量三级，未采用引弧板。

解：由表 8－2 查得，$f_t^w=270\ \text{N/mm}^2$

计算焊缝截面特征值为

$$f_c^w=315\ \text{N/mm}^2，f_v^w=185\ \text{N/mm}^2$$

$$y_1=\frac{(12-1)\times1.2\times0.6+(20-0.5)\times1.0\times10.95}{(12-1)\times1.2+(20-0.5)\times1.0}=6.77\ \text{cm}$$

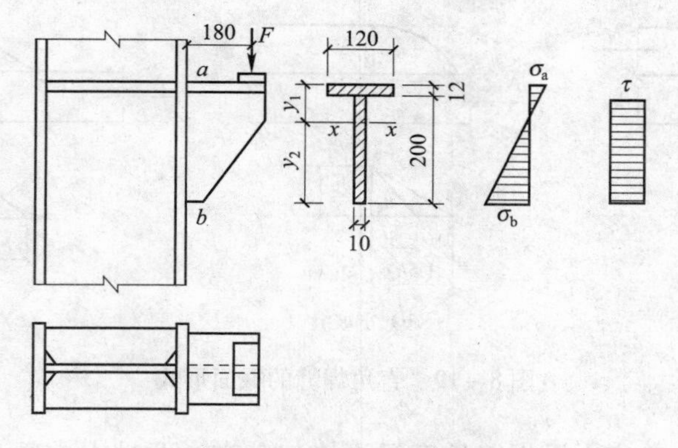

图8-18 例8-2附图

$$y_2 = 20.7 - 6.77 = 13.93 \text{ cm}$$

$$I_{wx} = \frac{1.0 \times (20-0.5)^3}{12} + (20-0.5) \times 1.0 \times 4.18^2 + \frac{(12-1) \times 1.2^3}{12} + (12-1) \times 1.2 \times 6.17^2 = 1\,462.7 \text{ cm}^4$$

$$A_w = (20-0.5) \times 1 = 19.5 \text{ cm}^2$$

验算正应力：

$$\sigma_a = \frac{M}{W_w^a} = \frac{160 \times 10^3 \times 180}{1\,462.7 \times 10^4 / 67.7} = 133.3 \text{ N/mm}^2 < f_t^w = 270 \text{ N/mm}^2$$

$$\sigma_b = \frac{M}{W_w^b} = \frac{160 \times 10^3 \times 180}{1\,462.7 \times 10^4 / 139.3} = 274.3 \text{ N/mm}^2 < f_c^w = 315 \text{ N/mm}^2$$

验算剪应力：

设竖向剪力 V 全部由腹板焊缝承受，则有

$$\tau = \frac{V}{A_w} = \frac{160 \times 10^3}{19.5 \times 10^2} = 82.1 \text{ N/mm}^2 < f_v^w = 185 \text{ N/mm}^2$$

验算折算应力：

$$\sigma_{zb} = \sqrt{\sigma_b^2 + 3\tau^2} = \sqrt{274.3^2 + 3 \times 82.1^2} = 309 \text{ N/mm}^2 \approx 1.1 f_t^w = 1.1 \times 270 = 297 \text{ N/mm}^2$$

因 b 点正应力为压力，验算折算应力时取 $1.1 f_t^w$ 偏于安全。现实际应力 309 N/mm² ≈ 297 N/mm²，可认为满足要求。

8.2.7 角焊缝的分类及应力分析

1. 角焊缝的分类

角焊缝按两焊脚边的夹角大小，可分为直角角焊缝（$\alpha = 90°$）和斜角角焊缝（$\alpha < 90°$）直角焊缝按截面形式不同又可分为普通缝、平坡缝和凹面缝等，如图8-19所示。

普通缝施焊简单，用得比较普遍，但传力时力线曲折较大，传力性能较差。为改善传力性能可采用平坡缝或凹面缝，对 $\alpha < 60°$ 和 $\alpha > 120°$ 的斜角焊缝，除钢管结构外，一般不宜用做受力焊缝。

2. 角焊缝的应力分析

角焊缝的应力状态与对接焊缝相比要复杂得多，在受剪连接中，侧焊缝主要承受剪力作

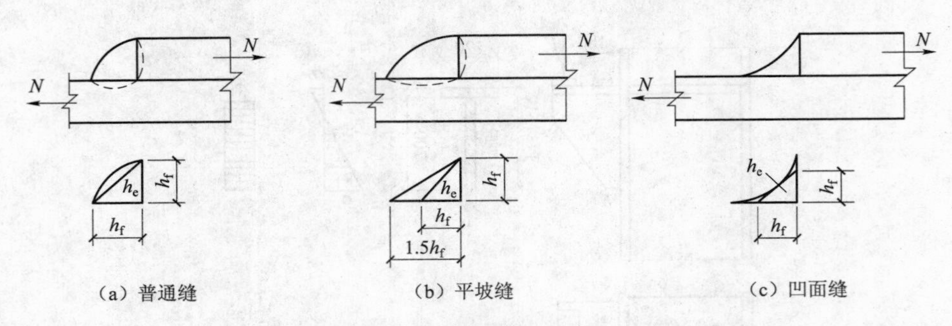

图 8 - 19　直角焊缝的截面形式

用。在弹性受力阶段，剪应力沿焊缝长度呈不均匀分布，两端大中间小（图 8 - 20）：焊缝越长，应力分布越不均匀。由于侧焊缝塑性较好，当两端产生塑性变形后，会产生应力重分布，在《钢结构设计规范》规定的限制长度内，应力可趋于均匀分布。

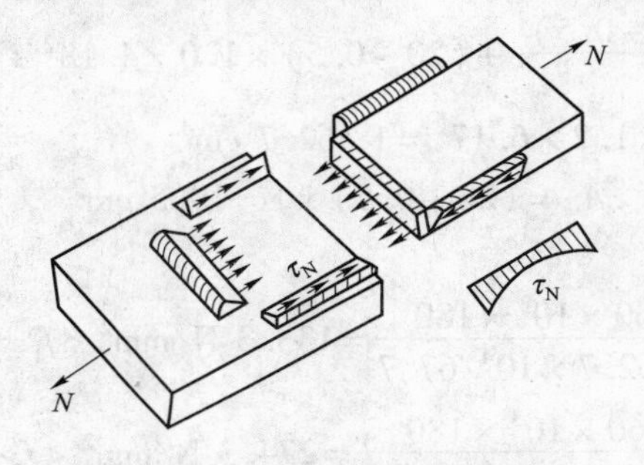

图 8 - 20　侧面焊缝应力分布

正面角焊缝的应力状态比较复杂，在外力作用下，由于力线弯折，使两焊脚边都产生正应力和剪应力，且沿边高分布不均匀，沿焊缝长度分布较均匀（图 8 - 21）。正面角焊缝的塑性较差，在焊脚根部处于多项应力状态，且会产生应力集中，故端焊缝破坏总是先从根部出现裂纹，并向整个断面扩展。试验结果表明，端焊缝的弹性模量比侧缝高，当焊缝有效截面面积相等时，端焊缝的承载力是侧焊缝承载力的 1. 35 ～ 1. 55 倍。《钢结构设计规范》规定，在端焊缝的强度计算公式中引入强度增大系数 $\beta_f = 1.22$。

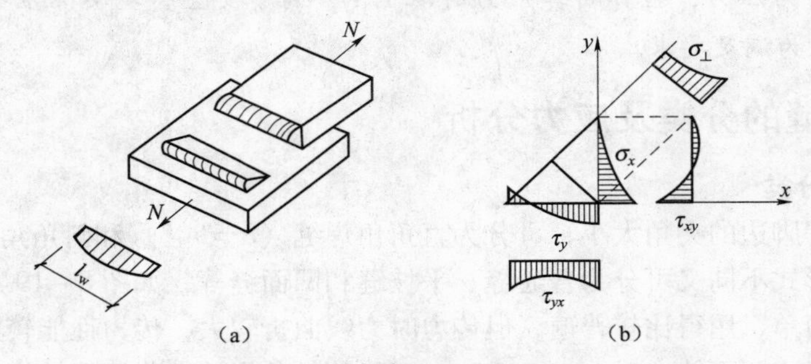

图 8 - 21　端焊缝的应力分布

斜焊缝的传力性能介于端焊缝与侧焊缝之间，在强度计算时，同样引入了增大系数 β_f，β_f的大小随力线与焊缝长度方向夹角 θ 的大小而定。《钢结构设计规范》还规定，对承受动载作用的端焊缝或斜焊缝的承载能力计算不考虑强度增大系数，即取 $\beta_f = 1.0$。

8.2.8　角焊缝的构造要求

1. 对焊脚尺寸的限制

角焊缝的焊脚高 h_f 应与焊件的厚度相适应，不宜过大或过小。焊脚尺寸过小时，焊接热量较小，焊件温度较低，不易焊透，且当焊件刚度较大时，焊缝冷却收缩时易产生裂纹；当焊脚尺寸过大时，对较薄焊件容易烧穿，且在热影响区内会产生较大的残余变形和产生脆裂。为保证焊缝质量，《钢结构设计规范》规定，角焊缝焊脚尺寸最小值不应小于 $1.5\sqrt{t}$，t 为较厚板的厚度，以毫米为单位，对自动焊可减小 1 mm，对 T 形连接的单面施焊角焊缝，应增加 1 mm；当焊件厚度 $t \leqslant 4$ mm 时，h_f 可取与板厚相同。焊脚尺寸的最大值，在 T 形连接中不得大于较薄板件厚度的 1.2 倍。

在搭接连接中，当 $t \leqslant 6$ mm 时，$h_{fmax} \leqslant t$；当 $t > 6$ mm 时，$h_{fmax} \leqslant t-$（1～2）mm。实际采用的焊脚尺寸应满足：$h_{min} \leqslant h_f \leqslant h_{fmax}$。当两焊件厚度相差太远，用等焊脚尺寸无法同时满足最大、最小限值要求时，可采用两边不相等的焊脚尺寸。

2. 对焊缝长度的限制

角焊缝的计算长度也不宜过长或过短。当焊缝的厚度较大而长度过短时，会使局部加热严重，而且起、落弧的弧坑相距太近，加上一些可能产生的焊接缺陷和偏心受力影响等原因，会使焊缝连接不太可靠；如果焊缝过长，又会加大应力沿长度分布的不均匀性。故《钢结构设计规范》规范规定，不论侧焊缝、端焊缝，其最小计算长度应不小于 $8h_f$ 和 40 mm；侧焊缝的最大计算长度，对承受静载或间接承受动载的连接应不大于 $60h_f$，对承受动载的连接，应不大于 $40h_f$，如超过上述限值，其超过部分在计算中不予考虑。但当内力沿侧焊缝全长分布时，其计算长度不受限制，例如，梁及柱的翼缘与腹板的连接焊缝长度可不受限制。考虑到一条连续焊缝两端起、落弧的影响，焊缝的计算长度应取实际长度减去 10 mm。

构件与节点板相连时，可采用两条侧焊缝或三面围焊，角钢构件还可采用 L 形焊缝（图 8－22）。当仅用两条侧焊缝连接时，焊缝在杆端转角处应采用绕角焊，绕角长为 $2h_f$。围焊缝或绕角焊在转角处均应连续施焊，以免起、落弧缺陷发生在应力集中的转角处，从而改善连接处的工作性能。

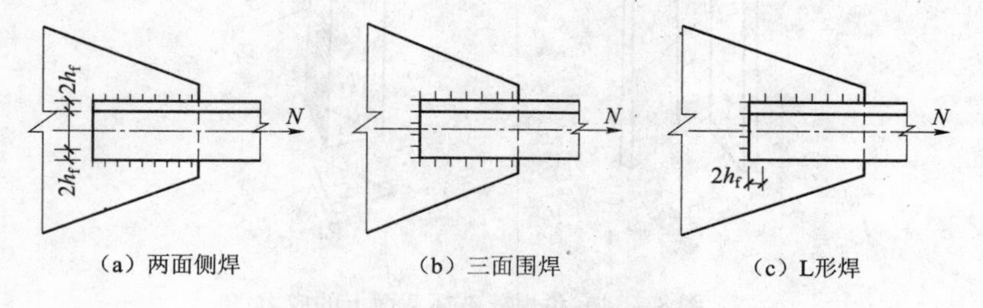

图 8－22　构件与节点板连接

当仅用两条侧焊缝连接时，为避免传力线路过分弯折，造成应力过分不均，宜使 $L_w \geqslant b$，同时，为避免焊缝横向收缩引起板件拱曲过大（图 8－23（a）），宜使 $b < 16t$（当 $t > 12$ mm 时）或 200 mm（当 $t \leqslant 12$ mm 时），t 为较薄板厚度。当 b 不满足上述规定时，应加焊端缝或加槽焊（8－23（b）），或加电铆焊（图8－23（c））。

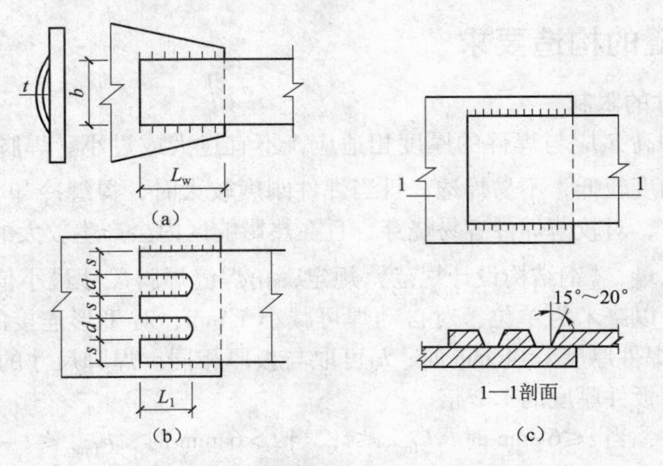

图8－23　槽焊、电铆焊防止板拱曲

对搭接连接的搭接长度不得小于$5t$和25 mm，t为较薄板件厚度。

8.2.9　角焊缝计算的基本公式

当角焊缝受到多向轴力作用时，在焊缝有效截面（45°角平分面）上，同时存在垂直于焊缝方向和平行于焊缝方向的剪应力$\tau_{\perp}$和$\tau_{/\!/}$，同时还有垂直焊缝有效截面的正应力$\sigma_{\perp}$（图8－24）。

实验证明角焊缝在复杂应力作用下的强度条件和母材一样，用下式表示：

$$\sqrt{\tau_{\perp}^{2}+3(\tau_{\perp}^{2}+\tau_{/\!/}^{2})}\leqslant\sqrt{3}f_{\mathrm{f}}^{\mathrm{w}} \tag{8-5}$$

式中，$f_{\mathrm{f}}^{\mathrm{w}}$是角焊缝的强度设计值，把它当作剪切强度，因而乘以$\sqrt{3}$。

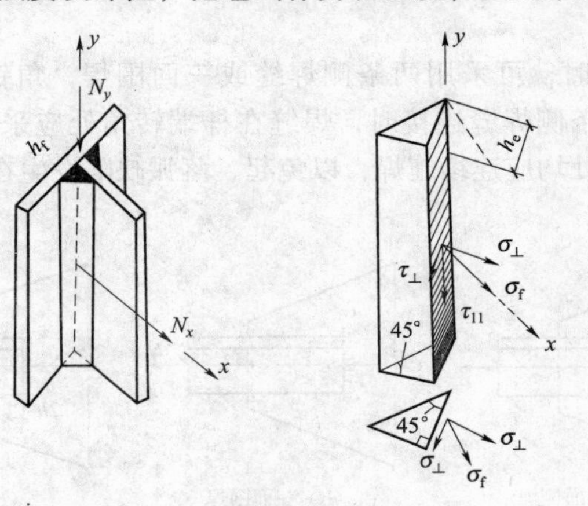

图8－24　角焊缝破坏截面上的应力

作用在焊件上的外力传至焊缝后，一般可分解成N_x、N_y和N_z（图8－24），大多数连接中，$N_y=0$（或$N_x=0$），则计算截面上沿x（或y）方向的正应力σ_{f}沿z轴方向的剪力为τ_{f}且有

$$\sigma_f=\frac{N_x}{A_e}\text{或}\left(\sigma_f=\frac{N_y}{A_e}\right) \tag{8-6}$$

$$\tau_f=\frac{N_y}{A_e} \tag{8-7}$$

式中：A_e——角焊缝有效截面积，$A_e=h_e\sum l_w$，$h_e=h_f\cos45°$；

$\sum l_w$——两焊件间角焊缝计算长度总和。

由图可见 $\sigma_\perp=\frac{\sigma_f}{\sqrt{2}}$，$\tau_\perp=\frac{\sigma_f}{\sqrt{2}}$，$\tau_{/\!/}=\tau_f$，代入式（8－5）得

$$\sqrt{\left(\frac{\sigma_f}{\sqrt{2}}\right)^2+3\left[\left(\frac{\sigma_f}{\sqrt{2}}\right)^2+\tau_f^2\right]}\leqslant\sqrt{3}f_f^w \tag{8-8}$$

当 $N_x=0$，$N_y=0$ 时，$\sigma_f=0$，焊缝只受 τ_f 的作用，属侧焊缝性质，其强度计算公式为

$$\tau_f=\frac{N}{A_e}\leqslant f_f^w \tag{8-9}$$

当 $N_x=0$ 时，$\tau_f=0$，焊缝只受 σ_f 作用，属端焊缝性质，其强度计算公式为

$$\sigma_f=\frac{N}{A_e}\leqslant 1.22f_f^w \tag{8-10}$$

由此可见，当焊缝有效截面积相等时，端焊缝的承载能力为侧焊缝的1.22倍，比实验得出的1.35～1.55倍小。这是因为式（8－5）是经过修正的，而且是偏于安全的修正。

可按式（8－8）改写成角焊缝强度计算的一般公式，即

$$\sqrt{\left(\frac{\sigma_f}{\beta_f}\right)+\tau_f^2}\leqslant f_f^w \tag{8-11}$$

式中：β_f——正面角焊缝设计强度提高系数，承受静载时取 $\beta_f=1.22$，承受动载时取 $\beta_f=1.0$。

当外力作用线与焊缝轴线间的夹角为 $0°<\theta<90°$（即斜缝）时，有效截面上的应力可分解为平行于和垂直于焊缝轴线方向的两种应力，再分别代入式（8－11）计算。

8.2.10　角焊缝连接的计算

1. 构件用盖板连接时的角焊缝计算

当焊件受轴力作用，且轴力通过焊缝群的中心时，焊缝的应力可按均匀分布进行计算。图8－25（a）所示连接是采用双盖板将构件连成整体，此连接需计算盖板强度和接缝一侧（左或右侧）连接角焊缝。

当仅用两侧焊缝连接时，可按式（8－9）计算，即

$$\tau_f=\frac{N}{h_e\times\sum L_w}\leqslant f_f^w, L_w=L-10\ \text{mm}$$

当仅用端焊缝连接时，可按式（8－10）计算，即

$$\sigma_f=\frac{N}{h_e\times\sum L_w}\leqslant\beta_f f_f^w, L_w=b-10\ \text{mm}$$

当用三面围焊时，可先求出端焊缝承载力，然后再计算侧焊缝强度，

端焊缝承载力

$$N'=\beta_f h_e 2bf_f^w \tag{8-12}$$

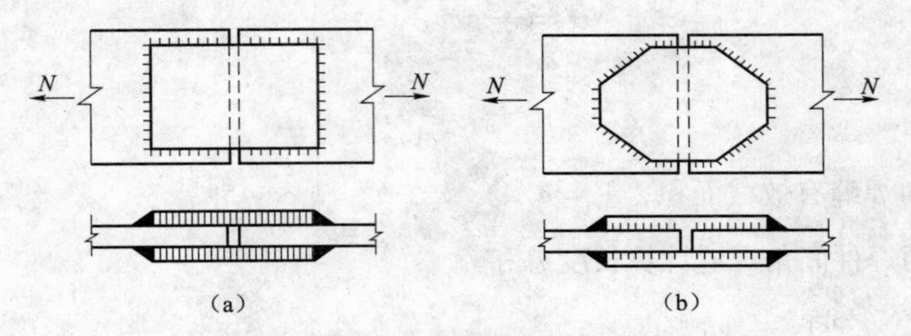

图 8-25 轴心力作用下的角焊缝连接

侧焊缝强度
$$\tau_f = \frac{N - N'}{h_e \times \sum 4(L-5)} \leqslant f_f^w \tag{8-13}$$

式中：L——接缝一侧盖板搭接长度。

采用矩形盖板连接时，转角处会产生较大的应力集中，为使传力较平顺，减少应力集中，可改用菱形板做连接板（图 8-25（b））。这样，在连接焊缝中同时有端焊缝、侧焊缝和斜焊缝。此时，端焊缝一般都比较短，为简化焊缝强度计算，可偏于安全地把全部焊缝当成侧焊缝，并按式（8-9）计算，即

$$\tau_f = \frac{N}{h_e \sum L_w} \leqslant f_f^w$$

例 8-3 试设计图 8-26 所示双盖板连接。已知主板宽 $B = 240$ mm，厚度 $t = 10$ mm，钢材为 Q235 · B，焊条为 E43，手工焊，轴力设计值 $N = 500$ kN。

解： 由表 8-2 查得 $f_f^w = 160$ N/mm^2。

（1）采用侧焊缝连接

为保证施焊需要，取盖板宽 $b = B - 2 \times 20 = 240 - 40 = 200$ mm

按盖板与构件等强度原则，计算盖板厚度为

$$t_1 = \frac{B \times t}{2 \times b} = \frac{240 \times 10}{2 \times 200} = 6 \text{ mm}$$

按构造要求确定焊脚高 h_f。

$$h_{fmin} = 1.5\sqrt{t} = 1.5 \times \sqrt{10} = 4.74 \text{ mm}$$
$$h_{fmin} = t_1 = 6 \text{ mm}，h_f = 6 \text{ mm}$$

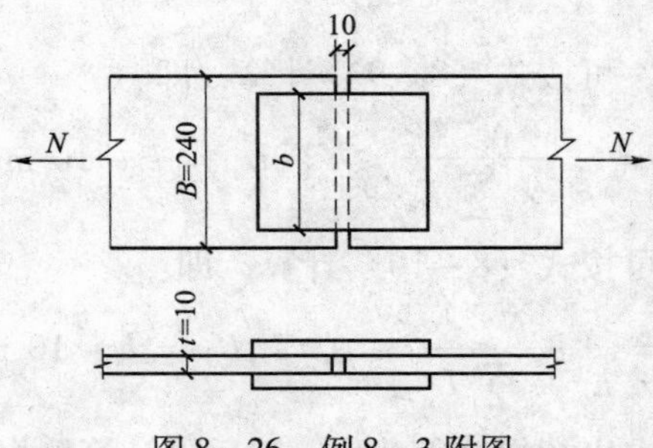

图 8-26 例 8-3 附图

计算连接一侧一条侧焊缝长度为

$$L_w = \frac{N}{4 \times 0.7 h_f f_f^w} + 10 = \frac{500 \times 10^3}{4 \times 0.7 \times 6 \times 160} + 10 = 196 \text{ mm}$$

取 $L_w = b = 200$ mm，故需要盖板全长为

$$L = 2L_w + 10 = 2 \times 200 + 10 = 410 \text{ mm}$$

(2) 采用三面围焊

与前面的计算相同，取盖板截面为 200 mm × 6 mm，取 $h_f = t = 6$ mm，则端焊缝承载力为

$$N' = 2b \times h_e \times \beta_f \times f_f^w = 2 \times 200 \times 0.7 \times 6 \times 1.22 \times 160 = 327\ 936 \text{ N} = 327.94 \text{ kN}$$

接缝一侧一条侧焊缝需要长度为

$$L_w = \frac{N - N'}{4 \times 0.7 h_f \times f_f^w} + 5 = \frac{(500 - 327.94) \times 10^3}{4 \times 0.7 \times 6 \times 160} + 5 = 69 \text{ mm}$$

取 $L_w = 70$ mm，故盖板全长为

$$L = 2L_w + 10 = 2 \times 70 + 10 = 150 \text{ mm}$$

由此可见，采用三面围焊连接与只用侧焊缝连接相比，盖板缩短了 410 − 150 = 260 mm。

2. 角钢轴力构件与节点板相连的角焊缝计算

对角钢轴力构件与节点板相连的角焊缝有三种布置形式，即两面侧焊、三面围焊和 L 形焊（图 8−22）。

8.2.11 焊接残余应力和残余变形的成因

钢材在施焊过程中会在焊缝及其附近区域内形成不均匀的温度场，焊缝及其附近的温度最高可达 1 600 ℃，由焊缝邻近区域向外，温度急剧下降（图 8−27）。不均匀的温度场有导致不均匀膨胀的趋势，但因施焊后的钢材已连接成整体，低温区对高温区的变形产生约束，使热塑温区产生热塑压缩变形，未达热塑温度的高温区则会产生热压应力，低温区则产生拉应力。在冷却过程中，低温区先冷却，其收缩变形不受约束，而高温区冷却较慢，后冷却区域的收缩变形将受到先冷却区域的约束，因而使高温区产生拉应力。相反，低温区则产生相应的压应力。在无外界约束的情况下，焊件内的拉应力和压应力自相平衡，这种应力称焊接残余应力，它是一组自相平衡的内力。随焊接残余应力的产生，同时也会出现不同方向的不均匀收缩变形（图 8−28），称为焊接残余变形。

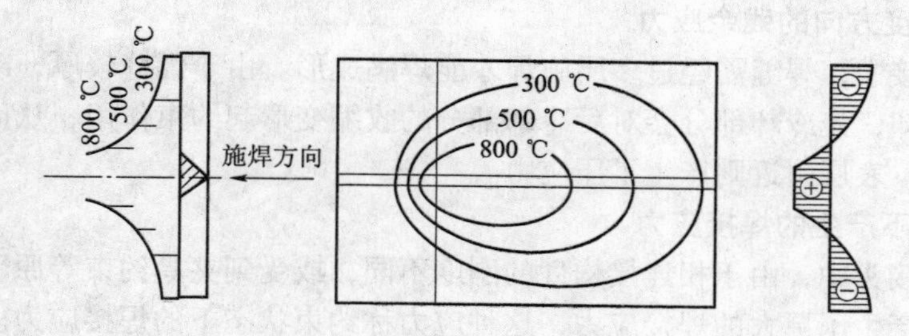

图 8−27 施焊时焊接热影响区的温度变化

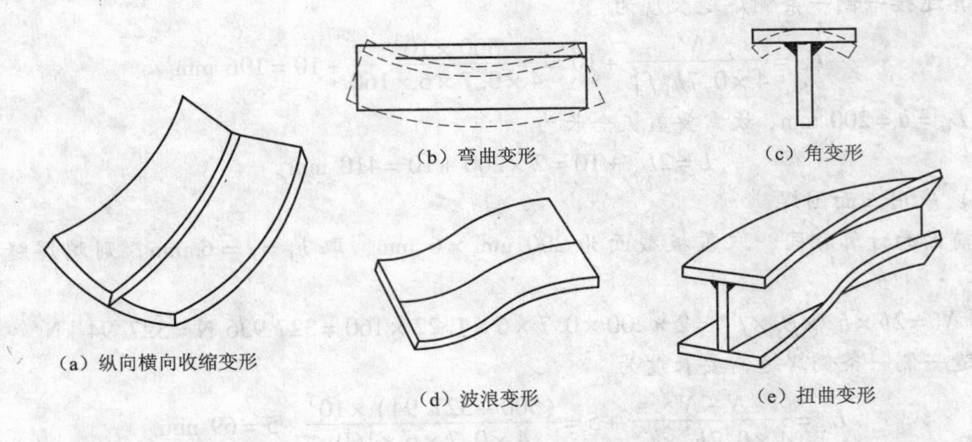

图 8-28 焊接残余变形种类

8.2.12 焊接残余应力的种类及分布

焊接残余应力按其方向可分为纵向、横向和沿厚度方向的残余应力。

1. 纵向残余应力

纵向残余应力是在焊接温度场内，焊件沿焊缝长度方向因冷却先后不同而引起的纵向内应力。其沿焊件横向的分布规律：高温区为拉应力，低温区为压应力，残余应力大小及其具体分布与焊接的刚度和温度场变化梯度有关，刚度越大、温度场变化梯度越大，则残余拉应力越大，最大值有时可达到钢材的屈服点。

2. 横向残余应力

横向残余应力是由两部分残余应力叠加而成。一是由于焊件沿焊缝纵向的冷缩，使钢板产生外弓形弯曲变形趋势，但因焊缝已将两块钢板连成整体，使钢板的弯曲变形受到焊缝的约束而未能形成，故在焊缝横向产生了横向残余应力，应力沿焊缝长度呈不均匀分布，且中段受拉，两端受压。二是由于施焊先后不同所引起，先焊的焊缝先冷却凝固，使后焊部分的热膨胀受到约束而产生热塑压缩变形；在焊缝冷却过程中，后冷却部分的横向收缩变形受到先冷却焊缝的约束，使焊缝产生横向拉应力，相反，先冷却部分则产生了横向压应力，此横向残余应力的分布与施焊顺序有关。

3. 沿焊缝厚度方向的残余应力

在厚钢板焊接中，焊缝需经过多层施焊才能焊满成形。由于焊缝较厚，冷却时，表层先冷却中间层后冷却，先冷却部分会对后冷却部分的收缩变形起约束作用，从而使焊缝中间部分产生了拉应力，表层附近则产生了压应力。

4. 约束状态下产生的焊接应力

在实际焊接接头中，由于相连接构件的刚度不同，或受到夹具约束等原因，使焊件不能自由变形，从而产生了更大的焊接应力，这种应力称约束状态下的焊接应力。它是不能自相平衡的，只有在外界约束解除，且因外界约束产生的那一部分应力释放以后，剩余的应力才是焊件自身相互约束产生的焊接残余应力，而且是一组自相平衡的内力。

8.2.13　焊接残余应力和残余变形对结构性能的影响

1. 焊接残余应力的影响

1）对结构静力强度的影响

对塑性较好的材料，焊接残余应力对静力强度无影响。如图8－29所示，当存在残余应力的构件受到静载作用时，焊件横截面上由外载产生的应力与残余应力相叠加，使构件应力出现不均匀分布，随着外载逐渐增加，高应力区先达到屈服点f_y而进入塑性状态，当外载继续增加时，新增荷载只能由未达屈服点的弹性区来承担，随着外荷载不断增加，塑性区逐渐扩大，直至全断面应力均达到屈服点。这时构件的总承载力为$N=A\cdot f_y$，这与没有残余应力时构件的承载力完全一样。因为残余应力是一组自相平衡的内应力，其合力为零，故不影响构件静力强度。

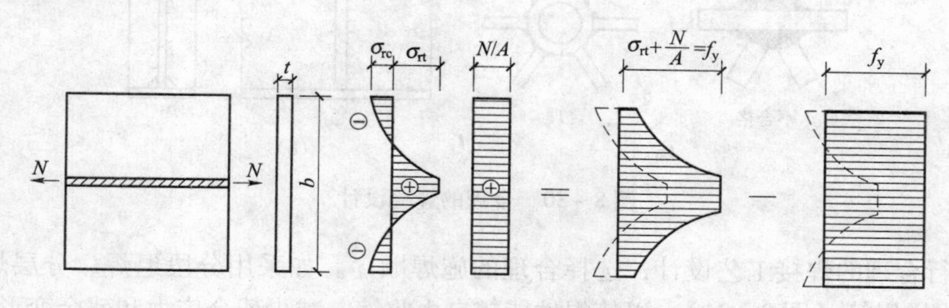

图8－29　焊接残余应力对静力强度的影响

2）对结构刚度的影响

焊接残余应力的存在会降低构件的刚度。由图8－29可知，有残余应力的构件，受外载作用后在外应力和残余应力的同号叠加区，随外荷载的不断增加，会先达到屈服点，使截面出现塑性区，从而减小了继续承载的有效面积。所以，在相同外力增量ΔN的情况下，构件会因承载截面的减小而使变形增大，也就使构件刚度相应减小了。

3）对压杆稳定性的影响

有残余应力的压杆，在轴心压力作用下，存在残余压应力的部分必定先进入塑性状态，使构件的弹性区减小，压杆的挠曲刚度也随之减小，所以会降低构件的稳定承载力。

4）对低温冷脆的影响

在厚板焊缝和有三向交叉焊缝处，会产生三向焊接残余应力，若三向均为拉应力，则会阻碍材料的塑性变形，使材质变脆。当构件在低温条件下承载时，容易产生裂纹并扩展，加速了构件的脆性破坏。

5）对疲劳强度的影响

有残余应力的构件受到反复荷载作用时，在焊缝及其附近的较高残余拉应力有时可达到屈服点，使构件的实际应力循环从$\sigma_{max}=f_y$开始，而并非在外荷产生的名义最大应力开始，加之三向残余应力会使材质变脆，加速裂纹的出现和扩展，所以会降低结构的疲劳强度。

2. 焊接残余变形的影响

在焊缝冷却过程中，由于沿焊缝纵向和横向的收缩不均匀，使构件产生了各种不同的残余变形，如纵向缩短、横向缩短、弯曲变形、扭曲变形和角变形等（图8－28）。这些变形若超出了施工验收规范所容许的范围，将会影响结构的安装、正常使用和安全承载。所以，对过大的残余变形必须加以校正。

8.2.14 减少焊接残余应力和变形的方法

为减少焊接残余应力和残余变形，既要进行合理的设计，又要做到正确的施工。

1. 合理设计

① 选择适当的焊脚尺寸，避免因焊脚尺寸过大而引起过大的焊接残余应力。

② 焊缝布置应尽可能对称，并应避免焊缝过于集中和三向交叉焊缝。如构造上难以避免有三向交叉焊缝，应使主要焊缝连续贯通，而将次要焊缝在交叉处中断（图 8－30）。

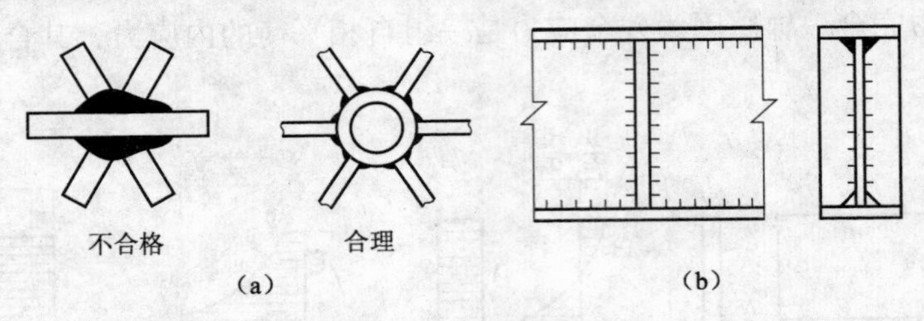

图 8－30 合理的焊缝设计

③ 进行合理的焊接工艺设计，选择合理的施焊顺序。如采用分段退焊、分层焊、对角跳焊和分块拼焊等（图 8－31），以使焊件能较自由收缩，减少残余应力和残余变形。

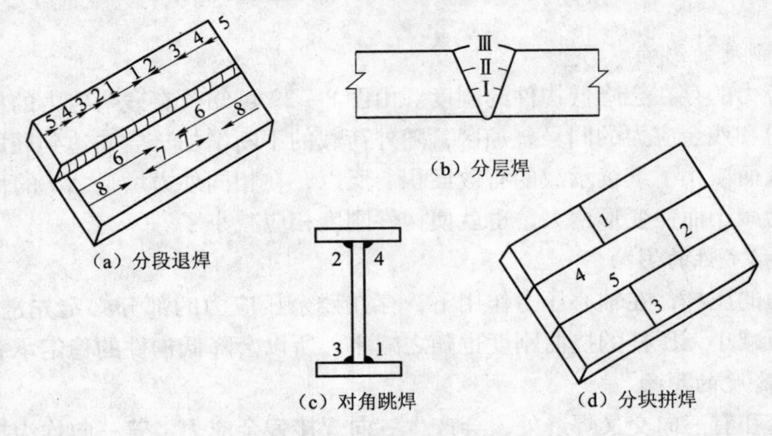

图 8－31 合理的施焊顺序

2. 正确施工

① 在制造工艺上，可采用预加反变形和局部加热法，以抵消施焊中可能产生的焊接变形（图 8－32）。也可采用焊前预热（在焊缝两侧各 80 ～ 100 mm 范围内均匀加热至 100 ℃～150 ℃）或焊后退火（将焊好的构件加热至 600 ℃后再自然冷却），来减少焊接残余变形和残余应力，有时也可采用锤击法来释放残余应力和矫正过大的残余变形。

② 焊接过程中应严格按焊接工艺设计的要求施焊，避免随意施焊。

③ 应为施工人员提供较好的工作环境和施焊条件，如尽量采用自动焊或半自动焊，采用手工焊时应尽量避免仰焊等。

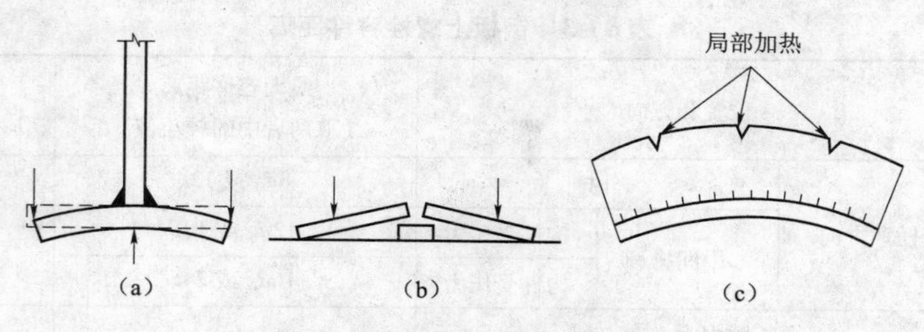

图8-32　反变形及局部加热

8.3　螺栓连接

8.3.1　螺栓的排列和构造要求

螺栓在构件上的排列有并列和错列两种形式（图8-33）。并列比较整齐，但对构件截面削弱较大；错列可减少构件截面削弱，但排列较复杂。螺栓排列时应考虑下列要求。

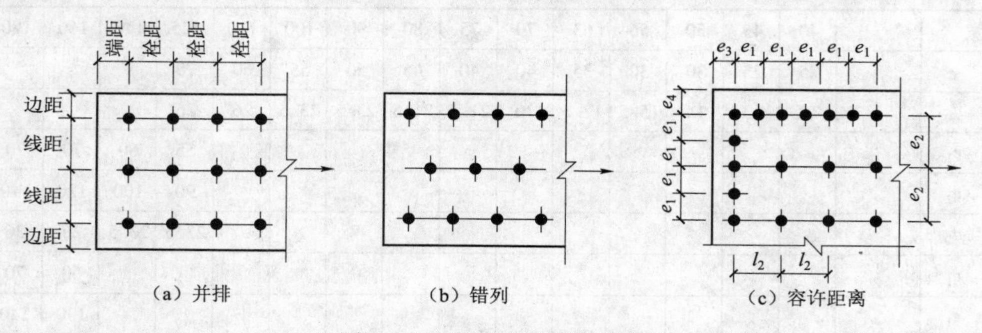

图8-33　钢板上的螺栓排列

1. 受力要求

为避免构件端部被剪坏，螺栓的端距不应小于$2d_0$，d_0为螺孔直径。螺栓的栓距（沿力线方向的螺栓间距）和线距（垂直力线方向的螺栓间距）不应过小。线距过小会使构件受力截面削弱过大，在错列连接中还可能沿折线破坏。对传递压力的构件，栓距过大构件易出现压屈向外鼓起现象，影响连接的传力性能。

2. 构造要求

当栓距和线距过大时，构件接触面不够紧密，潮气易侵入缝隙，引起钢材锈蚀，故栓距及线距均不应过大。

3. 施工要求

螺栓排列应为施工提供足够的操作空间，以便于使用扳手拧紧螺母，故要求栓距及线距不宜过小。

综合以上三方面的要求，《钢结构设计规范》对螺栓排列的最大、最小间距以及端距、边距都作了具体规定，表8-3、表8-4、表8-5、表8-6、表8-7供设计时选用。

表 8－3 钢板上螺栓容许距离

名称	位置和方向			最大容许距离（取两者中的较小值）	最小容许距离
中心间距	任意方向	外排		$8d_0$ 或 $12t$	$3d_0$
		中间排	构件受压力	$12d_0$ 或 $18t$	
			构件受压力	$16d_0$ 或 $24t$	
中心至构件边缘距离	顺内力方向			$4d_0$ 或 $8t$	$2d_0$
	垂直内力方向	切割边			$1.5d_0$
		轧制边	高强度螺栓		
			其他螺栓		$1.2d_0$

注：① d_0 为螺栓孔径，t 为外层较薄板件厚度。

② 钢板边缘与刚性构件（如角钢、槽钢等）相连的螺栓最大间距，可按中间排数值采用。

为了使连接紧凑，节省材料，一般采用最小间距，且应取 5 mm 的倍数，并按等距离布置。

表 8－4 角钢上螺栓容许最小距离

肢宽		40	45	50	56	63	70	75	80	90	100	110	125	140	160	180	200
单行	e	25	25	30	30	35	40	40	45	50	55	60	70				
	d_0	12	13	14	15.5	17.5	20	21.5	21.5	23.5	23.5	26	26				
双行错列	e_1												55	60	70	70	80
	e_2												90	100	120	140	160
	d_0												23.5	23.5	26	26	26
双行并列	e_1														60	70	80
	e_1														130	140	160
	d_0														23.5	23.5	26

注：d_0——螺栓孔最大直径。

表 8－5 工字钢和槽钢腹板上螺栓容许距离

工字钢型号	12	14	16	18	20	22	25	28	32	36	40	45	50	56	63
线距 c_{min}	40	45	45	45	50	50	55	60	60	65	70	75	75	75	75
槽钢型号	12	14	16	18	20	22	25	28	32	38	40				
线距 c_{min}	40	45	50	50	55	55	55	60	65	70	75				

表 8－6 工字钢和槽钢翼缘上的螺栓容许距离

工字钢型号	12	14	16	18	20	22	25	28	32	36	40	45	50	56	63
线距 e_{min}	40	40	50	55	60	65	65	70	75	80	80	85	90	95	95
槽钢型号	12	14	16	18	20	22	25	28	32	38	40				
线距 e_{min}	30	35	35	40	40	45	45	45	50	56	60				

表8-7　螺栓的有效截面积

螺栓直径 d/mm	螺距 p/mm	螺栓有效直径 d_e/mm	螺栓有效截面积 A_e/mm²	螺栓直径 d/mm	螺距 p/mm	螺栓有效直径 d_e/mm	螺栓有效截面积 A_e/mm²
16	2	14.123 6	156.7	52	5	47.309 0	1 758
18	2.5	15.654 5	192.5	56	5.5	50.839 9	2 030
20	2.5	17.654 5	244.8	60	5.5	54.839 9	2 362
22	2.5	19.6545	303.4	64	6	58.370 8	2 676
24	3	21.185 4	352.5	68	6	62.370 8	3 055
27	3	24.185 4	459.4	72	6	66.370 8	3 460
30	3.5	26.716 3	560.6	76	6	70.370 8	3 889
33	3.5	29.716 3	693.6	80	6	74.370 8	4 344
36	4	32.247 2	816.7	85	6	79.370 8	4 948
39	4	35.247 2	975.8	90	6	84.370 8	5 591
42	4.5	37.778 1	1 121	95	6	89.370 8	6 273
45	4.5	40.778 1	1 306	100	6	94.370 8	6 995
48	5	43.309 0	1 473				

8.3.2　普通螺栓连接的工作性能和计算

螺栓连接传力方式可分为抗剪螺栓连接、抗拉螺栓连接和抗拉、抗剪螺栓连接三种。抗剪螺栓连接是依靠螺栓的承压和抗剪来传递外力，抗拉螺栓连接是由螺栓直接承受拉力来传递外力，抗拉、抗剪螺栓连接是依靠螺栓同时承压、抗剪和受拉来传递外力。不同传力连接的工作性能、破坏形式和计算方法各不相同。

1. 抗剪螺栓连接

1） 工作性能

图8-34所示为一单个受剪螺栓受力性能曲线。由图可见，单个受剪螺栓连接的工作可分为三个阶段。

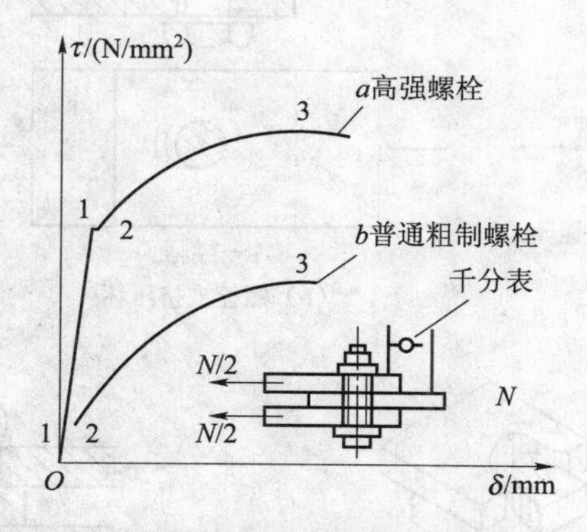

图8-34　单个受剪螺栓连接的受力性能曲线

（1） 弹性工作阶段

图中 O—1 直线段为弹性工作阶段，该阶段作用外力靠被连接件间的摩擦阻力来传递，被连接件间的相对位置不变。摩擦阻力的大小取决于拧紧螺栓时在螺杆中所形成的初拉力大小。由于普通螺栓的初拉力较小，计算时可忽略不计；而高强螺栓的初拉力非常大，故计算时不可忽略。

(2) 相对滑移阶段

图中1—2水平线段表示被连接件间的摩擦阻力被克服，连接件进入相对滑移阶段。当滑移至螺栓杆和孔壁靠紧时，滑移阶段即告结束，该阶段内连接的承载力并未增加。

(3) 弹塑性工作阶段

当滑移停止后，螺栓杆开始受剪，孔壁则受到挤压，连接承载力随之增加，曲线继续上升。此时，螺栓杆不仅受剪，而且还受弯。因而使连接进入弹塑性工作阶段。随着外拉力的增加，连接变形迅速增大，曲线亦趋于平坦，直至连接承载能力达到极限状态而破坏。曲线的最高点即为连接的极限承载力。

2) 破坏形式

受剪螺栓连接在达到极限承载力时，有可能出现以下五种破坏形式。

① 螺栓被剪断（图8-35（a））。当螺杆直径相对较小，而构件厚度相对较厚时，可能发生这种破坏。

② 螺栓被挤压坏（图8-35（b））。当螺杆直径较大而构件厚度相对较薄时，可能发生这种破坏。

③ 构件被拉断（图8-35（c））。当构件截面被螺孔削弱过多时，构件可能沿净截面处被拉断。

④ 构件端部被剪坏（图8-35（d））。当构件端部第一排螺孔的端距过小时，在轴心拉力作用下可能发生构件端部冲剪破坏。

⑤ 螺栓弯曲破坏（图8-35（e））。当螺栓约束的板叠过厚，即螺栓杆过长时，传力过程中有可能使螺栓杆产生过大的弯曲变形而影响连接的正常工作。

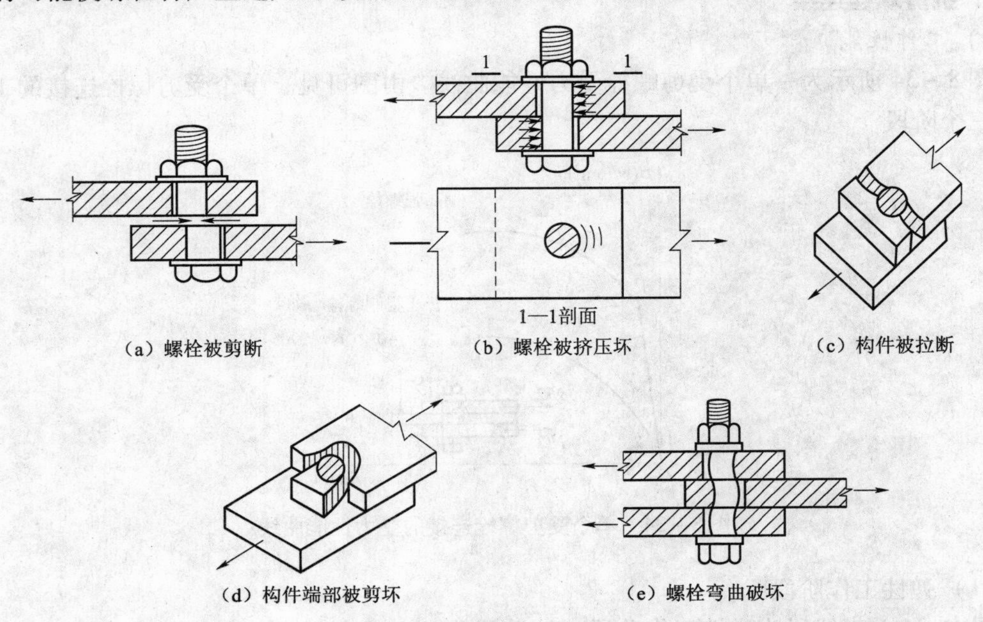

(a) 螺栓被剪断　(b) 螺栓被挤压坏　(c) 构件被拉断

(d) 构件端部被剪坏　(e) 螺栓弯曲破坏

图8-35 剪力螺栓的破坏形式

以上五种可能破坏形式的前三种，可通过相应的强度计算来防止，后两种可采取相应的构造措施来保证。一般当构件上螺孔的端距大于$2d_0$时，可以避免端部冲剪破坏；当螺栓夹紧长度不超过其直径的五倍，则可防止螺杆产生过大的弯曲变形。

3）连接计算

（1）单个抗剪螺栓设计承载力计算

抗剪承载力设计值为

$$N_v^b = n_v \frac{\pi d^2}{4} f_v^b \tag{8-14}$$

承压承载力设计值为

$$N_c^b = d \sum t f_c^b \tag{8-15}$$

式中：n_v——螺栓受剪面数（图8-36），单剪$n_v=1$，双剪$n_v=2$，多剪$n_v>2$；

d——螺栓直径；

$\sum t$——同一方向承压构件厚度之和的较小值，如图8-36所示的连接，$\sum t$应取$2t_1$和t_2两者中的较小者；

f_v^b、f_c^b——螺栓抗剪、承压强度设计值。

一个抗剪螺栓的承载力设计值应取N_v^b和N_c^b两者中的较小者N_{min}^b。

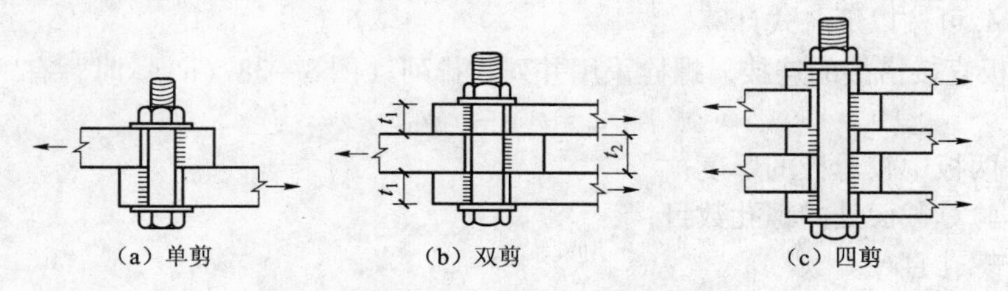

图8-36　抗剪螺栓连接的剪面数

（2）抗剪螺栓群的计算

① 螺栓群在轴心力作用下的计算。当连接处于弹性受力阶段时，螺栓群中各螺栓受力并不均匀，而是呈两端大、中间小分布（图8-37（b）），超过弹性受力阶段后，连接会产生塑性变形，并出现内力重分布，使各螺栓受力趋于均匀（图8-37（c））。但当连接螺栓沿受力方向排列过长时，会增大受力的不均匀性，端部螺栓往往会因受力过大而首先破坏，随后向中间发展，逐个破坏。为防止出现这种解扣子式的破坏，《钢结构设计规范》规定，当螺栓沿受力方向排列长度$l_1>15d_0$时，应将螺栓承载力乘以折减系数β，$\beta=1.1-\frac{l_1}{150d_0}$；当$l_1>60d_0$时，取$\beta=0.7$，式中$d_0$为螺孔直径。

当外力通过螺栓群形心时，连接可按轴心受力计算，即假设每个螺栓受力相等，在求出单根螺栓承载力设计值后，可由式（8-16）计算连接需用的螺栓数，即

$$n = \frac{N}{N_{min}^b} \tag{8-16}$$

求出螺栓数后，再进行螺栓排列。对于用两块拼接板对接的构件，由式（8-16）求出的螺栓数目是接缝一侧所需之数量，另一侧所用螺栓数目及排列完全相同。

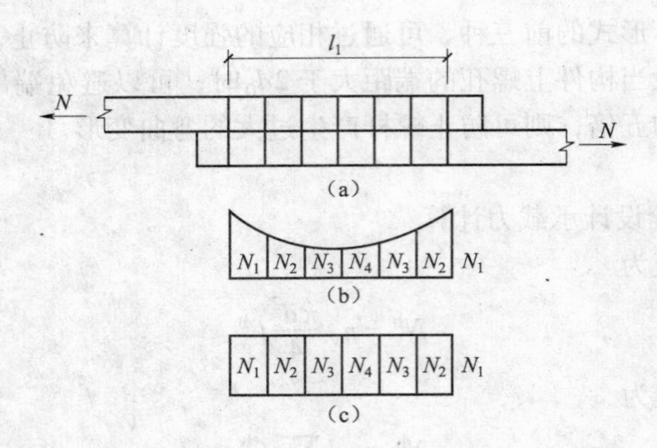

图 8-37 抗剪螺栓群的受力状态

螺栓排列好后，再按式（8-17）验算构件净截面强度，即

$$n=\frac{N}{A_n}\leqslant f \tag{8-17}$$

式中：A_n——构件净截面面积；

N——轴心力；

f——钢材抗拉或抗压强度设计值。

净截面 A_n 可按以下各式计算。

对两块板直接搭接的连接，螺栓采用并列式排列（图 8-38（a））时，有

$$A_n=t(b-n_1d_0) \tag{8-18}$$

式中：t——两板中较薄板的厚度；

n_1——验算截面处的螺孔数目；

d_0——螺孔直径。

对采用两块拼接板对接的连接，应对主板和拼接板分别进行验算，主板净截面积仍用式（8-18）计算，拼接板的净截面积按式（8-19）计算。

$$A_n=2t_1(b-n_3d_0) \tag{8-19}$$

式中：t_1——拼接板厚度；

n_3——拼接板验算截面处的螺孔数目。

验算截面应选取受力最大的截面，当两块板直接搭接时，对板Ⅰ应选 1—1 截面；对板Ⅱ应选 3—3 截面（图 8-38（a））；对用两块拼接板对接的连接，主板验算截面应选 1—1 截面，拼接板则应选 3—3 截面（图 8-38（b））。当采用错列式排列螺栓时，除按上述方法选择受力最大的横截面外，还应考虑构件沿折线破坏的可能性（图 8-39），折线净截面积按式（8-20）计算。

主板净截面面积为

$$A_n=t[2e_4+(n_2-1)\sqrt{e_1^2+e_2^2}-n_2d_0] \tag{8-20}$$

拼接板净截面面积为

$$A_n=2t_1[2e_4+(n_3-1)\sqrt{e_1^2+e_2^2}-n_3d_0] \tag{8-21}$$

式中：t——主板厚度；

t_1——拼接板厚度；

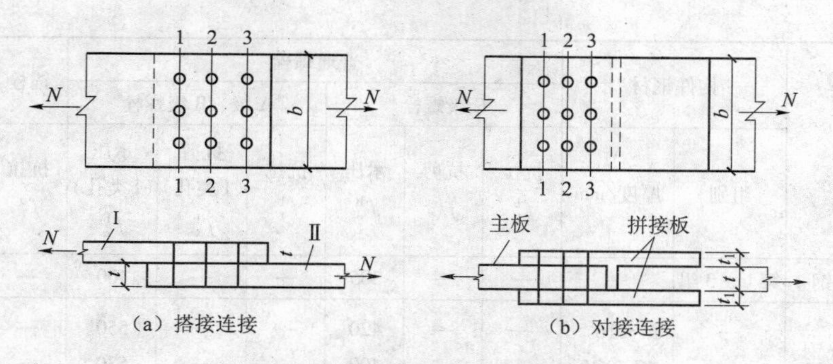

图8-38　板的搭接连接和对接连接

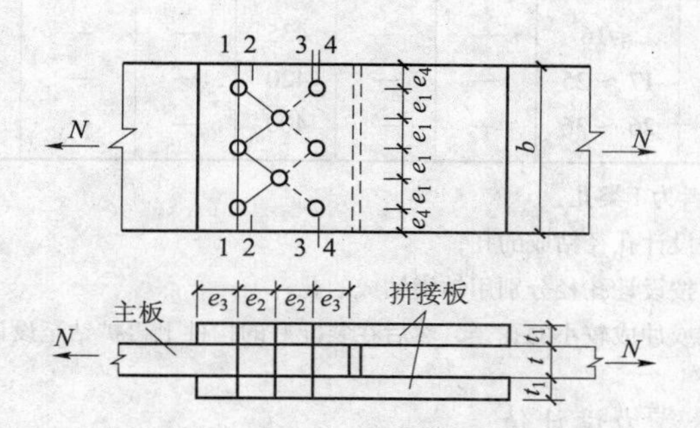

图8-39　螺栓连接的净截面计算

n_2——验算截面2—2处的螺栓孔数目；

n_3——验算截面3—3处的螺栓孔数目；

e_1、e_2、e_4——螺栓线距、栓距和边距。

例8-4　试设计用普通C级螺栓连接的角钢拼接。角钢为100 mm×8 mm，材料为Q235钢，承受轴心拉力设计值$N=250$ kN。

解：试选用螺栓直径$d=22$ mm，孔径$d_0=23.5$ mm，符合表8-4中最大孔径规定。采用同型号角钢做拼接角钢。由表8-8查得$f_v^b=130$ kN/mm^2，$f_c^b=305$ kN/mm^2。

表8-8　螺栓连接的强度设计值　N/mm^2

螺栓的钢号（或性能等级）和构件的钢号		构件钢材		普通螺栓						锚栓	承压型高强螺栓	
				C级螺栓			A级、B级螺栓					
		组别	厚度/mm	抗拉 f_t^b	抗剪 f_v^b	承压 f_c^b	抗拉 f_t^b	抗剪（I类孔）f_v^b	承压（I类孔）f_c^b	抗拉 f_t^a	抗剪 f_v^b	承压 f_c^b
普通螺栓	Q235钢	—		170	130	—	170	170	—	—	—	—
锚栓	Q235钢	—		—	—	—	—	—	—	140	—	—
	16Mn钢	—		—	—	—	—	—	—	180	—	—
承压型高强螺栓	8.8级	—		—	—	—	—	—	—	—	250	—
	10.9级	—		—	—	—	—	—	—	—	310	—

续表

螺栓的钢号（或性能等级）和构件的钢号		构件钢材		普通螺栓						锚栓	承压型高强螺栓	
				C级螺栓			A级、B级螺栓					
		组别	厚度/mm	抗拉 f_t^b	抗剪 f_v^b	承压 f_c^b	抗拉 f_t^b	抗剪（I类孔）f_v^b	承压（I类孔）f_c^b	抗拉 f_t^a	抗剪 f_v^b	承压 f_c^b
构件	3号钢	第1～3组	—	—	—	305	—	—	400	—	—	465
	16Mn钢 16Mnq钢	—	≤16	—	—	420	—	—	550	—	—	640
		—	17～25	—	—	400	—	—	530	—	—	615
		—	26～36	—	—	385	—	—	510	—	—	590
	15MnV钢 15MnVq钢	—	≤16	—	—	435	—	—	570	—	—	665
		—	17～25	—	—	420	—	—	550	—	—	640
		—	26～36	—	—	400	—	—	530	—	—	615

注：孔壁质量属于下列情况者为I类孔：

① 在装配好的构件上按设计孔径钻成的孔；

② 在单个零件和构件上按设计孔径分别用钻模钻成的孔；

③ 在单个零件上先钻成或冲成较小的孔径，然后在装配好的构件上再扩钻至设计孔径的孔。

（1）计算单个螺栓承载力设计值

$$N_v^b = n_v \frac{\pi d^2}{4} \cdot f_v^b = 1 \times \frac{\pi \times 22^2}{4} \times 130 = 49\ 400\ \text{N} = 49.4\ \text{kN}$$

$$N_c^b = d \sum t \cdot f_c^b = 22 \times 8 \times 305 = 53\ 680\ \text{N} = 53.7\ \text{kN}$$

$$N_{\min}^b = 49.4\ \text{kN}$$

（2）求连接缝一侧所需螺栓数目

$$n = \frac{N}{N_{\min}^b} = \frac{250}{49.4} = 5.06，\text{取} n = 5$$

在两角肢上采用错列式排列，如图8-40（a）所示。

（3）验算角钢净截面强度

将角钢沿中线展开（图8-40（b））。

直线截面1—1：

$$A_{n1} = A - n_1 d_0 \cdot t = 15.64 - 1 \times 2.35 \times 0.8 = 13.76\ \text{cm}^4$$

折线截面2—2：

$$A_{n2} = t[2e^4 + (n_2 - 1)\sqrt{e_1^2 + e_2^2} - n_2 d_0]$$

$$= 0.8 \times [2 \times 3.5 + (2-1)\sqrt{12.2^2 + 4^2} - 2 \times 2.35] = 12.11\ \text{cm}^2$$

$$\sigma = \frac{N}{A_{n\min}} = \frac{250 \times 10^3}{12.11 \times 10^2} = 206.4\ \text{N/mm}^2 < 215\ \text{N/mm}^2\ \text{（满足）}$$

② 螺栓群在扭矩作用下的计算。承受扭矩作用的螺栓连接，一般可先按受力大小及构造要求假定螺栓直径和数量，并排列好，然后再对连接进行验算。在对受扭螺栓群进行受力分析时，采用下列假定：

● 被连接件是绝对刚性的，而螺栓则为弹性体；

● 连接受力变形时，各螺栓绕螺栓群形心 O 点旋转，其受力大小与螺栓至形心 O 的距离 r 成正比，力的方向与 r 相垂直。

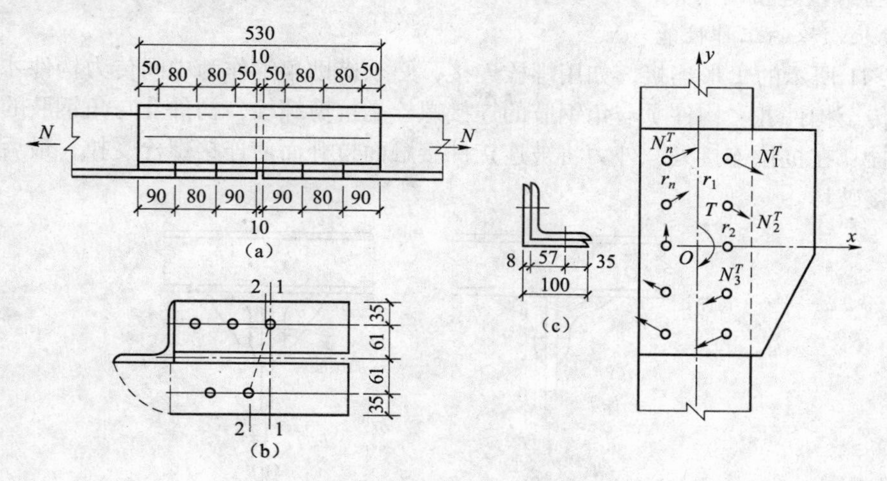

图8－40　例8－4附图

图8－40所示螺栓连接，承受扭矩为 T，各螺栓与螺栓群形心的距离分别为 r_1，r_2，…，r_n，各螺栓承担的剪力分别为 N_1^T，N_2^T，…，N_n^T。

由力的平衡条件可得

$$T = N_1^T r_1 + N_2^T r_2 + \cdots N_n^T r_n \tag{a}$$

由假定条件可知

$$\frac{N_1^T}{r_1} = \frac{N_2^T}{r_2} = \frac{N_3^T}{r_3} = \cdots = \frac{N_n^T}{r_n} \tag{b}$$

即有

$$N_2^T = \frac{r_2}{r_1} N_1^T；\ N_3^T = \frac{r_3}{r_1} N_1^T；\ \cdots；\ N_n^T = \frac{r_n}{r_1} N_1^T$$

将（b）式代入（a）式可得

$$T = \frac{N_1^T}{r_1}(r_1^2 + r_2^2 + \cdots + r_n^2) = \frac{N_1^T}{r_1} \sum_{i=1}^{n} r_i^2$$

故受力最大的"1"号螺栓承担的剪力为

$$N_1^T = \frac{T \cdot r_1}{\sum\limits_{i=1}^{n} r_i^2} = \frac{T \cdot r_1}{\sum x_i^2 + \sum y_i^2} \tag{8-22}$$

为简化计算，当螺栓呈狭长形布置时，若 $y_1 > 3x_1$，$\sum x_i^2 \ll \sum y_i^2$，可近似取 $\sum x_i^2 = 0$，则式（8－22）可改写成

$$N_1^T = N_{1x}^T = \frac{T \cdot y}{\sum y_i^2} \tag{8-23}$$

同理，当 $x_1 > 3y_1$ 时，可取 $\sum y_i = 0$，则式（8－22）可改写成

$$N_1^T = N_{1y}^T = \frac{T \cdot y}{\sum x_i^2} \tag{8-24}$$

2. 抗拉螺栓连接

1）抗拉螺栓的工作性能

图 8-41 所示的 T 形连接，如用螺栓连接，必须借助角钢作为中间传力构件才能将外力从构件Ⅰ传至构件Ⅱ。构件Ⅰ与角钢肢的连接螺栓是抗剪螺栓，构件Ⅱ与角钢肢的连接螺栓是抗拉螺栓。在抗拉连接处，外力将被连接件接触面拉开而使连接螺栓受拉，最后将螺栓拉断导致连接破坏。

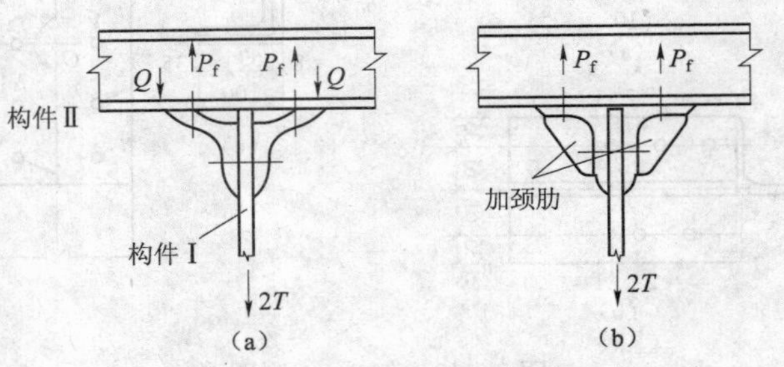

图 8-41　抗拉螺栓连接

通常角钢肢的刚度不大，受拉力作用后，与外拉力相垂直的角钢肢会产生较大变形，并引起杠杆作用（图 8-41（a）），在肢尖处产生撬力 Q，此时，拉力螺栓实际所受拉力为 $P_f = T + Q$。但由于确定 Q 的大小比较复杂，在计算普通螺栓连接时，一般不计 Q，而用降低螺栓强度设计值的方法来考虑 Q 的不利影响。《钢结构设计规范》规定，普通螺栓抗拉强度设计值 f_t^b 取相同钢号钢材强度设计值 f 的 0.8 倍（即 $f_t^b = 0.8f$）。

在构造上也可采取一些措施来加强角钢的刚度，以防止或减少 Q 的产生。图 8-41（b）所示采用在角钢两肢间焊上加颈肋就是一种增大角钢刚度的有效办法。

2）抗拉螺栓连接计算

（1）单个抗拉螺栓承载力设计值计算

$$N_t^b = \frac{\pi d_e^2}{4} \cdot f_t^b = A_e \cdot f_t^b f_t^b \tag{8-25}$$

式中：f_t^b——螺栓抗拉强度设计值，按表 8-8 查用。

d_e、A_e——螺栓有效直径和有效截面积，按表 8-7 查用。

（2）抗拉螺栓群的计算

① 螺栓群受轴心拉力作用的计算。当外力通过受拉螺栓群形心时，可假定各螺栓所受拉力相等，并按式（8-26）计算连接需用的螺栓数目。

$$n = \frac{N}{N_t^b} \tag{8-26}$$

式中：N_t^b——单根螺栓抗拉强度设计值。

② 螺栓群受弯矩作用的计算。如图 8-42 所示牛腿，用普通螺栓与柱相连接，当牛腿受弯矩 M 作用时，上部螺栓受拉，有使牛腿与柱分离的趋势，致使螺栓群旋转中心下移。但要精确确定旋转中性轴位置比较困难，通常可近似假定螺栓群绕最下一排螺栓轴线旋转，

各排螺栓所受拉力大小与其至最下一排螺栓轴线的距离成正比，并忽略受压区压力提供的力矩（因力臂很小）。

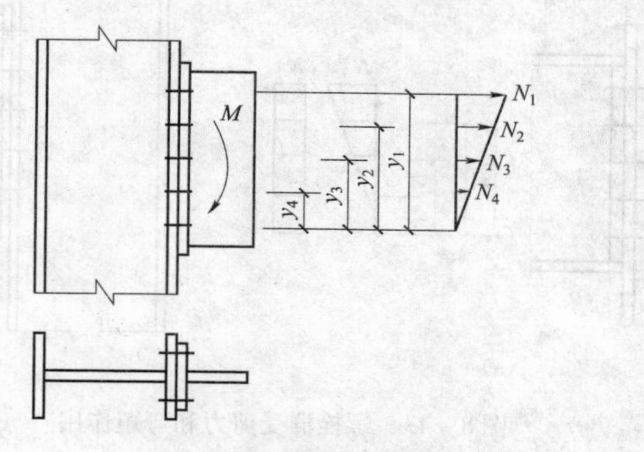

图 8－42　螺栓群受弯矩作用

由力的平衡条件可得

$$M=m(N_1\cdot y_1+N_2\cdot y_2+\cdots+N_n\cdot y_n) \tag{a}$$

又因

$$N_2=N_1\cdot\frac{y_2}{y_1},\ N_3=N_1\cdot\frac{y_3}{y_1},\ \cdots,\ N_n=N_1\cdot\frac{y_n}{y_1} \tag{b}$$

将式（b）代入式（a）可得螺栓群中受力最大的“1”号螺栓所受拉力为

$$N_1=\frac{M\cdot y_1}{m\sum y_i^2} \tag{8-27}$$

式中：m——连接中螺栓排列的列数。

图 8－42 中，$m=2$。连接螺栓的抗拉计算应满足式（8－28），即

$$N_1=\frac{M\cdot y_1}{m\sum y_i^2}\leqslant N_t^b \tag{8-28}$$

3）螺栓群受剪力和拉力共同作用的计算

图 8－43 所示的连接，在外力 F 作用下，连接螺栓群同时受剪力 $V=F$ 和弯矩 $M=F\cdot e$ 的作用。

在剪力作用下，每个螺栓受力为

$$N_v=\frac{V}{n}$$

在弯矩作用下，受拉力最大的“1”号螺栓所受拉力为

$$N_{t1}=\frac{M\cdot y_1}{m\sum y_i^2}$$

螺栓同时受 V、M 作用时，其强度计算应满足式（8－29），即

$$\sqrt{\left(\frac{N_v}{N_v^b}\right)^2+\left(\frac{N_t}{N_t^b}\right)^2}\leqslant 1 \tag{8-29}$$

为防止板件较薄引起承压破坏，强度计算还应同时满足式（8－30），即

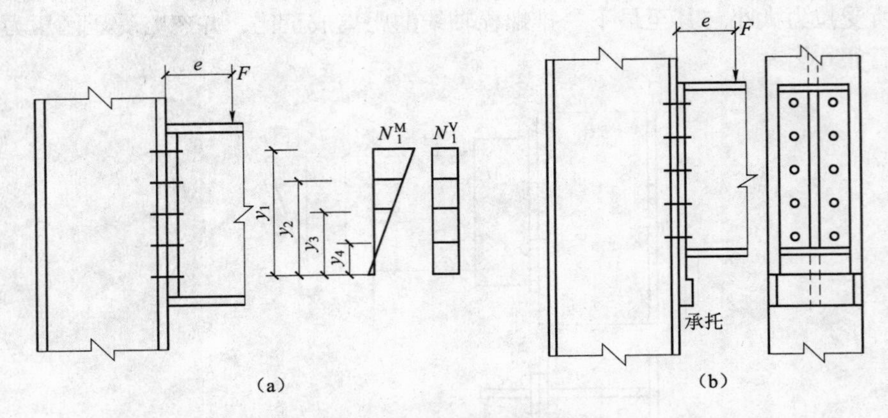

图 8-43 螺栓群受剪力和弯矩作用

$$N_v \leqslant N_c^b \tag{8-30}$$

式（8-29）是一圆曲线相关方程，据该方程可绘出图 8-44 所示的相关曲线。式（8-29）表明，当$\dfrac{N_v}{N_v^b}$与$\dfrac{N_t}{N_t^b}$所确定的点落在曲线内侧时，连接是安全的，如落在曲线外侧，连接为不安全，落在曲线上即为承载力极限状态。

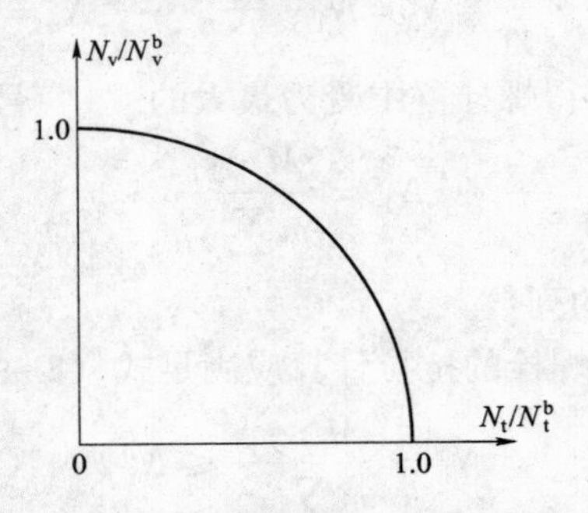

图 8-44 拉剪螺栓相关方程曲线

对普通 C 级螺栓连接，因其紧固力较小，传递剪力性能较差，故在较重要的承力结构中，一般不按同时受拉、受剪设计，而是另设承托来承担剪力 V 的作用（图 8-43（b）），螺栓只进行受拉计算。承托与柱翼缘的连接焊缝强度可按式（8-31）计算。

$$\tau_f = \frac{aV}{h_e \sum L_w} \leqslant f_f^w \tag{8-31}$$

式中，a 为考虑剪力对焊缝的偏心影响系数，可取 1.25 ～ 1.35。

例 8-5 图 8-45 所示梁柱连接，采用 $d=22$ mm 的普通 C 级螺栓连接，承受静载设计值 $V=300$ kN，$M=78$ kN · m，钢材为 Q235 · B 钢，试验算该连接的强度。

解： 由表 8-8 查得 $f_v^b=130$ N/mm^2，$f_c^b=305$ N/mm^2，$f_t^b=215$ N/mm^2。

（1）计算单个螺栓承载力设计值

$$N_v^b = n_v \frac{\pi d^2}{4} \cdot f_v^b = 1 \times \frac{\pi \times 22^2}{4} \times 130 = 49\ 417\ \text{N} = 49.42\ \text{kN}$$

$$N_t^b=\frac{\pi d_e^2}{4}\cdot f_t^b=\frac{\pi\times 19.645^2}{4}\times 170=51\ 528\ \mathrm{N}=51.53\ \mathrm{kN}$$

$$N_c^b=d\sum t\times f_c^b=22\times 20\times 305=134\ 200\ \mathrm{N}=134.2\ \mathrm{kN}$$

（2）计算受力最大的"1"号螺栓所受拉力和剪力

$$N_{1v}=\frac{V}{N}=\frac{300}{12}=25\ \mathrm{kN}$$

$$N_{1t}=\frac{M\cdot y_1}{m\sum y_i^2}=\frac{78\times 10^2\times 40}{2\times(40^2+32^2+24^2+16^2+8^2)}=44.32\ \mathrm{kN}$$

（3）连接强度验算

$$\sqrt{\left(\frac{N_y}{N_v^b}\right)^2+\left(\frac{N_t}{N_t^b}\right)^2}=\sqrt{\left(\frac{25}{49.42}\right)^2+\left(\frac{44.32}{51.53}\right)^2}=0.98<1$$

$$N_v=25\ \mathrm{N}<N_c^b=134.2\ \mathrm{kN}$$

该连接满足强度要求。

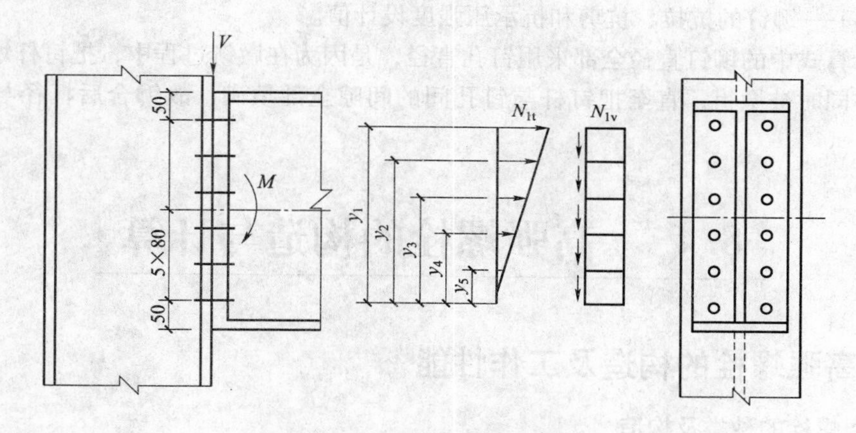

图 8－45　例 8－5 附图

8.3.3　铆钉连接的构造特点

铆钉连接分热铆和冷铆两种。热铆是将一端有半圆形预制钉头的铆钉，经加热后插入被连接件的钉孔中，然后用铆钉枪迅速将另一端也墩成半圆钉头，使连接达到紧固（图 8－46）。它和螺栓连接一样，需先在构件上打孔，会削弱构件截面，构件一经铆合就成为永久性连接，故只适用于不可拆卸的结构中。由于施铆工艺复杂，工人劳动强度大，且费工费料，目前已基本被焊接和高强螺栓连接所代替。但因铆钉连接的塑性、韧性较好，传力可靠，铆合质量易于检查，故在一些重型和经常受动载作用的结构中仍有少量采用。

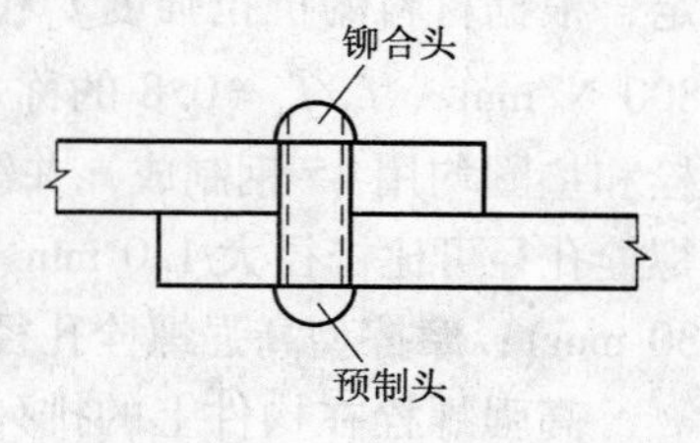

图 8－46　铆钉连接

铆钉在构件中的排列形式及间距要求与螺栓连接相同。

8.3.4 铆钉连接的计算特点

铆钉连接的计算内容与方法与普通螺栓连接基本相同，包括铆钉的抗拉、抗剪和承压强度计算。单个铆钉抗拉、抗剪和承载力设计值按以下公式计算：

抗拉承载力设计值

$$N_t^\gamma = \frac{\pi d_0^2}{4} \cdot f_t^\gamma \tag{8-32}$$

抗剪承载力设计值

$$N_v^\gamma = n_v \cdot \frac{\pi d_0^2}{4} \cdot f_v^\gamma \tag{8-33}$$

抗承压承载力设计值

$$N_c^T = d_0 \cdot \sum t \cdot f_c^\gamma \tag{8-34}$$

式中： d_0——铆钉孔径；

f_t^γ、f_v^γ、f_c^γ——铆钉的抗拉、抗剪和抗承压强度设计值。

以上计算式中的铆钉直径全部采用钉孔直径，是因为在墩铆过程中，把钉杆墩成半圆头时，钉杆亦同时被墩粗，直至把钉杆与钉孔间的间隙全部填满，故铆合后杆径与孔径完全相同。

8.4 高强螺栓的构造与计算

8.4.1 高强螺栓的构造及工作性能

1. 高强螺栓的种类及构造

高强螺栓是用高强度钢制成。高强螺栓按其受力特性可分为摩擦型、承压型和承拉型三种。

高强螺栓所用材料一般有优质碳素钢（如35钢和45钢）和热处理低合金钢（如40B钢、35V·B钢和20MnTiB钢）。前者经热处理后，抗拉强度f_u可达830～1 030 N/mm²，$f_y/f_u=0.8$；后者的抗拉强度可达1 040～1 240 N/mm²，$f_y/f_u=0.9$。《钢结构设计规范》规定，根据材料的抗拉强度f_u和屈强比f_y/f_u的不同，把高强螺栓分成两个强度等级，即$f_u \geq$ 800 N/mm²、$f_y/f_u=0.8$的称8.8级；$f_u \geq 1\,000$ N/mm²，$f_y/f_u=0.9$的称10.9级。所有的螺栓和垫圈均用45钢制成，并经热处理，高强螺栓的螺孔一般采用钻削加工而成。承压型高强螺栓孔径可比杆径大1.0 mm（$d \leq 16$ mm）、1.5 mm（$d \leq 20 \sim 24$ mm）、2.0 mm（$d \leq 27 \sim 30$ mm）；摩擦型高强螺栓孔径可比相应的承压型孔径增大0.5～1.0 mm。

高强螺栓在构件上的排列与普通螺栓排列要求相同。

2. 高强螺栓连接的工作性能

1）摩擦型高强螺栓连接

摩擦型高强螺栓连接在安装时通过拧紧螺母使螺杆产生预拉力，同时也使被连接件接触面相互压紧而产生相应的摩擦力，用以阻止构件受力后产生相对滑移。

摩擦型高强螺栓连接按受力不同，也可以分为抗剪连接、抗拉连接和抗拉、剪共同作用的连接。抗剪连接是以摩擦力刚被克服，构件开始产生滑移作为承载力的极限状态，抗拉连接是以外加拉力达到使构件接触面间压紧力逐渐减小到连接发生松弛现象作为承载力极限状态；拉、剪共同作用下的高强螺栓连接则仍以被摩擦力克服，开始发生相对滑移作为承载力极限状态，但在计算摩擦力时，应考虑外拉力作用的影响。外拉力作用使原有压紧力减小，并导致摩擦力减小，故其抗剪承载力极限也会随之降低。

2）承压型高强螺栓连接

承压型高强螺栓连接的传力特性是当剪力超过摩擦力时，构件开始发生相对滑移，使螺杆与螺栓孔壁抵紧，此时，连接依靠摩擦力和螺杆受剪及承压共同传递外力。当连接接近破坏时摩擦力已被克服，外力全部由螺栓承担。它以螺栓剪坏或承压破坏作为连接承载力的极限状态，所以它的承载力比摩擦型高强螺栓连接要高得多，但连接会产生较大变形，不适于直接承受动载的结构连接。承压型高强螺栓连接的可能破坏形式与普通螺栓连接相同。

3）承拉型高强螺栓连接

在承拉型高强螺栓连接中，由于预拉力作用，使构件在承受荷载前，接触面间已经有较大的挤压力，外拉力作用首先要抵消这种挤压力，构件才会被拉开。这时，高强螺栓的受拉力情况和普通螺栓受拉相同。但其变形比普通螺栓连接变形小得多，当拉力小于挤压力时，构件不会被拉开，故可减少锈蚀危害，也可改善连接的疲劳性能。

3. 高强螺栓的紧固方法和预拉力计算

1）高强螺栓的紧固方法

为使高强螺栓连接达到连接紧密、传力性能可靠的要求，在安装时必须通过拧紧螺母，使螺杆产生预拉力，预拉力越大，构件间的摩擦力也就越大。通常采用的螺栓紧固方法有三种。

(1) 转角法

先用普通扳手将螺母初步拧紧到被连接件互相贴紧，然后再用加长扳手将螺母再转动适当角度，以达到规定的预拉力。再次拧紧螺母所转过的角度大小与板叠厚度和螺栓直径有关，可预先加以测定，一般为120°～240°（图8－47（a））。

(2) 扭矩法

用一种可直接显示扭矩大小的特制扳手，按事先测定好的扭矩与螺栓预拉力之间的关系，来施加扭矩，拧紧螺母，使螺栓达到规定的预拉力。

(3) 扭剪法

此法用于扭剪型高强螺栓的紧固。扭剪型高强螺栓与普通型高强螺栓相比，只是在螺杆尾部多了一个梅花形的尾巴，螺栓与螺尾间刻一槽口，槽口深度由螺栓所承受的扭矩大小而定。紧固螺栓时用一种双套筒电动扳手，大套筒套住六角螺母，小套筒卡住梅花头，通电启动后，两套筒反向旋转，很快将螺母拧紧。当梅花头沿槽口处拧断时，螺栓即达到了规定的预拉力。这种方法施工简便，紧固质量好，且可以防止施工安装中的漏拧现象，近几年来，在我国已被广泛应用（图8－47（b））。

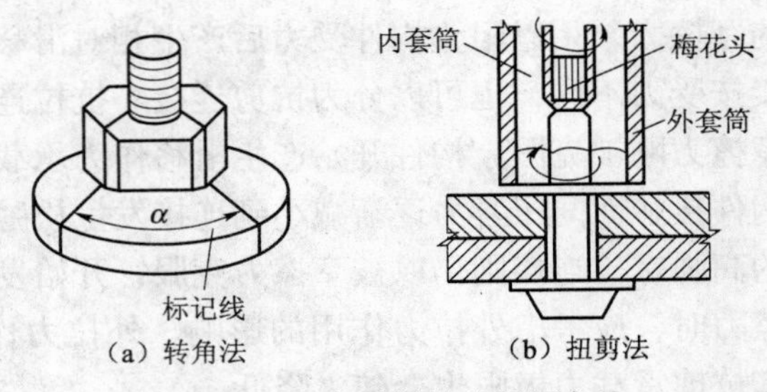

图 8-47 高强螺栓的紧固方法

2）高强螺栓预拉力的计算

高强螺栓预拉力设计值可用式（8-35）计算，即

$$P=0.9\times 0.9f_y\cdot A_e/1.2=0.675f_y\cdot A_e \tag{8-35}$$

式中：f_y——高强螺栓的屈服强度；

A_e——高强螺栓螺纹处的有效截面积；

0.9×0.9——两个 0.9 分别为材料抗力变异系数和超张拉系数；

1.2——考虑施加扭矩时会产生一定的剪力，将会降低螺栓承载力而引入的系数。

根据热处理后螺栓的最低屈服强度 f_y 值，并按式（8-35）计算，取 5 kN 的倍数，即可得到高强螺栓设计预拉力值（表 8-9）。

表 8-9 高强螺栓的设计预拉力 *P* 值 kN

螺栓的强度等级	螺栓的公称直径/mm					
	M16	M20	M22	M24	M27	M30
8.8 级	70	110	135	155	205	250
10.9 级	100	155	190	225	290	355

8.4.2 高强度螺栓连接的计算

1. 单个螺栓抗剪承载力设计值

1）摩擦型高强螺栓

摩擦型高强螺栓承剪连接的设计准则是外力不超过构件接触面上的摩擦力。而每个螺栓所能产生的摩擦力大小与螺栓的预拉力 P、摩擦面的抗滑移系数 μ（表 8-10）和摩擦面数 n_f 成正比。因此，单个螺栓的极限抗剪承载力为 $n_f\cdot\mu\cdot P$，除以材料抗力分项系数 $\gamma_R=1.111$ 后，即可按下式计算抗剪承载力设计值。

$$N_v^b=0.9n_f\cdot\mu\cdot P \tag{8-36}$$

表 8-10 摩擦面的抗滑移系数 *μ* 值

在连接处构件接触面的处理方法	构件的钢号		
	Q235 钢	16 锰钢或 16 锰桥钢	15 锰钒钢或 15 锰钒桥钢
喷砂	0.45	0.55	0.55
喷砂后涂无机富锌漆	0.35	0.40	0.40
喷砂后生赤锈	0.45	0.55	0.55
钢丝刷消除浮锈或未处理干净的表面	0.30	0.35	0.35

2）承压型高强螺栓

承压型高强螺栓连接受剪时，应同时进行承载力和正常使用两种极限状态计算。其承载力设计值仍可用普通螺栓抗剪和抗承压承载力公式计算，只是式中的f_v^b、f_c^b应当用高强螺栓的强度设计值代入。为使连接在标准荷载作用下不发生过大变形，《钢结构设计规范》规定承压型高强螺栓在抗剪连接中，其抗剪承载力设计值不得大于按摩擦型连接计算的抗剪承载力设计值的1.3倍，这就相当于在标准荷载作用下（即正常使用情况），连接不发生滑移，故单个承压型高强螺栓承载力设计值应取下列三式计算结果中的最小值N_{min}^b。

$$N_v^b = n_f \cdot \frac{\pi d^2}{4} \cdot f_v^b$$

$$N_v^b = d \cdot \sum t \cdot f_c^b$$

$$N_v^b = 1.3 \times 0.9 \cdot n_f \cdot \mu P$$

3）承拉型高强螺栓

为使承拉连接在传递拉力过程中，构件接触面不被拉开，《钢结构设计规范》规定，单个承拉螺栓承载力设计值应取螺栓预拉力的0.8倍，即

$$N_t^b = 0.8P \tag{8-37}$$

2. 高强螺栓群的抗剪计算

1）受轴心力作用时

对摩擦型高强螺栓连接，先按式（8－36）求出单个螺栓抗剪承载力设计值，再按$n = N/N_v^b$求出连接一侧需用的螺栓数目，并按螺栓排列要求将螺栓排列好，最后再进行构件净截面强度验算。验算时，应考虑验算截面孔前接触面的传力（图8－48）。按规定，孔前传力占验算截面螺栓传力的50%，验算净截面处净截面实际受力为

$$N' = N\left(1 - 0.5\frac{n_1}{n}\right) \tag{8-38}$$

净截面强度按下式验算：

$$\sigma = \frac{N'}{A_n} = (1 - 0.5)\frac{N}{A_n} \leqslant f \tag{8-39}$$

式中：n——连接一侧螺栓总数；

n_1——验算截面处的螺栓数；

A_n——净截面面积。

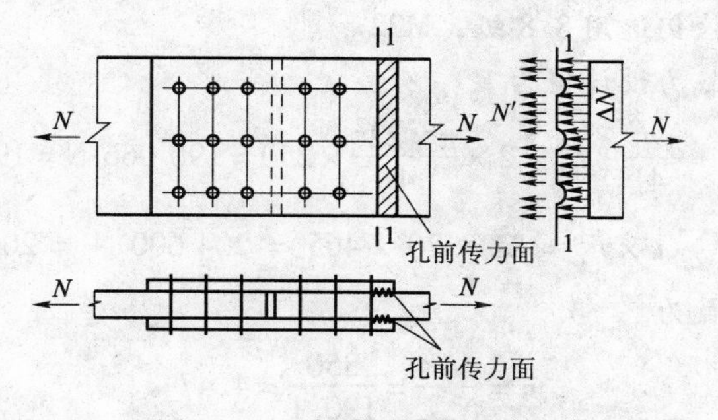

图8－48　高强螺栓孔前传力

例 8-6　有一用双拼接板拼接的轴心受力构件，截面为 20 mm×280 mm，承受轴心拉力设计值 $N=850$ kN，钢材为 Q235 钢，采用 8.8 级，M22 摩擦型高强螺栓连接，构件接触面经喷砂处理。试设计该连接。

解： 一个螺栓抗剪承载力设计值为

$$N_v^b=0.9n_f\cdot\mu\cdot P=0.9\times2\times0.45\times135=109.35\ \text{kN}$$

连接一侧所需螺栓数目为

$$n=\frac{N}{N_v^b}=\frac{850}{109.35}=7.8$$

定 $n=9$。

螺栓排列如图 8-49 所示。

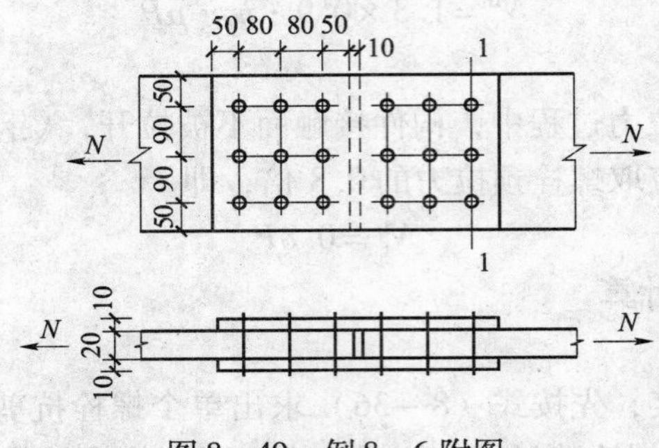

图 8-49　例 8-6 附图

下面进行构件净截面强度验算。

选用拼接板截面为 2-10×280，总截面与构件截面相等。构件截面 1—1 最危险，该截面受力为

$$N'=N\left(1-0.5\frac{n_1}{n}\right)=850\times\left(1-0.5\times\frac{3}{9}\right)=708.33\ \text{kN}$$

$$A_n=t(b-n_1d_0)=2\times(28-3\times2.4)=41.6\ \text{cm}^2$$

$$\sigma=\frac{N'}{N}=\frac{708.33\times10^3}{41.6\times10^2}=170.3\ \text{N/mm}^2<205\ \text{N/mm}^2$$

例 8-7　将例 8-6 的摩擦型高强螺栓改为承压型高强螺栓连接，试重新设计该连接。

解： 承压型高强螺栓仍选用 8.8 级，M22。

一个螺栓的抗剪承载力设计值为

$$N_v^b=n_v\cdot\frac{\pi d^2}{4}\cdot f_v^b=2\times\frac{\pi\times22^2}{4}\times250=190\ 066\ \text{N}=190.1\ \text{kN}$$

$$N_c^b=d\sum t\times f_c^b=22\times20\times465=204\ 600\ \text{N}=204.6\ \text{kN}$$

连接一侧需用螺栓数为

$$n=\frac{N}{N_{\min}}=\frac{850}{190.1}=4.47$$

定 $n=6$。

螺栓排列如图 8-50 所示。

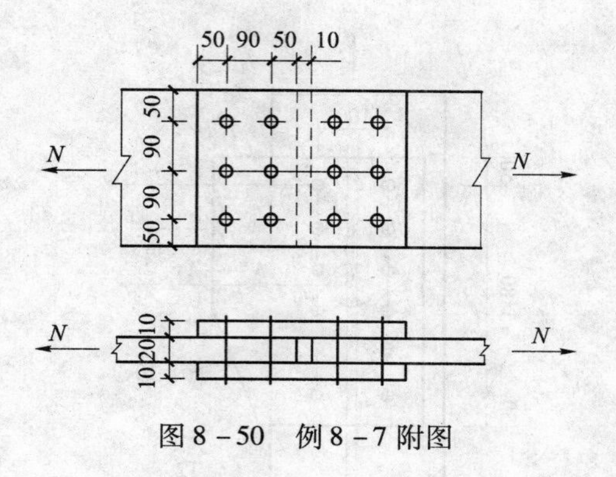

图8－50　例8－7附图

抗滑移验算。

$$\frac{N}{n}=\frac{850}{6}=141.7\ \text{kN}<1.3\times0.9n_f\cdot\mu\cdot P=1.3\times109.35=142.2\text{kN}$$

构件净截面强度验算。

1—1截面最危险。

$$A_n=t(b-n_1d_0)=2\times(28-3\times2.4)=41.6\ \text{cm}^2$$

$$\sigma=\frac{N}{A_n}=\frac{850\times10^3}{41.6\times10^2}=204.3\ \text{N/mm}^2<205\ \text{N/mm}^2$$

2）受扭矩作用时

先按式（8－36）求出单个摩擦型高强螺栓抗剪承载力设计值，再按式（8－22）求出螺栓群中受力最大的“1”号螺栓所承担的剪力 N_1，连接强度按下式验算：

$$N_1=\frac{T\cdot r_1}{\sum x_i^2+\sum y_i^2}\leqslant N_y^b \tag{8-40}$$

3）同时受轴力、剪力和扭矩作用时

先按普通螺栓群受力分析和计算方法，求出受力最大的“1”号螺栓在 N、V、T 单独作用下所受的剪力 N_{1x}^N、N_{1y}^V、N_{1x}^T 和 N_{1y}^T，再按下式进行连接强度验算

$$N_1=\sqrt{(N_{1x}^N+N_{1x}^T)^2+(N_{1y}^V+N_{1y}^T)^2}\leqslant N_y^b \tag{8-41}$$

对摩擦型高强螺栓连接，式（8－40）、式（8－41）中的 N_v^b 则由式（8－36）确定，对承压型高强螺栓连接，式（8－40）、式（8－41）中的 N_v^b 则为式（8－14）、式（8－36）算得之结果的最小值 N_{min}^b。

例8－8　图8－51所示承托板与柱翼缘用摩擦型高强螺栓相连接，螺栓为10.9级，M22，排列如图所示，柱及承托板均为16Mn钢，接触面经喷砂处理。承受静载设计值为：$N=340$ kN，$V=400$ kN，$T=75$ kN·m，试验算该连接强度。

解： 单个螺栓抗剪承载力设计值为

$$N_v^b=0.9n_f\cdot\mu\cdot P=0.9\times1\times0.55\times190=94.05\ \text{kN}$$

受力最大的“1”号螺栓承受的剪力为

$$N_{1x}^N=\frac{N}{n}=\frac{240}{12}=20\ \text{kN}$$

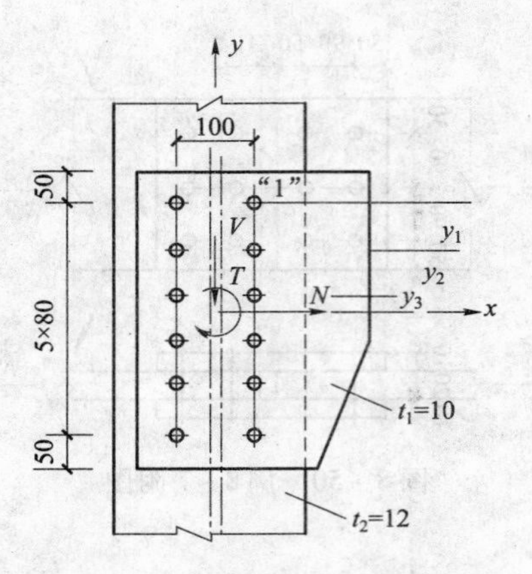

图 8-51　例 8-8 附图

$$N_{1y}^{V}=\frac{V}{n}=\frac{400}{12}=33.33\ \text{kN}$$

$$N_{1x}^{T}=\frac{T\cdot y_1}{\sum x_i^2+\sum y_i^2}=\frac{75\times10^2\times20}{12\times5^2+4\times(4^2+12^2+20^2)}=59.05\ \text{kN}$$

$$N_{1y}^{T}=\frac{T\cdot x_1}{\sum x_i^2+\sum y_i^2}=\frac{75\times10^2\times5}{12\times5^2+4\times(4^2+12^2+20^2)}=14.76\ \text{kN}$$

$$N_1=\sqrt{(N_{1x}^{N}+N_{1x}^{T})^2+(N_{1y}^{V}+N_{1y}^{T})^2}$$

$$=\sqrt{(20+59.05)^2+(33.33+14.76)^2}=92.53\ \text{kN}<N_{\text{v}}^{\text{b}}=94.05\ \text{kN}\ \text{（满足要求）}$$

3. 高强螺栓抗拉连接计算

1）连接受轴心拉力作用时

当外力通过螺栓群中心时（图 8-52），可假定每个螺栓受力相等。连接需用螺栓数为

$$n=\frac{N}{N_{\text{t}}^{\text{b}}}\tag{8-42}$$

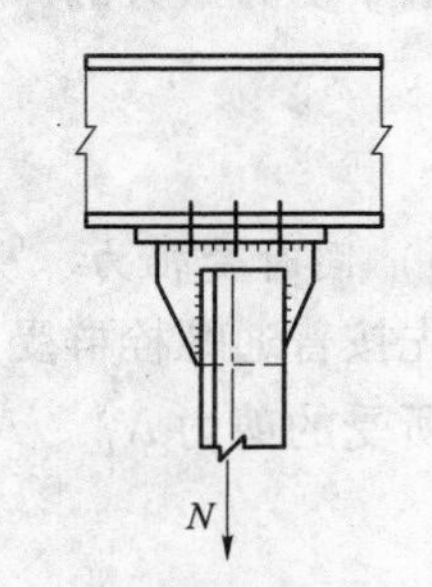

图 8-52　螺栓群受轴心拉力作用

式中：N_{b}^{t}——一个螺栓抗拉承载力设计值。$N_{\text{b}}^{\text{t}}=0.8P$，$P$ 为螺栓预拉力设计值。

对已知连接进行强度验算时按下式计算：

$$N_{\text{t}}=\frac{N}{n}\leqslant N_{\text{t}}^{\text{b}}=0.8P\tag{8-43}$$

2）连接受弯矩作用时

图 8-53 所示梁与柱连接，在弯矩 M 作用下，由于螺栓预拉力很大，使被连接构件的接触面一直紧密贴合，故连接面的变形可按弹性连续体计算，其中性轴应通过螺栓群中心。最外缘的“1”号螺栓受力最大，连接强度可按下式计算：

$$N_{1\text{t}}^{M}=\frac{M\cdot y_1}{m\sum y_i^2}\leqslant N_{\text{t}}^{\text{b}}=0.8P\tag{8-44}$$

3）连接同时受轴力、剪力和弯矩作用时

（1）摩擦型高强螺栓连接

先求出螺栓群中受力最大螺栓在 N、M 共同作用下的受力，并应满足下式要求：

$$N_{1t}=N_{1t}^{N}+N_{1t}^{M}=\frac{N}{n}+\frac{M\cdot y_1}{m\sum y_i^2}\leqslant N_t^b=0.8P \quad (8-45)$$

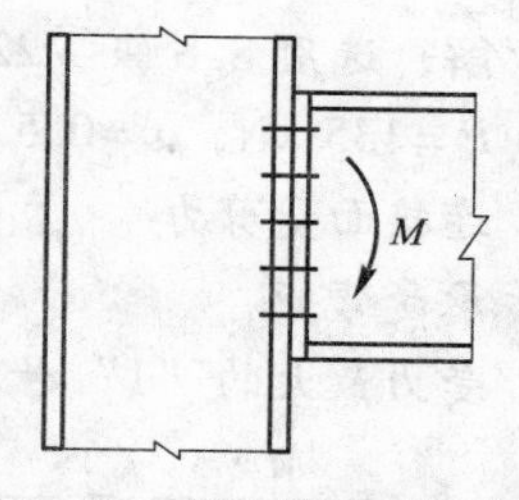

图8－53　螺栓群受弯矩作用

然后验算连接受剪力作用时螺栓的抗剪强度。由于螺栓同时受到拉力 N_t 作用而使摩擦面上的正压力由 P 减至（$P-N_t$），试验表明，摩擦面上的抗滑移系数 μ 也随 P 的减小而降低为简化计算，对 μ 仍采用原值，而将 N_t 增大至 $1.25N_t$ 来考虑 μ 值降低的影响。此时，单个螺栓抗剪承载力设计值可用下式计算：

$$N_v^b=0.9n_f\cdot\mu(P-1.25N_t) \quad (8-46)$$

式中 N_t 由式（8－45）确定，连接强度应满足下式要求：

$$N_v=\frac{v}{n}\leqslant N_v^b \quad (8-47)$$

（2）承压型高强螺栓连接

对承压型高强螺栓连接，在 N、M 和 V 共同作用下，其强度验算应分别满足以下要求：

$$\sqrt{\left(\frac{N_v}{N_v^b}\right)^2+\left(\frac{N_t}{N_t^b}\right)^2}\leqslant 1$$

$$N_v\leqslant\frac{N_c^b}{1.2} \quad (8-48)$$

$$N_v\leqslant 0.9n_f\mu(P-1.25N_t) \quad (8-49)$$

式中：　N_v——连接中每个螺栓所受的剪力；

N_t——连接中受拉力最大螺栓所受的拉力；

N_v^b、N_c^b、N_t^b——一个螺栓的抗剪、承压和抗拉承载力设计值。

式（8－48）中除以1.2是考虑到拉力作用会降低构件间的挤压力，并引起材料承压强度降低而引入的系数，式（8－49）是按《钢结构设计规范》进行的抗滑移验算。

例8－9　图8－54所示牛腿与柱相连接，承受竖向集中荷载设计值 $F=235$ kN，构件材料为16Mn钢，接触面经喷砂处理，试设计摩擦型高强螺栓连接。

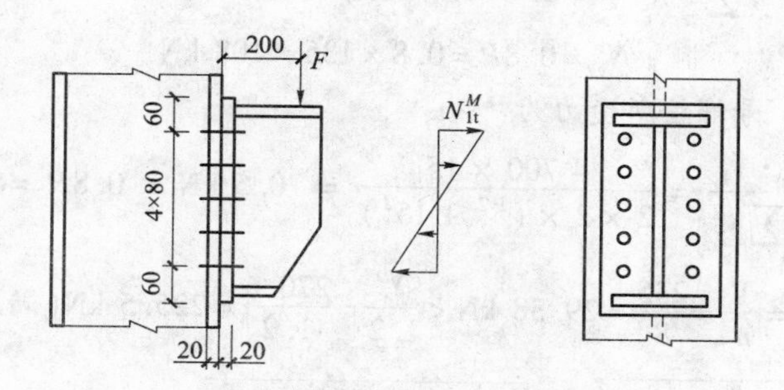

图8－54　例8－9附图

解： 选用 8.8 级 M22 高强螺栓 10 个，排列如图 8－54 所示。由表 8－9、表 8－10 查得，$P=135\ \text{kN}$，$\mu=0.5$。

连接面受剪力 $V=F=235\ \text{kN}$

承受弯矩 $M=F\cdot e=235\times20=4\ 700\ \text{kN}\cdot\text{cm}$

受力最大的"1"号螺栓所受拉力为

$$N_{\mathrm{t}}=\frac{M\cdot y_1}{m\sum y_i^2}=\frac{4\ 700\times16}{2\times2\times(8^2+16^2)}=58.75\ \text{kN}<0.8P=0.8\times135=108\ \text{kN}$$

"1"号螺栓抗剪承载力设计值为

$$N_{\mathrm{v}}^{\mathrm{b}}=0.9n_f\cdot\mu(P-1.25N_{\mathrm{t}})$$
$$=0.9\times1\times0.55\times(135-1.25\times58.75)=30.47\ \text{kN}$$

"1"号螺栓承受的外剪力为

$$N_{\mathrm{v}}=\frac{v}{n}=\frac{235}{10}=23.5\ \text{kN}<N_{\mathrm{v}}^{\mathrm{b}}=30.47\ \text{kN}\text{（满足）}$$

例 8－10 按前例条件，试设计承压型高强螺栓连接。

解： 选用 8.8 级 M22 高强螺栓 8 个，排列如图 8－55 所示。

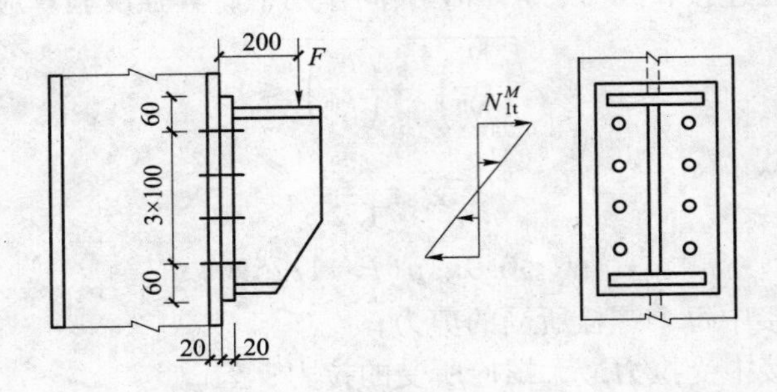

图 8－55 例 8－10 附图

一个螺栓的抗剪、承压、抗拉承载力设计值为

$$N_{\mathrm{v}}^{\mathrm{b}}=n_{\mathrm{v}}\times\frac{\pi d^2}{4}\cdot f_{\mathrm{v}}^{\mathrm{b}}=1\times\frac{\pi\times22^2}{4}\times250=95\ 033\ \text{N}=95.0\ \text{kN}$$

$$N_{\mathrm{c}}^{\mathrm{b}}=d\sum t\times f_{\mathrm{c}}^{\mathrm{b}}=22\times20\times615=270\ 600\ \text{N}=270.6\ \text{kN}$$

$$N_{\mathrm{t}}^{\mathrm{b}}=0.8P=0.8\times135=108\ \text{kN}$$

受力最大的"1"号螺栓所受力为

$$N_{\mathrm{t}}=\frac{M\cdot y_1}{m\sum y_i^2}=\frac{4\ 700\times15}{2\times2\times(5^2+15^2)}=70.5\ \text{kN}<0.8P=108\ \text{kN}$$

$$N_{\mathrm{v}}=\frac{V}{n}=\frac{235}{8}=29.38\ \text{kN}<\frac{N_{\mathrm{c}}^{\mathrm{b}}}{1.2}=\frac{270.6}{1.2}=225.5\ \text{kN}\text{（满足）}$$

$$\sqrt{\left(\frac{N_{\mathrm{v}}}{N_{\mathrm{v}}^{\mathrm{b}}}\right)^2+\left(\frac{N_{\mathrm{t}}}{N_{\mathrm{t}}^{\mathrm{b}}}\right)^2}=\sqrt{\left(\frac{29.38}{95}\right)^2+\left(\frac{70.5}{108}\right)^2}=0.722<1\text{（满足）}$$

连接抗滑移验算。

$$N_{\rm v}^{\rm b} = 0.9n_f \cdot \mu(P-1-1.25N_{\rm t})$$
$$= 0.9\times1\times0.55\times(135-1.25\times70.5)=23.2\ \text{kN}$$

"1"号螺栓按摩擦型设计的抗剪承载力设计值为

$$N_{\rm v}=\frac{v}{n}=\frac{235}{8}=29.38\ \text{kN}<1.3N_{\rm v}^{\rm b}=1.3\times23.2=30.16\ \text{kN}\ (满足)$$

思　考　题

1. 钢结构常用的连接方法有哪几种？试简述其各自的优缺点及适用范围。

2. 焊接形式和焊缝形式各有哪几种？对接连接是否一定要采用对接焊缝？T形连接是否一定要采用角焊缝？

3. 选择焊条型号为什么要与被焊金属的种类相适应？对Q235钢、16Mn钢和15MnV钢构件应分别选用何种型号的焊条？

4. 为什么说对接焊缝连接的受力和计算方法与被焊构件基本相同？在何种情况下才需对对接焊缝进行强度计算？

5. 角焊缝的尺寸需满足哪些构造要求？是否在任何情况下，侧焊缝长度均应小于或等于$60h_{\rm f}$（静载）和$40h_{\rm f}$（动载）？

6. 什么情况下正面角焊缝的强度设计值可以乘以增大系数$\beta_{\rm f}$？$\beta_{\rm f}$值是如何确定的？

7. 在角焊缝连接中，如何判别焊缝是受弯还是受扭？

8. 焊接残余应力是怎样产生的？为什么说一般情况（无外部约束）下残余应力是一组相互平衡的内力？

9. 残余应力对结构有哪些不利影响？

10. 在传递剪力的连接中，摩擦型高强螺栓和普通螺栓连接的传力特点有何不同？计算方法有何不同？

11. 在拉、剪连接中，普通螺栓连接和摩擦型高强螺栓连接的计算方法有何不同？

12. 摩擦型和承压型高强螺栓连接的计算方法有何异同之处？

13. 铆钉连接和普通螺栓连接的计算有何异同之处？

习　题

8-1　图8-56所示两板件，宽300 mm，厚10 mm，承受轴拉力静载设计值$N=550$ kN，钢材为Q235钢，焊条为E43型，手工焊，试设计：

（1）用对接焊缝（直缝或斜缝）连接，采用引弧板施焊。

（2）同双盖板拼接，采用角焊缝三面围焊（要求确定拼接板尺寸及焊脚尺寸）。

8-2　图8-57所示工字钢牛腿与柱相连接。牛腿承受竖向静载设计值$F=135$ kN，材料为I20a·Q235钢，焊条为E43型，手工焊。

（1）试验算对接焊缝连接强度。

（2）若采用角焊缝围焊，$h_f=8$ mm，试验算连接焊缝强度。

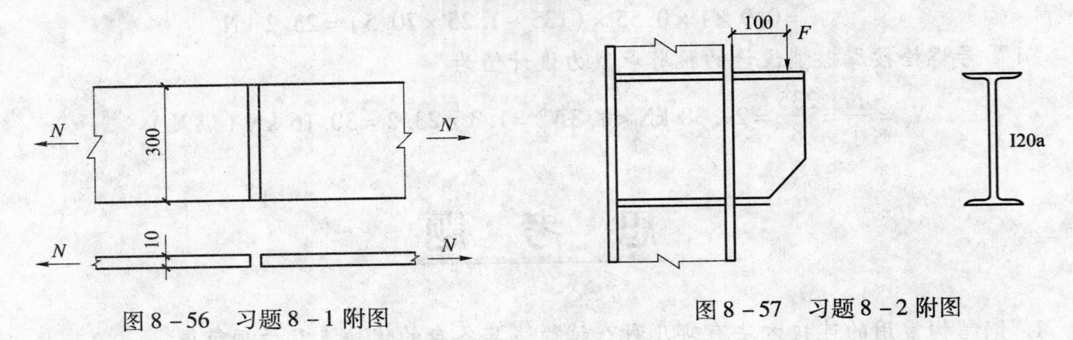

图 8－56　习题 8－1 附图

图 8－57　习题 8－2 附图

8－3　图 8－58 所示焊接工字形截面梁，在腹板上设置一条工厂对接焊缝，梁拼接处承受内力为 $M=2\ 500$ kN·m，$V=500$ kN，钢材为 Q235 钢，焊条为 E43 型，手工焊，二级质量标准，试验算拼接焊缝强度（提示：剪力 V 可假定全部由腹板承担，弯矩按刚度比分配，即 $M_w=\dfrac{I_w}{I}M$）。

8－4　图 8－59 所示一柱门支撑与柱的连接节点，支撑杆承受轴拉力设计值 $N=300$ kN，用 $2\angle 80\times 6$ 角钢做成，钢材均为 Q235 钢，焊条为 E43 型，手工焊。

（1）支撑与节点板采用两侧角焊缝相连，焊脚尺寸见图，试确定焊缝长度。

（2）节点板与端板用两条角焊缝相连，试验算该连接焊缝强度。

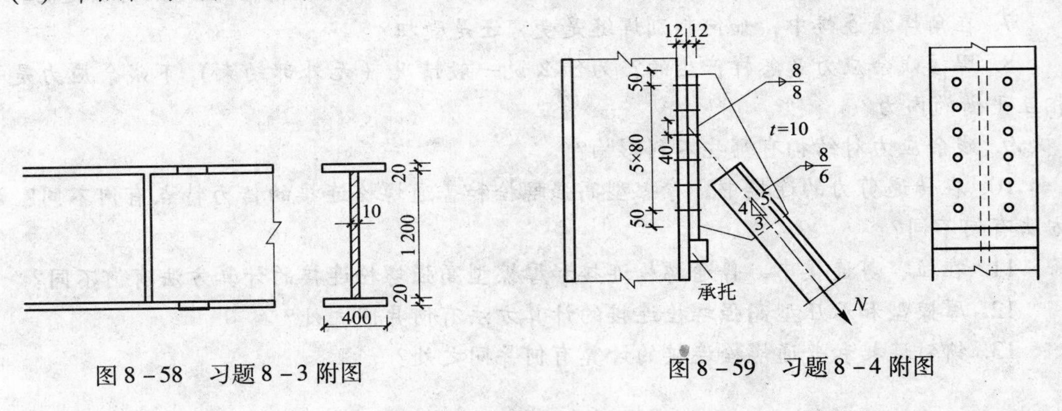

图 8－58　习题 8－3 附图

图 8－59　习题 8－4 附图

8－5　试验算图 8－60 所示双板牛腿与柱的焊缝连接强度。已知牛腿承受静力集中荷载设计值 $F=200$ kN，钢材为 16Mn 钢，焊条为 E50 型，手工焊，焊脚尺寸 $h_f=10$ mm。

8－6　若将习题 8－1（2）的双盖板连接改用 M20 普通 C 级螺栓连接，试确定连接螺栓数目及排列形式，验算板件净截面强度。

8－7　将习题 8－5 双板牛腿与柱的连接改为 M20 的普通 C 级螺栓连接。试设计该连接。

8－8　图 8－59 中节点端板与柱翼缘用 M22 普通 C 级螺栓连接，螺栓排列如图所示。

（1）当端板下端设承托时，竖向剪力由承托承担，试验算连接螺栓的承拉强度。

（2）当端板下不设承托时，试验算该连接螺栓是否满足强度要求。

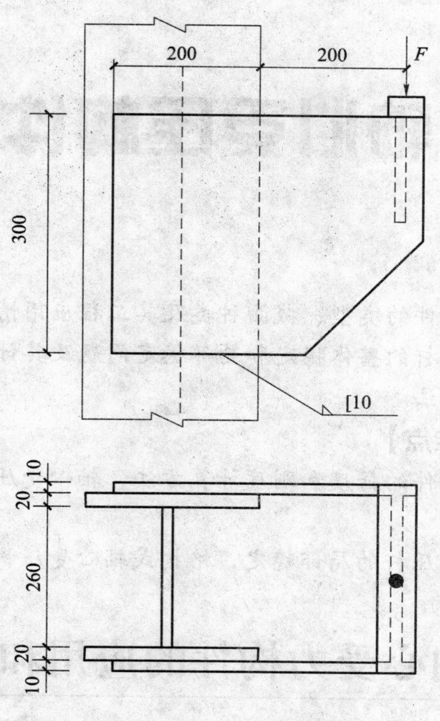

图8－60　习题8－5附图

第9章

轴心受压构件

【本章内容概要】

本章叙述了轴心受力构件的类型、截面种类及其工程应用情况；介绍了轴心拉杆和压杆的计算内容，重点介绍了压杆的整体稳定和局部稳定问题及其计算方法；进而介绍了实腹式压杆和格构式压杆的设计方法。

【本章学习重点与难点】

学习重点：轴心受力构件的强度和刚度计算方法，轴心受压构件整体稳定和局部稳定的计算。

学习难点：实腹式轴心压杆的局部稳定，格构式轴心受压构件的设计方法。

9.1 轴心受力构件的应用和截面形式

轴心受力构件是指只受通过构件截面形心的轴向力作用的构件，它包括轴心受拉构件和轴心受压构件。这类构件广泛应用于铰接杆系结构中，如平面或空间桁架等，同时也可用做各类操作平台及其他承重结构的承重柱及支撑等。

轴心受力构件的截面形式有型钢截面和组合截面两类。型钢截面又可分为热轧型钢（图9－1（a））和冷弯薄壁型钢（图9－1（b））；组合截面又可分为实腹式组合截面（图9－1（c））和格构式组合截面（图9－1（d））。

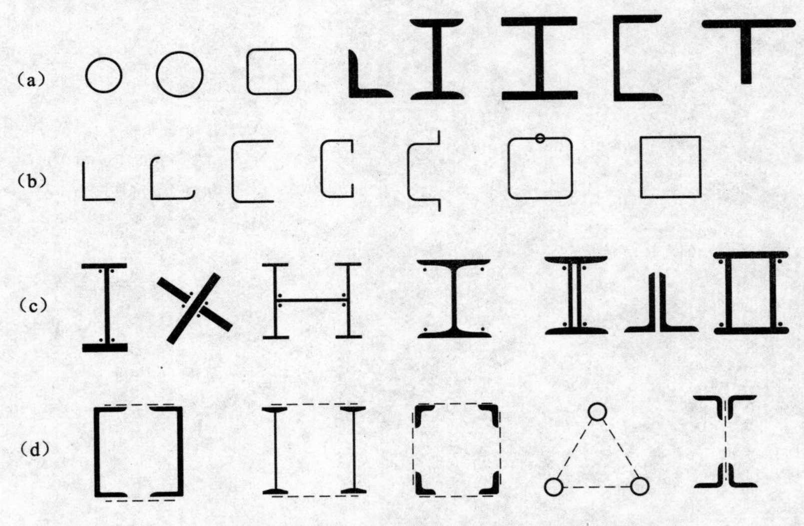

图9－1　轴心受力构件的截面形式

在选择轴心受力构件截面形式时，应根据构件受力情况，提供满足强度、刚度、稳定等要求的必要截面积和合适的长细比，同时还应考虑到制作简便，便于与相邻构件连接等要求。对轴心受压构件，为增大其整体刚度和稳定性，做到用料经济，应尽可能采用宽肢薄壁的截面形式，如 H 钢和 T 钢等。冷弯薄壁型钢虽具有宽肢薄壁的特点，但承载能力较小，故只适用于轻型钢结构，而热轧型钢往往因受截面尺寸限制，难以满足受力较大构件要求，故在设计受力较大的轴力构件和柱时，多采用由热轧型钢和钢板组合而成的组合截面，这种截面组合灵活，能较好地满足各种受力构件对强度、刚度和整体稳定的要求，但制造比较费工。所以，在满足使用要求的前提下，应优先选用型钢，特别是宽肢型钢截面。

9.2　轴心受力构件的强度和刚度

9.2.1　轴心受力构件的强度计算

由钢材一次静力拉伸试验的应力—应变图可知，轴心受力构件承载力极限是构件截面平均应力达到钢材的抗拉强度f_u。但当构件截面有孔洞削弱时，在孔洞附近会出现应力集中现象，在弹性受力阶段，高峰应力可达毛截面平均应力的三倍，当应力高峰值达到屈服点f_y时，会首先出现较大的塑性变形而影响构件的正常使用。鉴于以上原因，《钢结构设计规范》规定，对轴心受力构件的强度计算采用净截面的平均应力不超过钢材的屈服强度f_y，并引入材料抗力分项系数，按下式计算：

$$\sigma = \frac{N}{A_n} \leqslant \frac{f_y}{\gamma_R} = f \tag{9-1}$$

式中：N——轴心力设计值；

A_n——构件净截面积；

f——钢材抗拉或抗压强度设计值。

9.2.2　轴心受力构件的刚度验算

为满足结构的使用要求，轴心受力构件还必须具备必要的刚度，以保证构件在运输、安装和使用过程中不发生过大的变形和振动。轴心受力构件的刚度通过限制构件的长细比来保证，刚度验算应满足下式要求：

$$\lambda_{max} = \left(\frac{l_0}{i}\right)_{max} \leqslant [\lambda] \tag{9-2}$$

式中：λ_{max}——构件最不利方向的长细比；

l_0——构件的计算长度；

i——与计算长度相对应的截面回转半径；

$[\lambda]$——容许长细比。

《钢结构设计规范》规定的容许长细比是在总结钢结构长期使用经验的基础上，结合结构的受力性质及类别而确定的。对一般受压构件，$[\lambda]=150$；对受拉构件，一般取$[\lambda]=250\sim350$；对于张紧的圆钢拉条，长细比可不受限制。

9.3 实腹式轴心受压构件的总体稳定

设计轴心受压构件时，除应满足强度和刚度要求外，还应满足稳定性要求。由于钢材强度高，钢构件需要的截面积比较小，在轴心压力作用下，除一些短粗杆或因截面有较大削弱的构件有可能因强度承载力不足而破坏外，一般情况下都是由构件的稳定性条件控制构件的承载能力。在国内外工程实践中，因压杆失稳导致结构倒塌的重大事故屡有发生，故在钢结构设计中，对压杆的稳定问题应特别重视。

受轴心压力作用的直杆或柱，当压力达到临界值时，会发生由直线平衡状态转变为弯曲平衡状态的变形分枝现象，这种现象称压杆屈曲或整体失稳，发生变形分枝的失稳问题称为第一类稳定问题。由于压杆截面形式和杆端支撑条件不同，在轴心压力作用下可能发生的屈曲变形有三种形式，即弯曲屈曲、扭转屈曲和弯扭屈曲（图9－2），对于双轴对称的截面构件，以弯曲屈曲比较重要和常见。本节主要介绍弯曲屈曲的计算。

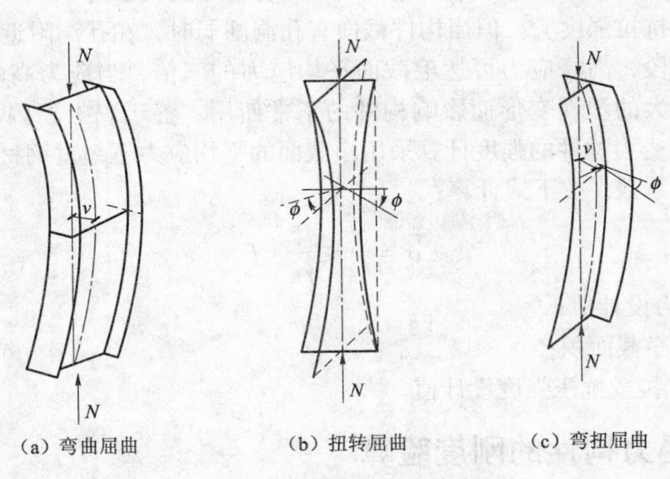

图9－2　轴心压杆的屈曲形式

9.3.1　理想轴心压杆弯曲屈曲的临界力

理想轴心压杆应当是没有任何初始缺陷和内力，两端为理想铰接的均匀直杆。杆件在轴心压力作用下发生弯曲屈曲时，可分为弹性屈曲和弹塑性屈曲两种情况。

1. 轴心压杆的弹性屈曲临界力

对于细长直杆，发生弯曲屈曲时，截面应力状态仍处于弹性阶段，即截面平均应力 $\sigma \leq f_p$ 这种屈曲称弹性屈曲，其临界力可直接用材料力学中介绍过的欧拉公式求出，即

$$N_{cr}=\frac{\pi^2 EI}{l^2} \tag{9-3}$$

式中：E——材料的弹性模量；

I——杆截面绕屈曲轴的惯性矩；

l——杆的计算长度。

杆截面上相应的平均应力即为欧拉临界应力，即

$$\sigma_{cr}=\frac{N_{cr}}{A}=\frac{\pi^2 EI}{Al^2}=\frac{\pi^2 E}{\lambda^2} \tag{9-4}$$

式中：λ——杆件的长细比，$\lambda=\frac{l}{i}$；

i——截面对于屈曲轴的回转半径，$i=\sqrt{\frac{I}{A}}$。

由于杆截面对其两个主轴的回转半径 i 一般不相等，如果杆件在两个主轴方向的计算长度相等，则 i 越大，λ 越小，稳定承载力就越大，故可以提高压杆的稳定承载能力，获得较好的经济效果。

2. 轴心压杆的弹塑性弯曲屈曲临界力

当轴心压杆发生弯曲屈曲时，若截面平均应力超过了钢材比例极限 f_p，则属于弹塑性屈曲。此时，材料的应力、应变关系已不是线性关系，即 E 不再是常量，这就使得屈曲对轴心压杆的弹塑性屈曲问题，历史上许多科学家曾进行了大量研究，并先后提出了两种有代表性的计算理论，即双模量理论和切线模量理论。

双模量理论认为，当压杆发生弯曲屈曲后，截面上会因弯曲变形产生弯曲应力，此应力和原来的平均应力 σ_{cr} 叠加后，在弯曲压应力一侧形成加载区，另一侧则会形成卸载区（图9－3）。加载区的应力、应变关系遵循切线模量 E_t 的变化规律，卸载区则仍遵循弹性模量 E 的变化规律。因而在计算弹塑性屈曲临界力时，可采用式（9－5）。

$$N_{cr}=\frac{\pi^2(EI_1+E_tI_2)}{l^2} \tag{9-5}$$

式中：I_1——卸载区截面对通过 O 点轴的惯性矩；

I_2——加载区截面对通过 O 点轴的惯性矩。

试验研究表明，用双模量理论算得的临界力比实验值偏高。

切线模量理论认为，压杆发生弯曲屈曲后，在产生弯曲变形过程中，同时也会使杆轴力有一个增量 ΔN_{cr}，与其相对应的平均应力增量 $\Delta\sigma_{cr}$ 不会小于因微弯变形产生的拉应力，所以受弯拉一侧不会出现卸载现象，可以假定整个截面应力和应变关系都遵循切线模量 E_t 的变化规律，故称为切线模量理论。该理论也采用欧拉理论的力学计算模式，即当压杆受力达到临界力时，压杆由直线平衡状态转变为微弯平衡状态。此时，整个截面的应力—应变关系可采用材料应力—应变关系曲线上位于临界应力 σ_t 处的切线斜率 $\frac{d_\sigma}{d_\varepsilon}=E_t$ 来表示，如图9－4所示。所以，只要把欧拉临界力公式中的 E 换成 E_t，即可得到轴心压杆弹塑性屈曲的切线模量理论临界力和相应的临界应力计算式，即

$$N_t=\frac{\pi^2 E_1 I}{l^2} \tag{9-6}$$

$$\sigma_t=\frac{\pi^2 E_t}{\lambda^2} \tag{9-7}$$

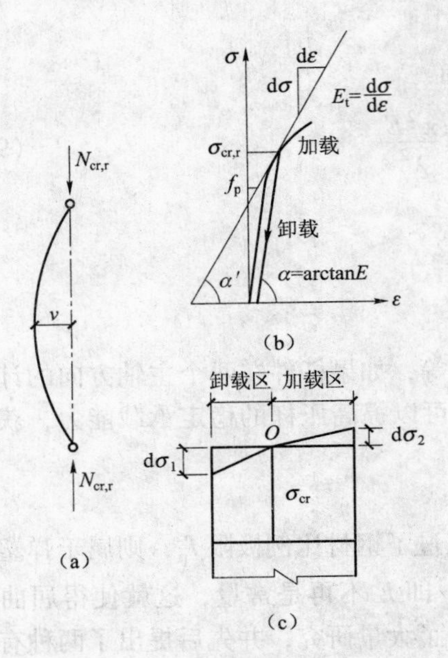

图 9-3　双模量理论

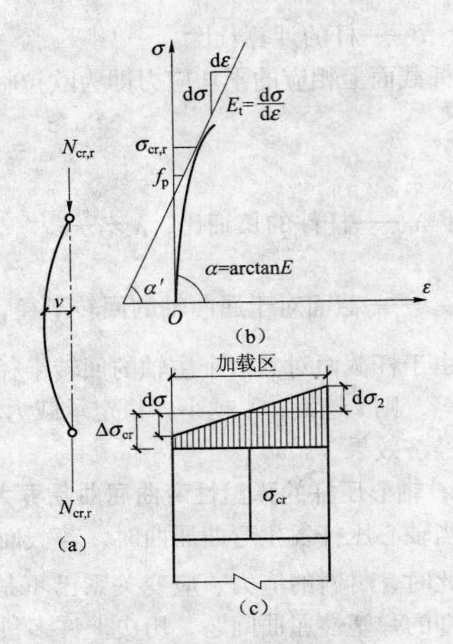

图 9-4　切线模量理论

试验研究结果表明，用切线模量理论确定的临界力比较接近试验结果。

根据式（9-4）和式（9-7）可以绘出理想轴心压杆的 σ_{cr}—λ 曲线，如图 9-5 所示。

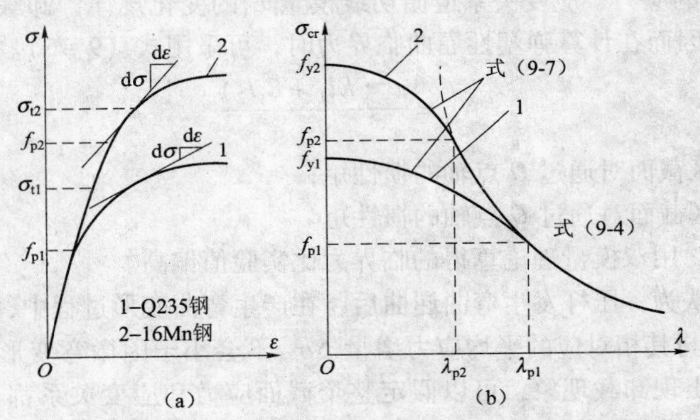

图 9-5　轴心压杆的 σ_{cr}—λ

由图 9-5 可知，当 $\sigma_{cr} \leqslant \sigma_p$ 时，压杆屈曲临界力由欧拉公式确定，因式中 E 为常量，故临界应力是杆件长细比 λ 的单一函数，它与材料的抗压强度无关。所以，对细长杆，提高材料抗压强度并不能提高其稳定承载力；当 $\sigma_{cr} > \sigma_p$ 时，压杆屈曲临界力由切线模量理论公式确定，此时 σ_{cr} 不仅与 λ 有关，而且与 E_t 有关。经试验证明，钢材对应于应力 σ 的切线模量可由式（9-8）确定。

$$E_t = \frac{(f_y - \sigma)\sigma}{(f_y - f_p) \cdot f_p} \cdot E \tag{9-8}$$

对双轴对称截面的压杆，一般两主轴方向的回转半径、几何长度和支撑条件都有可能不同，故应分别计算两主轴方向的长细比 λ。λ 越大，临界应力越低，越容易发生整体失稳。

因此，对轴心压杆必须同时考虑两个主轴方向的整体稳定。

9.3.2　各种初始缺陷对轴心压杆临界力的影响

在实际工程中，理想的轴心受压构件并不存在。因为实际工程中的压杆，总会有不同程度的各种初始缺陷，如初弯曲、初偏心、残余应力和材质的非均质性等，这些缺陷的存在都会降低压杆的临界力。

1. 残余应力的影响

除前一章介绍过的焊接残余应力外，钢材在各种冷、热加工过程中，如轧制、火焰切割、冷弯和变形矫正等，都有可能在构件内形成某种初始应力。各种不同原因引起的残余应力的分布和大小，不仅与构件的加工条件有关，而且与截面的形状尺寸有关。对轴心受压构件来说，残余压应力区在外力作用下，应力将首先达到屈服点，使该部分材料的弹性模量 $E=0$，而不能继续承载，使构件有效承载截面减小，截面惯性矩也由 I 减小到 I_c，故临界力也将随之减小，影响程度的大小由残余应力的具体分布而定。

图 9－6（a）所示是翼缘为轧制边的组合工字形截面残余应力分布，图 9－6（b）所示是翼缘为焰切边的组合工字形截面残余应力分布。在轴心压力作用下，两种不同残余应力分布截面的弹性区（图中无阴影线部分）的分布各不相同。这时，可以按有效截面的惯性矩 I_e 近似计算构件的临界力，即

$$E_{cr}=\frac{\pi^2 EI_e}{l^2}=\frac{\pi^2\cdot EI}{l^2}\cdot\frac{I_e}{I} \tag{9-9}$$

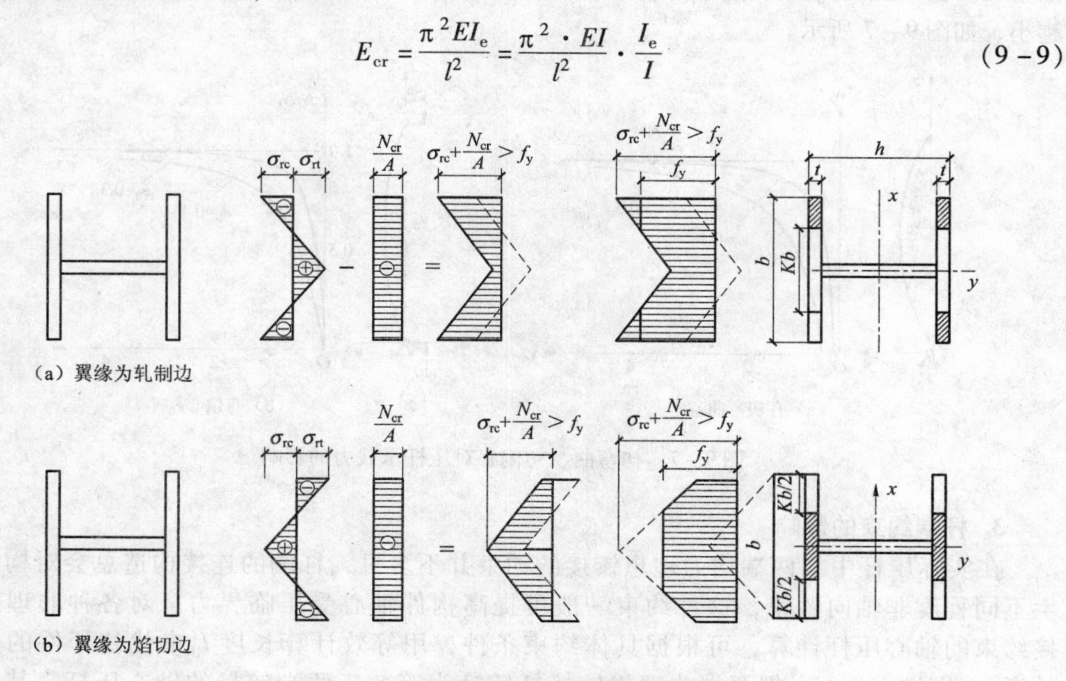

图 9－6　残余应力对稳定承载力的影响

相应的临界应力为

$$\sigma_{cr}=\frac{\pi^2 E}{\lambda^2}\cdot\frac{I_e}{I} \tag{9-10}$$

当杆件绕截面弱轴 y—y 屈曲时，有

$$\sigma_{\text{cry}}=\frac{\pi^2 E}{\lambda_y^2}\cdot\frac{I_{ey}}{I_y}=\frac{\pi^2 E}{\lambda_y^2}\cdot\frac{2t(Kb)^3/12}{2t\cdot b^3/12}=\frac{\pi^2 E}{\lambda_y^2}\cdot K^3 \tag{9-11}$$

当杆件绕截面强轴 x—x 屈曲时，有

$$\sigma_{\text{crx}}=\frac{\pi^2 E}{\lambda_x^2}\cdot\frac{I_{ex}}{I}=\frac{\pi^2 E}{\lambda_x^2}\cdot\frac{2t(Kb)^3 h^2/4}{2t\cdot h^2/4}=\frac{\pi^2 E}{\lambda_x^2}\cdot K \tag{9-12}$$

式中 $K=A_e/A$，即弹性区截面积 A_e 与全截面积 A 之比值。$K\cdot E$ 也正好是对有残余应力的短柱进行试验得到的应力—应变曲线的切线模量 E_t。

由式（9-11）和式（9-12）可知，σ_{cry} 与 K^3 有关，而 σ_{crx} 却只与 K 有关。可见残余应力对弱轴的影响比对强轴的影响严重得多。

2. 初弯曲和初偏心的影响

构件在制造、运输、安装过程中，都可能造成一些微小的弯曲，而且弯曲的形式也可能是多样的，其中以形成一个正弦半波的微弯曲对压杆承载力的影响较为不利。据统计资料表明，杆中点处的弯曲挠度约为 1/2 000 ～ 1/500。初偏心则是由构件截面尺寸的变异、材质的不均匀和施加轴力时难以避免的对中偏差所致。

无论是初弯曲还是初偏心，对轴心压杆弹性受力工作的影响是相似的，其影响表现在受力一开始杆件就产生挠度，并随荷载的增加而增大，当压力趋近于欧拉临界力时，挠度将无限增大。初始挠度 f_0 和初始偏心 e_0 越大，在相同压力作用下，杆件挠度就越大，而临界力则越小，如图 9-7 所示。

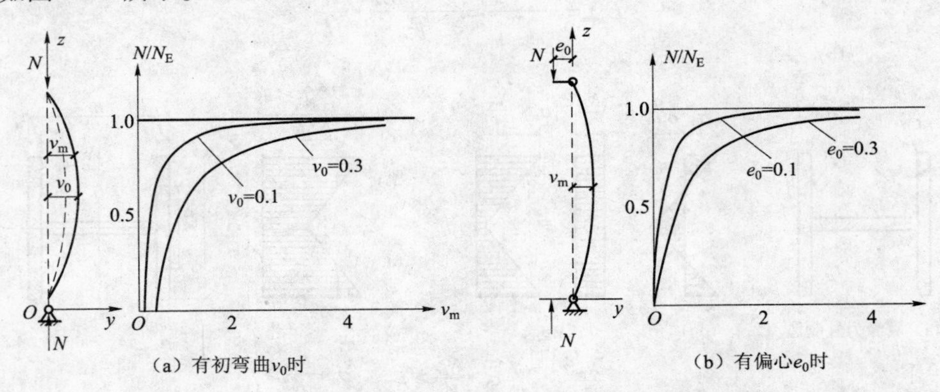

图 9-7　初弯曲、初偏心对压杆承载力的影响

3. 杆端约束的影响

在实际压杆中，两端均为理想铰接的约束并不多见，杆端的连接构造总会对构件产生不同程度非轴向约束，这种约束一般可提高构件轴心受压临界力。对各种非理想铰接约束的轴心压杆计算，可根据具体约束条件，用等效计算长度 l_0 来代替杆件的几何长度 l，即取 $l_0=\mu l$，把两端非理想铰接杆转换为等效于两端铰接的轴心压杆。其临界应力计算式为

$$N_{\text{cr}}=\frac{\pi^2 EI}{(\mu l)^2} \tag{9-13}$$

式中，μ 为计算长度系数，可由表 9-1 查得。

表 9-1　轴心受压柱计算长度系数 μ

图中虚线表示柱的屈曲形式						
μ 的理论值	0.50	0.70	1.0	1.0	2.0	2.0
μ 的建议值	0.65	0.80	1.0	1.2	2.1	2.0
端部条件符号	无转动、无侧移 自由转动、无侧移			无转动、自由侧移 自由转动、自由侧移		

9.3.3　轴心受压构件整体稳定计算

1. 实际轴心压杆稳定承载力的确定

钢结构中的实际轴心压杆都不可避免地存在不同程度的初始缺陷和残余应力，使压杆的承载力受到一定影响，其影响程度还与杆截面形式、尺寸和屈曲方向有关，这就使得对这类压杆稳定承载力的分析变得非常复杂。由于这类压杆存在着初偏心和初弯曲等缺陷，所以对压杆施加压力作用的同时就会产生挠度，使杆件截面内的弯矩随构件的挠度增大而增大，截面内的平均应力和杆件挠度的变化关系是非线性的，如图 9-8 所示。

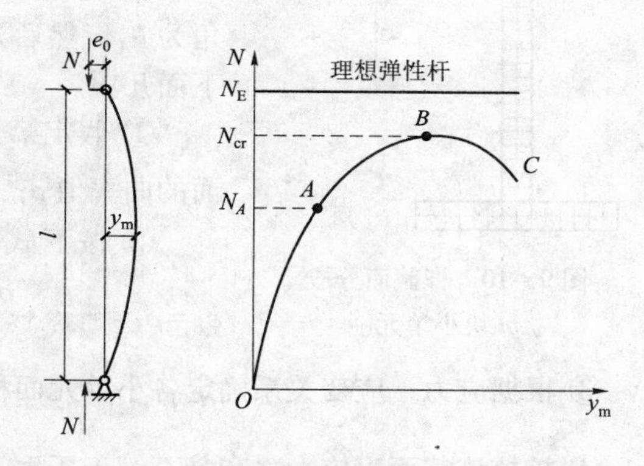

图 9-8　有初偏心压杆的 N—y_m 曲线

由图 9-8 可见，曲线由上升段 OAB 和下降段 BC 组成。当截面平均应力位于上升阶段时，压杆是稳定的；当平均应力位于下降段时，压杆是不稳定的。曲线上的 A 表示压杆中央截面边缘纤维开始屈服，压杆开始进入弹塑性工作阶段，B 点是两段曲线的拐点，拐点所对应的应力即为临界应力，此时压杆达到承载力极限状态。B 点以后，由于压杆截面内和沿杆长度塑性发展，导致压杆内部抗力突然崩溃，内外力平衡遭到破坏而失稳。这种失稳问题属极值点失稳，也称第二类稳定问题。这类失稳一般均发生在弹塑性工作阶段。

求解这类压杆的稳定承载力需按有残余应力的小偏心受压构件来确定，计算方法可用近似法，也可用精确法。常用的近似法之一是压溃理论或称最大强度理论，其计算的基本概念是根据临界状态时内外力平衡条件和变形协调条件等，导出截面平均应力 σ_0 和杆件中央最大挠度 y_m 的函数关系 $\varphi(\sigma_0, y_m)=0$，并取导数，令一阶导数 $\frac{d\varphi}{dy}=0$，即可确定图 9-8 所示曲线拐点 B 处的最大平均应力 σ_0，也就是所要求的压杆临界力。此近似法把求解高阶非线性平衡微分方程的问题转变为求解代数方程，所获得的计算结果与试验结果比较吻合。

精确法是用数值积分法来求解压杆的稳定极限承载力。这种方法采用有限元概念，根据压杆内外力平衡条件和变形条件，运用电子计算机进行数值分析计算，来求解压杆稳定极限承载力。现将计算步骤简述如下。

（1）先将压杆分成 n 段，各段长度不一定相等，如图 9－9 所示，并将杆截面划分成 m 块小单元，如图 9－10 所示。

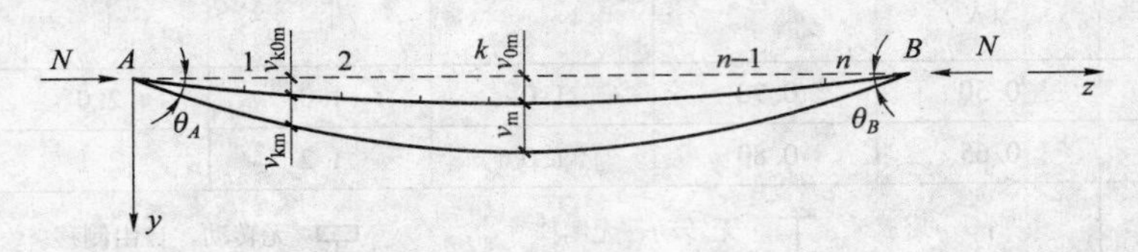

图 9－9　有初弯曲轴心压杆分段

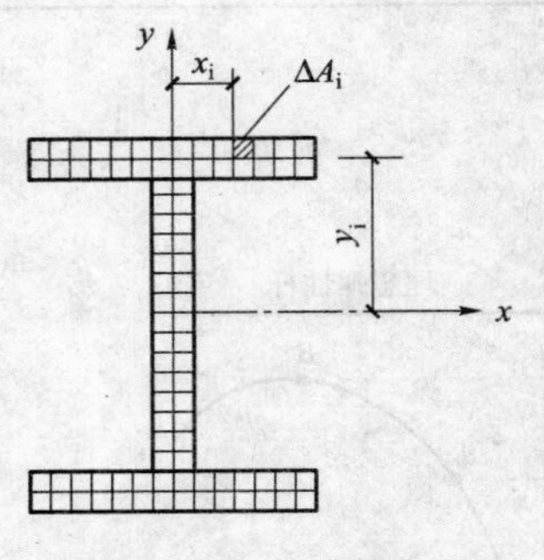

图 9－10　杆截面分成 m 块小单元

（2）输入杆件加荷前实测到的初始数据，如初弯曲曲线的形状、挠曲矢高、残余应力分布以及应力—应变关系等。

（3）给定一级压力 N，并假定杆端 A 由压力 N 产生的转角为 θ_A，然后开始由 A 端向 B 端逐段计算，计算内容主要有下面几项。

① 假定第一段中点截面形心处的平均应变值 $\varepsilon_{0\frac{1}{2}}$ 和该截面的曲率值 $\rho_{1/2}$。

② 按下式计算截面内各小块单元面积中心点的应变：

$$\varepsilon_i=\rho_{1/2}\cdot y_i+\frac{\sigma_{ri}}{E}+\varepsilon_{0\frac{1}{2}}，（\sigma_{ri}为\,i\,点的残余应力）。$$

③ 根据应力—应变关系确定各小单元面积中心点的应力 σ_i。

④ 校核该截面正应力之和是否等于压力 N，即 $N+\sum\limits_{i=1}^{m}\sigma_i\cdot\Delta A_i=0$，若不满足平衡方程，则应调整前面假定的平均应变 $\varepsilon_{0\frac{1}{2}}$，重复②～④项计算，直至满足平衡方程为止。

⑤ 计算中点截面的内弯矩 $M_{1/2}=\sum\limits_{i=1}^{m}\sigma_i\cdot y_i\cdot\Delta A_i$ 。

⑥ 计算中点的位移 $v_{\frac{1}{2}}=v_0+\theta_A\dfrac{\delta_1}{2}-\rho_{\frac{1}{2}}\cdot\dfrac{\delta_1^2}{8}$，式中 δ_1 为第一段长度。

⑦ 校核中点截面内外弯矩是否平衡，即

$$-M_{\frac{1}{2}}+N(v_{\frac{1}{2}}+v_{0\frac{1}{2}})+M_{e\frac{1}{2}}=0$$

式中 M_e 是除压力 N 之外的其他荷载在截面上引起的弯矩。若不能满足上式，则重新调整前面所假定的曲率 $\rho_{\frac{1}{2}}$，并重复②～⑦项计算，直到满足为止。

⑧ 按下式计算第一段末点处的位移 v_1 和转角 θ_1，即

$$v_1=v_0+\theta_A\delta_1-\rho_{1/2}\delta_1^2$$
$$\theta_1=\theta_A-\rho_{1/2}\cdot\delta_1$$

（4）转入下一段计算，步骤同前，如此一直计算到最后一段。

（5）根据所求得的最后一段末点处的 v_m，复核压杆 B 端的边界条件 $v_B=0$ 是否满足，

如不满足，则需重新调整前面假定的 θ_A，重复以上各步计算，直到 B 端边界条件得到满足为止。这样就得到了压杆的荷载—位移曲线上的一个点。

（6）给定下一级压力 N，按上述步骤进行计算便可得到曲线上的另一个点。由此用逐级荷载计算下去就可得到一根完整的压杆荷载—变形曲线，如图 9－11 所示。图中绘出了用数值积分法计算结果和用试验结果得出的两条曲线，经比较可以看出，两者相当吻合，其极限承载力 N_{max} 也相差很小。所以，现在一般都只需做少量的试验以验证用电子计算机模拟计算的结果，这就减少了大量的试验工作量，节约了时间和试验费用。

2. 设计规范对轴心压杆稳定的计算

实际轴心压杆可能存在的各项初始缺陷的大小及其组合都是随机的，影响极限承载力的几个不利因素同时出现最大值的可能性很小。为了合理计算各类压杆的稳定承载力，现行设计规范考虑了 1/1 000 杆长的初弯曲和 14 种不同的残余应力分布模式，用最大强度理论对各种尺寸和加工条件的工字形、T 形、圆管、方管等实腹截面的弯曲失稳进行了计算，共算出 96 条 φ—λ 曲线。由于这组曲线离散性较大，若用一根中值曲线来代表，必然使计算误差过大而显得不合理。所以《钢结构设计规范》按相近原则，把 96 条曲线覆盖面分成三个窄带，取各窄带的中位值曲线 a、b、c 作为代表曲线（图 9－12），这就是供设计使用的柱子曲线。显然，用三条曲线分别计算不同类型压杆的稳定极限承载力，其结果更趋准确和合理。

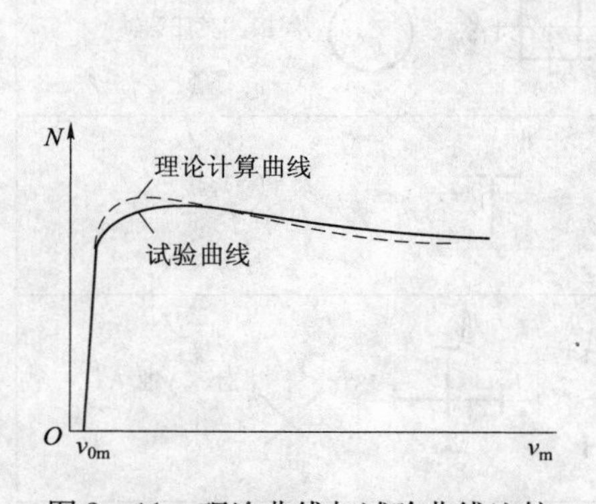

图 9－11　理论曲线与试验曲线比较

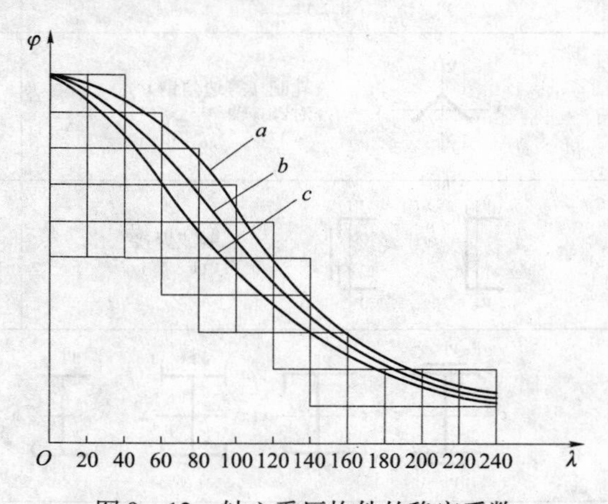

图 9－12　轴心受压构件的稳定系数

有了压杆的极限承载力就可求出相应的临界应力，引入分项系数后即可得到《钢结构设计规范》采用的轴心压杆稳定计算公式为

$$\sigma = \frac{N}{A} \leqslant \frac{\sigma_{cr}}{\gamma_R} = \frac{\sigma_{cr}}{f} \cdot \frac{f_y}{\gamma_R} = \varphi f \qquad (9-14)$$

式中：φ——轴心压杆的稳定系数；

γ_R——材料抗力分项系数；

f——材料抗压强度设计值，$f = f_y/\gamma_R$；

A——压杆毛截面积。

按式（9－14）进行设计时，首先应根据表 9－2 确定所选截面类型（a、b 或 c 类），然后按构件的钢号和长细比由表 9－3 ～表 9－8 查得相应的系数 φ 值。在确定截面类型时应注意，对某些截面，如轧制和焊接工字形、槽形和 T 形截面，计算其对两个主轴的稳定时，可能分别属于不同的截面类别。

表 9－2　轴心受压构件的截面分类

截面形式和对应轴		类别
轧制，$b/h\leq0.8$，对x轴	轧制，对任意轴	a 类
轧制，$b/h\leq0.8$，对y轴	轧制，$b/h>0.8$，对x，y轴	
焊接，翼缘为焰切边，对x，y轴	焊接，翼缘为轧制或剪切边，对x轴	
轧制，对x，y轴	轧制，对x，y轴	
轧制（等边角钢），对x，y轴	焊接，对任意轴	b 类
轧制或焊接对y轴	轧制或焊接，对x轴	
焊接，对x，y轴		
格构式，对x，y轴		
焊接，翼缘为轧制或剪切边，对y轴	轧制或焊接，对y轴	c 类
轧制或焊接对x轴	无任何对称轴的截面，对任意轴	
	板件厚度大于 40 mm 的焊接实腹截面，对任意轴	

注：当槽形截面用于格构式构件的分肢，计算分肢对垂直于腹板轴的稳定性时，应按 b 类截面考虑。

表 9－3　Q235 钢 a 类截面轴心受压构件的稳定系数 φ

λ	0	1	2	3	4	5	6	7	8	9
0	1.000	1.000	1.000	1.000	0.999	0.999	0.998	0.998	0.997	0.996
10	0.995	0.994	0.993	0.992	0.991	0.989	0.988	0.986	0.985	0.983
20	0.981	0.979	0.977	0.976	0.974	0.972	0.970	0.968	0.966	0.964
30	0.963	0.961	0.959	0.957	0.955	0.952	0.950	0.948	0.946	0.944
40	0.941	0.939	0.937	0.934	0.932	0.929	0.927	0.924	0.921	0.919
50	0.916	0.913	0.910	0.907	0.904	0.900	0.897	0.894	0.890	0.886
60	0.883	0.879	0.875	0.871	0.867	0.863	0.858	0.854	0.849	0.844
70	0.839	0.834	0.829	0.824	0.818	0.813	0.807	0.801	0.795	0.789
80	0.783	0.776	0.770	0.763	0.757	0.750	0.743	0.736	0.728	0.721
90	0.714	0.706	0.699	0.691	0.684	0.676	0.668	0.661	0.653	0.645
100	0.638	0.630	0.622	0.615	0.607	0.600	0.592	0.585	0.577	0.570
110	0.563	0.555	0.548	0.541	0.534	0.527	0.520	0.514	0.507	0.500
120	0.494	0.488	0.481	0.475	0.469	0.463	0.457	0.451	0.445	0.440
130	0.434	0.429	0.423	0.418	0.412	0.407	0.402	0.397	0.392	0.387
140	0.383	0.378	0.373	0.369	0.364	0.360	0.356	0.351	0.347	0.343
150	0.339	0.225	0.331	0.327	0.323	0.320	0.316	0.312	0.309	0.305
160	0.302	0.298	0.295	0.292	0.289	0.285	0.282	0.179	0.276	0.273
170	0.270	0.267	0.264	0.262	0.259	0.256	0.253	0.251	0.248	0.246
180	0.243	0.241	0.238	0.236	0.233	0.231	0.229	0.226	0.224	0.222
190	0.220	0.218	0.215	0.213	0.211	0.209	0.207	0.205	0.203	0.201
200	0.199	0.198	0.196	0.194	0.192	0.190	0.189	0.187	0.185	0.183
210	0.182	0.180	0.179	0.177	0.175	0.174	0.172	0.171	0.169	0.168
220	0.166	0.165	0.164	0.162	0.161	0.159	0.158	0.157	0.155	0.154
230	0.153	0.152	0.150	0.149	0.148	0.147	0.146	0.144	0.143	0.142
240	0.141	0.140	0.139	0.138	0.136	0.135	0.134	0.133	0.132	0.131
250	0.130									

表 9－4　Q235 钢 b 类截面轴心受压构件的稳定系数 φ

λ	0	1	2	3	4	5	6	7	8	9
0	1.000	1.000	1.000	0.999	0.999	0.998	0.997	0.996	0.995	0.994
10	0.992	0.991	0.989	0.987	0.985	0.983	0.891	0.976	0.976	0.973
20	0.970	0.967	0.963	0.960	0.957	0.953	0.950	0.946	0.943	0.939
30	0.936	0.932	0.929	0.925	0.922	0.918	0.914	0.910	0.906	0.903
40	0.899	0.895	0.891	0.887	0.882	0.878	0.874	0.870	0.865	0.861
50	0.856	0.852	0.847	0.842	0.838	0.833	0.828	0.823	0.818	0.813
60	0.807	0.802	0.797	0.791	0.786	0.780	0.774	0.769	0.763	0.757

续表

λ	0	1	2	3	4	5	6	7	8	9
70	0. 751	0. 745	0. 739	0. 732	0. 726	0. 720	0. 714	0. 707	0. 701	0. 694
80	0. 688	0. 681	0. 675	0. 668	0. 661	0. 655	0. 648	0. 641	0. 635	0. 628
90	0. 621	0. 614	0. 608	0. 601	0. 594	0. 588	0. 581	0. 570	0. 568	0. 561
100	0. 555	0. 549	0. 542	0. 536	0. 529	0. 523	0. 517	0. 511	0. 505	0. 499
110	0. 493	0. 487	0. 481	0. 475	0. 470	0. 464	0. 458	0. 453	0. 447	0. 442
120	0. 437	0. 432	0. 426	0. 421	0. 416	0. 411	0. 406	0. 402	0. 397	0. 392
130	0. 387	0. 383	0. 378	0. 374	0. 370	0. 365	0. 361	0. 357	0. 353	0. 349
140	0. 345	0. 341	0. 337	0. 333	0. 329	0. 326	0. 322	0. 318	0. 315	0. 311
150	0. 308	0. 304	0. 301	0. 298	0. 295	0. 291	0. 288	0. 285	0. 282	0. 279
160	0. 276	0. 273	0. 270	0. 267	0. 265	0. 262	0. 259	0. 256	0. 254	0. 251
170	0. 249	0. 246	0. 244	0. 241	0. 239	0. 236	0. 234	0. 232	0. 229	0. 227
180	0. 225	0. 223	0. 220	0. 218	0. 216	0. 214	0. 212	0. 210	0. 208	0. 206
190	0. 204	0. 202	0. 200	0. 198	0. 197	0. 195	0. 193	0. 191	0. . 190	0. 188
200	0. 186	0. 184	0. 183	0. 181	0. 180	0. 178	0. 176	0. 175	0. 173	0. 172
210	0. 170	0. 169	0. 167	0. 166	0. 165	0. 163	0. 162	0. 160	0. 159	0. 158
220	0. 156	0. 155	0. 154	0. 153	0. 151	0. 150	0. 149	0. 148	0. 146	0. 145
230	0. 144	0. 143	0. 142	0. 141	0. 140	0. 138	0. 137	0. 136	0. 135	0. 134
240	0. 133	0. 132	0. 131	0. 130	0. 129	0. 128	0. 127	0. 126	0. 125	0. 124
250	0. 123									

表 9－5　Q235 钢 c 类截面轴心受压构件的稳定系数 φ

λ	0	1	2	3	4	5	6	7	8	9
0	1. 000	1. 000	1. 000	0. 999	0. 999	0. 998	0. 997	0. 996	0. 995	0. 993
10	0. 992	0. 990	0. 988	0. 986	0. 983	0. 981	0. 978	0. 976	0. 973	0. 970
20	0. 966	0. 959	0. 953	0. 947	0. 940	0. 934	0. 928	0. 921	0. 915	0. 909
30	0. 902	0. 896	0. 890	0. 884	0. 877	0. 871	0. 865	0. 858	0. 852	0. 846
40	0. 839	0. 833	0. 826	0. 820	0. 814	0. 807	0. 801	0. 794	0. 788	0. 781
50	0. 775	0. 768	0. 762	0. 755	0. 748	0. 742	0. 735	0. 729	0. 722	0. 715
60	0. 709	0. 702	0. 695	0. 689	0. 682	0. 676	0. 669	0. 662	0. 656	0. 649
70	0. 648	0. 636	0. 629	0. 623	0. 616	0. 610	0. 604	0. 597	0. 591	0. 584
80	0. 578	0. 572	0. 566	0. 559	0. 553	0. 547	0. 541	0. 535	0. 529	0. 523
90	0. 517	0. 511	0. 505	0. 500	0. 494	0. 488	0. 483	0. 477	0. 472	0. 467
100	0. 463	0. 458	0. 454	0. 449	0. 445	0. 441	0. 436	0. 432	0. 428	0. 423
110	0. 419	0. 415	0. 411	0. 407	0. 403	0. 399	0. 395	0. 391	0. 387	0. 383
120	0. 379	0. 375	0. 371	0. 367	0. 364	0. 360	0. 356	0. 353	0. 349	0. 346
130	0. 342	0. 339	0. 335	0. 332	0. 328	0. 325	0. 322	0. 319	0. 315	0. 312

续表

λ	0	1	2	3	4	5	6	7	8	9
140	0.309	0.306	0.303	0.300	0.297	0.294	0.291	0.288	0.285	0.282
150	0.280	0.277	0.274	0.271	0.269	0.266	0.264	0.261	0.258	0.256
160	0.254	0.251	0.249	0.246	0.244	0.242	0.239	0.237	0.235	0.233
170	0.230	0.228	0.226	0.224	0.222	0.220	0.218	0.216	0.214	0.212
180	0.210	0.208	0.206	0.205	0.203	0.201	0.199	0.197	0.196	0.194
190	0.192	0.190	0.189	0.187	0.186	0.184	0.182	0.181	0.179	0.178
200	0.176	0.175	0.173	0.172	0.170	0.169	0.168	0.166	0.165	0.163
210	0.162	0.161	0.159	0.158	0.157	0.156	0.154	0.153	0.152	0.151
220	0.150	0.148	0.147	0.146	0.145	0.144	0.143	0.142	0.140	0.139
230	0.138	0.137	0.136	0.135	0.134	0.133	0.132	0.131	0.130	0.129
240	0.128	0.127	0.126	0.125	0.124	0.124	0.123	0.122	0.121	0.120
250	0.119									

表9-6　16Mn钢、16Mnq钢a类截面轴心受压构件的稳定系数φ

λ	0	1	2	3	4	5	6	7	8	9
0	1.000	1.000	1.000	0.999	0.999	0.998	0.997	0.997	0.996	0.994
10	0.993	0.992	0.990	0.988	0.986	0.984	0.982	0.980	0.978	0.975
20	0.973	0.971	0.969	0.967	0.964	0.962	0.960	0.957	0.955	0.952
30	0.850	0.947	0.944	0.941	0.939	0.936	0.933	0.930	0.927	0.923
40	0.920	0.917	0.913	0.909	0.906	0.902	0.898	0.894	0.889	0.885
50	0.881	0.876	0.871	0.866	0.861	0.855	0.850	0.844	0.838	0.832
60	0.825	0.819	0.812	0.805	0.798	0.791	0.783	0.775	0.767	0.759
70	0.751	0.742	0.734	0.725	0.716	0.707	0.698	0.689	0.680	0.671
80	0.661	0.652	0.643	0.633	0.624	0.615	0.606	0.596	0.587	0.578
90	0.570	0.561	0.552	0.543	0.535	0.527	0.518	0.510	0.502	0.494
100	0.487	0.479	0.471	0.464	0.457	0.450	0.443	0.436	0.429	0.423
110	0.416	0.410	0.404	0.398	0.392	0.386	0.380	0.374	0.369	0.363
120	0.358	0.353	0.348	0.343	0.338	0.333	0.328	0.324	0.319	0.315
130	0.310	0.306	0.302	0.298	0.294	0.290	0.286	0.282	0.278	0.275
140	0.271	0.286	0.264	0.251	0.257	0.254	0.251	0.248	0.245	0.242
150	0.239	0.236	0.233	0.230	0.227	0.224	0.222	0.219	0.217	0.214
160	0.212	0.209	0.207	0.204	0.202	0.200	0.197	0.195	0.193	0.191
170	0.189	0.187	0.184	0.182	0.180	0.179	0.177	0.175	0.173	0.171
180	0.169	0.167	0.166	0.164	0.162	0.161	0.159	0.157	0.156	0.154
190	0.153	0.151	0.150	0.148	0.147	0.145	0.144	0.142	0.141	0.140
200	0.138	0.137	0.136	0.134	0.133	0.132	0.131	0.129	0.128	0.127

续表

λ	0	1	2	3	4	5	6	7	8	9
210	0.126	0.125	0.124	0.123	0.121	0.120	0.119	0.118	0.117	0.116
220	0.115	0.114	0.113	0.112	0.111	0.110	0.109	0.108	0.107	0.105
230	0.106	0.105	0.104	0.103	0.102	0.101	0.100	0.099 6	0.098 8	0.098 0
240	0.097 2	0.096 4	0.095 7	0.094 9	0.094 2	0.093 4	0.092 7	0.091 9	0.091 2	0.090 5
250	0.089 8									

表 9－7 16Mn 钢、16Mnq 钢 b 类截面轴心受压构件的稳定系数 φ

λ	0	1	2	3	4	5	6	7	8	9
0	1.000	1.000	1.000	0.999	0.998	0.997	0.996	0.995	0.993	0.991
10	0.989	0.987	0.984	0.981	0.978	0.975	0.972	0.968	0.964	0.960
20	0.956	0.952	0.948	0.943	0.939	0.935	0.931	0.926	0.922	0.917
30	0.913	0.908	0.903	0.899	0.894	0.889	0.884	0.879	0.874	0.869
40	0.863	0.858	0.852	0.847	0.841	0.835	0.829	0.823	0.817	0.811
50	0.804	0.798	0.791	0.784	0.778	0.771	0.764	0.756	0.749	0.742
60	0.734	0.727	0.719	0.711	0.704	0.696	0.688	0.680	0.672	0.664
70	0.656	0.648	0.640	0.632	0.623	0.615	0.607	0.599	0.591	0.583
80	0.575	0.567	0.559	0.551	0.44	0.536	0.528	0.521	0.513	0.506
90	0.499	0.491	0.484	0.477	0.470	0.463	0.457	0.450	0.443	0.437
100	0.431	0.424	0.418	0.412	0.406	0.400	0.395	0.389	0.384	0.378
110	0.373	0.367	0.362	0.357	0.352	0.347	0.343	0.338	0.333	0.329
120	0.324	0.320	0.315	0.311	0.307	0.303	0.299	0.295	0.291	0.287
130	0.283	0.280	0.276	0.273	0.269	0.266	0.262	0.259	0.256	0.253
140	0.249	0.246	0.243	0.240	0.237	0.235	0.232	0.229	0.226	0.224
150	0.221	0.218	0.216	0.213	0.211	0.208	0.206	0.204	0.201	0.199
160	0.197	0.195	0.193	0.190	0.188	0.186	0.184	0.182	0.180	0.178
170	0.176	0.175	0.173	0.171	0.169	0.167	0.166	0.164	0.162	0.161
180	0.159	0.157	0.156	0.154	0.153	0.151	0.150	0.148	0.147	0.145
190	0.144	0.142	0.141	0.140	0.138	0.137	0.136	0.135	0.133	0.132
200	0.131	0.130	0.128	0.127	0.126	0.125	0.124	0.123	0.122	0.120
210	0.119	0.118	0.117	0.116	0.115	0.114	0.113	0.112	0.111	0.110
220	0.109	0.108	0.105	0.107	0.106	0.105	0.104	0.103	0.102	0.101
230	0.101	0.099 8	0.099 0	0.098 2	0.097 4	0.096 6	0.095 9	0.095 1	0.094 3	0.093 6
240	0.092 9	0.092 1	0.091 4	0.090 7	0.090 0	0.089 3	0.088 6	0.087 9	0.087 3	0.086 6
250	0.085 9									

表 9-8　16Mn 钢、16Mnq 钢 c 类截面轴心受压构件的稳定系数 φ

λ	0	1	2	3	4	5	6	7	8	9
0	1.000	1.000	1.000	0.999	0.998	0.997	0.996	0.994	0.992	0.990
10	0.988	0.985	0.982	0.979	0.976	0.972	0.968	0.962	0.954	0.946
20	0.909	0.931	0.924	0.916	0.908	0.901	0.893	0.885	0.878	0.870
30	0.862	0.855	0.847	0.839	0.832	0.824	0.816	0.808	0.800	0.792
40	0.785	0.777	0.769	0.761	0.753	0.745	0.737	0.729	0.721	0.713
50	0.705	0.697	0.689	0.681	0.673	0.665	0.657	0.649	0.641	0.633
60	0.625	0.617	0.609	0.601	0.594	0.586	0.578	0.571	0.563	0.556
70	0.548	0.541	0.533	0.526	0.519	0.512	0.505	0.498	0.491	0.484
80	0.478	0.471	0.465	0.460	0.455	0.449	0.444	0.439	0.434	0.428
90	0.423	0.418	0.413	0.408	0.403	0.398	0.393	0.389	0.384	0.379
100	0.374	0.370	0.365	0.361	0.356	0.352	0.348	0.343	0.339	0.335
110	0.331	0.327	0.323	0.319	0.315	0.311	0.307	0.304	0.300	0.296
120	0.293	0.289	0.286	0.282	0.279	0.276	0.272	0.369	0.266	0.263
130	0.260	0.257	0.254	0.251	0.248	0.245	0.242	0.239	0.237	0.234
140	0.231	0.229	0.226	0.224	0.221	0.219	0.216	0.214	0.211	0.209
150	0.207	0.205	0.202	0.200	0.198	0.196	0.194	0.192	0.190	0.188
160	0.186	0.184	0.182	0.180	0.178	0.176	0.175	0.173	0.171	0.169
170	0.168	0.166	0.164	0.163	0.161	0.159	0.158	0.156	0.155	0.153
180	0.152	0.150	0.149	0.147	0.146	0.145	0.143	0.142	0.141	0.139
190	0.138	0.137	0.136	0.134	0.133	0.132	0.131	0.129	0.128	0.127
200	0.125	0.125	0.124	0.123	0.122	0.121	0.120	0.118	0.117	0.116
210	0.115	0.114	0.113	0.113	0.112	0.111	0.110	0.109	0.108	0.107
220	0.106	0.105	0.104	0.104	0.103	0.102	0.101	0.100	0.099 4	0.098 6
230	0.097 9	0.097 1	0.096 3	0.095 6	0.094 8	0.094 1	0.093 8	0.092 6	0.091 9	0.091 2
240	0.090 5	0.089 8	0.089 1	0.088 5	0.087 8	0.087 1	0.086 5	0.085 8	0.085 2	0.084 6
250	0.083 9									

例 9-1　图 9-13 所示梯形钢屋架上弦杆，承受轴压力设计值为 750 kN，杆截面由 2∠140×90×10 短肢相拼而成，节点板厚为 10 mm，钢材为 Q235·B·F 钢，计算长 l_{0x} = 1.5 m，l_{0y} = 3.0 mm，杆截面特征值：A = 44.52 cm^2，i_x = 2.65 cm，i_y = 6.77 cm。试验算该弦杆的整体稳定性。

解：计算长细比并验算刚度。

$$\lambda_x = \frac{l_{0x}}{i_x} = \frac{150}{2.56} = 58.59 < [\lambda] = 150$$

$$\lambda_y = \frac{l_{0y}}{i_y} = \frac{300}{6.77} = 44.31 < [\lambda] = 150$$

整体稳定验算。

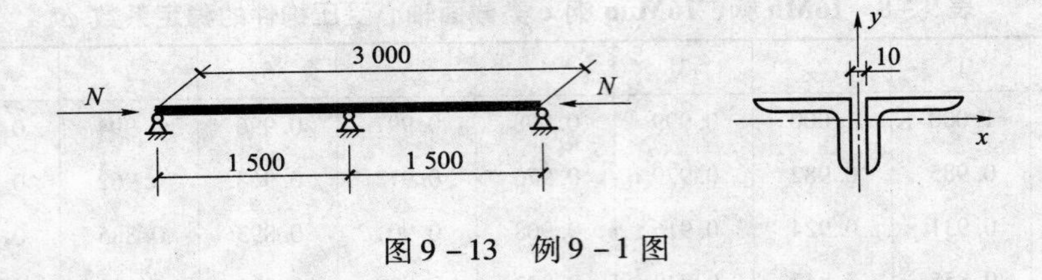

图9-13 例9-1图

查表9-2得杆截面属b类，据 $\lambda_{max}=\lambda_x=58.59$，从表9-3查得 $\varphi=0.815$。

$$\sigma=\frac{N}{\varphi A}=\frac{750\times10^3}{0.815\times44.52\times10^2}=206.7\ \text{N/mm}^2<f=215\ \text{N/mm}^2（满足）$$

9.4 实腹式轴心受压构件的局部稳定

9.4.1 薄板稳定的基本概念和屈曲临界力

对由钢板组成的工字形、箱形、T形等截面的实腹式轴心受压构件，为了提高其稳定承载力，做到用料经济，应尽可能采用宽展形截面。但当所用板件过薄时，在均布轴向压力作用下，有可能使板发生平面的凸曲现象，这种现象称为组成截面的局部板件丧失稳定，简称局部失稳，虽然构件的局部失稳不如整体失稳那样危险，但由于局部失稳使部分截面提前退出工作，而导致有效承载截面积减少，有时还可能使受力截面变得不对称，从而引发构件的整体破坏。因此，在设计组合截面实腹轴心受压构件时，也必须保证局部稳定。

均匀受压薄板的屈曲临界力

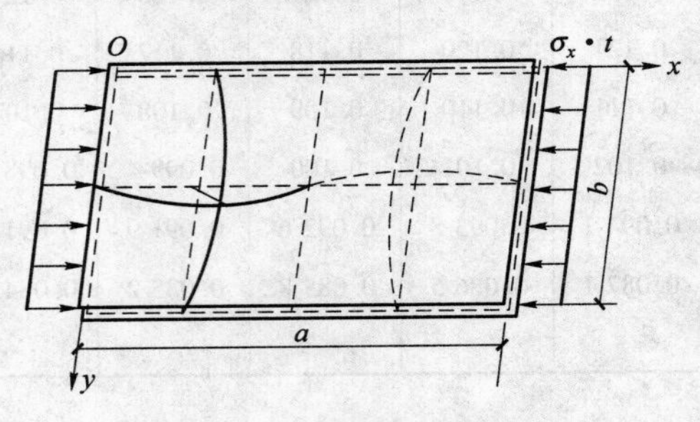

图9-14 薄板的屈曲

由于组合截面构件所用板件（翼缘和腹板）多为矩形板，现以图9-14所示四边简支矩形薄板为例，来考查其受平面均布压力作用下的变形情况。当板端压力达到临界值时，薄板发生了平面凸曲，沿板中轴线的长轴方向可能形成若干个屈曲半波，在短轴方向，每个纵波段内一般只形成一个半波。

当薄板处于弹性状态时，可根据弹性理论建立单位宽度板在屈曲状态下的平衡微分方程，即

$$D\left(\frac{\partial^4 w}{\partial x^4}+2\frac{\partial^4 w}{\partial x^2\partial y^2}+\frac{\partial^4 w}{\partial y^4}\right)+N_x\frac{\partial^2 w}{\partial x^2}=0 \tag{9-15}$$

式中：w——板件屈曲后任一点的挠度；

N_x——单位宽度板所承受的轴向压力；

D——板的柱面刚度，$D=\dfrac{Et^3}{12(1-v^2)}$，式中 t 为板厚，v 为钢材的泊松比。

对四边简支板，其边界条件是板边缘的挠度和弯矩均为零，板的挠度可以用下列双重三

角级数表示：

$$w = \sum_{m=1}^{\infty}\sum_{n=1}^{\infty} A_{mn} \cdot \sin\frac{\pi mx}{a} \cdot \sin\frac{n\pi y}{b} \tag{9-16}$$

式中：a、b——板在 x 轴方向及 y 轴方向的尺寸，已为受载边；

m——板屈曲时沿 x 轴方向的半波数；

n——板屈曲时沿 y 轴方向的半波数。

将式（9－16）分别求二阶和四阶导数并代入式（9－15）可得临界荷载计算式，即

$$N_x = \frac{D\pi^2}{b^2}\left(\frac{mb}{a} + \frac{a}{mb} \cdot n^2\right)^2 \tag{9-17}$$

显然，当 $n=1$ 时，可得 N_x 的最小值 N_{cr} 为

$$N_{cr} = \frac{D\pi^2}{b^2}\left(\frac{mb}{a} + \frac{a}{mb}\right)^2 = \frac{D\pi^2}{b^2} \cdot K \tag{9-18}$$

式中，$K=\left(\frac{mb}{a}+\frac{a}{mb}\right)^2$，为板的屈曲系数，它和荷载种类、荷载分布及 a/b 有关。

若令式中 $m=1$、2、3、4 等，则可画出一组 K 与 a/b 的关系曲线（图 9－15），由图可见，各条曲线都在 $a/b=m$ 的整数值处出现最低点 K_{min}。图中用黑实线连成的波形曲线代表 $a/b>1$ 以后 K 值的变化情况。其变化幅度不大，故对 $K_{min}=a/b>1$ 的板，屈曲系数近似取为常数 4。

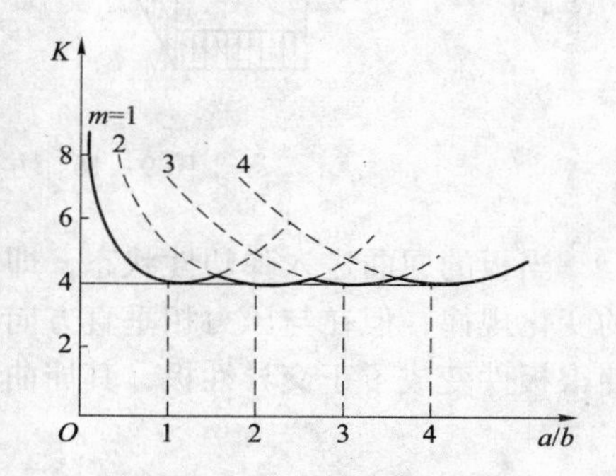

图 9－15　系数 K 和 a/b 的关系

由式（9－18）可知，当减小板的长度 a 时，并不能提高板的临界力，而减小板宽 b，则可明显提高临界力。

由式（9－18）可得弹性同曲临界应力为

$$\sigma_{cr} = \frac{N_{cr}}{1 \times t} = K \cdot \frac{\pi^2 E}{12(1-\upsilon^2)}\left(\frac{t}{b}\right)^2 \tag{9-19}$$

对其他支撑条件的板，也可采用相同的方法得到与式（9－19）相同的临界应力表达式，只是式中的屈曲系数 K 值有所不同。例如，工字形截面的翼缘板属于三边简支、一边自由板，它的屈曲系数为

$$K = (0.425 + b_1^2/a^2) \tag{9-20}$$

式中：b_1——板的悬伸宽度，通常 $b_1 \ll a$，故可取 $K_{min}=0.425$。

对组合构件中的板件来说，各板的连接边不可能像理想铰接一样自由转动，其中较薄弱板的变形会受到较厚板的约束。薄弱板受约束边可看做弹性嵌固边，这种嵌固作用可提高受约束板的屈曲临界力，故在计算时，可在式（9－19）中引入一个大于 1 的嵌固系数 χ 来加以修正，即

$$\sigma_{cr} = \frac{\chi K\pi^2 E}{12(1-\upsilon^2)} \cdot \left(\frac{t}{b}\right)^2 \tag{9-21}$$

嵌固系数 χ 的大小取决于相互连接板的刚度，如组合工字形截面的翼缘板常比腹板厚，故变形刚度也比腹板大，对腹板有一定嵌固作用，故计算腹板临界应力时，一般

取$\chi=1.3$，但计算翼缘板的临界应力时，因腹板是弱者，对翼缘不起嵌固作用，故$\chi=1.0$；对均匀受压的方形管，当各边板厚相同时，互不形成约束，变形将是同步的，可认为连接边均为简支。但对矩形管，尽管各边板厚相同，但短边板的宽厚比b_1/t小于长边板的宽厚比b_2/t。由式（9－19）可知，宽厚比小者临界力较高，稳定性好，宽厚比大者稳定性相对较差。因此，窄板可对宽板形成一定嵌固作用，使宽板临界应力有所提高（图9－16）。

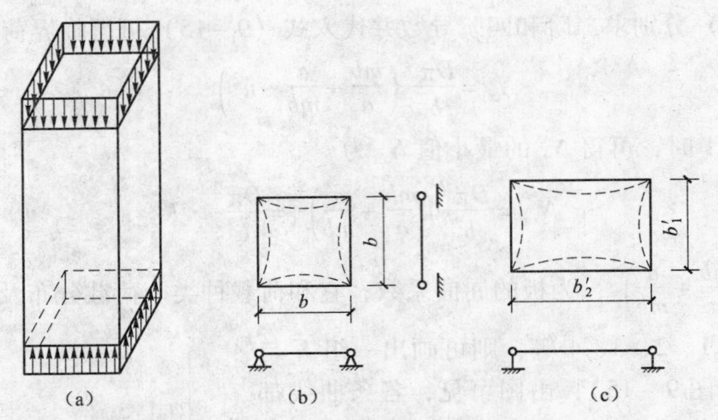

图9－16 方形管和矩形管各板边缘的约束条件

当板的屈曲进入弹塑性状态，即$\sigma_{cr}>f_p$时，板件沿受力方向的变形应遵循切线模量E_t的变化规律，但在与压力相垂直方向，材料仍处于弹性状态，仍可采用弹性模量E，这样就使得板件变成了正交异性板，其屈曲临界应力可按下式计算：

$$\sigma_{cr}=\frac{\chi K\sqrt{\eta}\pi^2E}{12(1-\upsilon^2)}\cdot\left(\frac{t}{b}\right)^2 \tag{9-22}$$

式中，$\eta=\dfrac{E_t}{E}\leqslant1.0$，称弹性模量修正系数，可用式（9－23）计算，即

$$\eta=0.1013\lambda^2(1-0.0248\lambda^2\cdot f_y/E)\frac{f_y}{E} \tag{9-23}$$

9.4.2 轴心受压构件的局部稳定与板件宽厚比

由式（9－21）和（9－22）可知，板件的临界应力大小与其宽厚比b/t有关。为保证板件的局部稳定，可通过反求满足临界应力要求的宽厚比限值来解决。在确定板件宽厚比限值时，有两种考虑方法，一种是不允许板件的局部失稳先于构件的整体失稳，即按等稳性准则来计算；另一种方法是允许板件局部失稳先于构件的整体失稳，认为板件局部失稳并非全部承载能力的丧失，而是存在屈曲后强度可利用，故可采用有效截面法，按局部屈曲后的有效截面，对构件的强度和整体稳定进行验算。对普通钢结构，设计规范采用第一种方法；而冷弯薄壁型钢结构，则采用了第二种方法，按规范进行计算。

1. 工字形截面（图9－17）

1）翼缘板的宽厚比限值

在弹性工作范围内，根据等稳性准则可得

$$\frac{K\pi^2E}{12(1-\upsilon^2)}\cdot\left(\frac{t}{b}\right)^2=\frac{\pi^2E}{\lambda^2} \tag{9-24}$$

式中：b_1——翼缘外伸宽；

t——翼缘板厚度。

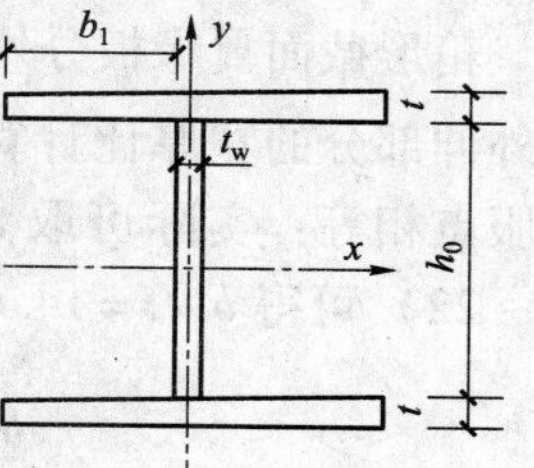

图 9-17　工字形截面

因翼缘属于三边简支、一边自由板，$K=0.425$，取 $v=0.3$，$\lambda=75$ 代入式（9-24），可得 $b_1/t=15$。

实际轴心压杆多在弹塑性工作阶段屈曲，因此应按式（9-22）确定 b_1/t 的限值。

$$\frac{0.425\sqrt{\eta}\cdot\pi^2E}{12(1-\upsilon^2)}\cdot\left(\frac{t}{b}\right)^2=\varphi_{\min}\cdot f_y \tag{9-25}$$

将按式（9-23）计算所得的 η 值和按 b 类截面查得的 φ 值代入式（9-25），可得到 b_1/t 与杆件长细比 λ 的关系曲线（图 9-18 中虚线所示）。为使用方便，可取三段直线组成的折线代替。设计规范中采用下式计算：

$$\frac{b_1}{t}\leqslant(10+0.1\lambda)\sqrt{\frac{235}{f_y}} \tag{9-26}$$

式（9-26）即为图 9-18 中斜直线段的表达式，式中 λ 应取构件对其截面两主轴方向长细比的较大值。当 $\lambda<30$ 时，取 $\lambda=30$；当 $\lambda>100$ 时，取 $\lambda=100$。

2）腹板的高厚比限值

考虑到翼缘对腹板的嵌固作用，《钢结构设计规范》中取嵌固系数 $\chi=1.3$，腹板为四边简支，故取 $K=4$，按稳定性准则可得

$$\frac{1.3\times4\sqrt{\eta}\pi^2E}{12(1-\upsilon^2)}\cdot\left(\frac{t_w}{h_0}\right)^2=\varphi_{\min}\cdot f_y \tag{9-27}$$

式中：t_w——腹板厚度；

h_0——腹板高度。

将按式（9-23）计算所得的 η 值和查得的 φ 值代入式（9-27），可得到 h_0/t_w 与 λ 的关系曲线（图 9-19 中虚线所示）。《钢结构设计规范》采用了下列直线式（图 9-19 中的斜直线段）：

$$\frac{h_0}{t_w}\leqslant(25+0.5\lambda)\sqrt{\frac{235}{f_y}} \tag{9-28}$$

式中 λ 应取构件对截面两主轴方向长细比中的较大值。当 $\lambda<30$ 时，取 $\lambda=30$；当 $\lambda>100$ 时，取 $\lambda=100$。

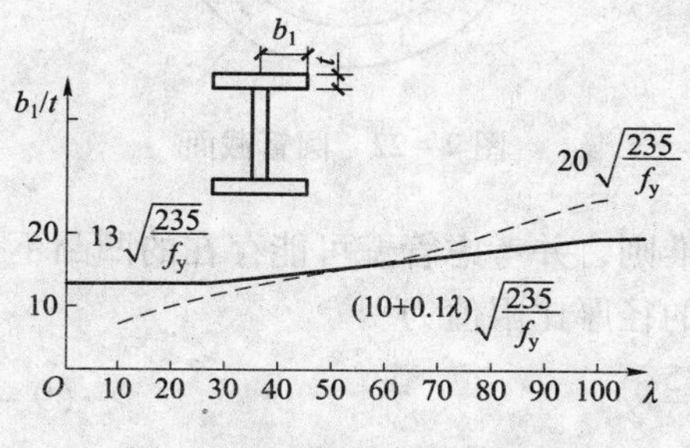

图 9-18　翼缘板的宽厚比

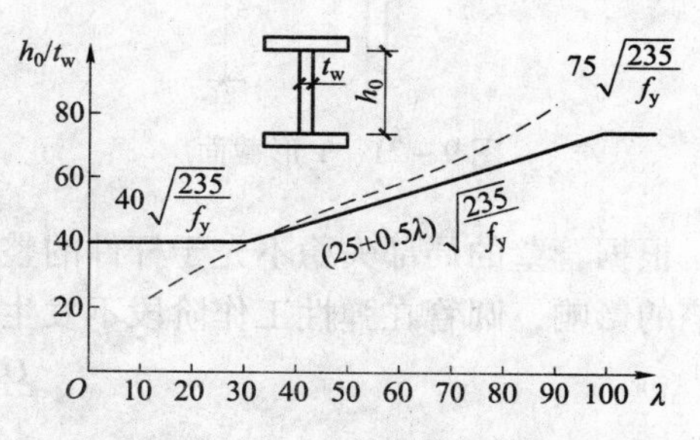

图 9-19　腹板的高厚比

2. 箱形截面

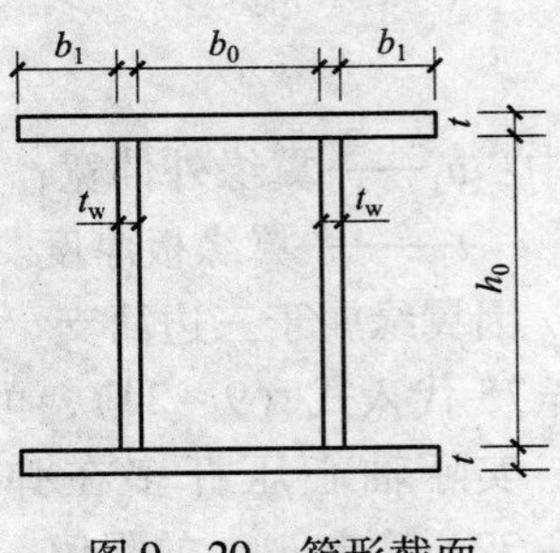

图 9-20 箱形截面

1）翼缘板的宽厚比极限

箱形截面翼缘板分外伸部分 b_1 和中间部分 b_0（图 9-20），对外伸部分的宽厚比计算是要求板的屈曲临界应力与材料的屈服点相等：实际可取 $\sigma_{cr}=0.95f_y$，$K=4$，$\eta=0.4$ 代入式（9-22）可得 $b_1/t=14.6$，《钢结构设计规范》中采用：

$$b_1/t \leqslant 15\sqrt{\frac{235}{f_y}} \tag{9-29}$$

2）箱形截面的腹板宽厚比限值

由于箱形截面都用于荷载很大的重型结构中，为提高其腹板的稳定性，在按式(9-22)计算临界力时，可偏安全地不计翼缘对腹板的嵌固作用，即取 $\chi=1.0$，并取 $\sigma_{cr}=0.95f_y$，$\eta=0.4$，并代入式（9-22），可得 $h_0/t_w=46$（这里的 h_0/t_w 相当于式（9-22）中的 b/t），《钢结构设计规范》中采用：

$$\frac{h_0}{t_w} \leqslant 40\sqrt{\frac{235}{f_y}} \tag{9-30}$$

同样，翼缘中部板的宽厚比应满足：

$$\frac{b_0}{t} \leqslant 40\sqrt{\frac{235}{f_y}} \tag{9-31}$$

3. T 形截面

对于 T 形截面（图 9-21），其翼缘和腹板都属于三边简支一边自由板，故均可用工字形截面翼缘宽厚比限值公式计算。

翼缘 $\frac{b_1}{t} \leqslant (10+0.1\lambda)\sqrt{\frac{235}{f_y}}$

腹板 $\frac{h_0}{t_w} \leqslant (10+0.1\lambda)\sqrt{\frac{235}{f_y}}$

4. 圆管截面（图 9-22）

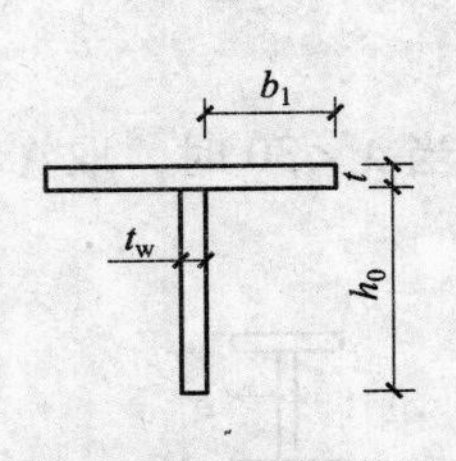

图 9-21 T 形截面

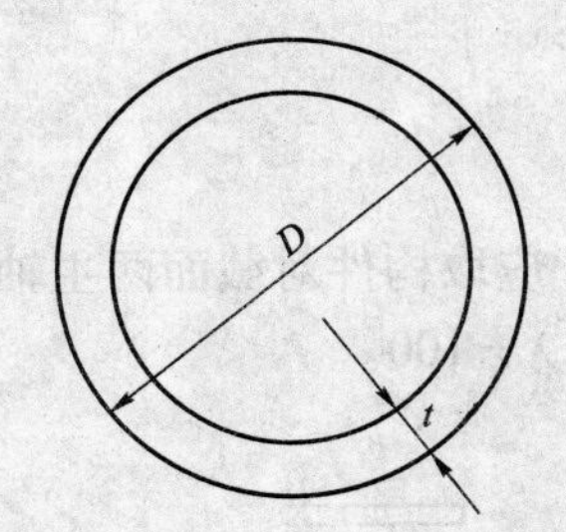

图 9-22 圆管截面

根据管壁的局部失稳不先于杆件的整体失稳的准则，并考虑管壁可能存在的凹凸不平等缺陷的影响，圆管在弹性工作阶段不发生局部失稳的径厚比限值为

$$\frac{D}{t} \leqslant 100 \cdot \frac{235}{f_y} \tag{9-32}$$

式中：D——圆管外径；

t——管壁厚。

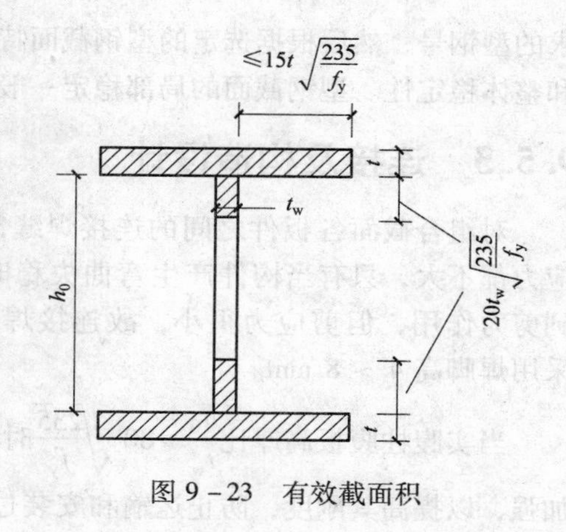

图 9－23　有效截面积

对于一些截面轮廓尺寸较大的轴心受压柱，由于腹板高度较大，若按满足高厚比限值的方法来保证板件的局部稳定性，往往需用的钢板厚度过大而显得不经济。此时，可以采用较薄钢板，并允许其产生局部失稳，然后再按有效截面法对柱进行强度和整体稳定验算，验算用的有效截面取翼缘板全部和腹板靠翼缘两端各 $20t_w\sqrt{\frac{235}{f_y}}$ 宽度的面积之和。如图 9－23 中阴影部分面积。

9.5　轴心受压实腹柱的计算

9.5.1　截面形式和截面选择

轴心受压实腹柱的截面有型钢和组合截面两种。在截面选择中应考虑以下几个原则：

① 在保证局部稳定的前提下，尽量采用壁薄而宽展的截面，以提高构件的整体稳定性和刚度；

② 尽可能做到对两主轴方向的整体稳定性相等，即使 $\varphi_x \approx \varphi_y$；

③ 构造简单，制造与安装连接方便。

用于杆系结构中的轴心压杆可用单根角钢或双角钢组成的 T 形截面，也可用热轧圆管；对承载较大的轴心受压柱，多用钢板焊接的工字形、箱形截面或用宽翼缘热轧 H 型钢。

9.5.2　轴心受压实腹柱的计算

首先应根据荷载大小、柱的高度、支撑条件等，按照上述原则选定截面形式，并确定钢材标号，然后按以下步骤进行截面设计。

① 根据荷载大小，参照以往的设计经验，先假定长细比 λ，一般可在 60 ～ 100 之间选用。当轴压力较大，计算长度又较小时，λ 应取较小值，反之应取较大值。对轴力很小的构件，往往由刚度条件控制设计，故可取 $\lambda = [\lambda]$。

② 根据截面分类、钢材标号和假定的 λ 值查得相应的稳定系数 φ，并按整体稳定要求计算所需之截面面积 $A = N/\varphi f$ 和回转半径 $i = l_0/\lambda$。

③ 利用回转半径与截面轮廓尺寸的关系（$i_x = a_1 h$，$i_y = a_2 b$），确定截面的高和宽，再根据局部稳定要求确定腹板、翼缘的细部尺寸。

④ 对初步选定的截面进行强度、刚度、整体稳定和局部稳定验算，如有不符合要求者，则选截面尺寸进行调整，并重新验算，直到完全满足各项要求为止。如截面没有削弱或削弱很小，一般强度可不必验算。

如选用轧制型钢截面，则可根据所需要的面积和回转半径，由型钢表中查出大致满足要求的型钢号，然后根据选定的型钢截面特征值计算构件的长细比，并验算构件的强度、刚度和整体稳定性。型钢截面的局部稳定一般可不必验算。

9.5.3 连接及构造设计

对组合截面各板件之间的连接焊缝，在正常受力情况下应力都不大，只有当构件产生弯曲失稳时，连接焊缝才会受到剪力作用，但剪应力很小，故连接焊缝可按照构造要求，采用焊脚高 4～8 mm。

当实腹柱腹板高厚比$\frac{h_0}{t_w}>80\sqrt{\frac{235}{f_y}}$时，应采用横向加劲肋加强，以提高其刚度，防止运输和安装过程中发生过大变形。横向劲肋间距应不大于$3h_0$，如图 9－24 所示。

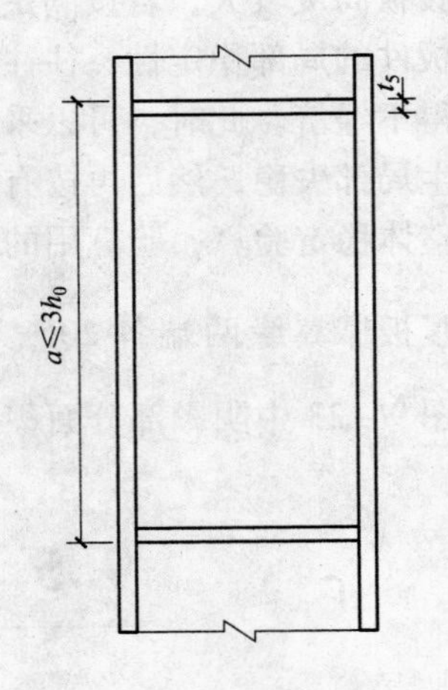

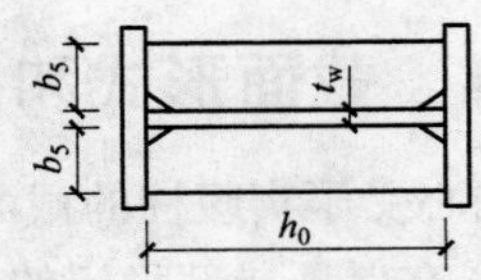

图 9－24 实腹柱横向加劲肋的设置

例 9－2 有一轴心受压实腹柱，柱高为 6 m，两端铰接，柱中央一侧向支点承受轴心压力设计值 $N=1\ 200$ kN，采用 Q235B · F 钢，试选择：

（1）轧制工字钢截面；

（2）用三块钢板焊成的工字形截面，并比较两者用钢量（图 9－25）。

解： 假定 $\lambda=100$，查得 $\varphi=0.555$。

截面积 $A=\frac{N}{\varphi f}=\frac{1\ 200\times10^3}{0.555\times215}=10\ 057\ \text{mm}^2=100.57\ \text{cm}^2$

回转半径计算：

$$i_x=\frac{l_{0x}}{\lambda}=\frac{600}{100}=6\ \text{cm}$$

$$i_y=\frac{l_{0y}}{\lambda}=\frac{300}{100}=3\ \text{cm}$$

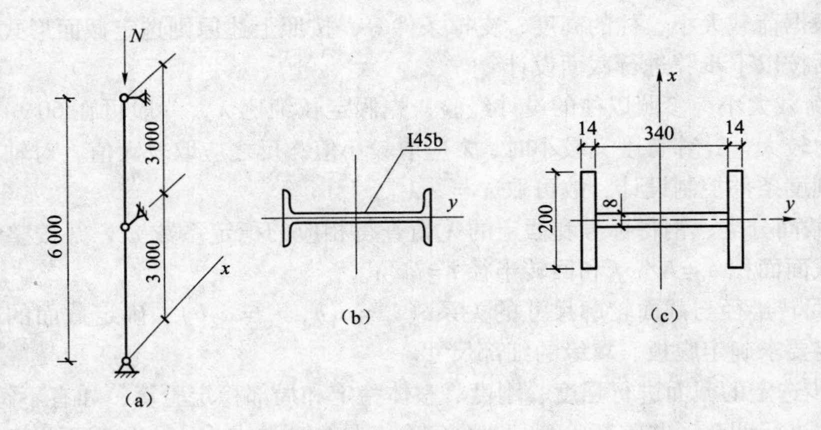

图 9－25 例 9－2 附图

1. 选轧制工字钢

由型钢表中查得I45b截面特征值为 $A=111\ \text{cm}^2$，$i_x=17.4$ cm，$i_y=2.84$ cm，$b=152$ mm。因 $b/h=0.34<0.8$，截面类型对 x 轴属a类，对 y 轴属b类。

$$\lambda_x=\frac{l_{0y}}{i_x}=\frac{600}{17.4}=34.5<[\lambda]=150$$

$$\lambda_y=\frac{l_{0y}}{i_y}=\frac{300}{2.84}=105.6<[\lambda]=150$$

由表9-4查得 $\varphi_y=0.520$

$$\sigma=\frac{N}{\varphi_y A}=\frac{1\ 200\times10^3}{0.520\times111\times10^2}=207.9\ \text{N/mm}^2<f=215\ \text{N/mm}^2\text{(满足)}$$

2. 选焊接工字形截面

(1) 假定 $\lambda=100$，钢板为火焰切割，截面属b类，查得 $i_x=0.43h$，$i_y=0.24b$，可算得需要截面轮廓尺寸为

$$h=\frac{i_x}{0.43}=\frac{6}{0.43}=14\ \text{cm}$$

$$b=\frac{i_y}{0.24}=\frac{3}{0.24}=12.5\ \text{cm}$$

显然 h、b 值大小，截面展开不够，故不经济。现选择2-200×14和1-340×8组成的工字形截面（图9-25（c））。

(2) 计算截面特征值

$$A=2\times20\times1.4+34.0\times0.8=83.2\ \text{cm}^2$$

$$I_x=\frac{1}{12}\times0.8\times34^3+2\times(20\times1.4\times17.7^2)=20\ 165\ \text{cm}^4$$

$$I_y=2\times\frac{1}{12}\times1.4\times20^3=1\ 867\ \text{cm}^4$$

$$i_x=\sqrt{\frac{I_x}{A}}=\sqrt{\frac{20\ 165}{83.2}}=15.57\ \text{cm}$$

$$i_y=\sqrt{\frac{I_y}{A}}=\sqrt{\frac{1\ 867}{83.2}}=4.74\ \text{cm}$$

(3) 截面验算

$$\lambda_x=\frac{l_{0x}}{i_x}=\frac{600}{15.57}=38.54<[\lambda]=150$$

$$\lambda_y=\frac{l_{0y}}{i_y}=\frac{300}{4.74}=63.29<[\lambda]=150\text{（满足）}$$

由 λ_y 查 b 类，得 $\varphi_y=0.789$

$$\sigma=\frac{N}{\varphi A}=\frac{1\ 200\times10^3}{0.789\times83.2\times10^2}=182.8\ \text{N/mm}^2<f=215\ \text{N/mm}^2\text{(满足)}$$

(4) 局部稳定验算

翼缘板 $b_1/t=\frac{100}{14}=7.14<（10+0.1\lambda）\sqrt{\frac{235}{f_y}}=10+0.1\times63.3=16.33$

腹板 $h_0/t_w=\dfrac{340}{8}=42.5<(25+0.5\lambda)\sqrt{\dfrac{235}{f_y}}=25+0.5\times63.3=56.65$

局部稳定满足要求。

两种截面比较，组合截面比轧制工字钢截面节约钢材$\dfrac{111-83.2}{111}\times100=25\%$。

9.6 格构式轴心压杆

9.6.1 格构式轴心受压构件的组成

格构式轴心受压构件是由两个或两个以上肢件通过缀材连接而成。肢件采用型钢，如工字钢、槽钢、角钢等做成（图 9－26），对受力很大的柱，肢件也可用钢板焊接组合工字形截面（图 9－26（a））。对槽钢肢件，宜采用翼缘向内的组合形式（图 9－26（b）），这样可以获得平整的表面，与同型号槽钢翼缘向外的组合形式（图 9－26（c））相比，还可以获得较大的截面惯性矩。对轴压力较小、杆长较长的构件，采用四个角钢组成的截面比较经济（图 9－26（d）），也可采用圆管肢件，组成三肢或四肢构件（图 9－26（e））。

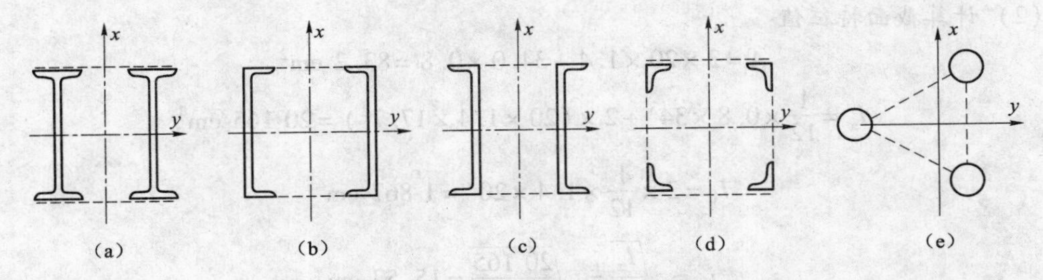

图 9－26 格构柱的截面形式

缀材有缀条和缀板两种。缀条一般用单角钢做成，缀板用钢板做成（图 9－27），斜缀条与水平线的夹角一般为 30°～60°。

在构件截面上，与肢件腹板相垂直的轴线称实轴，与缀材平面相垂直的轴线称虚轴。对三肢、四肢构件，两个主轴均为虚轴。

9.6.2 格构式轴心受压构件的整体稳定

由于格构式构件截面轴线有实轴和虚轴之分，在计算构件的整体稳定时，必须使两个主轴方向的稳定性得到保证。其计算方法各有不同。

1. 对实轴的整体稳定性计算

格构式双肢柱相当于两个并列的实腹式杆件，故对实轴的稳定性计算方法与轴压实腹构件完全相同，即可根据双肢构件对实轴 y 的长细比 λ_y，查出相应的 φ 值，代入式（9－14）计算。

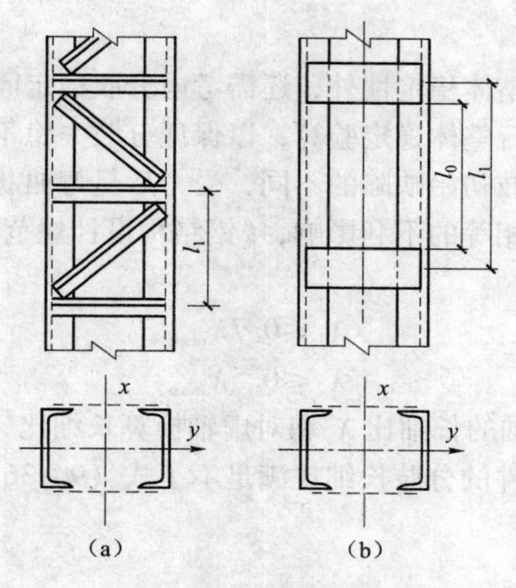

图9－27　缀条柱和缀板柱

2. 对虚轴的整体稳定计算

格构式轴心受压构件一旦绕虚轴失稳，截面上的横向剪力必须通过缀材来传递。但因缀材本身比较柔细，传递剪力时所产生的变形较大，从而使构件产生较大的附加变形，并降低稳定临界力。经理论分析，对两端铰接的双肢缀条构件，在弹性阶段绕虚轴的屈曲临界力为

$$\sigma_{\mathrm{cr}}=\frac{\pi^2 E}{\lambda_x^2+\dfrac{\pi^2}{\sin^2\alpha\cdot\cos\alpha}\cdot\dfrac{A}{A_{1x}}}=\frac{\pi^2 E}{\lambda_{ox}^2} \tag{9-33}$$

式中：λ_{ox}——换算长细比，$\lambda_{ox}=\sqrt{\lambda_x^2+\dfrac{\pi^2}{\sin^2\alpha\cdot\cos\alpha}\cdot\dfrac{A}{A_{1x}}}$

λ_x——整个构件对虚轴 x 的长细比；

A——整个构件的毛截面面积。

A_{1x}——构件截面中垂直于 x 轴的各斜缀条毛截面面积之和。

考虑到斜缀条与水平轴的夹角一般为30°～60°，《钢结构设计规范》取 $\alpha=45°$ 代入后可得

$$\lambda_{ox}=\sqrt{\lambda_x^2+27\frac{A}{A_{1x}}} \tag{9-34}$$

同理，对缀板构件的换算长细比可用下式计算：

$$\lambda_{ox}=\sqrt{\lambda_x^2+\lambda_1^2} \tag{9-35}$$

式中，λ_1 为分肢对最小刚度轴1—1的长细比，$\lambda_1=l_{01}/i_1$，l_{01} 为分肢对1—1轴的计算长度，焊接时取相邻两缀板的净距离，螺栓及铆钉连接时，为两相邻缀板边缘螺栓或铆钉的距离，如图9－28所示。

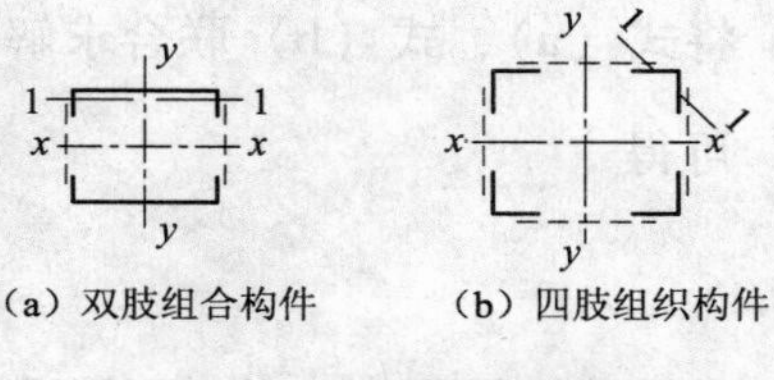

（a）双肢组合构件　（b）四肢组织构件

图9－28　分肢最小刚度轴

9.6.3 分肢稳定计算

格构式轴心受压构件除整体稳定性外，还需考虑分肢稳定问题。即把分肢看做单独的实腹式轴心受压构件，对它进行整体稳定验算，以保证分肢失稳不先于构件的整体失稳。

在计算时，考虑到两分肢初始缺陷的不同，受力后呈弯曲状态时，在截面上产生附加弯矩和剪力而导致两肢内力不相等的不利影响，《钢结构设计规范》规定，分肢的长细比 λ_1 应满足下式要求：

缀条式构件 $$\lambda_1 \leqslant 0.7\lambda_{max} \tag{9-36}$$

缀板式构件 $$\lambda_1 \leqslant 0.5\lambda_{max} \tag{9-37}$$

式中，λ_{max} 为构件对实轴的长细比 λ_y 和对虚轴换算长细比 λ_{ox} 两者中的较大者。

如果格构式轴心受压构件的分肢长细比满足不了式（9-36）、式（9-37）的要求，就需要对分肢稳定性进行验算。

9.6.4 缀材计算

1. 格构式轴心受压构件的剪力

当格构式轴心受压构件绕虚轴弯曲时，在构件横截面内会产生附加弯矩和相应的横向剪力。对两端铰接的轴心受压构件，在未受力前构件轴线中点的初始挠度值为 y_0，压力 N 作用后，中点最大挠度增至 y_m，如图 9-29（a）所示设受力前后的挠曲线均为正弦半波，挠曲线方程为

$$y = y_m \cdot \sin\frac{\pi z}{l}$$

压杆任意截面的弯矩为

$$M = N \cdot y = N \cdot y_m \cdot \sin\frac{\pi z}{l}$$

任意截面的剪力为

$$V = \frac{dM}{dz} = \frac{\pi \cdot N}{l} \cdot y_m \cdot \cos\frac{\pi z}{l}$$

剪力沿杆长度分布如图 9-29（b）所示。

杆两端（$z=0$，$z=l$）的剪力最大，其值为

$$V = \frac{\pi \cdot N}{l} \cdot y_m \tag{a}$$

《钢结构设计规范》在确定 V_{max} 与轴力 N 的关系时，采用了边缘纤维屈服准则，即

$$\frac{N}{A} + \frac{N \cdot y_{max}}{I_x} \cdot \frac{b}{2} = f_y \tag{b}$$

将式（a）、式（b）联合求解，并令 $I_x = A \cdot i_x^2$，$N = N_{cr} = \varphi \cdot A \cdot f_y$，将 $i_x = \frac{0.44}{b}$ 代入，可得

$$V_{max} = \frac{A \cdot f}{85} \cdot \sqrt{\frac{f_y}{235}} \tag{9-38}$$

在设计缀材及连接时，可假设剪力沿杆长不变化，均取 $V = V_{max}$（图 9-29（c））。

2. 缀材计算

1）缀条计算

对于缀条式双肢构件，可把每个缀材平面看成为平行弦桁架来分析，缀条即为桥架的腹杆。每个平行弦桁架受到的剪力为 $V_1 = V/2$，斜缀条的内力为

$$N_t = V_1/\cos\alpha \tag{9-39}$$

斜杆内力 N_t随 V_1的方向不同而可能为拉力或压力，故应按不利情况作为轴压杆来设计，如图 9－30 所示。

斜缀条常用单根等边角钢做成，只有一个角钢肢和构件相连接，故缀条属偏心受力构件。为计算简便，《钢结构设计规范》规定可按轴心受力构件计算，但应将材料的强度设计值 f 乘以折减系数 γ_R，以考虑偏心受力的不利影响。

计算缀条强度和连接时，取 $\gamma_R = 0.85$。

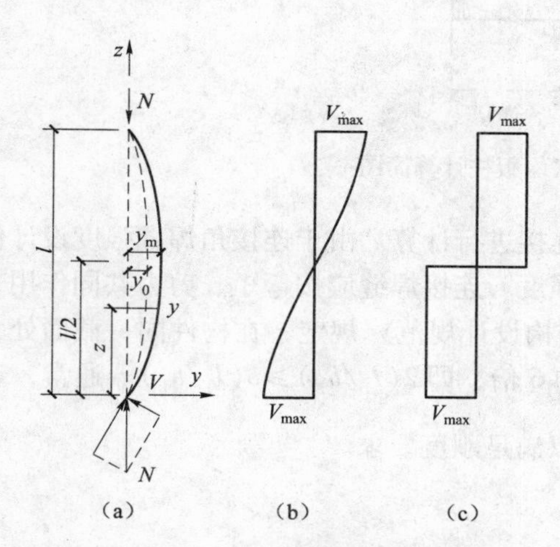

图 9－29　轴心压杆挠曲后的剪力分布

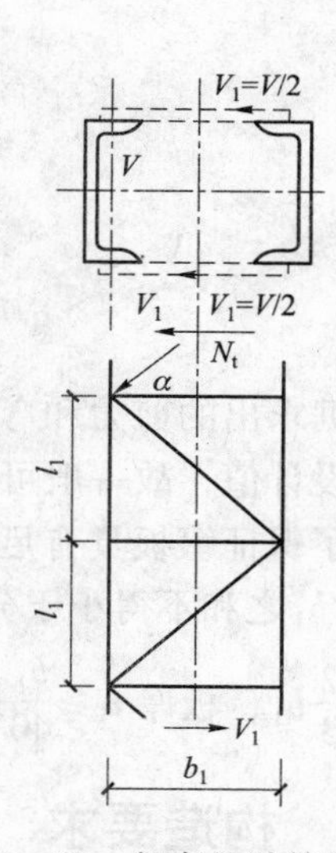

图 9－30　缀条柱计算简图

计算缀条的稳定时，有如下计算公式：

等边角钢

$$\gamma_R = 0.6 + 0.0015\lambda\text{，但不大于 }1.0 \tag{9-40}$$

不等边角钢短肢相连时，有

$$\gamma_R = 0.5 + 0.0025\lambda\text{，但不大于 }1.0 \tag{9-41}$$

不等边角钢长肢相连时，$\gamma_R = 0.70$。

式中 $\lambda = l_{ol}/i_1$，l_{ol}为杆两端节点中心距，i_{oy} 为单根角钢最小回转半径。若杆中间有连接，应取角钢平行连接边轴线的回转半径。当 $\lambda < 20$ 时，取 $\lambda = 20$。

横缀条主要用于减小分肢计算长度，其受力和计算长度均比斜缀条小，故一般可不作计算，可取与斜缀条相同的截面。

2）缀板计算

对于缀板式双肢构件（图 9－31（a）），可把每个缀材平面看成多层平面刚架来分析，当受力后沿刚架平面弯曲时，缀板和分肢的反弯点均分布在各自计算长度的中点（图 9－31（b））。反弯点处弯矩为零，只承受剪力作用。由图 9－31（c）所取隔离体的平衡条件，可求出缀板的受力为

剪力 $$T = V_1 l_1 / b_1 \tag{9-42}$$

弯矩 $$M = V_1 l_1 / 2 \tag{9-43}$$

式中：l_1——相邻两缀板轴线间的距离；

b_1——两分肢轴线间的距离。

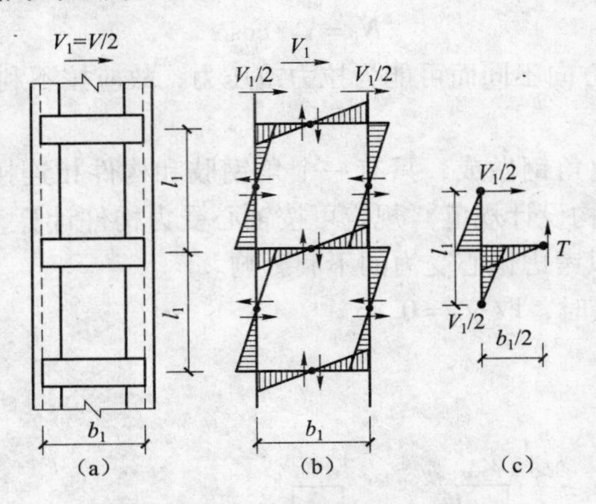

图 9－31　缀板柱计算简图

根据求出的剪力和弯矩对缀板强度和连接进行计算。由于连接角焊缝强度设计值低于钢板强度设计值，故一般可只验算连接焊缝强度。连接焊缝应按弯矩、剪力共同作用来计算。

为了保证缀板具有足够的刚度，《钢结构设计规范》规定，在构件同一截面处，缀板线刚度 I_b/b_1 之和不得小于分肢线刚度 I_1/b_1 的 6 倍，即 $2(I_b/b_1) \geqslant b(I_1/b_1)$。通常，若取缀板宽 $b_j \geqslant \frac{2}{3} b_1$，板厚 $t_j \geqslant \frac{b_1}{40}$ 或 ≥6 mm，则可以满足刚度要求。

9.6.5　构造要求

① 缀条不宜采用小于∠45×4 或∠56×36×4 的角钢，缀板不宜采用厚度小于 5 mm 的钢板。

② 缀板与肢体的搭接长度一般取 20 ～ 30 mm，缀条轴线与肢件轴线应尽可能交于一点，当设有横缀条时，为保证连接焊缝长度，可在分肢内侧加焊节点板（图 9－32）。

③ 对大型格构柱，为保证截面形状不变和增加柱身的抗扭刚度，应设置横隔。横隔间距不应大于截面长边的 9 倍，也不应大于 8 mm，且每个运输单元两端均应设置横隔。横隔可用钢板三角钢组成，如图 9－33 所示。

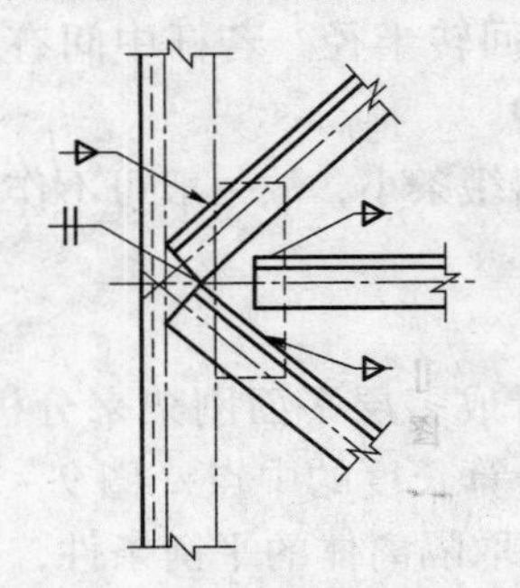

图 9－32　缀条与分肢连接

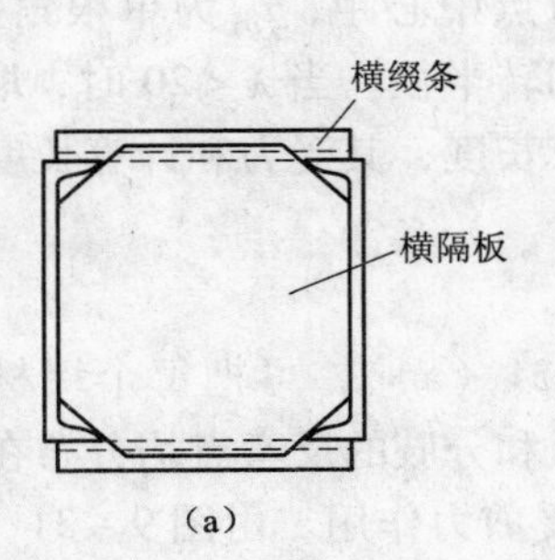

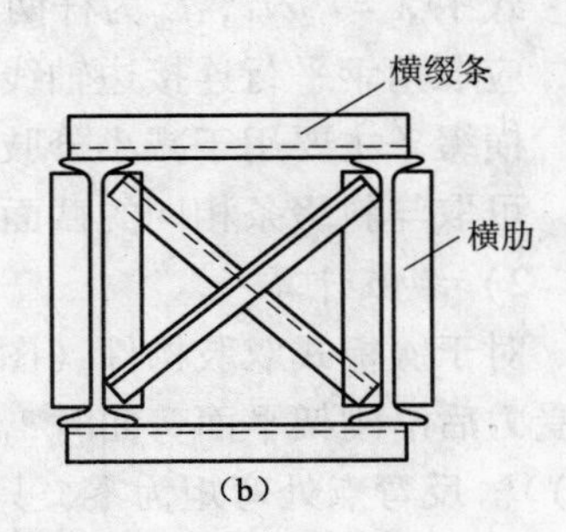

图 9－33　柱横隔构造

9.6.6　格构式轴心受压构件的设计步骤

首先应根据受力大小、使用要求及材料供应等情况，选择构件组成形式，对中小型构件可用缀条式或缀板式，对大型构件应选用缀条式。然后按以下步骤进行设计。

① 按照对实轴的整体稳定要求选择分肢截面，具体计算方法与实腹构件相同。

② 按照等稳定性准则确定两肢间距离 b_1，即以 $\lambda_{ox}=\lambda_y$ 代入换算长轴比计算公式，求出对虚轴 x 的实际长细比和需要的回转半径。

缀条柱
$$\lambda_x=\sqrt{\lambda_{ox}^2-27\frac{A}{A_{1x}}}=\sqrt{\lambda_y^2-27\frac{A}{A_{1x}}} \tag{9-44}$$

缀板柱
$$\lambda_x=\sqrt{\lambda_{ox}^2-\lambda_1^2}=\sqrt{\lambda_y^2-\lambda_1^2} \tag{9-45}$$

计算时应先假定 A_{1x} 和 λ_1。

按 $i_x=l_{ox}/\lambda_x$ 求出对虚轴所需要的回转半径，再根据回转半径与截面轮廓尺寸的近似关系得 $b_1=i_x/a_2$。

③ 按上面确定的截面尺寸验算柱的整体稳定、单肢稳定和刚度，如不满足，需重新调整截面尺寸，并重新进行验算，直至合适为止。

④ 进行缀材及连接计算。

⑤ 进行构造设计。

9.7　轴心受压柱与梁的连接构造

轴心受压柱是用来承担上部结构传来的荷载，并将其传至基础的独立构件，在构造上与一般杆系结构中的轴心压杆不一样。为了传力和连接的需要，在柱的上端和下端都要设置一些中间传力构件，组成柱头和柱脚。

轴心受压柱多用于承担平台梁格体系传来的压力，根据梁和柱连接的位置不同，可分为梁与柱顶部连接和梁与柱侧面连接两种形式。

9.7.1　梁与柱顶部连接的构造

为使连接只起传递轴压力的作用，应采用铰接连接的构造形式（图 9－34），在柱上端应设柱头。柱头由顶板、垫板和加劲肋等部件组成。图 9－34（a）、（b）所示为梁平放在柱顶板上，为使梁端压力直接通过柱翼缘板传给柱身，梁的端加劲肋应与柱翼缘板上下对齐，梁的下翼缘用普通 C 级螺栓与顶板相连，两跨梁的端部用螺栓和两块夹板将腹板夹紧，以保持梁的纵向轴线顺直，为使梁与顶板接触面间传力明确，可在梁端加劲肋下方设垫板。这种连接构造比较简单，但当两跨梁上作用荷载不相等时，柱身将受到较大偏心力作用，设计时应考虑偏心受力带来的不利影响。为减小偏心的影响，也可采用图 9－34（c）所示的突缘式端加劲肋支撑于柱帽垫板上。

当采用图 9－34（c）所示的突缘式加劲肋时，梁与柱顶部做成铰接，梁端压力通过突缘加劲肋传给柱顶板中部，再沿柱身轴线往下传。为扩大顶板传力面积，可在突缘下面顶板处加焊一长条形垫板，顶板下面柱腹板两侧应对称设置短加劲肋，以增强顶板抗弯刚度。梁

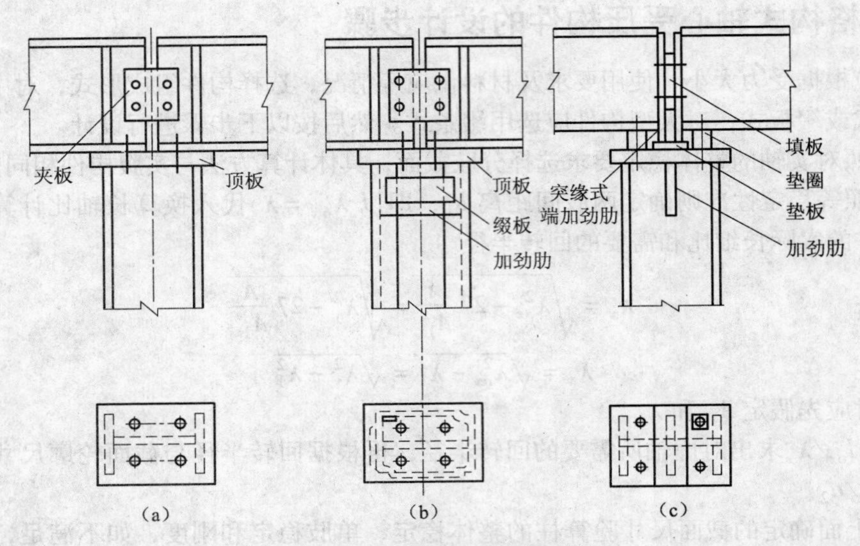

图 9－34　梁与柱的顶部铰接

端下翼与柱顶板应用普通 C 级螺栓连接并加弹簧垫圈，两跨梁安装定位后，对两突缘板间的缝隙，应当用适当厚度的填板插入，并用螺栓夹紧。这种连接构造传力明确，偏心影响小，但对梁的制作精度要求较高。

9.7.2　梁与柱侧面连接的构造

梁与柱侧面相连有利于提高梁格体系在其水平面内的整体刚度。侧面连接的构造形式也有两种：一种是在柱两侧翼缘上先焊一 T 形承托（图 9－35（a）），安装时，将梁平放在承托顶板上，梁下翼缘用螺栓与顶板相连，梁的端加劲肋与梁端齐平，端肋与柱翼缘板间的缝隙用填板插入，并用螺栓将梁的端肋与柱翼缘相连；另一种是采用突缘式加劲肋，突缘加劲肋置于事先焊在柱翼缘上的承托上（图 9－35（b）），承托一般用厚钢板做成，承托板厚度应比突缘板厚度加大 10 ～ 20 mm，宽度比突缘板宽 10 mm，突缘板下端应刨平，梁突缘板与柱翼缘用螺栓相连，连接螺栓只起固定梁的作用，可不作受力计算，螺栓直径一般可用 16 ～ 20 mm。

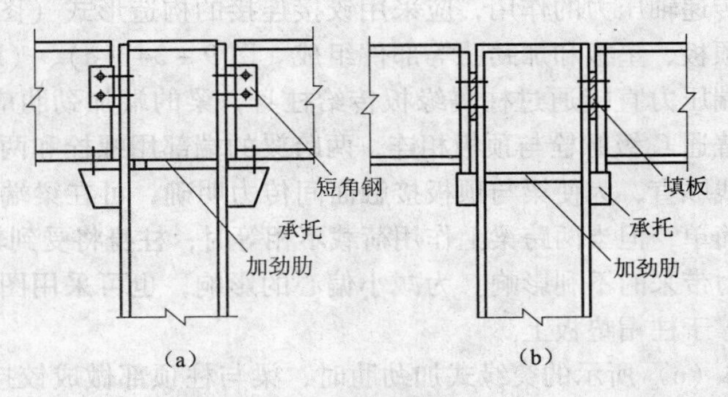

图 9－35　梁与柱侧面连接

梁与柱侧面连接，不论采用哪种构造形式都对制造精度要求较高，当两跨荷载不相等时，对柱身都会引起较大的偏心作用。

思考题

1. 轴心受力构件的两种极限状态包括哪些计算内容？

2. 理想轴心压杆的弹性屈曲和弹塑性屈曲是怎样区分的？

3. 提高轴心压杆钢材的抗压强度能否提高其稳定承载力？为什么？

4. 工程中的实际轴心压杆通常都有哪些初始缺陷？它们对压杆的承载力有哪些影响？

5. 在轴心压杆的稳定计算中，根据什么把截面分成 a、b、c 三类？一个截面对其两 个主轴方向的稳定计算是否都属于同一截面分类？试举例说明。

6. 轴心受压构件的稳定系数 φ 需要根据哪些因素来确定？

7. 轴压实腹柱的翼缘和腹板的局部稳定计算为什么要采用不同的宽厚比限值公式？公式中的 λ 为什么要取两主轴方向的较大值？λ 的最大和最小值为多少？

8. 格构柱对虚轴的整体稳定计算为什么要用换算长细比？缀条柱和缀板柱换算长细比的计算公式是否相同？

9. 何为格构柱的分肢稳定？怎样保证分肢稳定性？

10. 轴心受力构件为什么会有轴向剪力 V？计算最大剪力 V_{max} 的公式是怎样得出来的？式中的钢材换算系数 $\sqrt{\frac{f_y}{235}}$ 为什么与宽厚比限值计算公式中的换算系数 $\sqrt{\frac{235}{f_y}}$ 不同？应怎样理解换算系数的含义？

11. 缀条式格构中缀条设计为什么只计算斜缀条而不计算横缀条？验算缀条的强度和稳定时，为什么要对材料强度设计值乘以折减系数 γ_R？两种计算所用的折减系数是否相同？

习题

9－1　如图 9－36 所示，有一工作平台柱，承受平台传来的轴心压力设计值为 1 500 kN，柱高为 6 m，两端铰接，在 3 m 高处有一侧向支点，试分别选择一热轧工字钢和热轧宽翼缘 H 型钢截面，并比较其用钢量。钢材为 Q235 钢。

9－2　有一桁架中的轴心压杆，杆轴力设计值为 395 kN，杆的计算长度 $l_{ox}=l_{oy}=$ 254 cm，采用由两个角钢组成的 T 形截面，两角钢间距为 10 mm，钢材为 Q235 钢。

(1) 试设计由两个等边角钢组成的 T 形截面。

(2) 试设计由两个不等肢角钢长肢相连的 T 形截面。并比较两种截面的用钢量。

9－3　试计算图 9－37 所示两种工字形组合截面柱所能承担的最大轴心压力。柱高为 8 m，两端铰接，翼缘板为轧制，钢材为 Q235 钢。从计算结果比较中可得到什么启示？

9－4　根据习题 9－1 的条件，设计一由火焰切割钢板焊成的工字形截面柱。

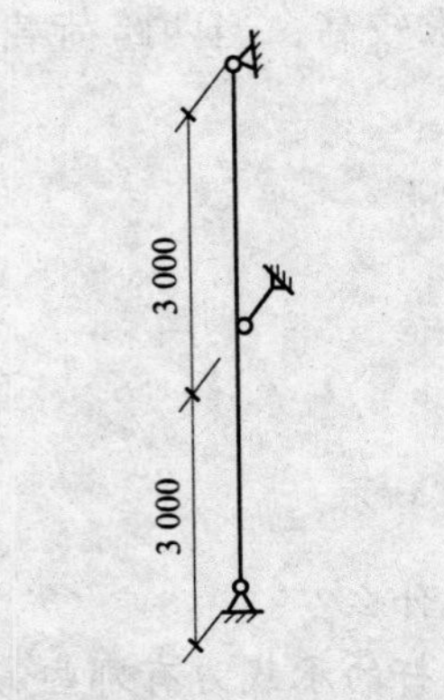

图 9－36　习题 9－1 附图

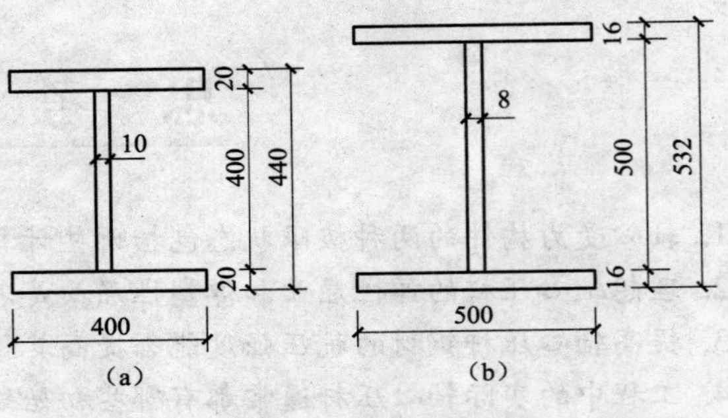

图 9－37　习题 9－3 附图

第10章

受弯构件及偏心受力构件

【本章内容概要】

本章叙述了受弯构件（梁）的类型、截面种类及其工程应用情况；介绍了受弯构件的计算内容，重点介绍了受弯构件的静力强度、整体稳定和局部稳定问题及其计算方法；进而介绍了型钢梁和组合梁的设计方法以及梁的拼接、连接的设计计算。在介绍拉弯和压弯构件的应用及破坏形式之后，根据拉弯和压弯构件的设计内容和步骤，分别介绍了拉弯和压弯构件的强度、刚度，压弯构件弯矩作用平面内的整体稳定、弯矩作用平面外的整体稳定以及局部稳定的基本概念和设计计算公式，最后重点介绍了压弯构件的设计步骤。

【本章学习重点与难点】

学习重点：钢筋与混凝土协同工作的原理，钢筋与混凝土材料的力学性能。

学习难点：临界弯矩，整体稳定系数。

10.1 钢梁概述

钢结构中主要承受横向荷载的实腹式受弯构件称为钢梁。钢梁用途广泛，根据其使用功能、受力特点、制作方法、截面形式等，可以分为以下不同的类型。

按其使用功能可以分为楼（屋）盖梁、工作平台梁、吊车梁、墙梁和稳条等。

按其受力特点可以分为单向受弯梁（一般的楼盖梁、工作平台梁）和双向受弯梁（吊车梁、墙梁和檩条）。

按其制作方法可分为型钢梁（热轧工字钢、槽钢、H型钢以及冷弯薄壁槽钢或Z形钢梁等）和组合梁（焊接梁、铆接梁、栓接梁等）。型钢梁加工方便、制造简单、成本较低，可优先采用，但型钢往往受到一定规格的限制，当荷载和跨度较大，采用型钢梁不能满足承载力或刚度要求时，应采用组合梁。组合梁由钢板或由钢板和型钢通过焊缝、铆钉、螺栓连接而成。组合梁的截面组成比较灵活，可使材料在截面上分布更为合理，容易满足设计要求。其中用三块钢板焊接而成的工字形截面组合梁应用最为广泛，这种梁一般采用双轴对称工字形截面，有时为了提高梁的侧向刚度和稳定性，也可采用加强受压翼缘的单轴对称工字形截面。当荷载或跨度很大而梁高又受到限制或对截面的抗扭刚度要求较高时，可采用箱形截面。

钢梁除少数情况如吊车梁、墙梁可单独布置外，通常由许多梁纵横交叉连接组成梁格（图10－1），并在梁格上铺放直接承受荷载的钢或钢筋混凝土面板，如楼（屋）盖、工作平台等。梁格是由纵横交叉的主、次梁组成的平面体系，根据主、次梁的排列情况可分成三种类型。

① 简单梁格（图10－1（a））：只有主梁，面板直接放在主梁上，适用于主梁跨度较小

或面板较长的情况。

② 普通梁格（图 10－1（b））：在主梁间另设若干次梁，次梁上再支撑面板，适用于大多数梁格尺寸，应用广泛。

③ 复式梁格（图 10－1（c））：在普通梁格的纵向梁之间再设置若干横向次梁。这种梁格荷载传递层次多，构造复杂，一般只用在主梁跨度大和荷载重的情况。

与轴心受压构件相似，钢梁的设计也应考虑强度、刚度、整体稳定和局部稳定四个方面。但由于钢梁的受力与轴心受压构件不同，因此钢梁的强度、刚度、整体稳定和局部稳定的计算方法和计算公式与轴心受压构件相比也有较大的差别。

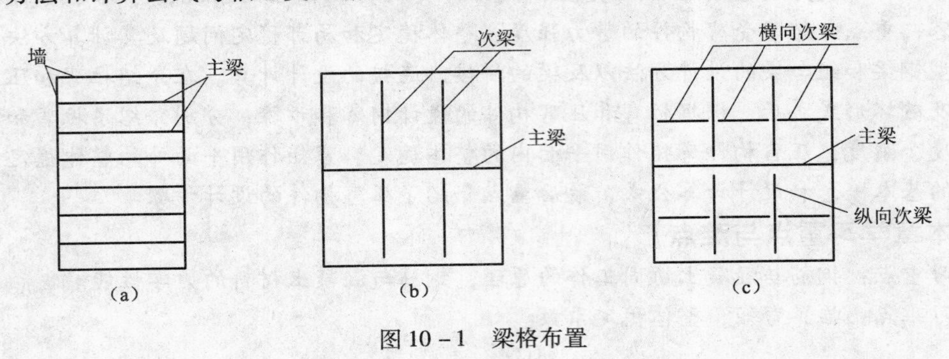

图 10－1 梁格布置

10.2 钢梁的截面形式与强度验算

10.2.1 钢梁的截面形式

钢梁按其截面形式可分为工字形梁、槽形梁、Z 形梁、箱形梁等（图 10－2）。

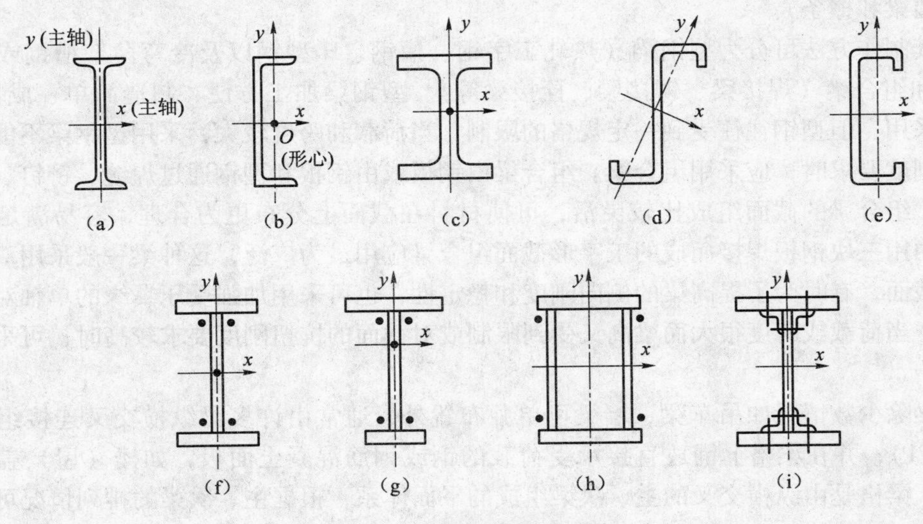

图 10－2 钢梁的截面形式

10.2.2　钢梁的强度验算

钢梁主要承受横向荷载。在横向荷载作用下，钢梁的截面上一般都存在弯矩和剪力，弯矩和剪力在截面上会产生相应的弯曲正应力和剪应力，因此，钢梁的强度计算包括抗弯强度计算和抗剪强度计算。当钢梁承受的横向荷载是固定或移动的集中荷载时，在钢梁的截面上还会存在较大的局部压应力，因此，必要时钢梁的强度计算还包括局部承压强度的计算。当钢梁某些部位的弯曲正应力、剪应力和局部压应力均比较大时，该部位将处于复杂应力状态，此时，应根据强度理论对这些部位的折算应力进行计算。因此，钢梁的强度计算应包括抗弯强度、抗剪强度、局部承压强度和折算应力计算等四方面的内容。

1. 抗弯强度

钢梁受弯时的弯曲正应力 σ 与应变 ε 的关系曲线和受拉时相似，屈服点也较接近。因此，钢材为理想弹塑性材料的假定，在抗弯强度计算时仍然适用。钢梁在弯矩作用下，截面上弯曲正应力的发展过程可分为三个阶段。

1）弹性工作阶段

在截面边缘纤维应力达到屈服点 f_y 之前，应力为三角形直线分布（图 10－3（a）），梁处于弹性工作阶段，此阶段边缘纤维的最大应力为

$$\sigma = \frac{My_{\max}}{I_n} = \frac{M}{W_n} \tag{10-1}$$

式中：I_n——净截面惯性矩；

W_n——净截面（弹性）抵抗矩。

当 σ 达到钢材的屈服点 f_y 时，是梁弹性工作阶段的极限状态，其弹性极限弯矩为

$$M_e = f_y W_n \tag{10-2}$$

2）弹塑性工作阶段

当弯矩继续增加，由于钢材的理想弹塑性性质，达到屈服点 f_y 的截面边缘纤维应力将不再增加而发展塑性，与之相邻的纤维应力增加而逐渐达到屈服。因此，塑性区由边缘向内逐渐扩展，中间部分的弹性区将逐渐缩小，这个阶段称为钢梁的弹塑性工作阶段（图 10－3（b））。

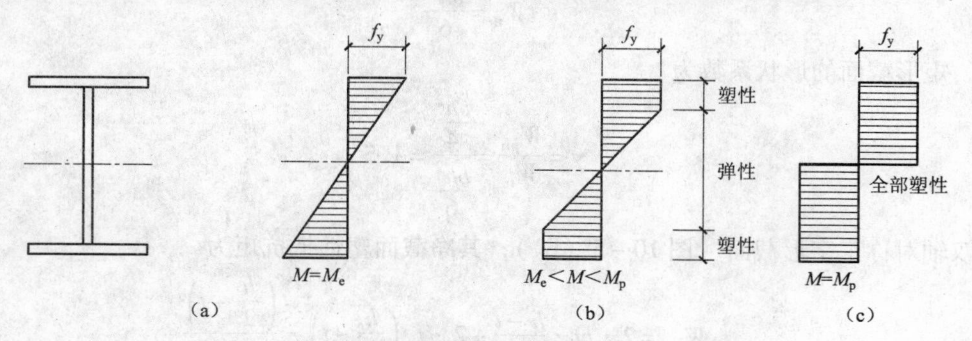

图 10－3　梁受荷时各阶段弯曲应力的分布

3）塑性工作阶段

弯矩继续增加，截面的塑性区将进一步扩大，弹性区将进一步减小，直到弹性区完全消失，截面全部进入塑性状态，形成塑性铰，弯曲正应力为两个矩形分布（图 10－3（c））。

此时梁虽然不会立即破坏，但已产生很大变形，不适于继续承载，达到抗弯承载能力极限状态。塑性极限弯矩为

$$M_p = f_y(S_{1n} + S_{2n}) = f_y W_{pn} \tag{10-3}$$

式中：S_{1n}、S_{2n}——中性轴以上和中性轴以下净截面对中性轴的面积矩；

W_{pn}——净截面塑性抵抗矩。

计算时，先要确定截面中性轴的位置。根据梁的轴向力等于零的条件，中性轴以上的截面积应等于中性轴以下的截面积。因此中性轴是在截面的平分面积处（图 10－4）。对于对称的截面，中性轴与形心轴重合；对于不对称截面，中性轴与形心轴并不重合。

由式（10－2）和式（10－3）可见，梁的塑性极限弯矩 W_p 与弹性极限弯矩的比值只与净截面塑性抵抗矩 W_{pn} 和净截面（弹性）抵抗矩的比值 W_n 有关。γ 称为形状系数，因为它只取决于截面的几何形状，而与材料的强度无关，即

$$\gamma = \frac{W_{pn}}{W_n} \tag{10-4}$$

对于矩形截面（图 10－5（a）），其净截面塑性抵抗矩为

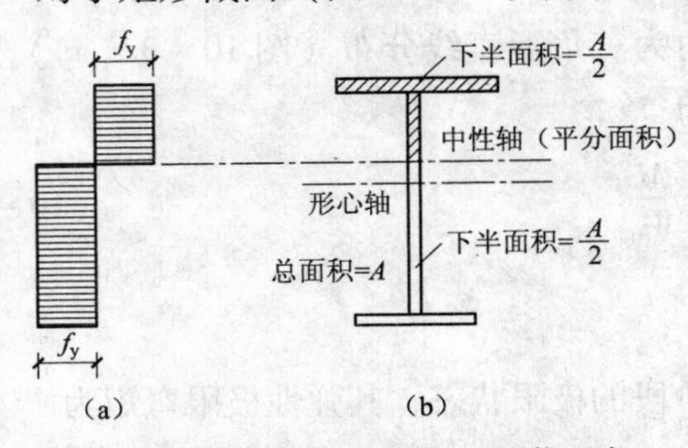

图 10－4　计算塑性抵抗矩的截面力

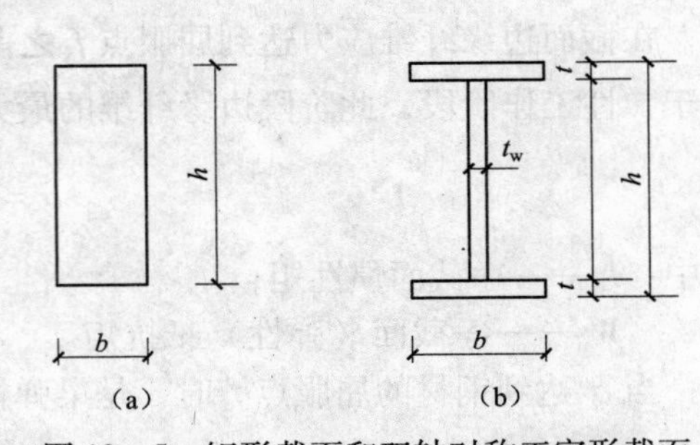

图 10－5　矩形截面和双轴对称工字形截面

$$W_{pn} = 2 \cdot \frac{bh}{2} \cdot \frac{h}{4} = \frac{bh^2}{4}$$

其净截面（弹性）抵抗矩为

$$W_n = \frac{bh^2}{6}$$

因此，矩形截面的形状系数为

$$\gamma = \frac{W_{pn}}{W_n} = \frac{\frac{bh^2}{4}}{\frac{bh^2}{6}} = 1.5$$

对于双轴对称工字形截面（图 10－5（b）），其净截面塑性抵抗矩为

$$\begin{aligned} W_{pn} &= 2 \cdot bt \cdot \frac{h-t}{2} + 2 \cdot t_w\left(\frac{h}{2} - t\right) \cdot \frac{\left(\frac{h}{2} - t\right)}{2} \\ &= A_1 h\left(1 - \frac{t}{h}\right) + \frac{1}{4}A_w h\left(1 - \frac{2t}{h}\right) \\ &= A_w h\left[\frac{A_1}{A_w}\left(1 - \frac{t}{h}\right) + \frac{1}{4}\left(1 - \frac{2t}{h}\right)\right] \end{aligned} \tag{10-5}$$

其净截面（弹性）抵抗矩为

$$W_n=\frac{\left[2\cdot\frac{1}{12}bt^3+2\cdot bt\left(\frac{h-t}{2}\right)^2+\frac{1}{12}t_w(h-2t)^3\right]}{\frac{h}{2}}$$
$$=\frac{1}{h}\left[\frac{1}{3}bt^3+bt(h-t)^2+\frac{1}{6}t_w(h-2t)^3\right]\tag{10-6}$$
$$=A_wh\left[\frac{1}{3}\frac{A_1}{A_w}\left(\frac{t}{h}\right)^2+\frac{A_1}{A_w}\left(1-\frac{t}{h}\right)^2+\frac{1}{6}t_w\left(1-\frac{2t}{h}\right)^2\right]$$

因此，双轴对称工字形截面的形状系数为

$$\gamma=\frac{W_{pn}}{W_n}=\frac{\frac{A_1}{A_w}\left(1-\frac{t}{h}\right)+\frac{1}{4}\left(1-\frac{2t}{h}\right)}{\frac{1}{3}\frac{A_1}{A_w}\left(\frac{t}{h}\right)^2+\frac{A_1}{A_w}\left(1-\frac{t}{h}\right)^2+\frac{1}{6}\left(1-\frac{2t}{h}\right)^2}\tag{10-7}$$

式中：A_1——一个翼缘的面积，$A_1=bt$；

A_w——腹板的面积，$A_w=t_w$（$h-2t$）。

由式（10-7）可见，双轴对称工字形截面的形状系数 γ 与其一个翼缘的面积 A_1 和腹板面积 A_w 之比 A_1/A_w，以及翼缘厚度 t 与梁高 h 之比 t/h 有关。

当 $A_1/A_w=0.5$ 时，$t/h=0.01$ 时 $\gamma=1.138$；

当 $A_1/A_w=0.5$ 时，$t/h=0.02$ 时 $\gamma=1.152$；

当 $A_1/A_w=1.0$ 时，$t/h=0.01$ 时 $\gamma=1.083$；

当 $A_1/A_w=1.0$ 时，$t/h=0.02$ 时 $\gamma=1.095$。

其他形状截面的形状系数可用同样的方法求得。例如，圆形实体截面 $\gamma=1.7$，圆管形截面 $\gamma=1.27$。

从以上的分析可知，如考虑梁整个截面上的塑性发展（塑性设计），不同截面形状梁的抗弯承载力将比弹性设计的抗弯承载力有不同程度的提高，如矩形截面可提高 50%。因此，梁按塑性设计将具有一定的经济效益。我国《钢结构设计规范》规定对不直接承受动力荷载的固端梁、连续梁以及由实腹构件组成的单层和两层框架结构，可考虑全截面发展塑性采用塑性设计；对不能形成内力重分配的静定梁（如简支梁）和不考虑内力重分配的超静定梁，当承受静力荷载或间接承受动力荷载时，可考虑部分截面的塑性发展，并采用定值的截面塑性发展系数 γ_x 和 γ_y；对直接承受动力荷载的梁，不考虑塑性发展，采用以边缘纤维屈服作为极限状态的弹性设计。因此，对于后两种情况在主平面内受弯的实腹梁，其抗弯强度应按下列规定计算。

① 承受静力荷载或间接承受动力荷载计算。

单向受弯时，有

$$\frac{M_x}{\gamma_xW_{nx}}\leqslant f\tag{10-8}$$

双向受弯时，有

$$\frac{M_x}{\gamma_xW_{nx}}+\frac{M_y}{\gamma_yW_{ny}}\leqslant f\tag{10-9}$$

式中：M_x、M_y——绕 x 轴和 y 轴的弯矩（对工字形截面，x 轴为强轴，y 轴为弱轴）；

W_{nx}、W_{ny}——对 x 轴和 y 轴的净截面抵抗矩；

γ_x、γ_y——截面塑性发展系数，对工字形截面，$\gamma_x = 1.05$，$\gamma_y = 1.20$，对箱形截面，$\gamma_x = \gamma_y = 1.05$；

f——钢材的抗弯强度设计值，按表 7－7 选用。

当梁受压翼缘的自由外伸宽度与其厚度之比大于 13 $\sqrt{235 f_y}$，但不超过 15 $\sqrt{235 f_y}$时，塑性发展不利于保证局部稳定，应取 $\gamma_x = 1.0$。f_y为钢材屈服点：对 Q235 钢，取 $f_y = 235\ \mathrm{N/mm^2}$；对 16Mn 钢、16Mnq 钢，取 $f_y = 345\ \mathrm{N/mm^2}$；对 15MnV 钢、15MnVq 钢，取 $f_y = 390\ \mathrm{N/mm^2}$。

② 直接承受动力荷载时，仍按式（10－8）和式（10－9）计算，但应取 $\gamma_x = \gamma_y = 1.0$。

2. 抗剪强度

钢梁在横向荷载作用下，截面上一般均存在剪应力。抗剪强度的计算以截面上最大剪应力达到钢材的抗剪屈服点作为抗剪承载力的极限状态。因此，根据材料力学剪应力计算公式，对在主平面内受弯的实腹梁，其抗剪强度应按下式计算：

$$\tau = \frac{VS}{It_w} \leqslant f_v \tag{10-10}$$

式中：V——计算截面沿腹板平面作用的剪力；

S——计算剪应力处以上毛截面对中性轴的面积矩；

I——毛截面惯性矩；

t_w——腹板厚度；

f_v——钢材的抗剪强度设计值，按表 7－7 选用。

计算抗剪强度时，计算截面一般是剪力最大的截面或截面尺寸改变处。最大剪应力一般出现在截面的中性轴处。对热轧型钢梁（如工字钢梁、槽钢梁），腹板厚度受轧制条件限制，通常比较厚，抗剪承载力较高，若截面无特殊开孔或切割削弱时，一般可不验算抗剪承载力。

在梁格中，次梁有时通过腹板连接于主梁侧面的加劲肋上（焊接或螺栓连接，如图 10－6 所示），这时次梁端部的剪力先只由腹板承受，随着剪力不断增大，翼缘才逐渐参与受力，因此，梁端剪应力应按矩形截面 ht_w 计算，如梁端截面有切割，则按切割后的 $h' t_w$ 计算，即

$$\tau = \frac{VS}{It_w} = \frac{1.5V}{h' t_w} \leqslant f_v \tag{10-11}$$

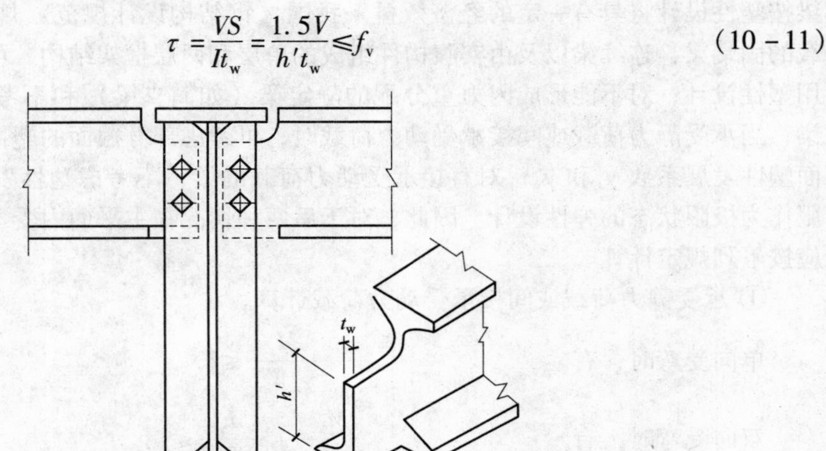

图 10－6 主次梁等高连接

上式中的1.5/h'是根据矩形截面求最大剪力时的S/I确定，即

$$S/I=(t_w h'^2/8)/(t_w h'^3/12)=1.5h'$$

3. 局部承压强度

梁在固定集中荷载（包括支座反力）作用处无支撑加劲肋（图10－7（a）），或承受移动集中荷载（吊车轮压，如图10－7（b）所示）作用时，翼缘板（在吊车梁中还应包括吊车轨道）类似于支撑在腹板上的弹性地基梁，腹板边缘集中荷载作用位置的局部压应力σ_c最大，向两侧和向下压应力迅速减小，应力分布如图10－7（c）所示。为了简化计算，假定集中荷载从作用标高处以45°角向两侧扩散，并均匀分布于腹板计算边缘，其假定分布长度为

$$l_z=a+2h_y$$

或

$$l_z=a+c+h_y(\text{当}\ c\geqslant h_y\ \text{时取}\ c=h)$$

式中：a——集中荷载沿梁跨度方向的实际支撑长度，对吊车梁可取50 mm；

c——梁支座板边缘至梁端的距离（图10－7（a））；

h_y——由梁集中荷载的支撑边缘或吊车梁轨顶到腹板计算高度h_0边缘处的距离。

h_0按下列规定采用：

① 对轧制型钢梁，取腹板与上、下翼缘相接处两内弧起点间的距离；

② 对焊接组合梁，取腹板高度；

③ 对铆接（或高强度螺栓连接）组合梁，取上、下翼缘连接的铆钉（或高强度螺栓）线间最近距离。

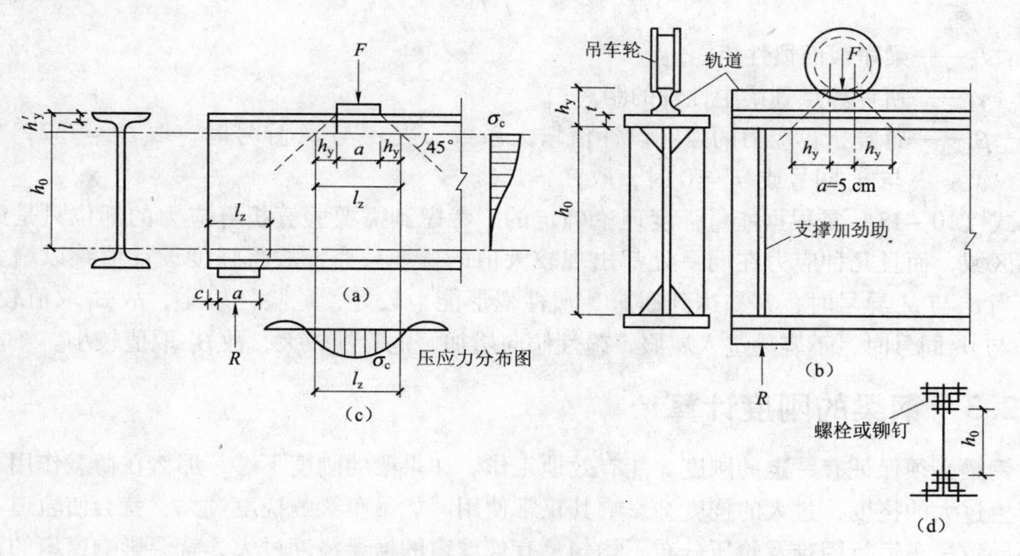

图10－7　局部压应力

腹板计算高度边缘的局部承压强度按下式计算：

$$\sigma_c=\frac{\psi F}{t_w l_z}\leqslant f \tag{10－12}$$

式中：F——集中荷载，支座处为支座反力R，如是吊车轮压，则应考虑动力系数；

ψ——集中荷载增大系数，对重级工作制吊车梁，$\psi=1.35$，对其他梁，$\psi=1.0$；

t_w——腹板厚度；

f——钢材的抗压强度设计值，按表 7－7 选用。

当局部承压强度不满足式（10－12）的要求时，在固定集中荷载处（包括支座处），应设置支撑加劲肋或增加支撑长度 a；对移动集中荷载，则一般应增加腹板厚度。

4. 折算应力

在组合梁的腹板计算高度边缘处，若同时受较大的正应力 σ、剪应力 τ 和局部压应力 σ_c 作用，或同时受较大的正应 σ 和剪应力 τ（如连续梁支座处或梁的翼缘截面改变处等）作用（图 10－8），则应按复杂应力状态用下式验算折算应力：

$$\sqrt{\sigma^2+\sigma_c^2-\sigma\sigma_c+3\tau^2}\leqslant\beta_1 f \tag{10-13}$$

式中：σ、σ_c、τ——腹板计算高度边缘同一点上同时产生的正应力、剪应力和局部压应力。

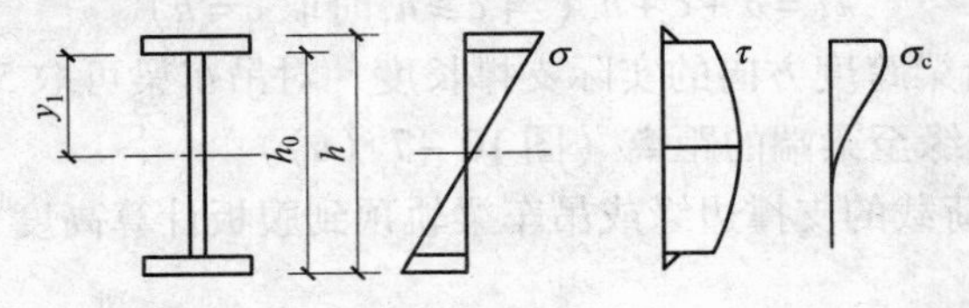

图 10－8　梁截面的 σ、τ、σ_c 应力分布

σ_c 和 τ 应按式（10－12）和式（10－10）计算，σ 按下式计算：

$$\sigma=\frac{M}{I_n}y_1$$

式中：I_n——梁净截面惯性矩；

y_1——所计算点到梁中性轴的距离；

β_1——计算折算应力的强度设计值增大系数，当 σ 与 σ_c 异号时，取 $\beta_1=1.2$，当 σ 与 σ_c 同号或 $\sigma_c=0$ 时，取 $\beta_1=1.1$。

式（10－13）是根据能量强度理论确定的。考虑到需要验算折算应力的部位只是梁的局部区域，而且几种应力在同一处都出现较大值的概率较小，故将强度设计值乘以增大系数。当 σ 与 σ_c 异号时，容易达到屈服，塑性变形能力较好，危险性较小，故 β_1 取值较大；当 σ 与 σ_c 同号时，不容易进入屈服，脆性倾向增加，危险性较大，故 β_1 取值较小。

10.2.3　钢梁的刚度计算

钢梁必须保证有一定的刚度才能有效地工作。如果梁的刚度不够，那么在荷载作用下将会产生过大的挠度，过大的挠度会影响其正常使用。如吊车梁的挠度过大，就会使轨道不平直而导致吊车运行困难及轮压分布不均匀；有玻璃窗的横梁挠度过大，就会影响窗扇的正常开启与关闭；平台梁的挠度过大，就会影响设备的正常操作和仪器的正常精度；楼盖梁的挠度过大，就会使人感觉不舒适和不安全，还会使某些附着物如顶棚抹灰开裂脱落。因此，梁必须保证一定的刚度以限制其在荷载作用下的挠度，也就是说，梁的最大挠度不能超过《钢结构设计规范》规定的限值，即

$$v_{max}\leqslant[v] \tag{10-14}$$

式中：v_{max}——梁的最大挠度；

[v]——梁的容许挠度，按表 10－1 选用。

表 10－1　受弯构件的容许挠度

项次	构件类别	容许挠度
1	吊车梁和吊车桁架 （1）手动吊车和单梁吊车（包括悬挂吊车） （2）轻级工作制和起重量 $Q<50$ t 的中级工作制桥式吊车 （3）重级工作制和起重量 $Q\geq50$ t 的中级工作制桥式吊车	 $l/500$ $l/600$ $l/750$
2	设有悬挂电动梁式吊车的屋面梁或屋架（仅用可变荷载计算）	$l/500$
3	手动或电动葫芦的轨道梁	$l/400$
4	有重轨（质量等于或大于 38 kg/m）轨道的工作平台梁 有轻轨（质量等于或小于 24 kg/m）轨道的工作平台梁	$l/600$ $l/400$
5	楼盖和工作平台梁（第 4 项除外）、平台板 （1）主梁（包括设有悬挂起重设备的梁） （2）抹灰顶棚的梁（仅用可变荷载计算） （3）除（1）、（2）款外的其他梁（包括楼梯梁） （4）平台板	 $l/400$ $l/350$ $l/250$ $l/150$
6	屋盖檩条 （1）无积灰的瓦楞铁和石棉瓦屋面 （2）压型钢板、有积灰的瓦楞铁和石棉瓦等屋面 （3）其他屋面	$l/150$ $l/200$ $l/200$
7	墙架构件 （1）支柱 （2）抗风桁架（作为连接支柱的支撑时） （3）砌体墙的横梁（水平方向） （4）压型钢板、瓦楞铁和石棉瓦墙面的横梁（水平方向） （5）带有玻璃窗的横梁（竖直和水平方向）	$l/400$ $l/1\,000$ $l/300$ $l/200$ $l/200$

注：l 为受弯构件的跨度（对悬臂梁和伸臂梁为悬伸长度的 2 倍）。

梁的挠度限制属于正常使用极限状态，因此，计算最大挠度 $v_{\max}$ 时，荷载取荷载标准值（不计荷载分项系数），对于动力荷载也不乘以动力系数。由于螺栓孔引起的截面削弱对整个构件的影响不大，故习惯上均按毛截面由结构力学的方法计算最大挠度 $v_{\max}$。表 10－2 是几种常用等截面简支梁的最大挠度计算公式。

表 10－2　简支梁的最大挠度计算公式

荷载情况	q；l	F；$l/2$　$l/2$	$\frac{F}{2}$　$\frac{F}{2}$；$l/3$　$l/3$　$l/3$	$\frac{F}{3}$　$\frac{F}{3}$　$\frac{F}{3}$；$l/4$　$l/4$　$l/4$　$l/4$
计算公式	$\frac{5}{384}\cdot\frac{ql^4}{EI}$	$\frac{1}{48}\cdot\frac{Fl^3}{EI}$	$\frac{23}{1\,296}\cdot\frac{Fl^3}{EI}$	$\frac{19}{1\,152}\cdot\frac{Fl^3}{EI}$

对于变截面梁，挠度的计算比较复杂。对钢结构中常用的在半跨内随弯矩减小而改变一次截面的简支梁（图 10－9），当承受均布荷载（或接近均布荷载）时其挠度计算公式为

$$v_{\max}=\frac{5q_{\mathrm{k}}l^4}{384EI}\eta=\frac{5M_{\mathrm{k}}l^2}{48EI}\eta$$

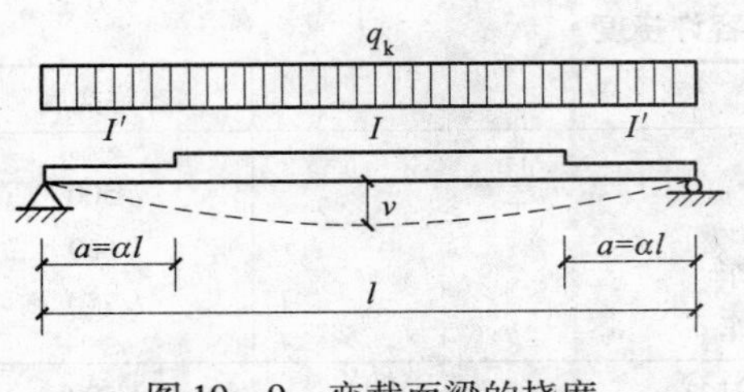

图 10－9　变截面梁的挠度

式中，$\eta = 1 + 3.2\left(\frac{I}{I'} - 1\right)\alpha^3(4 - 3\alpha)$，$\eta$ 的值一般在 1.05 以内。

同样跨度的钢梁，在相同荷载作用下，其挠度与梁截面的抗弯刚度 EI 或惯性矩 I 成反比，即 I 越大，则挠度越小。对两根无截面削弱双轴对称工字形截面梁，当二者的截面抵抗矩 W 相同时，其抗弯承载力也相同。但因 $I = Wh/2$，故截面高度 h 较大的梁，其惯性矩 I 也较大，挠度则较小。

10.3　钢梁的稳定

10.3.1　基本概念

钢梁在最大刚度平面内受到荷载作用而弯曲时，为了满足抗弯承载力的要求，其截面一般做成高而窄的。当弯矩较小时，梁的侧向保持平直而无侧向变形；即使受到偶然的侧向干扰力，其侧向变形也只是在一定的限度内，并随着干扰力的除去而消失。但当弯矩增加使受压翼缘的弯曲压应力达到某一数值时，钢梁在偶然的侧向干扰力作用下会突然离开最大刚度平面向侧向弯曲，并同时伴随着扭转（图 10－10）。这时即使除去侧向干扰力，侧向弯扭变形也不再消失。如弯矩再稍许增大，则侧向弯扭变形迅速增大，产生弯扭屈曲，梁失去继续承受荷载的能力，这种现象称为钢梁丧失整体稳定。梁丧失整体稳定之前所能承受的最大弯矩或最大弯曲压应力，称为临界弯矩 M_{cr} 或临界应力 σ_{cr}。由于梁的整体失稳一般是在强度破坏之前突然发生的，事先无明显预兆，一旦发生，后果严重。因此，在进行钢梁设计时，除应满足强度和刚度要求外，还必须满足整体稳定的要求。

钢梁丧失整体稳定从概念上与受压构件相似。当梁在最大刚度平面内弯曲，开始时处于平面弯曲状态，梁的受压翼缘与腹板的受压区类似 T 形截面（图 10－10（c））。受不均匀压应力的压杆，倾向于绕弱轴 1—1 失稳。但是，由于腹板的连续支撑，此方向的失稳不能产生。随着压应力的增大，它只能绕强轴 2—2 失稳而产生侧向弯曲变形。然而，梁的另一半截面因受弯在拉应力的作用下趋向于拉直，从而对受压区的侧向弯曲变形施加牵制，使截面出现不同程度（受压区大，受拉区小）的侧向变形而产生扭转。

10.3.2　影响钢梁整体稳定的主要因素

1. 荷载类型

如图 10－11 所示为纯弯曲荷载、均布荷载和跨中央一个集中荷载三种典型荷载的弯矩分布图。可见，纯弯曲的弯矩图为矩形，则梁受压翼缘和腹板受压区的压应力沿梁全长不变；均布荷载的弯矩图为抛物线，则梁受压翼缘和腹板受压区的压应力沿梁全长变化比较平缓；跨中央一个集中荷载的弯矩图为三角形，则梁受压翼缘和腹板受压区的压应力沿梁全长变化较大。由于梁的侧向变形总是在压应力最大处开始的，其他压应力小的截面将对压应力

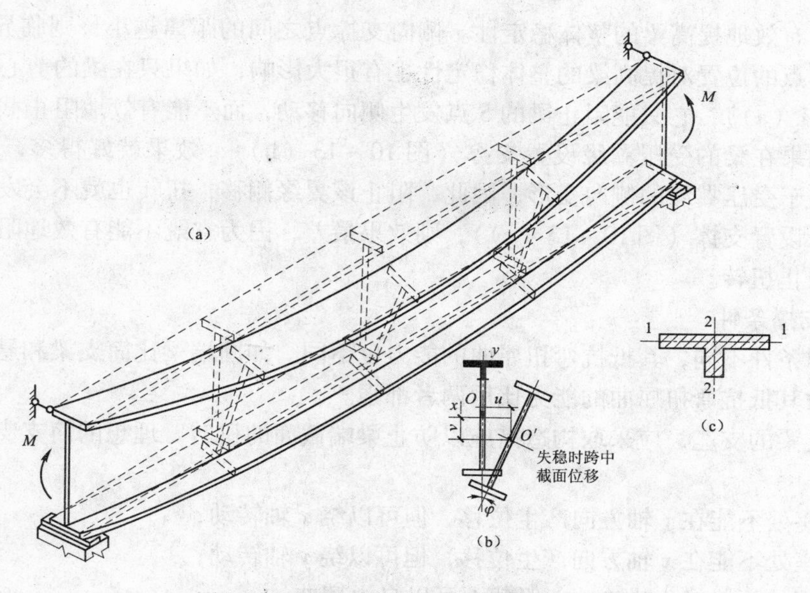

图 10－10　简支钢梁丧失整体稳定全貌

最大的截面的侧向变形产生约束，因此，纯弯曲对梁的整体稳定最不利，均布荷载次之，而跨中央一个集中荷载较为有利。若沿梁跨分布有多个集中荷载，其影响将甚于跨中央一个集中荷载而接近于均布荷载的情况。

2. 荷载作用点位置

当横向荷载（均布荷载或集中荷载）作用在梁的上翼缘而产生整体失稳时，附加扭矩 $T=F\cdot e$ 将会加剧扭转，提前失稳，对稳定不利；当横向荷载作用在梁的下翼缘而产生整体失稳时，附加扭矩将会减小扭转，延缓失稳，对稳定有利（图 10－12）。

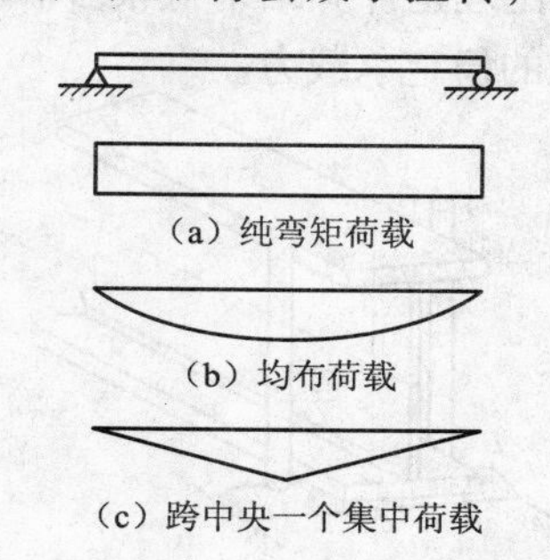

图 10－11　荷载类型与弯矩分布

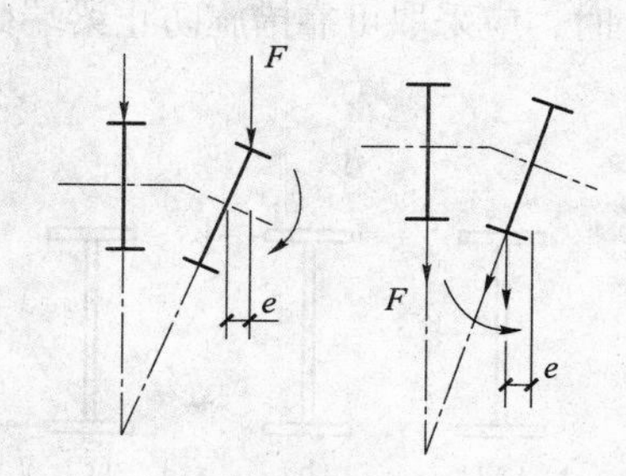

图 10－12　荷载作用位置对整体稳定性的影响

3. 梁的截面形式

从前面的分析可知，在最大刚度平面内受弯的钢梁，其整体失稳是以弯扭变形的形式出现的。因此，抗扭和侧向抗弯能力较强的截面将有利于提高其整体稳定性。工字形截面、箱形截面比较理想，槽形、T 形截面次之，L 形截面则不合适；对于同一种截面形式，加强受压翼缘比加强受拉翼缘有利。

4. 侧向支撑点的位置和距离

由于梁的整体失稳变形包括侧向弯曲和扭转，因此，沿梁的长度方向设置一定数量的侧向支撑点可以有效地提高梁的整体稳定性。侧向支撑点之间的距离越小，则临界弯矩 M_{cr} 越大。侧向支撑点的位置对提高梁的整体稳定性也有很大影响，如果只在梁的剪心 S 处设置支撑（图 10－13（a）），它只能阻止梁的 S 点发生侧向移动，而不能有效地阻止截面扭转，效果不理想；如果在梁的受压翼缘设置支撑（图 10－13（b）），效果就好得多，因为梁整体失稳的起因在于受压翼缘的侧向变形，因此，阻止该翼缘侧移，扭转也就不会发生；如果在梁的受拉翼缘设置支撑（图 10－13（c）），则效果最差，因为它既不能有效地阻止侧移，也不能有效地阻止扭转。

5. 梁端支撑条件

梁端支撑条件不同，其抵抗弯扭屈曲的能力也不同。如固端梁比简支梁和悬臂梁的约束程度都高，故其抵抗弯扭屈曲的能力比后两者都强。

对于简支梁的支座，应采取构造措施以防止梁端截面的扭转。理想的简支支座应符合下述条件：

① 梁支座处不能在 y 轴方向产生位移，但可以绕 x 轴转动；

② 梁支座处不能在 x 轴方向产生位移，但可以绕 y 轴转动；

③ 梁支座处不能绕 z 轴转动，但截面可以自由翘曲。

按照上述三个条件，理想的简支梁应该如图 10－14 所示，支座处除有水平刀口外，还有两根刚性杆夹住梁的支撑截面，这种支座叫夹支座或叉支座。但在实际工程中，简支梁难以做成这种式样。防止梁端截面扭转的一个有效方法，是在下翼缘和支座相连的同时对上翼缘也提供侧向支撑。如图 10－15 所示，用一块板将上翼缘连于支撑结构上，这种结构方案常见于厂房吊车梁。对于高度不大而翼缘又不很窄的梁，则可以依靠支座的加劲肋在其平面内的抗弯刚度来防止扭转（图 10－16（a））。如果既没有支座加劲肋，上翼缘又没有支撑措施，那么梁失稳时，支撑截面的扭矩全靠腹板的弯曲刚度来承担，而由于腹板处平面弯曲刚度很弱，就会出现如图 10－16（b）所示的变形。此时，梁的稳定承载力将比理论计算结果低很多。因此，在钢梁设计时，应采取可靠措施防止梁端截面的扭转以保证梁的稳定承载力。

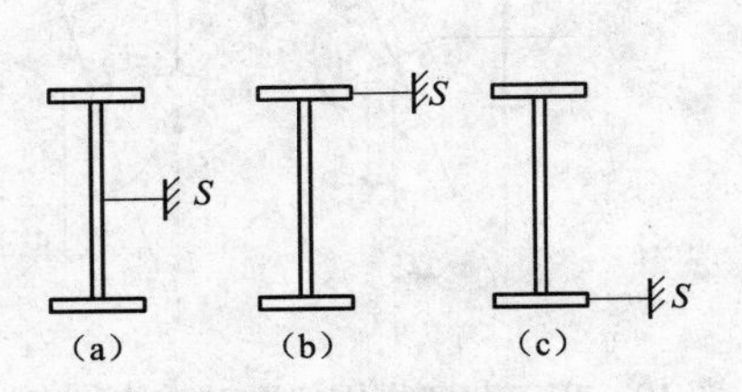

图 10－13　支撑部位和作用

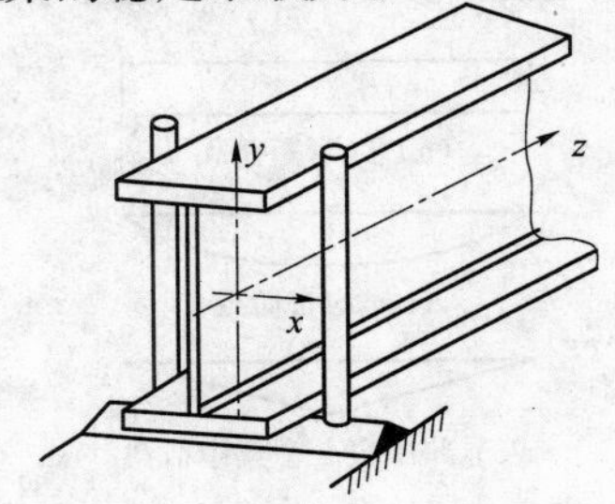

图 10－14　理想简支梁

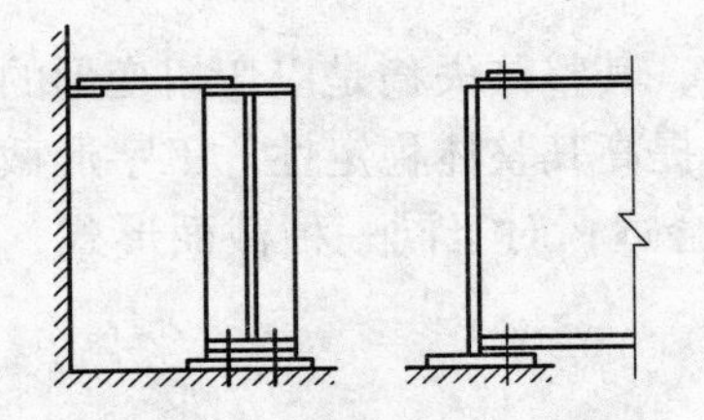

图 10－15　梁上翼缘的侧向支点

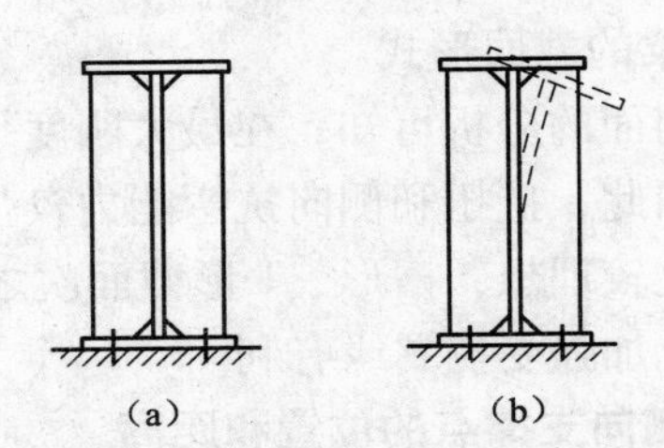

图 10－16　有抗扭加劲肋的梁和缺少抗扭设施的梁

10.3.3　临界弯矩 M_{cr}

首先分析一种最简单的单向受纯弯曲荷载等截面梁的整体稳定问题，如图 10－17 所示。

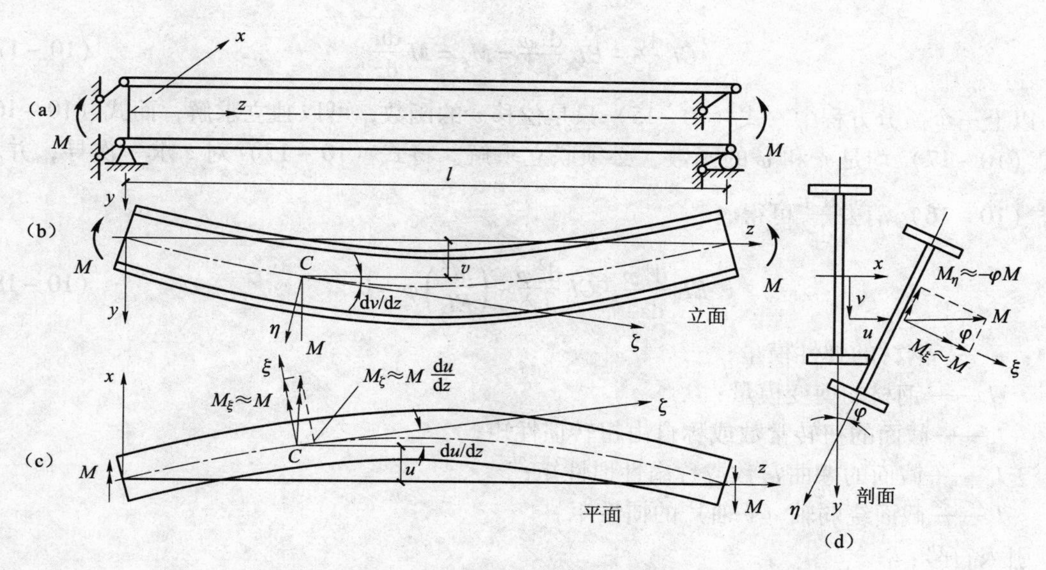

图 10－17　简支钢梁丧失整体稳定时的变形分解

梁的截面为双轴对称工字形，在最大刚度平面 YZ 内，两端承受相等的弯矩 M_0，梁的两端为简支，不能扭转但可自由翘曲。假定梁无初弯曲，加载无初偏心，材料均匀，处于弹性阶段，不考虑残余应力。

当弯矩 M 较小时，梁处于稳定平衡状态，只产生对 x 轴的竖向弯曲，竖向位移 v 沿 y 轴方向，如图 10－17（b）所示。当弯矩 M 达到临界弯矩 M_{cr} 时，梁发生弯扭屈曲，即同时发生对 y 轴的侧向弯曲（侧向水平位移 u 沿 x 轴方向，如图 10－17（c）所示）和截面扭转（扭转角 φ，如图 10－17（d）所示）。

取如图 10－17 所示的 xyz 为固定坐标，梁发生弯扭屈曲时，任一截面 C 的形心在 x、y 轴方向的位移为 u、v，扭转角为 φ。该截面处原来的 x、y、z 轴的方向均已改变，分别用 ξ、η、ζ 表示。由于 ξ、η、ζ 轴的方向是随截面 C 的位置改变而改变的，因此称为移动坐标或相对坐标。梁原来的弯矩 M 是绕 x 轴的，即 $M_x=M$，$M_y=0$，$M_z=0$。截面发生移动和转动后，$M_x=M$ 可分解为 M_ξ、M_η、M_ζ 三个力矩，M_ξ 是绕强轴的弯矩，M_η 是绕弱轴的弯矩，M_ζ 是扭矩。当变形很小时有

$$M_\xi \approx M\cos\left(\frac{\mathrm{d}u}{\mathrm{d}z}\right)\cos\varphi = M$$

$$M_\eta \approx -M\cos\left(\frac{\mathrm{d}u}{\mathrm{d}z}\right)\sin\varphi = -M\varphi$$

$$M_\zeta \approx M\sin\left(\frac{\mathrm{d}u}{\mathrm{d}z}\right) \approx M\frac{\mathrm{d}u}{\mathrm{d}z}$$

根据材料力学弯矩曲率关系和开口薄壁杆件约束扭转的计算公式有

$$EI_x\frac{d^2v}{dz^2}=-M_\xi=-M \tag{10-15}$$

$$EI_y\frac{d^2u}{dz^2}=-M_\eta=-M\varphi \tag{10-16}$$

$$GI_t\frac{d\varphi}{dz}-EI_w\frac{d^3\varphi}{dz^3}=M_\xi=M\frac{du}{dz} \tag{10-17}$$

以上三个微分方程中，式（10－15）只是位移 v 的函数，可以独立求解，而式（10－16）和式（10－17）均是 u 和 φ 的函数，必须联立求解。将式（10－17）对 z 求一次导，并利用式（10－16）消去$\frac{d^2u}{dz^2}$可得

$$EI_w\frac{d^4\varphi}{dz^4}-GI_t\frac{d^2\varphi}{dz^2}-\left(\frac{M^2}{EI_y}\right)\varphi=0 \tag{10-18}$$

式中：E——钢材的弹性模量；

G——钢材的剪变模量；

I_t——截面的扭转常数或称自由扭转惯性矩；

I_w——截面的翘曲常数或称扇性惯性矩；

I_y——截面绕弱轴（y 轴）的惯性矩。

引入符号：

$$k_1=\frac{GI_t}{2EI_w}$$

$$k_2=\frac{M^2}{EI_yEI_w}$$

代入式（10－18）中，得

$$\varphi^{(4)}-2k_1\varphi''-k_2\varphi=0 \tag{10-19}$$

上式是 φ 的四阶常系数齐次线性微分方程，其通解为

$$\varphi=C_1\sin\lambda_1z+C_2\cos\lambda_1z+C_3\sin\lambda_2z+C_4\cos\lambda_2z \tag{10-20}$$

式中

$$\left.\begin{aligned}\lambda_1&=\sqrt{\sqrt{k_1+k_2}-k_1}\\ \lambda_2&=\sqrt{\sqrt{k_1+k_2}+k_1}\end{aligned}\right\} \tag{10-21}$$

积分常数 $C_1\sim C_4$ 由边界条件确定。梁端截面不能扭转但可自由翘曲，即在 $z=0$ 和 $z=l$ 处，$\varphi=\varphi''=0$，从而可得到下列齐次线性方程组，即

$$\left.\begin{aligned}&C_2+C_4=0\\ &-C_2\lambda_1^2+C_4\lambda_2^2=0\\ &C_1\sin\lambda_1l+C_2\cos\lambda_1l+C_3\sin\lambda_2l+C_4\cos\lambda_2l=0\\ &-C_1\lambda_1^2\sin\lambda_1l-C_2\lambda_1^2\cos\lambda_1l+C_3\lambda_2^2\sin\lambda_2l+C_4\lambda_2^2\cos\lambda_2l=0\end{aligned}\right\} \tag{10-22}$$

由式（10－22）的前两式，可得 $C_2+C_4=0$，由后两式消去 C_1，可得

$$C_3(\lambda_1^2+\lambda_2^2)\sin\lambda_2l=0$$

由于 λ_1^2、λ_2^2和 $\sin\lambda_2l$ 总为正值，因此 $C_3=0$，则由式（10－22）第三式可得

$$C_1 \sin\lambda_1 l = 0$$

又由于C_1不能为零（否则为梁的稳定平衡），因此，必有

$$\lambda_1 l = n\pi$$

取最小值$n=1$，可得

$$\lambda_1 = \frac{\pi}{l} \tag{10-23}$$

将式（10－23）代入式（10－21）第一式可得

$$\left(\frac{\pi^2}{l^2} + k_1\right)^2 - k_1^2 = k_2 \tag{10-24}$$

将k_1、k_2的表达式代入式（10－24）可求得M，此值就是双轴对称工字形截面简支梁受纯弯曲荷载时的临界弯矩，即

$$M_{cr} = M = \frac{\pi}{l}\sqrt{EI_y GI_t}\sqrt{1 + \frac{\pi^2 EI_w}{l^2 GI_t}} \tag{10-25}$$

式中：EI_y——截面的侧向抗弯刚度；

GI_t——截面的自由扭转刚度；

EI_w——截面的翘曲刚度。

现在再来研究与上述临界弯矩相应的失稳变形φ和u。将$C_2 = C_3 = C_4 = 0$及式（10－23）代入式（10－20）可得

$$\varphi = C_1 \sin\frac{\pi z}{l} \tag{10-26}$$

将式（10－25）和式（10－26）代入式（10－16）可得

$$u = C_1 \sin\frac{\pi z}{l}\sqrt{\frac{I_w}{I_y} + \frac{l GI_t}{\pi^2 EI_y}} \tag{10-27}$$

由式（10－26）和式（10－27）可见，双轴对称工字形截面简支梁受纯弯曲荷载而失稳时，其扭转角φ和截面形心侧移u都沿梁长呈正弦规律变化，并互成比例。两种变形的比值即为式（10－27）的根式项$\sqrt{\frac{I_w}{I_y} + \frac{l^2 GI_t}{\pi^2 EI_y}}$。

对于不同荷载作用下的单轴对称截面简支梁（图10－18），由弹性稳定理论可得类似的临界弯矩公式为

$$M_{cr} = \beta_1 \frac{\pi^2 EI_y}{l_1^2}\left[\beta_2\alpha + \beta_3\beta_y + \sqrt{(\beta_2\alpha + \beta_3\beta_y)^2 + \frac{I_w}{I_y}\left(\frac{l_1^2 GI_t}{\pi^2 EI_w}\right)}\right] \tag{10-28}$$

式中：l_1——梁受压翼缘的自由长度，对跨中无侧向支撑点的梁为其跨度，对跨中有侧向支撑点的梁为受压翼缘侧向支撑点间的距离（梁的支座处视为有侧向支撑）；

α——荷载作用点P至剪心S的距离，荷载向下时，P点在S点下方取正，P点在S点上方取负；

β_y——单轴对称截面的一种几何特性，坐标原点取截面形心O，纵坐标指向受拉翼缘为正，$\beta_y = \frac{1}{2I_x}\int_A y(x^2 + y^2)\,dA + y_0$；

y_0——剪心 S 至形心 O 的距离，SO 指向受拉翼缘为正，反之为负；

β_1、β_2、β_3——系数，由荷载类型决定，表 10－3 为三种典型荷载类型的系数。

表 10－3　工字形截面简支梁整体稳定的 β_1、β_2、β_3 系数

荷载情况	β_1	β_2	β_3
纯弯曲荷载	1.00	0	1.00
全跨均布荷载	1.13	0.46	0.53
跨度中点集中荷载	1.35	0.55	0.40

此外，对单轴对称工字形截面（图 10－18），$I_w = I_1 I_2 h^2 / I_y = a_b(1 - a_b) I_y h^2$，其中 I_1、I_2、$I_y = I_1 + I_2$ 为受压翼缘、受拉翼缘、整个截面对 y 轴的惯性矩，$a_b = I_1 / I_y$，h 为受压、受拉翼缘形心间的距离；$y_0 = (I_1 h_1 - I_2 h_2) / I_y = a_b h - h_2$，其中，$h_1$、$h_2$ 为受压、受拉翼缘形心至截面形心的距离。

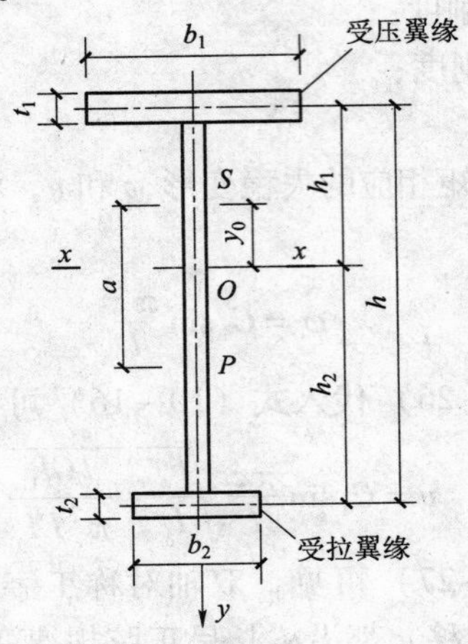

图 10－18　单轴对称工字形截面

对于双轴对称工字形截面简支梁，$I_1 = I_2 = I_y/2$，$a_b = 0.5$，$y_0 = 0$，$\beta_y = 0$，式（10－28）可简化为

$$M_{cr} = \beta_1 \frac{\pi^2 EI_y}{l_1^2}\left[\beta_2 \alpha + \beta_3 \beta_y + \sqrt{(\beta_2 \alpha)^2 + \frac{I_w}{I_y}\left(\frac{l_1^2 GI_t}{\pi^2 EI_w}\right)}\right] \tag{10-29}$$

如果又是受纯弯曲荷载，则 $\beta_1 = 1$，$\beta_2 = 0$，式（10－29）还可进一步简化为

$$M_{cr} = \frac{\pi^2 EI_y}{l_1^2}\left[\sqrt{\frac{I_w}{I_y}\left(1 + \frac{l_1^2 GI_t}{\pi^2 EI_w}\right)}\right] \tag{10-30}$$

上式即为式（10－25）的另一种表达形式。

下面再从临界弯矩计算公式的组成分析影响钢梁整体稳定的主要因素。

式（10－28）中的 β_1 是荷载类型影响系数。当简支梁受纯弯曲荷载时，全跨弯矩都是 M_{max}，取 $\beta_1 = 1$。当简支梁受均布荷载或跨度中点集中荷载时，弯矩图为抛物线形或三角形，只在跨度中点为 M_{max}，向两侧逐渐减小或成直线迅速减小，对整体稳定有利，故计算

M_{cr}时取$\beta_1=1.13$或$\beta_1=1.35$。

式（10－28）中的$\beta_2\alpha$项是荷载作用位置影响项。当荷载作用在剪心下方时，$\beta_2\alpha>0$，使M_{cr}增大，对整体稳定有利；当荷载作用在剪心上方时，$\beta_2\alpha<0$，使M_{cr}减小，对整体稳定不利。

式（10－28）中的$\beta_3\beta_y$项是截面不对称影响项。对双轴对称截面，$\beta_3\beta_y=0$；对加强受压翼缘的截面，$\beta_3\beta_y>0$，使M_{cr}增大，对整体稳定有利；对加强受拉翼缘的截面，$\beta_3\beta_y<0$，使M_{cr}减小，对整体稳定不利。此外，从式（10－28）还可以看到，对EI_y、GI_t、EI_w较大的截面，M_{cr}也较大，对整体稳定有利，反之则不利。

式（10－28）中的l_1是侧向支撑点影响项。l_1越大，M_{cr}越小，对整体稳定越不利；l_1越小则M_{cr}越大，对整体稳定越有利。

10.3.4　整体稳定系数φ_b

要保证钢梁在横向荷载作用下不至于丧失整体稳定，就要求钢梁在横向荷载作用下产生的最大应力σ不能超过其产生整体失稳时的临界应力σ_{cr}，考虑抗力分项系数γ_R，则

$$\sigma=\frac{M_{max}}{W_x}\leqslant\frac{\sigma_{cr}}{\gamma_R}=\frac{\sigma_{cr}}{f_y}\cdot\frac{f_y}{\gamma_R}=\frac{M_{cr}}{W_x f_y}\cdot f=\varphi_b f \qquad (10-31)$$

式中$\varphi_b=\dfrac{\sigma_{cr}}{f_y}=M_{cr}/(W_x f_y)$称为梁的整体稳定系数。由于临界弯矩$M_{cr}$的计算公式比较繁杂，不便应用，故《钢结构设计规范》采用简化的整体稳定系数来进行计算。

1. 焊接工字形等截面简支梁

常用的焊接工字形等截面简支梁的截面形式主要有双轴对称工字形截面、加强受压翼缘工字形截面及加强受拉翼缘工字形截面三种，如图10－19所示。

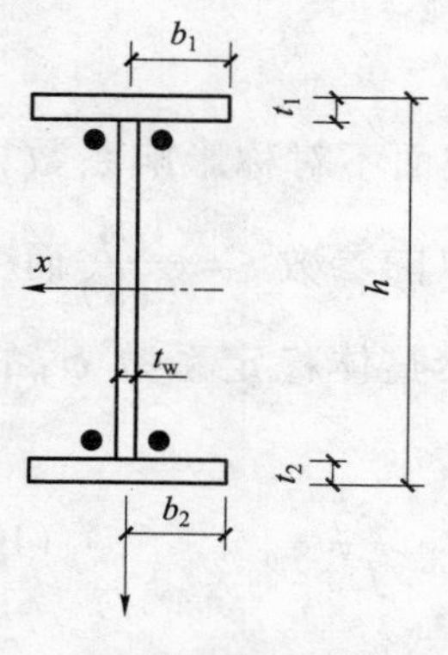

（a）双轴对称工字形截面

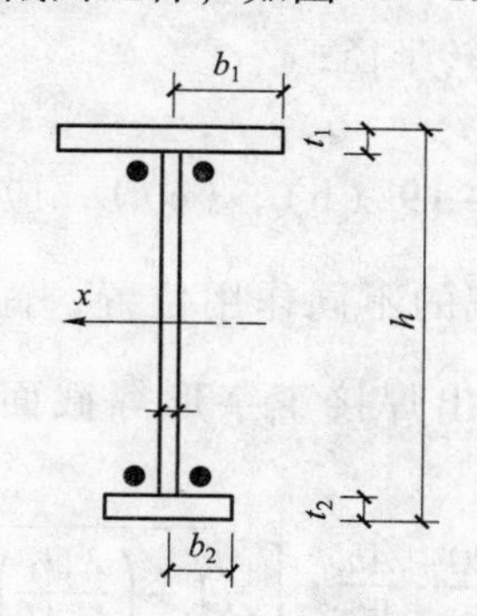

（b）加强受压翼缘工字形截面

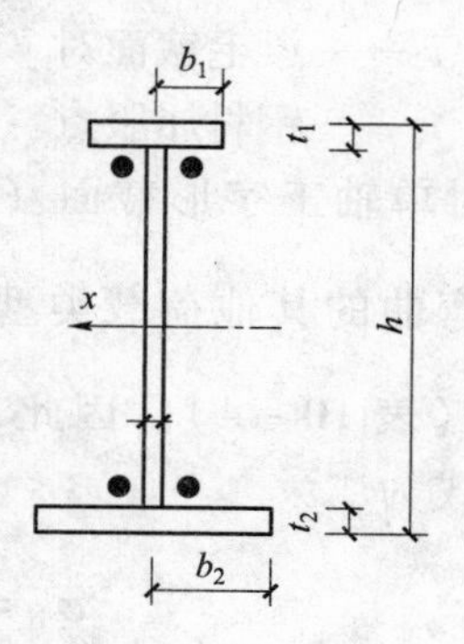

（c）加强受拉翼缘工字形截面

图10－19　焊接工字形截面

我国《钢结构设计规范》对式（10－28）作了两点简化假定。

① 式（10－28）中的β_y中包括y_0项和积分项，通常两项均为正（加强受压翼缘）或均为负（加强受拉翼缘）或均为零（双轴对称截面）。积分项一般比y_0小得多，可取

$$\beta_y\approx y_0=a_b h-h_2=\frac{\eta_b h}{2}$$

式中 $\eta_b = 2a_b - \dfrac{2h_2}{h}$，称为截面不对称影响系数。

对加强受压翼缘工字形截面，$h_2 > 0.5h$，得 $\eta_b < 2a_b - 1$，偏安全取 $\eta_b = 0.8\ (2a_b - 1)$。

对加强受拉翼缘工字形截面，$h_2 < 0.5h$，得 $\eta_b > 2a_b - 1$，偏安全取 $\eta_b = 2a_b - 1$。

对双轴对称工字形截面，$a_b = 0.5$，$h_2 \approx h/2$，得 $\eta_b \approx 0$，取 $\eta_b = 0$。

② 截面的自由扭转惯性矩计算。

$$I_t = \frac{1}{3}(2b_1t_1^3 + 2b_2t_2^3 + h_0t_w^3) \approx \frac{1}{3}(2b_1t_1 + 2b_2t_2 + h_0t_w)t_1^2 = \frac{1}{3}At_1^2$$

式中：A——梁的截面积；

t_1——梁受压翼缘厚度。

对于受弯曲的双轴对称工字形截面简支梁，将式（10－30）代入 φ_b 的表达式，得

$$\varphi_b = \frac{M_{cr}}{W_x f_y} = \frac{\pi^2 EI_y}{l_1^2 W_x f_y}\sqrt{\frac{I_w}{I_y}\left(1 + \frac{l_1^2 GI_t}{\pi^2 EI_w}\right)} \tag{10-32a}$$

$$I_t = \frac{1}{3}At_1^2, I_w = \frac{h^2}{4}I_y, E = 206 \times 10^3\,\text{N/mm}^2, G = 79 \times 10^3\,\text{N/mm}^2$$

代入上式，可得

$$\varphi_b = \frac{4\,320Ah}{\lambda_y^2 W_x}\sqrt{1 + \left(\frac{\lambda_y t_1}{4.4h}\right)^2} \cdot \frac{235}{f_y} \tag{10-32b}$$

式中：W_x——按受压翼缘确定的梁毛截面抵抗矩；

λ_y——梁在侧向支撑点间对截面 y 轴的长细比，$\lambda_y = \dfrac{l_1}{i_y}$；

i_y——梁毛截面对 y 轴的回转半径；

f_y——钢材屈服点。

对单轴工字形截面（图 10－19（b）、（c）），应考虑截面不对称影响系数，对于非纯弯曲的其他荷载类型及荷载的不同作用位置，尚应乘以随参数 $\xi = \dfrac{l_1t_1}{(bh)}$ 而变化的系数（表 10－4）。因此，可写出焊接工字形等截面简支梁整体稳定系数 φ_b 的 β_b 通用公式为

$$\varphi_b = \beta_b \frac{4\,320}{\lambda_y^2} \cdot \frac{Ah}{W_x} \cdot \left[\sqrt{1 + \left(\frac{\lambda_y t_1}{4.4h}\right)^2} + \eta_b\right] \cdot \frac{235}{f_y} \tag{10-33}$$

表 10－4 工字形截面简支梁的系数 β_b

项次	侧向支撑	荷载 \ $\xi = \dfrac{l_1t_1}{bh}$		$\xi \leqslant 2.0$	$\xi > 2.0$	适用范围
1	跨中无侧向支撑	均布荷载作用在	上翼缘	$0.69 + 0.13\xi$	0.95	图 10－19（a）、（b）的截面
2			下翼缘	$1.73 - 0.20\xi$	1.33	
3		集中荷载作用在	上翼缘	$0.73 + 0.18\xi$	1.09	
4			下翼缘	$2.23 - 0.28\xi$	1.67	

续表

项次	侧向支撑	荷载	$\xi=\frac{l_1 t_1}{bh}$	$\xi\leqslant 2.0$	$\xi>2.0$	适用范围
5	跨度中点有一个侧向支撑点	均布荷载作用在	上翼缘	1.15		图10－19中的所有截面
6			下翼缘	1.40		
7		集中荷载作用在截面高度上任意位置		1.75		
8	跨中有不少于两个等距离侧向支撑点	任意荷载作用在	上翼缘	1.20		
9			下翼缘	1.40		
10		梁端有弯矩，但跨中无荷载作用		$1.75-1.05\left(\frac{M_2}{M_1}\right)+0.3\left(\frac{M_2}{M_1}\right)^2$，但$\leqslant 2.3$		

注：① $\xi=\frac{l_1 t_1}{bh}$——系数，其中 b 和 l_1 为梁的受压翼缘宽度和其侧向支撑点间的距离。

② M_1、M_2 为梁的端弯矩，使梁产生同向曲率时 M_1 和 M_2 取同号，产生反向曲率时取异号，$|M_1|\geqslant|M_2|$。

③ 表中项次3、4和7的集中荷载是指一个或少数几个集中荷载位于跨中央附近的情况，对其他情况的集中荷载，应按表中项次1、2、5和6内的数值采用。

④ 表中项次8、9的 β_b，当集中荷载作用在侧向支撑点处时，取 $\beta_b=1.20$。

⑤ 荷载作用在上翼缘是指荷载作用点在翼缘表面，方向指向截面形心；荷载作用在下翼缘是指荷载作用点在翼缘表面，方向背向截面形心。

⑥ 对 $a_b>0.8$ 的加强受压翼缘工字形截面，下列情况下的 β_b 值应乘以相应的系数：

项次1	当 $\xi\leqslant 1.0$ 时	0.95
项次3	当 $\xi\leqslant 0.5$ 时	0.90
	当 $0.5<\xi\leqslant 1.0$ 时	0.95

上述整体稳定系数是按弹性稳定理论推导的，只适用于梁在弹性受力阶段失稳，即 $\sigma_{cr}=\frac{M_{cr}}{W_x}\leqslant f_b$（$f_b$为钢材的比例极限）或 $\varphi_b=\sigma_{cr}/f_y\leqslant f_p/f_y$。当求得的 $\sigma_{cr}>f_p$ 或 $\varphi_b>f_p/f_y$ 时，表示失稳时钢材已进入弹塑性受力阶段，即部分截面的应力已达到 f_y 而形成了塑性区，塑性区对继续抵抗弯曲和扭转变形已不再起作用，这时的临界弯矩、临界应力和整体稳定系数 φ_b' 将比按弹性稳定理论计算的 M_{cr}、σ_{cr} 和 φ_b 显著降低。经研究分析，考虑残余应力以及加载偏心和初弯曲等初始缺陷的影响，梁进入弹塑性阶段明显提前，约相当于在 $\varphi_b=0.6$ 时。因此，《钢结构设计规范》规定，当求得的 $\varphi_b>0.6$ 时，应采用一个小于 φ_b 的 φ_b' 来代替 φ_b。根据试验研究和理论计算，φ_b' 可按下式计算或查表10－5确定。

$$\varphi_b'=1.1-0.4646/\varphi_b+0.1269/\varphi_b \qquad (10-34)$$

表10－5　整体稳定系数 φ_b'

φ_b	0.60	0.65	0.70	0.75	0.80	0.85	0.90
φ_b'	0.600	0.627	0.653	0.676	0.697	0.715	0.732
φ_b	0.95	1.00	1.05	1.10	1.15	1.20	1.25
φ_b'	0.748	0.762	0.775	0.788	0.799	0.809	0.819

续表

φ_b φ'_b	1.30 0.828	1.35 0.837	1.40 0.845	1.45 0.852	1.50 0.859	1.60 0.872	1.80 0.894
φ_b φ'_b	2.00 0.913	2.25 0.931	2.50 0.946	3.00 0.970	3.50 0.987	≥4.00 1.000	

2. 轧制普通工字钢简支梁

轧制普通工字钢虽属于双轴对称截面，但由于其翼缘内侧有斜坡，翼缘与腹板的交接处有圆角，故其截面特性不能按三块钢板的组合工字形截面一样计算，其 φ_b 值也不能按公式（10－33）求得，否则误差过大。《钢结构设计规范》根据理论公式按梁的自由长度 l_1、荷载类型和作用点位置以及有无侧向支撑点等情况，对不同型号的工字钢进行计算并制成了表格（表 10－6），可以直接查用。当由表中查得的 $\varphi_b>0.60$ 时，也应用 φ'_b 代替 φ_b。

表 10－6　轧制普通工字钢简支梁 φ_b

项次	荷载情况			工字钢型号	自由长度 l_1/m 2	3	4	5	6	7	8	9	10
1	跨中无侧向支撑点的梁	集中荷载作用于	上翼缘	10～20	2.00	1.30	0.99	0.80	0.68	0.58	0.53	0.48	0.43
				22～32	2.40	1.48	1.09	0.86	0.72	0.62	0.54	0.49	0.45
				36～63	2.80	1.60	1.07	0.83	0.68	0.56	0.50	0.45	0.40
2			下翼缘	10～20	3.10	1.95	1.34	1.01	0.82	0.69	0.63	0.57	0.52
				22～40	5.50	2.80	1.84	1.37	1.07	0.86	0.73	0.64	0.56
				45～63	7.30	3.60	2.30	1.62	1.20	0.96	0.80	0.69	0.60
3		均布荷载作用于	上翼缘	10～20	1.70	1.12	0.84	0.68	0.57	0.50	0.45	0.41	0.37
				22～40	2.10	1.30	0.93	0.73	0.60	0.51	0.45	0.40	0.36
				45～63	2.60	1.45	0.97	0.73	0.59	0.50	0.44	0.38	0.35
4			下翼缘	10～20	2.50	1.55	1.08	0.83	0.68	0.56	0.52	0.47	0.42
				22～40	4.00	2.20	1.45	1.10	0.85	0.70	0.60	0.52	0.46
				45～63	5.60	2.80	1.80	1.25	0.95	0.78	0.65	0.55	0.49
5	跨中有侧向支撑点的梁（不论荷载作用点在截面高度上的位置）			10～20	2.20	1.39	1.01	0.79	0.66	0.57	0.52	0.47	0.42
				22～40	3.00	1.80	1.24	0.96	0.76	0.65	0.56	0.49	0.43
				45～63	4.00	2.20	1.38	1.01	0.80	0.66	0.56	0.49	0.43

注：① 同表 10－4 的注③、⑤。

② 表中的 φ_b 适用于 Q235 钢，对其他钢号，表中数值应乘以 $235/f_y$。

3. 轧制槽钢简支梁

由于槽钢是单轴对称截面，如果横向荷载不作用于截面的剪心，那么梁将产生弯曲和扭转，因此，其值较难精确计算。《钢结构设计规范》采用下述方法进行了简化近似计算。

根据双轴对称工字形截面简支梁受纯弯曲荷载时的临界弯矩（式（10－25）），可得临界应力为

$$\sigma_{cr}=\frac{M_{cr}}{W_x}=\frac{\pi}{l_1 W_x}\sqrt{EI_y GI_t}\sqrt{1+\frac{\pi^2 EI_w}{l^2 GI_t}}$$

上式第二个根号内的第二项远小于1，可忽略不计，则上式可写为

$$\sigma_{cr}=\frac{\pi}{l_1 W_x}\sqrt{EI_y GI_t}$$

如图10－20所示，如忽略腹板可得

$$I_y=\frac{1}{6}tb^3, I_t=\frac{2}{3}bt^3$$

$$I_x=\frac{1}{2}bth^2, W_x=bth$$

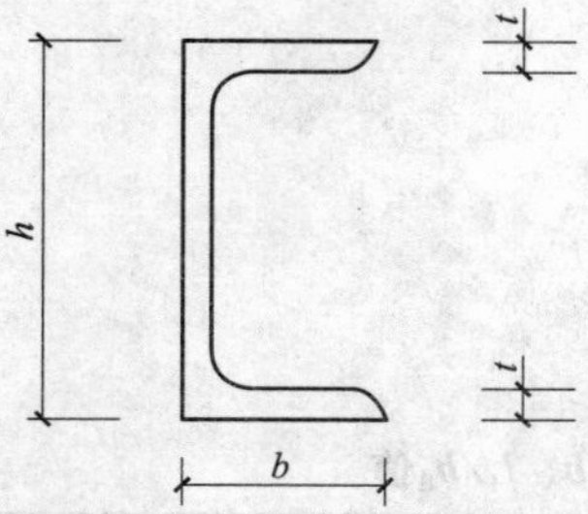

取$E=206\times10^3$ N/mm²，$G=79\times10^3$ N/mm²，和上述几何特性计算式代入φ_b的表达式可得

图10－20　槽钢尺寸

$$\varphi_{cr}=\frac{\sigma_{cr}}{f_y}=\frac{\pi}{l_1 W_x f_y}\sqrt{EI_y GI_t}=\frac{570bt}{l_1 h}\cdot\frac{235}{f_y}\quad(10-35)$$

因为式（10－35）是按纯弯曲考虑的，因此无论荷载类型和荷载作用点位置如何，均能偏安全地适用。当按式（10－35）求得的$\varphi_b>0.6$时，也应用φ_b'代替φ_b。

4. 轴对称工字形等截面悬臂梁

悬臂梁临界弯矩的理论计算公式与简支梁的相同。因此，双轴对称工字形等截面悬臂梁的整体稳定系数也可按式（10－33）计算（取$\eta_b=0$），但β_b按表10－7查得。$\lambda_y=l_1/i_y$中的l_1取悬臂梁的悬伸长度。当求得的$\varphi_b>0.6$时，应用φ_b'代替φ_b。

由于表10－7是按支端为固定的情况确定的，因此，当用于由邻跨延伸出来的伸臂梁时应在构造上采取措施加强支撑处的抗扭能力，使其接近固定端的情况。否则，将不安全。

表10－7　双轴对称工字形等截面悬臂梁的系数β_b

荷载情况		$\xi=l_1t/(bh)$		
		0.60～1.24	1.24～1.96	1.96～3.10
自由端一个集中荷载作用在	上翼缘	$0.21+0.67\xi$	$0.72+0.26\xi$	$1.17+0.03\xi$
	下翼缘	$2.94-0.65\xi$	$2.64-0.40\xi$	$2.15-0.15\xi$
均布荷载作用在上翼缘		$0.62+0.82\xi$	$1.25+0.31\xi$	$1.66+0.10\xi$

注：l_1为悬臂梁的悬伸长度。

10.3.5　保证梁的整体稳定性的措施

在实际工程中，通常可以采取适当的措施来保证梁的整体稳定性，如将梁的受压翼缘宽度适当加大，或在梁的侧向设置适当的支撑点等。《钢结构设计规范》规定，符合下列情况之一时，可不计算梁的整体稳定性。

① 有铺板（各种钢筋混凝土板和钢板）密铺在梁的受压翼缘并与其牢固相连，能阻止梁受压翼缘的侧向位移时。

② 梁受压翼缘的侧向自由长度与其宽度之比l_1/b（工字形截面简支梁）或l_1/b_0（箱形

截面简支梁，如图 10－21 所示），不超过表 10－8 所规定的数值时。

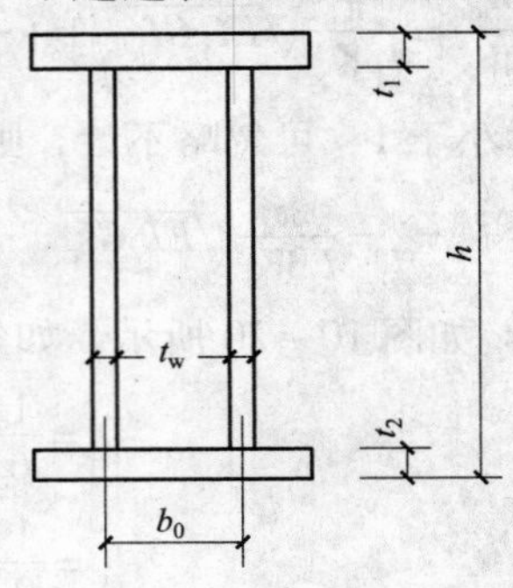

图 10－21 箱形截面

表 10－8 不需计算整体稳定性的简支梁的最大 l_1/b、l_1/b_0 值

钢号	l_1/b 值（工字形截面）			l_1/b_0 值（箱形截面）
	跨中无侧向支撑点的梁，荷载作用在		跨中有侧向支撑点的梁，不论荷载作用在何处	不管有无侧向支撑点，不论荷载作用在何处
	上翼缘	下翼缘		
Q235 钢	13	20	16	95
16Mn 钢 16Mnq 钢	11	17	13	65
15MnV 钢 15MnVq 钢	10	16	12	57

注：① 对表中未列钢号的梁，可由 Q235 钢的数值乘 $\sqrt{235/f_y}$ 而得；

② 箱形截面的 l_1/b_0 值在不超过上表所列数值的同时，还应满足 $h/b_0 \leqslant 6$；

③ 梁的支座处应采取构造措施，以防梁端截面的扭转，即梁端必须采用“叉”支座；

④ 侧向支撑按轴心压杆设计，轴心力由下式确定：

$$F=\frac{A_f f}{85}\sqrt{\frac{f_y}{235}}$$

式中，A_f——梁受压翼缘截面积。

对于不符合上述条件的梁，应做整体稳定计算。由式（10－31）可得计算公式如下：

在最大刚度主平面内受弯的构件，有

$$\frac{M_x}{\varphi_b W_x} \leqslant f \tag{10-36}$$

在两个主平面受弯的工字形截面构件，有

$$\frac{M_x}{\varphi_b W_x}+\frac{M_y}{\gamma_y W_y} \leqslant f \tag{10-37}$$

式中：W_x、W_y——按受压纤维确定的对 x 轴和对 y 轴的毛截面抵抗矩；

φ_b——绕强轴弯曲所确定的梁整体稳定系数。

双向受弯梁的整体稳定计算很复杂，式（10－37）是一个经验公式。公式左边第二项分母中引进绕弱轴的截面塑性发展系数 γ_y（对工字形截面 $\gamma_y=1.2$），并不意味着绕弱轴弯曲允许出现塑性发展，只是适当降低第二项的影响。

例 10－1　某轧制普通工字钢简支梁，型号 I50 a，跨度 6 m，梁上翼缘作用均布永久荷载 $g_k = 10$ kN/m（标准值，含自重）和可变荷载 $q_k = 25$ kN/m（标准值），跨中无侧向支撑。试验算此梁的整体稳定性。钢材为 Q235（已知 $W_x = 1\ 860\ \text{cm}^3, f = 215\ \text{N/mm}^2$）。

解：（1）求最大弯矩设计值

$$M_{\max} = \frac{1}{8}(\gamma_G g_k + \gamma_Q q_k)l^2 = \frac{1}{8} \times (1.2 \times 10 + 1.4 \times 25) \times 6^2 = 211.5\ \text{kN}\cdot\text{m}$$

（2）求整体稳定系数 φ_b

按跨中无侧向支撑，均布荷载作用于上翼缘，$l_1 = 6$ m，查表 10－6 中工字钢型号 45～63 栏，得 $\varphi_b = 0.59 < 0.6$。

（3）验算整体稳定性

由已知 $W_x = 1\ 860\ \text{cm}^3, f = 215\ \text{N/mm}^2$ 得

$$\frac{M_{\max}}{\varphi_b W_x} = \frac{211.5 \times 10^6}{0.59 \times 1\ 860 \times 10^3} = 192.7\ \text{N/mm}^2 < f$$

可见，整体稳定性满足要求。

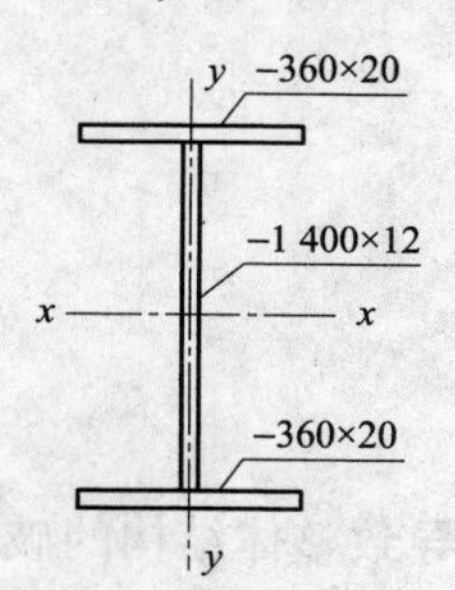

图 10－22　例 10－2 附图

例 10－2　某焊接工字形等截面简支梁（图 10－22），跨度 12 m，自重 $g_k = 2.45$ kN/m（标准值）。梁上翼缘有 3 个集中荷载 $F = 500$ kN（设计值）分别作用于跨度的四分点处，跨度中点有一个侧向支撑，钢材为 16 Mn 钢。试验算此梁的整体稳定性。

解：（1）判断是否要进行整体稳定计算

梁受压翼缘侧向自由长度 l_1 与其宽度的比值 $\frac{l_1}{b} = \frac{6\ 000}{360} = 16.7 > 13$，超过了表 10－8 规定的数值，故应进行整体稳定计算。

（2）求最大弯矩设计值

$$M_{\max} = \frac{1}{8} \times 1.2 \times 2.45 \times 12^2 + \frac{3}{2} \times 500 \times 6 - 500 \times 3 \approx 3\ 053\ \text{kN}\cdot\text{m}$$

（3）求整体稳定系数 φ_b 或 φ_b'

$$I_x = \frac{1}{12} \times 1.2 \times 140^3 + 2 \times 36 \times 2 \times 71^2 = 1\ 000\ 304\ \text{cm}^4$$

$$I_y = 2 \times \frac{1}{12} \times 2 \times 36^3 = 15\ 552\ \text{cm}^4$$

$$A = 140 \times 1.2 + 2 \times 36 \times 2 = 312\ \text{cm}^2$$

$$W_x = \frac{1\ 000\ 304}{72} = 13\ 893\ \text{cm}^3$$

$$i_y = \sqrt{\frac{I_y}{A}} = \sqrt{\frac{15\ 552}{312}} = 7.06\ \text{cm}$$

$$\lambda_y = \frac{l_1}{i_y} = \frac{600}{7.06} = 85$$

梁截面几何特性如下：

按表 10－4 跨度中点有一个侧向支撑点的情况，但 3 个集中荷载不全位于跨中央附近，故根据表 10－4 注③，应取表中项次 5，即按均布荷载作用在上翼缘的 $\beta_b = 1.15$。

双轴对称截面 $\eta_b = 0$

整体稳定系数为

$$\varphi_b = \beta_b \frac{4\,320 Ah}{\lambda_y^2 \; W_x}\left[\sqrt{1+\left(\frac{\lambda_y t_1}{4.4h}\right)^2}+\eta_b\right]\cdot\frac{235}{f_y} =$$

$$1.15\times\frac{4\,320}{85^2}\times\frac{312\times144}{13\,893}\times\left[\sqrt{1+\left(\frac{85\times2}{4.4\times144}\right)^2}\right]\times\frac{235}{345} =$$

$$1.57 > 0.6$$

$$\varphi_b = 1.1 - 0.464\,6/\varphi_b + 0.126\,9/(\varphi_b^{3/2}) =$$

$$1.1 - 0.464\,6/1.57 + 0.126\,9/\left(1.57^{3/2}\right) =$$

$$0.868$$

（4）验算整体稳定性

$$\frac{M_{max}}{\varphi'_b W_x} = \frac{3\,053\times10^6}{0.868\times13\,893\times10^3} = 253\ \text{N/mm}^2 < f = 300\ \text{N/mm}^2$$

整体稳定性满足要求。

10.4 偏心受力构件

10.4.1 偏心受压柱与梁的连接构造

连接节点的设计在结构中非常重要，因为连接节点的破坏很可能导致整体结构的破坏。偏心受压柱与梁的连接节点，由于传递反力的同时还要传递弯矩，多做成刚接节点的形式。连接节点受力复杂，很难对其作精确的理论分析，刚接节点在制作和施工上均较复杂，因此，在进行连接节点的处理时，应遵循安全可靠、便于制作、施工和经济合理的设计原则。

图 10－23 所示为几种常用的梁与柱的刚接构造图。计算时考虑剪力 V 由连接于梁腹板上的连接板或支托来传递，弯矩则只考虑由连接于上、下翼缘位置的水平板来传递，由弯矩 M 作用产生位于上、下翼缘位置的拉力或压力，按 $N = M/h$ 计算，h 为梁的高度。

对于图 10－23（b）所示的连接节点，由柱翼缘与水平加劲肋所包围的节点板域，在周边剪力和弯矩的作用下，有可能首先屈服，因此，尚应计算其抗剪承载力。其抗剪强度按板域整体屈服时的承载力进行验算。

非抗震设计时，$\tau = \frac{3}{4}\cdot\frac{M_{b1}+M_{b2}}{V_p} \leqslant f_v$ （10－38）

抗震设计时，$\tau = \frac{3}{4}\cdot\frac{M_{p1}+M_{p2}}{V_p} \leqslant f_{vy}$ （10－39）

式中：M_{b1}、M_{b2}——节点板域两侧梁端弯矩设计值；

M_{p1}、M_{p2}——节点板域两侧梁的全塑性弯矩值；

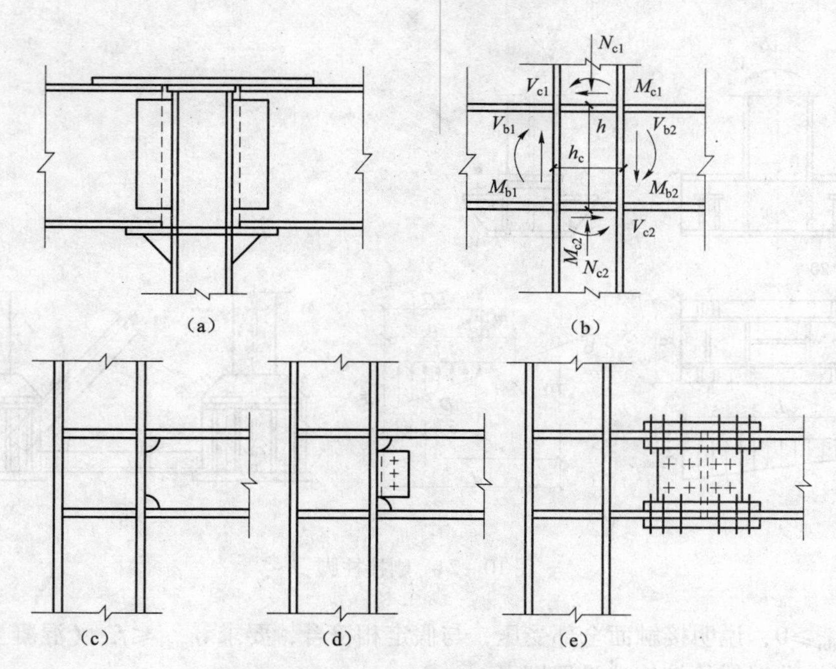

图 10－23　梁与柱的刚接构造图

f_v、f_{vy}——节点板域的抗剪强度设计值和屈服强度；

V_p——节点板域的体积，对 H 形或工字形截面，$V_p = h_b h_c t_w$，对箱形截面，$V_p = 2h_b h_c t_w$，h_b为梁腹板高度，h_c和 t_w分别为柱的腹板高度和厚度。

10.4.2　偏心受压柱的柱脚构造和计算

偏心受压柱的柱脚可以有两种类型，铰接柱脚和刚接柱脚。铰接柱脚的构造和计算同轴心受压的柱脚。

刚接柱脚的构造形式有整体式和分离式两大类。对于实腹柱和分肢间距小于 1.5 m 的小型格柱，其柱脚常做成整体式，如图 10－24（a）所示；分肢间距较大的格构柱采用整体式柱脚不经济，一般采用分离式柱脚，如图 10－24（b）所示。每个分肢下的柱脚相当于一个轴。

刚接柱脚除了传递轴力之外，还要传递弯矩和剪力。一般情况下，剪力主要依靠底板与混凝土之间的摩擦力来传递；当摩擦力不足以抵抗柱的水平剪力时，可以在柱脚底板下设置剪力键，在弯矩作用下，如果底板范围内产生拉力，则该拉力通过计算由锚栓来承受。由于底板的刚度很小，为保证柱脚与基础之间形成刚性连接，锚栓不应直接固定在柱脚的底板上，而应按图 10－24 所示的构造，将锚栓固定在肋板上面的水平板上。

整体式刚接柱脚可按下面近似方法进行设计计算。首先假定柱脚底板与基础接触面之间全部受压，而且应力呈直线分布（图 10－24（a）），则有

$$\sigma_{\min}^{\max} = \frac{N}{BL} \pm \frac{6M}{BL^2} \tag{10-40}$$

式中：B、L——底板的宽度和长度。

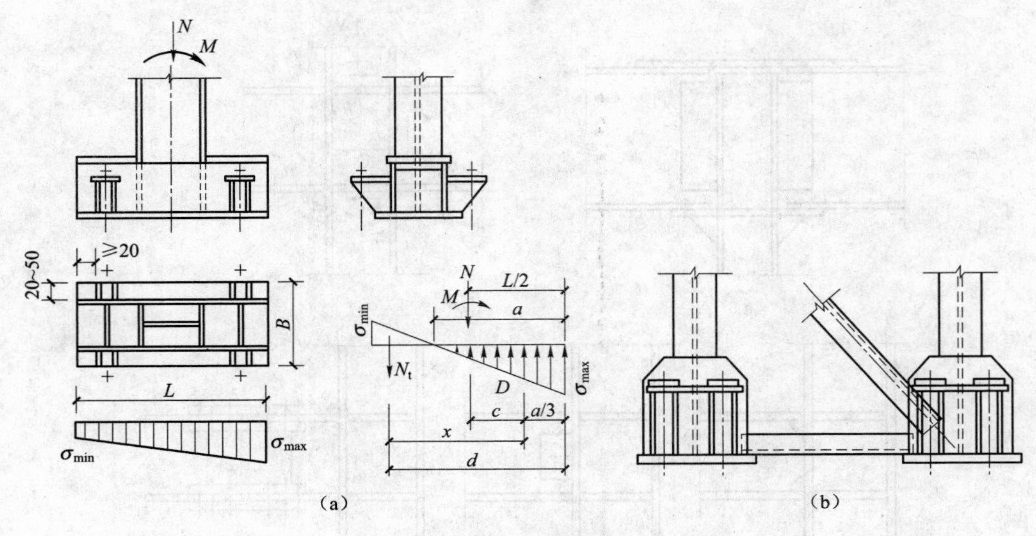

图 10－24　刚接柱脚

如果 $\sigma_{\min} \geqslant 0$，说明接触面全部受压，与假定相符合，要求 $\sigma_{\max} \leqslant f_{cc}$（混凝土局部承压强度设计值）。此时锚栓按构造设置即可。

如果 $\sigma_{\min} < 0$，说明接触面部分受拉脱开，部分受压。假定拉应力的合力由锚栓承受，同时近似认为按上式求得的压应力区部分是正确的，则基础承压要求 $\sigma_{\max} \leqslant f_{cc}$。根据式（10－40）所得的 $\sigma_{\max}$ 和 $\sigma_{\min}$ 可求得受压区长度为

$$a = \frac{\sigma_{\max}}{\sigma_{\max} + |\sigma_{\min}|} \cdot L \tag{10-41}$$

对受压区压应力的合力作用点取力矩平衡的 $\sum M_D = 0$，求得锚栓拉力为

$$N_t = \frac{M - NC}{x} \tag{10-42}$$

式中，$C = L/2 - a/3$，$x = d - a/3$。

则锚栓需要的净截面面积可由下式算得：

$$A_n = \frac{N_t}{f_t^a} \tag{10-43}$$

式中：f_t^a——锚栓的抗拉强度设计值。

在底板平面尺寸和锚栓规格确定后，其他部分的计算方法与轴心受压柱脚相同。但在计算底板厚度时，底板各区格上的压应力可偏安全地取该区格的最大值按均布计算，底板厚度一般不小于 20 mm。

思　考　题

1. 钢梁的强度计算包括哪几个方面？什么情况下需要计算梁的局部压应力和折算应力？如何计算？

2. 什么叫钢梁丧失整体稳定？影响钢梁整体稳定性的主要因素是什么？提高钢梁整体稳定性的有效措施是什么？

3. 梁的整体稳定系数计算公式是怎样简化得到的？在应用时需注意哪些问题？

4. 试比较型钢梁和组合梁在截面选择方法上的异同。

5. 什么叫钢梁丧失局部稳定？怎样验算组合梁翼缘和腹板的局部稳定？

习　题

10－1　简支焊接钢梁的尺寸及其荷载和梁自重（均为设计值，静载）如图10－25所示，钢材为16 Mn钢。试计算此梁截面的各项强度和挠度是否满足设计要求（要求注明验算截面和验算点位置）。已知梁的侧向支撑能保证其整体稳定，集中荷载用支撑加劲肋传递，容许挠度1/400。

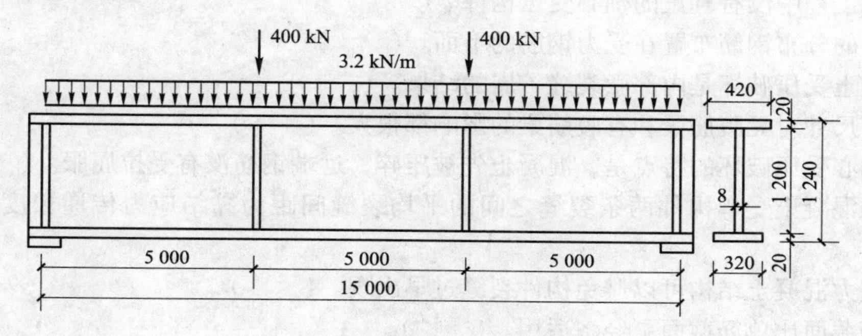

图10－25　习题10－1附图

10－2　一跨度为45 m的工作平台简支梁，承受均布荷载设计值28 kN/m（静载不包括自重），采用普通轧制工字钢I32a，钢材为Q235钢，验算强度、刚度和整体稳定。跨中无侧向支撑点。

附录A

模拟试题

A1 模拟试题一

一、判断题（请在你认为正确的陈述后的括号内打“√”，否则打“×”。每小题1分，满分10分）

1. 实际工程中没有真正的轴心受压构件。（　　）

2. 板中的分布钢筋布置在受力钢筋的下面。（　　）

3. 混凝土受压破坏是内部微裂缝扩展的结果。（　　）

4. 截面尺寸对无腹筋梁和有腹筋梁的影响都很大。（　　）

5. 小偏心受压破坏的特点是，混凝土先被压碎，远端钢筋没有受拉屈服。（　　）

6. 钢筋混凝土受弯构件两条裂缝之间的平均裂缝间距为黏结应力传递长度的1.0倍。（　　）

7. 预应力混凝土结构可以避免构件裂缝过早出现。（　　）

8. 双筋截面比单筋截面更经济适用。（　　）

9. 钢筋经冷拉后，强度和塑性均可提高。（　　）

10. 判别大偏心受压破坏的本质条件是 $\eta e_i > 0.3h_0$。（　　）

二、单项选择题（请把正确选项的字母代号填入题中括号内，每题2分，满分20分）

1. 与素混凝土梁相比，适量配筋的钢混凝土梁的承载力和抵抗开裂的能力（　　）。

A. 均提高很多

B. 承载力提高很多，抗裂能力提高不多

C. 抗裂能力提高很多，承载力提高不多

D. 均提高不多

2. 下面关于钢筋混凝土受弯构件截面弯曲刚度的说明中，错误的是（　　）。

A. 截面弯曲刚度随荷载增大而减小

B. 截面弯曲刚度随时间的增加而减小

C. 截面弯曲刚度随裂缝的发展而减小

D. 截面弯曲刚度不变

3. 对于无腹筋梁，当 $\lambda < 1$ 时，常发生（　　）破坏。

A. 斜压　　B. 剪压　　C. 斜拉　　D. 弯曲

4. 钢材经冷作硬化后屈服点（　　），塑性降低了。

A. 降低　　B. 不变　　C. 提高　　D. 变为零

5. 对于高度、截面尺寸、配筋完全相同的柱，支撑条件为（　　）时，其轴心受压承载力最大。

A. 两端嵌固

B. 一端嵌固，一端不动铰支

C. 两端不动铰支

D. 一端嵌固，一端自由

6. 实腹式偏心压杆在弯矩作用平面外的失稳是（　　）。

A. 弯扭屈曲　　B. 弯曲屈曲　　C. 扭转屈曲　　D. 局部屈曲

7. 判别大偏心受压破坏的本质条件是（　　）。

A. $\eta e_i > 0.3h_0$　　B. $\eta e_i < 0.3h_0$　　C. $\xi < \xi_B$　　D. $\xi > \xi_B$

8. 当无集中荷载作用时，焊接工字形截面梁翼缘与腹板的焊缝主要承受（　　）。

A. 竖向剪力　　B. 竖向剪力及水平剪力的联合作用

C. 水平剪力　　D. 压力

9. 受弯构件正截面承载力中，T形截面划分为两类截面的依据是（　　）。

A. 计算公式建立的基本原理不同

B. 受拉区与受压区截面形状不同

C. 破坏形态不同

D. 混凝土受压区的形状不同

10. 对于钢筋应力松弛引起的预应力的损失，下列说法中错误的是（　　）。

A. 应力松弛与时间有关系

B. 应力松弛与钢筋品种有关系

C. 应力松弛与张拉控制应力的大小有关，张拉控制应力越大，松弛越小

D. 进行超张拉可以减少应力松弛引起的预应力损失

三、简答题（简要回答下列问题，必要时绘图加以说明。每题8分，满分40分）

1. 预应力损失包括哪些？如何减少各项预应力损失值？

2. 焊缝的质量标准分为几级？应分别对应于哪些受力性质的构件和所处部位？

3. 单筋矩形受弯构件正截面承载力计算的基本假定是什么？

4. 影响斜截面受剪承载力的主要因素有哪些？

5. 裂缝宽度与哪些因素有关？如不满足裂缝宽度限值，应如何处理？

四、计算题（要求写出主要解题过程及相关公式，必要时应作图加以说明。每题15分，满分30分）

1. 如图所示悬伸板，采用直角角焊缝连接，钢材为Q235钢，焊条为E43型，手工焊。已知：斜向力 F 为250 kN，$f_f^w = 160\ \text{N/mm}^2$，试确定此连接焊缝所需要的最小焊脚尺寸。

2. 某多层现浇框架结构的底层内柱，轴向力设计值 $N = 2\,650$ kN，计算长度 $l_0 = H = 3.6$ m，混凝土强度等级为C30（$f_c = 14.3\ \text{N/mm}^2$），钢筋用HRB400级（$f'_y = 360\ \text{N/mm}^2$），环境类别为一类。确定柱截面积尺寸及纵筋面积。

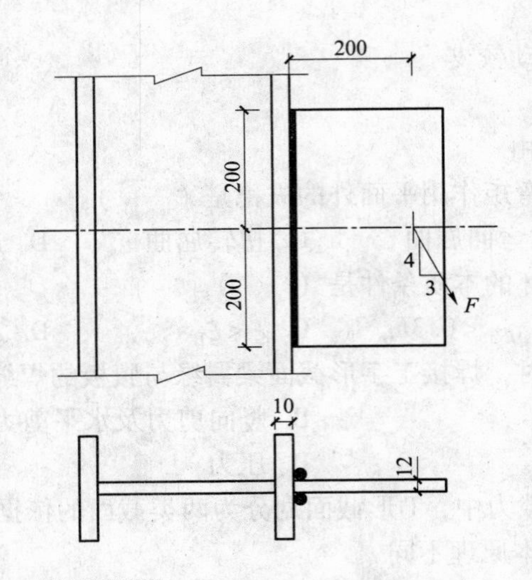

A2 模拟试题二

一、判断题（请在你认为正确的陈述后的括号内打“√”，否则打“×”。每小题1分，满分10分）

1. 混凝土抗拉强度随着混凝土强度等级提高而增大。（ ）

2. 正常使用条件下的钢筋混凝土梁处于梁工作的第Ⅲ阶段。（ ）

3. 梁剪弯段区段内，如果剪力的作用比较明显，将会出现弯剪斜裂缝。（ ）

4. 小偏心受压情况下，随着 N 的增加，正截面受弯承载力随之减小。（ ）

5. 受弯构件的裂缝会一直发展，直到构件破坏。（ ）

6. 张拉控制应力只与张拉方法有关系。（ ）

7. 裂缝的开展是由于混凝土的回缩、钢筋的伸长，导致混凝土与钢筋之间产生相对滑移的结果。（ ）

8. 轴心受压构件的长细比越大，稳定系数值越高。（ ）

9. 混凝土受拉时的弹性模量与受压时相同。（ ）

10. 界限破坏时，正截面受弯承载力达到最大值。（ ）

二、单项选择题（请把正确选项的字母代号填入题中括号内，每题2分，满分20分）

1. 钢筋混凝土大偏压构件的破坏特征是（ ）。

A. 远侧钢筋受拉屈服，随后近侧钢筋受压屈服，混凝土也压碎

B. 近侧钢筋受拉屈服，随后远侧钢筋受压屈服，混凝土也压碎

C. 近侧钢筋和混凝土应力不定，远侧钢筋受拉屈服

D. 远侧钢筋和混凝土应力不定，近侧钢筋受拉屈服

2. 钢筋混凝土轴心受压构件，稳定系数是考虑了（ ）。

A. 初始偏心距的影响

B. 荷载长期作用的影响

C. 两端约束情况的影响

D. 附加弯矩的影响

3. 对于无腹筋梁，当$1<\lambda<3$时，常发生（　）破坏。

A. 斜压　　B. 剪压　　C. 斜拉　　D. 弯曲

4. 对格构式轴压杆绕虚轴的整体稳定计算，用换算长细比λ_ω代替λ，这是考虑（　）。

A. 格构柱剪切变形的影响　　B. 格构柱弯曲变形的影响

C. 钢材剪切变形的影响　　D. 钢材弯曲变形的影响

5. 钢筋混凝土梁在正常使用情况下（　）。

A. 通常是带裂缝工作的

B. 一旦出现裂缝，裂缝贯通全截面

C. 一旦出现裂缝，沿全长混凝土与钢筋间的黏结力丧尽

D. 通常是无裂缝的

6. 其他条件相同时，预应力混凝土构件的延性比普通混凝土构件的延性（　）。

A. 相同　　B. 大些　　C. 小些　　D. 大很多

7. 提高受弯构件正截面受弯能力最有效的方法是（　）。

A. 提高混凝土强度等级　　B. 增加保护层厚度

C. 增加截面高度　　D. 增加截面宽度

8. 引起梁受压翼缘板局部稳定的原因是（　）。

A. 弯曲正应力　　B. 弯曲压应力

C. 局部压应力　　D. 剪应力

9. 混凝土若处于三向应力作用下，当（　）。

A. 横向受拉，纵向受压，可提高抗压强度

B. 横向受压，纵向受拉，可提高抗压强度

C. 三向受压会降低抗压强度

D. 三向受压能提高抗压强度

10. 钢筋混凝土构件变形和裂缝验算中关于荷载、材料强度取值的说法正确的是（　）。

A. 荷载、材料强度都取设计值

B. 荷载、材料强度都取标准值

C. 荷载取设计值，材料强度取标准值

D. 荷载取标准值，材料强度取设计值

三、简答题（简要回答下列问题，必要时绘图加以说明。每题8分，满分40分）

1. 偏心受压短柱和长柱有何本质区别？偏心距增大系数的物理意义是什么？

2. 斜截面破坏形态有几类？分别采用什么方法加以控制？

3. 轴心受压构件设计时，纵向受力钢筋和箍筋的作用分别是什么？

4. 摩擦型高强螺栓时工作机理是什么？

5. 受弯构件适筋梁从开始加荷至破坏经历了哪几个阶段？各阶段的主要特征是什么？各个阶段是哪种极限状态的计算依据？

四、计算题（要求写出主要解题过程及相关公式，必要时应作图加以说明。每题 15 分，满分 30 分）

1. 如图所示为简支梁截面，跨度为 10 m，跨间有一侧向支撑，在梁的上翼缘作用有相同的均布荷载，钢材为 Q235 钢，已知 $\beta_b = 1.15$，试比较梁的整体稳定系数，并说明何者的稳定性更好。

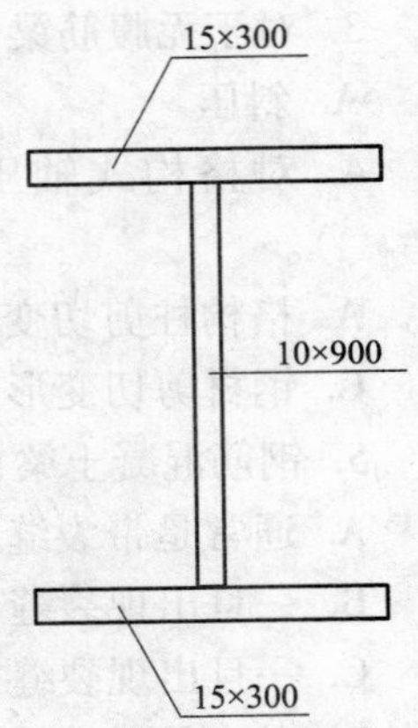

注：$\varphi_b = \beta_b \cdot \dfrac{4\,320}{\lambda_y^2} \cdot \dfrac{A \cdot h}{W_x} \cdot \left[\sqrt{1 + \left(\dfrac{\lambda_y \cdot t_1}{4.4 \cdot h}\right)^2} + \eta_b\right]$

$\varphi'_b = 1.07 - 0.282/\varphi_b \leqslant 1.0$

2. 某多层现浇框架厂房结构标准层中柱，轴向压力设计值 $N = 2\,100$ kN，楼层高 $H = 5.60$ m，计算长度 $l_0 = 1.25H$，混凝土用 C30（$f_c = 14.3$ N/mm^2），钢筋用 HRB335 级（$f'_y = 300$ N/mm^2），环境类别为一类。试确定该柱截面尺寸及纵筋面积。

参考文献

[1] 张誉．混凝土结构基本原理，中国建筑工业出版社，2001.

[2] 王铁成．混凝土结构设计原理．天津：天津大学出版社，2002.

[3] 沈蒲生．混凝土结构设计．北京：高等教育出版社，2003.

[4] 梁兴文，王社良，李晓文．混凝土结构设计原理．北京：科学出版社，2003.

[5] 赵顺波，许成祥，周新刚．混凝土结构设计原理．上海：同济大学出版社，2003.

[6] 中国有色工程设计研究总院．混凝土结构构造手册．3 版．北京：中国建筑工业出版社，2003.

[7] 东南大学，天津大学，同济大学．混凝土结构：上册．4 版．北京：中国建筑工业出版社，2004.

[8] 王毅红．混凝土结构与砌体结构．北京：中国建筑工业出版社，2004.

[9] 戴国欣．钢结构．武汉：武汉理工大学出版社，2007.

[10] 牛秀艳，刘伟．钢结构原理与设计．武汉：武汉理工大学出版社，2010.

[11] 李国强．钢结构研究和应用的新进展．北京：中国建筑工业出版社，2009.

[12] 赵根田．钢结构课程设计．北京：机械工业出版社，2009.

[13] 曹平周，朱召泉．钢结构．北京：中国电力出版社，2008 .

[14] 沈祖炎，陈以一，陈扬骥．房屋钢结构设计．北京：中国建筑工业出版社，2008.

[15] 陈骥．钢结构稳定．北京：科学出版社，2008.

[16] 编委会．钢结构设计手册．北京：中国建筑工业出版社，2004.